U0290821

基础物理实验教程
（第2版）

刘　维　董巧燕　施宇蕾　主　编
刘战存　张　波　苏　波　副主编

电子工业出版社

Publishing House of Electronics Industry

北京·BEIJING

内 容 简 介

　　本书是首都师范大学物理实验教学中心多年教学改革的成果之一。书中内容包括预备实验、深入浅出的普通基础实验、综合设计实验和旨在培训学生应用能力的探究实验。其中部分实验后面附有介绍实验学史等相关内容的阅读资料，可以供学生了解相关实验的发展史、研究思路和最新研究成果。在有梯度地培养学生的基础实验能力和综合应用能力的同时，加强学生的学习兴趣。书中也给出了教学演示仪器制作、光电应用、计算机应用和传感器等多样化的探究实验内容，以有益于提高学生的实践能力和初步科研能力。

　　本书可以作为高等院校理工科专业物理实验教科书或参考书，也适合其他需要提高物理实验知识和技能的人员使用。

未经许可，不得以任何方式复制或抄袭本书之部分或全部内容。

版权所有，侵权必究。

图书在版编目（CIP）数据

基础物理实验教程 / 刘维，董巧燕，施宇蕾主编. —2 版. —北京：电子工业出版社，2022.1
ISBN 978-7-121-42620-9

Ⅰ. ①基⋯　Ⅱ. ①刘⋯　②董⋯　③施⋯　Ⅲ. ①物理学－实验－高等学校－教材　Ⅳ. ①O4-33

中国版本图书馆 CIP 数据核字（2022）第 015184 号

责任编辑：赵玉山
印　　刷：河北鑫兆源印刷有限公司
装　　订：河北鑫兆源印刷有限公司
出版发行：电子工业出版社
　　　　　北京市海淀区万寿路 173 信箱　邮编　100036
开　　本：787×1 092　1/16　印张：20　字数：512 千字
版　　次：2015 年 9 月第 1 版
　　　　　2022 年 1 月第 2 版
印　　次：2022 年 1 月第 1 次印刷
定　　价：59.00 元

前　　言

　　基础物理实验是学生进入大学后接触到的第一门实验课，是学生进入大学后接受系统实验方法和实验技能训练的开端。基础物理实验课是一门基础、综合设计和应用性的实验课。它与物理理论课有着紧密的联系，但又是一门独立的课程。它不仅要给学生以严格的实验基础训练，还要使学生受到具有综合性和设计性实验能力的训练，以及实践应用和初步研究能力的训练。这本书是作者 10 多年来进行多次**教学改革和课程建设积累**的成果。

　　在教学改革中，我们强调了**加强基础**。当然，随着物理学和现代科学技术的发展，"基础"的内涵也在发生改变，一些旧的测量技术和手段，例如光点检流计和电位差计，虽然有很好的设计思想，但是由于使用方法烦琐，早已被新的技术取代，因而在教学内容上予以删除。而像微波布拉格衍射、弗兰克-赫兹和核磁共振等一些原本属于近代物理实验的题目，有的由于其方法简单，难度小，有的则由于其概念已被人们广泛接受，因而充实到普通物理实验内容中也是适宜的。

　　在教学改革中，我们**加强了综合性、设计性实验**。过去的普通物理实验主要分为力热、电磁和光学实验三个部分，现在很多实验采用了传感器技术，从方法和内容上具有一定的综合性，例如用光拍法测物体振动的微小位移，这一实验本身是力学实验，用到了光拍的方法，利用示波器显示振动波形，而弗兰克-赫兹实验中则用计算机采集和处理数据等。另外还安排了一定比例的设计性实验，利用现有的仪器，学生可以做一些更接近实际应用的题目。此外，在介绍实验内容上，通过所提供的资料和思考题，引导学生**学习建立**与实验测试方法相关的**思路**，使学生的综合设计能力得到提高，有利于培养学生解决实际问题的能力。

　　在教学改革中，我们注意突出一个**"新"**字：实验的内容和思路力求新一些，例如增加了巨磁效应的测量和太赫兹器件的制作与应用等新内容的实验，以开阔学生的眼界；所用仪器的设计思路力求新一些，例如开设了数字万用表的设计性实验，用虚拟仪器代替传统的测试方法，加深学生对现代化测量仪器的认识和理解；实验的方法和技术力求新一些，例如在测量金属的线胀系数时使用了光的干涉法。这些新的实验方法和新技术，可以使学生加深对它们的了解，使他们学会用实验手段研究和解决问题，为将来在工作中接受和应用新技术打下基础。

　　另外，考虑到要从现实出发，师范院校的一些毕业生要到边远地区工作，那里的实验条件比较落后，实验器材比较陈旧，先进实验器材的使用要掌握，传统的、经典的实验装置也要会用。因此本书也收入了一些如伏安法测二极管的特性等使用传统仪器的实验。一些传统的、经典的实验，只要我们赋予它新的意义，也是具有生命力的。

　　现在的普通物理实验中，有**迈克耳孙干涉仪、全息照相、微波布拉格衍射和弗兰克-赫兹实验**等获得诺贝尔奖的著名实验；也有**惠斯通电桥、霍尔效应、分光计的调整和用透射光栅测定光波波长**等经典实验。体会了这些实验的巧妙构思，学生也往往会对这些著名物理学家的**研究思路、创新过程**产生兴趣。为此，本书在重点介绍各个实验的原理、内容的同时，还扼要介绍了这些实验的背景，如迈克耳孙如何在研究以太漂移过程中，在贾民干涉仪的基础上发明了他的干涉仪；伽伯怎样在研究提高电子显微镜的分辨率时提出了相干成像原理；以及惠斯通如何自学成才，研究出电桥法测电阻；夫琅禾费怎样从一个学徒工成为卓越的光学家，研制出最早的分光计和实用的光栅等。希望这部分内容可以起到**激励学生的创新意识、启迪学生的创新思路**的作用。

探究实验课是为大学三年级以上的学生开设的实验选修课。通过这一教学形式，不仅可以提高实验中心仪器的利用率，为实验中心开发充足的实验教学内容，为学生的科研项目工作和竞赛活动打下基础；**调动学生学习的积极性和主动性**，使他们**基于兴趣**，提高综合应用所学知识处理和解决科学问题的能力；而且可以**活跃**教师和实验员进行**教学和实验研究的气氛**。探究实验涉及光学等方面的最新应用，可以引导学生制作**与中学教学密切相关的演示仪器，**也包含了计算机应用的内容，这些多样化的探究实验融入了老师们近年来从事科研、指导学生竞赛等方面的工作经验和成果。探究实验是**对常规教育方式的良好补充**，同时也为研究这种新的教学模式构建了实践平台。

人非生而知之，学习总要有一个过程。人的能力也是有差异的，常听一些同学说，自己比别的同学笨，因此实验做得也慢。这里，我们想用著名物理学家霍尔（Edwin Herbert Hall，1855—1938）的一段话与大家共勉："在我所有致力于科学的努力中，在一些方面遇到了明显的障碍，动手不熟练，理解问题缓慢。另外，我能够坚持不懈，喜欢用我不紧不慢的方式与困难、问题拼搏；我获得的所有成功都可以归结为这两个特点。"霍尔不认为自己有聪明过人的才智，相反认为自己"动手不熟练，理解问题缓慢"，但是这没有阻碍他进行研究，由于他坚持一步一步地解决困难、问题，所以总是能够战胜困难取得成功。这对我们也是一个很好的启发，不可能每个人都是才思敏捷的，但是只要坚持努力，克服困难，深入钻研问题，就能够取得成功。

本书第一、第二和第三章由刘维、董巧燕、施宇蕾、刘战存、张波、王福合、左剑、尹晓冬、张盛博和张旭编写；第四章由苏波、易向东、闫海涛、张盛博、施宇蕾、左剑、刘维、董巧燕、何敬锁和孙文峰编写。

在教学改革中，我们曾到北京大学、清华大学、北京交通大学、复旦大学和同济大学等院校参观学习，得到过许多专家的指导，受到很多启发，获益匪浅，开阔了我们的眼界，为我们编写本书拓宽了思路，在此向这些专家表示真挚的谢意。教学改革以来，有十几届学生在实验教学中对所用教材和教学内容提出了宝贵的意见和建议，促成了本书的编写，在此也向他们表示衷心的感谢。

作　者

2021 年 6 月

目 录

第一章 绪 论

第一节 物理实验的重要性和课程要求

"基础物理实验"是理工科专业的大学生进入本科生教育的第一门实验课，是进行科学实验训练的重要基础课程。学习这门课程是学生受系统实验方法和实验技能训练的开端。

物理学是一门实验科学。任何物理概念的确立、物理规律的发现，都必须以严格的科学实验为基础；人们提出的理论是否正确，也必须通过科学实验来检验。物理实验的一些实验理论和方法已经渗透到自然科学的各个学科和工程技术的各个领域。因此，对于理工专业的同学来说，学好物理实验，也是学好相关知识的一个重要方面。

在学科的发展过程中，实验起着重要的和直接的作用。经典物理学（力学、热学、电磁学和光学）规律是由以往的无数实验事实为依据总结出来的；X 射线、放射性和电子的实验发现为原子物理学、核物理学等的发展奠定了基础；卢瑟福曾经根据大角度 α 粒子散射实验结果提出了原子核的基本模型。实验又是检验理论正确与否的重要判据，理论和实验是相辅相成的，规律、公式是否正确必须接受实践的检验，只有经过实验证实，才会得到公认。1905 年，爱因斯坦的光量子假说总结了光的微粒说和波动说之间的争论，很好地解释了勒纳德等人的光电效应实验结果，但是直到 1916 年当密立根以极其严密的实验证实了爱因斯坦的光电方程之后，光的粒子性才被人们接受。

所谓实验是人们根据研究的目的，运用科学仪器，人为地控制、创造和纯化某种自然过程，使之按预期的进程发展。同时在尽可能减少干扰的情况下，进行定性或定量的观测，以探求自然过程变化规律的一种科学活动。著名的物理学家开尔文勋爵（Lord Kelvin）曾经说过："如果你能对面前的物体进行测量并用数值表达，就可以说你对它有了一些了解；如果你不能对其进行测量，不能用数值表达它，那么说明你对它的了解就太少，不能令人满意。"我们的实验，就是要通过测量了解物体或系统的一些属性，来描述它们的内在规律。

一般的观察只是被动等待自然界按其本来的进程发展，然后人们对其现象进行记录和研究。可见实验和观察是不同层次的认识手段，起着不同的作用。实验是科学理论指导下的探索活动，离不开理论的指导和分析判断。因此，实验首先强调的是动脑能力的培养，其次才是动手能力的培养。

一、物理实验课的主要环节

物理实验课是在教师指导下学生独立进行的一种实践活动，无论实验内容的要求或研究的对象有何不同，其基本程序大致是相同的，它一般包括三个环节。

1. 课前预习

上课前要仔细阅读教材中的有关内容（并尽可能多查阅一些相关参考资料），理解本次实验的目的、原理方法、所要用的实验仪器，弄清楚要观察哪些现象，测量哪些物理量，了解哪些实验要求和注意事项。在此基础上，在实验室提供的预习报告模板上写出简要的预习报告。预习报告包括实验名称、仪器装置、目的、简要的原理（画出实验原理图——特别是电路图和光路图，列出实验所依据的主要理论公式和测量公式），根据测试内容，画出数据表格。有些实验还要求学生自己设计拟定实验方案、设计电路图或光路图。因此课前预习的好坏是能否顺利、主动进行实验的关键。

2. 实验操作

认真听取指导教师对本次实验的重点、难点、操作规程、注意事项和要求的讲解；认识和熟悉仪器，了解使用方法，记录规格型号。在实验室要遵守有关的规章制度和守则，爱护仪器设备，注意安全操作。

注意做好仪器的调节。在力学和热学实验中，一些仪器在使用前往往要求调到水平或垂直状态；在电磁学实验中，连接电路前要注意布局合理；连好电路后，先将仪器调节到"安全位置"，初次做电学实验的学生，需要经教师检查电路连接，无误后方可接通电源。光学实验要特别注意仪器的调整，一定要将仪器调整到最佳状态再开始测量；仪器调整不好往往不能进行测量，即使能够勉强测量，误差也一定很大；光学仪器的光学面一定不要用手触摸，以免损伤光学面。

测量前可以先做定性观察，以判断实验系统是否正常，了解所测物理量的变化趋势，之后再进行仔细测量。实验中一定要仔细观察，积极思考，脑子里应有清晰的物理图像，以便对实验中可能出现的现象有一定的估计，对实验中出现的现象要认真思考，想一想是否合乎物理规律。遇到问题要冷静分析，不要急躁。实验中若出现不正常的情况，要及时向教师请教，不要自己随意处理。如果对实验有新的想法或打算进一步深入研究，需要经指导教师同意后方可进行。有个别同学带着他人的实验数据来做实验，实验中不认真思考，照着他人的"猫"来画自己的"虎"，这是一种很不好的作风，每个同学都要充分相信自己的能力，相信靠着自己的努力能把实验做好，要立足锻炼自己的独立工作能力。

实验中要记录好原始数据。实验记录是计算结果和分析问题的依据，要一边测量，一边及时记录；要把数据细心完整地记录在预习报告上（同时注意数据的有效数字和单位），记录时用圆珠笔、钢笔或签字笔，不得使用铅笔。不要把数据先记在草稿纸上，然后再誊写在表格内，这是一种不科学的习惯。如果发现记录的数据确实有错误，可将其划掉，在旁边写上正确的数据。实验完毕，要将记录的数据交给教师检查，得到认可后，再将仪器整理复原，方可离开实验室。

实验中要特别注意安全，用电要注意弄清电源电压、仪器的用电要求，一定不要接触有高电压的地方，插、拔电源插头时要特别小心；在光学实验中，使用激光器时要特别注意不得用眼睛去看未经扩束的激光束，以免损伤视力。

3. 写好实验报告

实验报告是对实验的全面总结，是把感性认识深化为理性认识的过程，是交流实验经验的材料。要写好实验报告，就需要认真学习和掌握实验原理和方法，正确地分析和处理数据，正确地表达测量结果，并对结果做出合理的分析和讨论。

实验报告一般包括实验名称、实验目的、仪器用具、实验原理（用自己的语言简要叙述，并附有必要的公式、电路图或光路图）、测试数据及其处理、实验结果及其分析等。要用指定的实验报告模板和规定的格式写实验报告，要求字迹清晰、语句通顺、数据齐全、图表规范，结论明确。写实验报告不要不动脑筋地去抄教材，要学会自己分析归纳实验的要点。实验报告要按时交给指导教师。

二、物理实验课的基本要求

1. 注重培养能力

做实验不能只是为了测几个数据，我们要通过物理实验，深入掌握实验的物理思想和方法，物理量变化的规律，实验要求的条件，学会实验仪器的使用方法，得出正确的实验结果；要在实验中培养自己的观察能力、分析和解决问题的能力、研究能力以及综合设计能力。

（1）具有敏锐的观察能力，才有可能观察到重要的实验现象

X 射线的发现者、第一届诺贝尔物理学奖获得者伦琴（Wilhelm Conrad Röntgen，1845—1923）在进行阴极射线的实验时，气体放电管（勒纳德管）发生了泄漏，他用另一个厚壁的气体放电管（克鲁克斯管）代替它。熄灭了照明灯，接通感应圈，看看会不会有光从他制作的遮光罩中跑出来。结果没有发现漏光现象，他很满意，准备先断开电流，再做下一步实验。突然，他发现在黑暗中距离放电管约 1 m 处的长凳上发出微弱的闪光。断开电源，闪光随即消逝；再次加上电压，闪光重新出现。他划着火柴一看，原来是涂有荧光物质的纸屏上出现的闪光，这一现象出人意料。他设想闪光与放电管有关，实验证实了他的想法，当纸屏距离移到 2 m 处时仍有闪光。他注意到无论纸屏涂有荧光物质的一面朝向或背对放电管都同样有闪光。伦琴马上意识到这是一种新的从没被报道过的不可见光，他将其称为 X 射线（后来被人们称为伦琴射线）。然后他又进行了一系列实验，研究 X 射线的性质。试想，假如他没有超人的观察能力，对微弱的闪光没有充分重视，那么就错过了一个最重要的发现。实际上在伦琴之前，就有不少人发现过一些和 X 射线有关的实验现象，但是由于观察不细致，让这些现象白白溜走了。我们在做实验时，要像伦琴那样善于观察和捕捉那些稍纵即逝的实验现象，培养观察能力。

（2）在实验中还要培养分析问题的能力

对同一个现象，经过认真分析可以得出重要的结论，不认真分析就有可能一无所获。英国物理学家、1917 年诺贝尔物理学奖获得者巴克拉（Charles Glover Barkla，1877—1944），测量了多种物质对 X 射线的吸收情况，即测定 X 射线穿过不同厚度的铝片和其他物质后的强度。他发现对 X 射线的某些成分，吸收系数为常数，即与厚度无关，这种辐射被称为均匀辐射，即标识辐射。通过一系列巧妙的实验，巴克拉推断，元素受入射 X 射线激发时放射出两种特征辐射，他称之为 K 辐射和 L 辐射。当时他所能应用的确定辐射性质的唯一方法，就是测量吸收。能从吸收的规律中分析出 X 射线的光谱结构，这样的分析可以说是"入木三分"，非常深刻。分析是要在深入事物的内部、掌握各个细节的同时，排除各种干扰和影响因素，透过事物的现象揭示本质和规律。我们要在实验中养成分析问题的习惯，遇到问题时想一下"为什么"，使分析能力逐渐提高。

（3）培养研究和创新能力

有的同学习惯于照着书上给出的实验步骤一步一步做，做一步，看一步。做完实验，合上书本，脑子里什么也没有剩下。我们提倡同学在实验中研究问题，从实验的器材装置到实验的方法、从仪器调整到实验数据的测量、从实验电路的选择到仪器装置的合理利用等都是值得考虑的。同一个物理量，使用相同的装置测量，可以有不同的方法；例如用分

光计测量三棱镜的顶角，可以利用望远镜找出其法线测量，也可以由准直管发出的平行光经过望远镜测量。我们的同学在探究实验和学生科研立项中，提出过很多既有实际应用价值又适合用所学的实验方法解决问题的题目。可见，只要大家留心观察、认真思考，就可以找到适当的方法去研究和解决问题。我们提倡同学之间、同学和老师之间的交流，但是反对事无巨细，全都去问别人，自己不做任何思考；我们主张以自己的思考为主，实在想不出来，看书也解决不了的问题再去问。我们做的教学实验，虽然都是比较成熟的实验，但只要我们肯思考，认真研究，都有一定的发挥和创新余地。

（4）培养综合设计能力

教学实验是要通过基础的实验来培养实验能力，只去验证别人的实验结果不是我们的最终目的。在做实验的过程中，要注意综合能力的培养。有的同学擅长搭接电路，再难的电学实验也不怕，但遇到需要调整光学仪器的实验就不知从何下手了。的确，光学实验仪器的调整与电学仪器调整的规律和方法完全不同；但是近年来的实验技术已经向综合性发展，传感器被大量应用，计算机采集和处理数据在物理实验中也日益增多，力学实验中多处用到传感器，很多实验集光学、电学、力学的方法于一体。因此，同学们应当增强自己的综合能力。同时也要学会设计实验，学习用实验解决实践中遇到的问题。例如有的电学实验中用到的电压表、电流表，需要测定它的内阻，在我们学习了电桥法测电阻的实验后，能否自己设计测定电表内阻的实验？当然设计实验时，应当考虑到各种条件的限制，如电流表内阻较小，同时允许通过的电流强度又受到量程的限制。在我们的实验中，安排了一些设计性实验的题目，希望同学充分发挥聪明才智，设计出自己的实验来。

2. 培养实事求是、一丝不苟的作风

要尊重事实，绝不能因为与实验规律不符而随意修改实验数据。著名物理学家穆斯堡尔（Rudolf Ludwig Mössbauer，1929—2011）为我们树立了很好的榜样。穆斯堡尔在测量 ^{191}Ir 的 129keV 激发态寿命时，出乎意料地发现核共振吸收随温度的降低不但没有降低，反而加强了万分之一左右，而这与预期的情况相反。最初他以为可能是由于某种污染效应引起的。他在一次颁奖仪式上说："那时我正对 γ 射线的另一个特殊的特性感兴趣，因此我没有更多地为这一'污染'效应而担心。然而，在完成这一计划内的（由此我要写论文）实验时，我只是出于好奇，再一次开始寻找这一'污染'效应。我将实验装置进行了各种可能的改变，但仍然不能去除它。于是我变得越来越兴奋，用了好几天的时间，通过令人愉快的努力去消除这一效应，但是不可能成功……我首先试着从实践上去解释，但是各种解释都失败了。"对这个只有万分之一左右的"反常"吸收，穆斯堡尔没有轻易错过它，而是紧紧抓住不放，开始以为几天就能解决，实际上用了将近一年的时间，终于证明了温度降低的确使共振吸收增加了。万分之一的概率很容易被人们忽略，或者被随意地归结为仪器误差，但是穆斯堡尔没有这样做，他从"好奇"出发追踪这一现象，"反常"吸收没有消除，坚持深入研究。正是一丝不苟的严谨作风，使他抓住了机遇，有了这一重要发现。

可见，实事求是、一丝不苟的作风在科学研究中是极为重要的，同学们要在实验中培养这种优良的作风。

3. 注意理论与实验的结合

物理学是基础科学，理工科专业的同学做物理实验，是要通过实验，学习物理学基本的实验方法和实验技术，更深刻地理解理论与实验的关系，培养科学的思想方法。对于每个物理实验，我们都要认真分析它的思路，从一定的高度上认识这些实验的意义。例如霍尔效应实验，第一步是已知磁场测霍尔灵敏度，第二步是已知霍尔灵敏度测磁场。实际上可以将第一步作为对霍尔元件进行定标，第二步就是用已定标的霍尔元件测未知磁场，而这正是霍尔元件的重要应用之一。如果保持霍尔元件的电流不变，使其在一个均匀梯度的磁场中沿梯度方向移动，则输出的霍尔电势差的变化量与移动距离成正比，就可以做成霍尔位移传感器。这样就可以扩展我们的眼界。

一般地，物理学的很多理论，是在一定的实验事实的基础上总结概括出来的。但也有一些理论，是先提出一些假说，如果能够经过实验的检验和证明，就可以成为大家公认的理论，如果被实验证明是错了的，就需要对假说进行修改或推翻。理论对实验又具有一定的指导作用，对实验中的现象，要用理论去分析研究。教学实验更需要理论的指导。1923年，诺贝尔物理学奖获得者密立根（Robert Andrews Millikan，1868—1953）在他的获奖演说中这样说："科学是用理论和实验这两只脚前进的，有时这只脚先迈出一步，有时是另一只脚先迈出一步，但是前进要靠两只脚；先建立理论然后做实验，或者是先在实验中得出了新的关系，然后再迈出理论这只脚并推动实验前进，如此不断交替进行。"他用非常形象的比喻说明了理论和实验在科学发展中的作用。作为一名实验物理学家，他不但重视实验，也极为重视理论的指导作用。

在我们即将开始物理实验的时候，我们还想起了美国俄亥俄州立大学 E. L. J. Jossem 教授讲过的一句话："I hear and I forget，I see and I remember，I do and I understand."译成中文即："我只听，易忘记；我看过，易牢记；我做过，易掌握。"这句话说明了亲眼看到实验现象和亲手做实验有多么重要。相信同学们一定能够通过自己亲手实验，对物理学的原理和方法有更深入的理解，为进一步学习各门专业课打好基础。

第二节　测量误差和不确定度

物理实验有定性观察，而更多的是定量测量。一个严谨完整的测量结果，可以表述为以下形式：

$$Y = y \pm u_y \tag{1}$$

式中，Y 是被测物理量的符号，y 是被测量值，u_y 是被测物理量的不确定度。该式表示被测对象的真值落在（$y-u_y$，$y+u_y$）范围内的概率是很大的，u_y 的取值与一定的概率相联系。这是一种常用的、较为严谨的评价测量结果的方式。

测量分为直接测量和间接测量。直接测量是指无须对被测量与其他实测量进行函数关系的计算而直接得到被测量值的测量，所测得的测量量称为直接测量量。间接测量是指利用直接测量量与被测量之间的已知函数关系，经过计算从而得到被测量值的测量，所测得的测量量称为间接测量量。例如普通基础实验中的"杨氏模量的测定（伸长法）"，需要通过测量钢丝的直径和光杠杆长度等物理量，以便计算钢丝的弹性模量。其中对钢丝直径和光杠杆长度的测量就称为直接测量，这两个物理量是直接测量量；而对弹性模量的测量是间接测量，这个物理量就称为间接测量量。

无论哪种测量都是存在误差的，测量不可能无限准确。我们测量的任务，不仅要给出被测量真值的最佳估计值，而且要给出最佳估计值可靠程度的说明。

一、测量误差的定义和分类

1. 测量误差的定义

测量误差可以表述为以下形式：

$$误差(\varepsilon)=测量结果(X)-真值(a) \tag{2}$$

它有两个基本特性：首先，误差是普遍存在的；其次，一般它都是小量。虽然随着测试技术的进步，测量误差可以被控制到很小，但不可能完全消除。

误差的表示方法有两种：绝对误差和相对误差，其中式（2）中的ε为绝对误差。相对误差E有

$$E=\frac{|\varepsilon|}{a}\times100\% \tag{3}$$

在已知最佳估计值、经验值或理论值时，公式（3）中的真值a可用这些值替代计算。此时相对误差也被称作相对偏差。相对偏差是常用的评价测量结果的方式之一。

2. 测量误差的分类

测量误差可分为系统误差和随机误差（也称为偶然误差）。所谓系统误差是指在相同的条件下，对同一被测量的多次测量过程中，绝对值或符号保持恒定，或以可预知的方式变化的测量误差。而随机误差是在相同条件下，对同一量的多次重复测量中，绝对值和符号是以不可预知方式变化的测量误差。大量测量结果的随机误差服从正态分布。

系统误差是由理论条件的近似性、测量方法和测量仪器的误差等造成的。典型的理论近似导致的系统误差的例子是利用单摆周期公式

$$T=2\pi\sqrt{\frac{L}{g}}$$

测量本地重力加速度g的实验。在这个实验中，如果单摆摆角较大，不满足公式摆角很小的条件，就会产生理论的近似性导致的系统误差。

典型的由于测量方法产生系统误差的实验是伏安法测电阻。测量时电表存在内阻，使得阻值测量不准确，从而产生误差。测量电阻常用的方法是电桥法，尤其对于中值电阻，用电桥法测试更准确。伏安法常用于测试元器件等的伏安特性曲线。

仪器误差主要是由仪器的工艺制作等造成的，如螺旋测微计的螺纹间距误差，指针式仪表的刻度不准等。

另外有些实验者有习惯性的测试误差，如秒表计时总是超前或滞后等。

系统误差又可分为已定系统误差和未定系统误差。前者包括仪表、螺旋测微计等的零位误差，伏安法测电阻中电流表内接、外接引起的误差等。已定系统误差是必须加以修正的。而后者有螺旋测微计制造时的螺纹公差等，一般可以根据出厂时仪器说明书上的误差限确定其范围。

随机误差产生的原因主要包括实验条件和环境因素无规则的起伏变化。例如，电表轴承的摩擦力变动；在一定范围内，螺旋测微计测量结果的随机变化和操作读数时的视差影响等。

服从正态分布的随机误差具有三个特点：单峰性、对称性和有限性。①单峰性是指小误差（ε）出现的概率（$\xi(\varepsilon)$）比大误差出现的概率大；②对称性是指多次测量时，随机误差分布对称，具有抵偿性——因此用多次测量的算术平均值作为测量结果的最佳估计值，

有利于消减随机误差。③有限性是指超过某一误差的大误差是不应该出现的。这三个特点可以通过正态分布曲线来反映，如图 1 所示。关于正态分布函数的知识参见本章阅读资料 1。

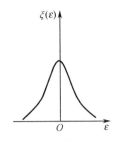

图 1　随机误差的正态分布曲线

3．随机误差的计算

假定对一个量进行了 n 次测量，测得的值表示为 x_i（$i=1, 2, \cdots, n$），可以用多次测量的算术平均值 $\bar{x}$ 作为被测量的最佳估计值（暂不考虑系统误差），有

$$\bar{x} = \frac{\sum\limits_{i=1}^{n} x_i}{n} \tag{4}$$

根据随机误差的对称性可以证明公式（4）成立。可以发现测量次数 n 越大，算术平均值越接近真值。

一般用标准偏差 $s(x)$ 表示测量值 x_i 的分散性。按照贝塞尔公式，可以求出 $s(x)$：

$$s(x) = \sqrt{\frac{\sum\limits_{i=1}^{n} (x_i - \bar{x})^2}{n-1}} \tag{5}$$

它又称为测量列的标准偏差。

平均值的标准偏差 $s(\bar{x})$ 可写为（推导过程参见本章阅读材料 2）

$$s(\bar{x}) = \frac{s(x)}{\sqrt{n}} \tag{6}$$

s 的物理意义是：s 值大表明测得值很分散，随机误差分布范围宽，测量的精密度低；s 值小表明测得值很密集，随机误差分布范围窄，测量的精密度高。

4．数据的格罗布斯判据

做实验时，某种错误会导致出现大误差的测量值。根据误差理论，可以利用格罗布斯判据别除错误数据。设测量值 $x_1, x_2, \cdots, x_n$ 为正态样本，其平均值为 $\bar{x}$，格罗布斯判据的统计量 G 如下式所示：

$$G = \frac{|x_i - \bar{x}|}{s} \tag{7}$$

式中，s 为测量值的标准偏差。对于可疑值 x_m，当有下式

$$\frac{|x_m - \bar{x}|}{s} > G(n) \tag{8}$$

成立时，判定测量值 x_m 为高度异常数据。式中 $G(n)$ 为判据临界值，n 为测量次数。不同 n 的判据临界值如表 1 所示。

表 1　格罗布斯判据临界值表

n	3	4	5	6	7	8	9	10	11	12	13
$G(n)$	1.15	1.49	1.75	1.94	2.10	2.22	2.32	2.41	2.48	2.55	2.61

二、测量误差与不确定度

1993 年，国际标准化组织（ISO）和国际计量局（BIPM）等七个国际组织联合推出了不确定度的权威文件 *Guide to the expression of Uncertainty in measurement*。

不确定度表示由于存在测量误差而对被测量值不能确定的程度。它是一定概率下的误差限值，反映了可能存在的误差分布范围，这是包含了偶然误差分量和未定系统误差分量的联合分布范围。

不确定度与误差是有区别的，由于真值是不可知的，误差一般是不能计算的，它可正、可负，也可能十分接近零；而不确定度总是不为零的正值，是可以具体计算给出的。

1. **直接测量量不确定度 u 的估算**

直接测量量的总不确定度分为两类，其中 A 类分量 $u_A(\bar{x})$ 是和多次重复测量有关，用统计学方法估算的分量；而 B 类分量 $u_B(\bar{x})$ 是用非统计学方法评定的分量，它与仪器误差 $\Delta_{仪}$ 有关，在各类仪器误差出现概率都相等的情况下，它可以用 $\Delta_{仪}/\sqrt{3}$ 估算。

这两类不确定度分量在相同置信概率下，用方和根方法合成总不确定度：

$$u = \sqrt{u_A^2 + u_B^2} \qquad (9)$$

单次测量时，有 $u = u_B$。

2. **直接测量量不确定度的结果表示**

用不确定度表示直接测量量的测试结果，根据式（9）有

$$x = (\bar{x} - x_0) \pm \sqrt{s^2(\bar{x}) + (\Delta_{仪}/\sqrt{3})^2} \qquad (10)$$

其中，以测量列 $x_i(i=1, 2, \cdots, n)$ 的平均值 $\bar{x}$，再修正掉已定系统误差 x_0，得到被测对象的最佳估计值 $(\bar{x} - x_0)$；在测量次数 n 足够多时，有 A 类不确定度 $u_A = s(\bar{x})$，即等于算术平均值的标准偏差，计算方法参见式（6）和式（5）；B 类不确定度为 $u_B = \Delta_{仪}/\sqrt{3}$。

例：用螺旋测微计测某一钢丝的直径，10 次测量值 x_i 分别为 0.249 mm，0.250 mm，0.247 mm，0.250 mm，0.251 mm，0.253 mm，0.250 mm，0.252 mm，0.250 mm，0.248 mm；同时读得螺旋测微计的零位 x_0 为 0.004 mm，已知螺旋测微计的仪器误差为 $\Delta_{仪}$=0.005 mm，请给出完整的测量结果。

解：测得值的最佳估计值为

$$y = \bar{y} - y_0 = 0.250 - 0.004 = 0.246 \text{ mm}$$

平均值的标准偏差为

$$s(\bar{x}) = \sqrt{\frac{\sum_{i=1}^{n}(y_i - \bar{y})^2}{(n-1)n}} = 0.000\,6 \text{ mm}$$

当测量次数 n=10 时，可近似有

$$u_C = \sqrt{u_A^2 + u_B^2} = \sqrt{s^2(\bar{x}) + (\Delta_{仪}/\sqrt{3})^2} = \sqrt{0.000\,6^2 + (0.004/\sqrt{3})^2} \approx 0.003 \text{ mm}$$

则测量结果为 Y=0.246±0.003 mm。

3. **间接测量量的不确定度**

间接测量量不确定度的计算是基于直接测量量不确定度，通过"方和根"合成的方式得到的。即对一定权重的各直接测量量的不确定度，进行"平方""求和"再"求根"的运

算，从而得到间接测量量的不确定度。具体形式如公式（11）所示：

$$Y = f(x_1, x_2, x_3, \cdots)$$

$$u_Y = \sqrt{\sum\left(\frac{\partial f}{\partial x_i} u_{x_i}\right)^2} \qquad 和差形式 \qquad (11)$$

$$\frac{u_Y}{Y} = \sqrt{\sum\left(\frac{\partial \ln f}{\partial x_i} u_{x_i}\right)^2} \qquad 乘、除、指数形式$$

其中，式（11）的第一式中 $x_i(i=1, 2, 3, \cdots, n)$ 为各直接测量量，Y 是间接测量量。如果第一式的函数关系是"和"或"差"的形式，则间接测量量的不确定度 u_Y 的计算公式是第二式，其中 u_{x_i} 是各直接测量量的不确定度，$\frac{\partial f}{\partial x_i}$ 是利用第一式对第 i 个直接测量量 x_i 求偏导的结果。如果函数关系是"乘""除""对数"或"指数"的形式，则间接测量量的相对不确定度 $\frac{u_Y}{Y}$ 的计算公式是第三式，其中 $\frac{\partial \ln f}{\partial x_i}$ 是利用第一式，先对其两边取对数，再对第 i 个直接测量量求偏导的结果。

例：已知金属环外径的测量结果是 $D_2 = 3.600 \pm 0.021$ cm，内径的测量结果是 $D_1 = 2.880 \pm 0.003$ cm，高是 $h = 2.575 \pm 0.005$ cm，试求环的体积 V 和其不确定度 u_V。

解：根据环体积公式有

$$V = \frac{\pi}{4}(D_2^2 - D_1^2)h = \frac{\pi}{4} \times (3.600^2 - 2.880^2) \times 2.575 \approx 9.436 \text{ cm}^3$$

对环体积公式先取对数再求偏导得到

$$\frac{\partial \ln V}{\partial D_2} = \frac{2D_2}{D_2^2 - D_1^2}, \quad \frac{\partial \ln V}{\partial D_1} = \frac{-2D_1}{D_2^2 - D_1^2}, \quad \frac{\partial \ln V}{\partial h} = \frac{1}{h}$$

代入公式（11）中的第三式，得到间接测量量的不确定度，有

$$\frac{u_V}{V} = \sqrt{\left(\frac{2D_2 u_{D_2}}{D_2^2 - D_1^2}\right)^2 + \left(\frac{-2D_1 u_{D_1}}{D_2^2 - D_1^2}\right)^2 + \left(\frac{u_h}{h}\right)^2} = 0.005$$

求环体积的不确定度 u_V，有

$$u_V = V \frac{u_V}{V} = 9.436 \times 0.0081 \approx 0.05 \text{ cm}^3$$

因此环体积的测量结果可以表示为 $V = 9.44 \pm 0.05$ cm³。

三、习题

求出下列各间接测量量的不确定度公式：

1. $V = \frac{4}{3}\pi r^3$；2. $g = \frac{2s}{t^2}$；3. $\rho = \rho_0 \frac{m_1}{m_1 - m_2}$，式中 ρ_0 为常数；4. $a = \frac{d^2}{2s}\left(\frac{1}{t_2^2} - \frac{1}{t_1^2}\right)$。

以上 4 式中，除常数外，公式右侧的符号均为直接测量量。

第三节　其他常用数据处理方法

一、实验中的有效位数

实验中所得到的测量结果都是含有不确定度的数值，这些数值的有效数字不能任意取舍，它的有效位数反映了测量的精确度。有效位数是初中阶段就有的概念，但是在中学真正将它用于实验的不多。在大学物理实验中，有效位数是贯穿始终的。无论在记录数据、计算还是书写测量结果时，都应该根据有效数字的规则，确定给出它们的有效位数。

1. 直接测量量（原始数据）的有效数字应反映仪器的精确度

不同的仪器，测量结果的有效位数是不同的。对于游标类器具（游标卡尺、分光计度盘、大气压计等），一般读到游标最小分度的整数倍，即不需要估读。而对于数显仪表和有十进步式标度盘的仪表（电阻箱、电桥、数字电压表等），一般应直接读取仪表的示值。对于指针式仪表，如千分尺和水银温度计等，读数时应估读到仪器最小分度的 1/10～1/2。直接测量量的有效位数应不随被测量的单位变化而改变。

2. 有效数字的运算规则

用计算器或计算机进行计算时，中间结果可不作修约或适当多取 1～2 位（不能任意减少）。

（1）做加减运算时，其结果的末位，以参与运算的末尾的最高位为准。例如：

$$11.4+2.56=14.0$$
$$75-10.356=65$$

（2）做乘除运算时，其结果的有效位数与参与运算的有效位数最少的相同。例如：

$$4000×9=4×10^4$$
$$2.000÷0.99=2.0$$

（3）做乘方、开方运算时，其结果的有效位数，与底数的有效数字相同。例如：

$$5.86^2=34.3$$

即仍然是 3 位有效数字。

（4）函数运算结果的有效位数，具体包括三角函数、对数和指数的有效位数，可通过使函数值末位加 1 后的结果，与原值结果比较确定。例如：

$$\sin43°26'=0.687\ 510\ 098$$

函数值末位加 1 后，有 $\sin43°27'=0.687\ 721\ 305$，则有

$$\sin43°26'=0.687\ 5$$

即应保留 4 位有效数字。

3. 用不确定度评价测量结果时，表达式中的有效位数问题

一般不确定度 u 的有效位数取 1～2 位。当首位数字大于或等于 3 时，u 取 1 位有效数字；首位数字为 1 或 2 时，u 取 2 位有效数字。例如：

当 $u=0.548$ mm 时，取 $u=0.5$ mm

当 $u=1.37$ Ω 时，取 $u=1.4$ Ω

而被测量值的有效位数由其不确定度决定。在测量结果的表述 $X=x±u$ 中，被测量值 x

的末位要与其不确定度 u 的末位对齐（求出 x 后，先多保留几位；之后求出 u，由 u 决定 x 的末位）。

例如：在环的体积的测量结果中，有

$$V = \frac{\pi}{4}(D_2^2 - D_1^2)h = 9.436 \text{ cm}^3$$

其不确定度估算结果为

$$u_V = 0.05 \text{ cm}^3$$

最后结果的表达式为

$$V = 9.44 \pm 0.05 \text{ cm}^3$$

即不确定度的末位在小数点后第二位，测量结果的最后一位也取到小数点后第二位。

如果不用不确定度评价测试结果，结果的有效位数遵循有效数字运算规则。

4. 数值的修约规则

在计算过程中，常常遇到数值修约的问题。为了使运算后的数值只保留有效数字，其他数字应舍去。舍去数字的第一位应按照如下规则处理：4 舍、6 入、5 成双。即舍去数字的第一位为 1~4 时，舍去不进位；舍去数字的第一位为 6~9 时，舍去的同时进 1；舍去的数字为 5 时，分为两种情况：（1）保留的最后一位为奇数时，舍 5 进 1；（2）保留的最后一位为偶数时，舍 5 不进。但是 5 的下一位不是 0 时，仍要进位。

例如：不确定度计算结果为 $u = 0.135$，根据上述 4.中的说明，则有 $u = 0.14$，舍 5 进 1。如果不确定度计算结果为 $u = 0.125$，则有 $u = 0.12$，舍 5 不进。但是如果不确定度计算结果为 $u = 0.12516$，则有 $u = 0.13$，舍掉后三位的同时进 1。

二、基于最小二乘法的作图和数据拟合

作图法可以形象、直观地显示出物理量之间的函数关系，它也常常被用来进一步求取某些物理的参数，因此作图法是一种重要的数据处理方法。作图时要先整理出数据表格，然后可以利用计算机作图。

例如：利用伏安法测电阻实验中，首先通过测试得到数据列表，如表 1 所示。

表 1　测试所得数据列表

U/V	0.74	1.52	2.33	3.08	3.66	4.49	5.24	5.98	6.76	7.50
I/mA	2.00	4.01	6.22	8.20	9.75	12.00	13.99	15.92	18.00	20.01

再利用计算机 Excel 中的图表功能，作出 I-V 关系图，如图 1 所示。

作图时需要注意一些基本规范，例如应标出坐标轴的物理符号和单位；图上的实验测试点可用"×""+""Δ"等符号标出（同一坐标系下不同曲线应该用不同的符号）；在图上方应写出图线的名称，在空白位置给出必要的说明（如实验条件）等。

利用计算机作图便于进行基于最小二乘法的数据拟合，下面以直线拟合为例介绍一下这种拟合的思路。

若通过实验，在相同条件下测得一组互相独立的实验数据（x_i，y_i，$i = 1, 2, \cdots, n$），设两个物理量 x、y 满足线性关系，且假定不确定度主要出现在 y_i 上（通过间接测量量不确定度公式），设拟合直线公式 $y = f(x) = a + bx$ 可以反映所测数据的数学关系，根据最小二乘法原理，当所测得的各 y_i 值与拟合直线上对应的各估计值 $f(x_i) = a + bx_i$ 之间偏差的平方和最小，即有

$$\sum \varepsilon_i^2 = \sum [y_i - f(x_i)]^2 = \sum [y_i - (a + bx_i)]^2 \rightarrow \min$$

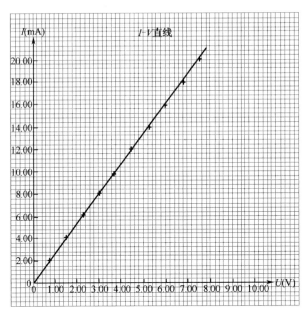

图1 作图示例

时，所得拟合直线公式为最佳经验公式。此时有

$$\frac{\partial \sum \varepsilon_i^2}{\partial a} = -2\sum(y_i - a - bx_i) = 0 \qquad \frac{\partial \sum \varepsilon_i^2}{\partial b} = -2\sum(y_i - a - bx_i)x_i = 0$$

解得

$$a = \frac{\sum x_i y_i \sum x_i - \sum y_i \sum x_i^2}{(\sum x_i)^2 - n\sum x_i^2} \qquad b = \frac{\sum x_i \sum y_i - n\sum x_i y_i}{(\sum x_i)^2 - n\sum x_i^2}$$

除了可以给出拟合直线的截距 a 和斜率 b 外，最小二乘法处理数据还可以给出关联系数 r，其定义为

$$r = \frac{\sum(x_i - \bar{x})(y_i - \bar{y})}{\sqrt{\sum(x_i - \bar{x})^2}\sqrt{\sum(y_i - \bar{y})^2}}$$

式中，$\bar{x} = \dfrac{\sum x_i}{n}$，$\bar{y} = \dfrac{\sum y_i}{n}$。$r$ 表示测得的两个变量之间的函数关系与拟合公式的符合程度，有 $r \in [-1, 1]$。当 $|r| \to 1$ 时，x_i、y_i 间线性关系好，当 $|r| \to 0$ 时，x_i、y_i 间无线性关系，线性拟合无意义。借助计算机的 Excel 或者一些专业计算软件的固有程序，可以直接得到 a、b 和 r。根据数理统计理论，对于一定的测量次数 n，r 要大于一定临界值 $r_{临}$时，才能认为两测量量之间存在拟合结果所具有的数学关系，具体情况如表2所示。

表2　n 与 $r_{临}$数值表

n	3	4	5	6	7	8	9	10
$r_{临}$	0.9998	0.990	0.959	0.917	0.874	0.834	0.798	0.765

可以证明直线拟合截距 a 和斜率 b 的标准偏差为

$$s_a = s_b \sqrt{\frac{\sum x_i^2}{n}} \qquad\qquad (1)$$

$$s_b = \sqrt{\frac{1-r^2}{n-2}} \cdot \frac{b}{r} \quad\quad\quad (2)$$

如果是其他数学形式的拟合，原理相同。例如对于指数拟合，有拟合方程 $y=f(x)=ae^{bx}$，同样基于最小二乘法，使所测得的各 y_i 值与拟合方程上的各估计值 $f(x_i)=ae^{bx_i}$ 之间偏差的平方和最小，只是得到的 a、b 的数学公式形式更复杂，但都是可以借助计算机 Excel 的固有程序直接得到 a、b 和 r。Excel 程序可以进行直线、指数、对数和多项式等多种形式的拟合。

在各种数据处理方法中，基于最小二乘法的数据拟合精度是较高的，即用这种方法做数据处理，引入的由于计算产生的不确定度较小。

三、习题

1．以毫米（mm）为单位表示下列各值：

1.58 m　0.01 m　2 cm　3.0 μm　7.23 km

2．按照有效数字运算规则，算出下列各式之值：

（1）(6.87+8.93)/(133.75−21.073)

（2）20.35sin57°30′

（3）2.73exp(3.279)

（4）(25^2+943.0)/479.0

（5）$\dfrac{1}{751.2}\left(\dfrac{1.36^2 \times 8.75 \times 480.0}{23.25-14.78} - 62.69 \times 4.186\right)$

3．根据以下数据，利用 Excel 作图，给出拟合直线公式和相关系数，求出电阻值和它的标准偏差。

U/V	0.74	1.52	2.33	3.08	3.66	4.49	5.24	5.98	6.76	7.50
I/mA	2.00	4.01	6.22	8.20	9.75	12.00	13.99	15.92	18.00	20.01

第四节　电学实验基础知识

电学实验在基础物理实验中占了很大比重。由于目前各类传感器的大量使用，在不同学科的教学和科研实验室都可能用到电学仪器。电学仪器使用不当易造成损坏，因此了解这些常用仪器的使用方法是非常必要的。

一、电源

1．直流电源

实验室常用的直流电源是双输出的恒压恒流源，其中恒压源的使用较为频繁。使用直流电源时，应注意它的正负极，避免外回路短路，注意它的最大输出电压和电流。

为了避免正负极接错和外回路短路等问题，做电学实验（直流）前要检查电路，检查无误后再合上开关进行实验，首次合开关时应"试触"，合的同时观察电表是否有指针反打或超量程的现象，如有问题应马上断电，修正电路中的问题。

做完实验时，应先将电压调节旋钮（如 Voltage 下方的 coarse-粗调旋钮，fine-细调旋钮）

旋到最小，再断开开关拆线。

2．交流电源

交流电源包括 50 Hz、220 V 的市电和实验中用到的函数发生器或信号发生器。后者可以产生 3 种不同波形的周期性电压信号，包括正弦波、三角波和方波信号，这些信号的频率和幅度在一定范围内可调。用于教学的函数发生器，其输出信号的频率上限常为 2 MHz。函数发生器使用时，需要用屏蔽线与面板的端口（output 50 Ω）连接，屏蔽线另外一端有两根引线（常为小夹子和钩子，或是红线和黑线，其中红线为信号端，黑线为接地端），用于与外电路中的元件等连接，测量其端电压。

二、电表

实验室常用电表包括电压表、电流表、灵敏检流计和万用表。

1．指针式电表

（1）电表的准确度等级和基本误差

电表包括电压表和电流表。它们的面板上经常有一些重要的信息，具体参见表 1，例如使用时电表的放置方式和准确度等级等。后者是与测量误差（即与 B 类不确定度相关的仪器误差）密切相关的。国家标准的准确度等级（a）有 7 个，分别是 0.1 级、0.2 级、0.5级、1.0 级、1.5 级、2.5 级和 5.0 级。准确度等级反映了测量误差的大小，它与电表的相对误差 E 有关，有

$$E = \frac{|\Delta x_m|}{x_m} \cdot 100\% \tag{1}$$

$$\frac{|\Delta x_m|}{x_m} \cdot 100\% \Rightarrow a\% \tag{2}$$

式中，x_m 为所使用的电表量程，Δx_m 为通过标定得到的该电表的最大绝对误差。表的准确度等级 a 是将测试计算得到的相对误差 E 靠向国家规定的 7 个准确度等级中最接近的且较大的那个。例如，如果计算结果有 $E=1.9\%$，则被标定表的准确度等级为 2.5 级。

（2）测量结果的评价

根据电表的准确度等级，评价测量结果常用的两种方式是：

$$\Delta x_m = a\% \cdot x_m \tag{3}$$

$$E_{max} = \frac{|\Delta x_m|}{x} = a\% \cdot \frac{x_m}{x} \tag{4}$$

式中，E_{max} 为最大相对误差，x 为使用该表（准确度等级为 a 级）在 x_m 的量程下测得的结果。其中式（3）表明，任何测试结果的偏差不会超过 Δx_m。而式（4）表明，对于一定准确度等级的表和量程，测量值大些，最大相对误差 E_{max} 较小。

例：若被测电压为 1.00 V，现有 0.5 级，量程 $U_m=2.5$ V 和 1.0 级，$U_m=1$ V 两块电压表，试问应选择哪块电表测量该电压更好？

解：对于 0.5 级，$U_m=2.5$ V 的电压表，有最大相对误差 E_{1max}

$$E_{1max} = \frac{\Delta V_{m1}}{V} = 0.5\% \times \frac{2.500}{1.00} = 1.25\%$$

对于 1.0 级，0～1V 的电压表，有

$$E_{2max} = \frac{\Delta V_{m2}}{V} = 1.0\% \times \frac{1.00}{1.00} = 1.00\%$$

因此，使用 1.0 级、1 V 量程的表测量误差较小，即测量不能单纯考虑表的准确度等级，应由最大相对误差决定使用表的情况。

表 1　常用电学测量仪表符号

类别	名　称	符　号	类别	名　称	符　号
电流	直流	——	端钮、调零器	负端钮	——
	交流（单相）	∿		正端钮	+
	直流和交流	≂		公共端钮（多量限仪表和复用电表）	✕
	具有单元件的三相平衡负载交流	≋		接地用的端钮（螺钉或螺杆）	⏚
准确度等级	以标度尺量限百分数表示的准确度等级，例如 1.5 级	1.5		与外壳相连接的端钮	⏣
	以标度尺长度百分数表示的准确度等级，例如 1.5 级	⌵1.5		与屏蔽相连接的端钮	◌
	以指示值的百分数表示的准确度等级，例如 1.5 级	(1.5)		调零器	↔
工作位置	标度尺位置为垂直的	⊥	按外界条件分组	Ⅰ级防外磁场（例如磁电型）	▢
	标度尺位置为水平的	▭		Ⅰ级防外磁场（例如静电型）	⟦↓⟧
	标度尺位置与水平面倾斜成一角度，例如 60°	∠60°		Ⅱ级防外磁场及电场	Ⅱ ⟦Ⅱ⟧
绝缘强度	不进行绝缘强度试验	☆		Ⅲ级防外磁场及电场	Ⅲ ⟦Ⅲ⟧
	绝缘强度试验电压为 2 kV	☆		Ⅳ级防外磁场及电场	Ⅳ ⟦Ⅳ⟧

（3）表头参数

电表有两个重要的参数，分别是表头内阻 R_g 和表头灵敏度 I_g。前者是指表头输入端之间的电阻，它是制作不同量程电表的基础，也是不同量程电表内阻的来源之一；后者是指针式仪表表头显示满刻度时，表芯线圈通过的电流值，其数值越小，表明表头灵敏度越高，常为微安量级。

（4）灵敏检流计

灵敏检流计的结构和工作原理与电流表相似，但表头灵敏度更高，常用于判断某支路是否有电流存在，或用于测量弱电流。在对检测精度要求不高时，可以用数字万用表的电流挡或电压挡替代。

2. 数字万用表

数字万用表是现代检测技术的发展成果之一，与传统的电表相比，它有测量精确度高、读数方便和测量速度快等优点。在有稳定的测试结果时，数字表的显示值均为有效数字。

数字万用表的核心部分是数字电压表，其他的测量是以数字电压表为基础的。其最大允许误差 Δ 为

$$\Delta = \pm(a\%U_x + b\mathrm{LSB}) \tag{5}$$

式中，U_x 为测量值，LSB 是最小的读数单位。对于不同的数字万用表，不同的测量对象和量程，公式中的参数 a 和 b 不同。对于表头精度为四位半的数字电压表，满量程示值 U_m

为 19999，有 $a=0.02$，$b=2$。

和指针式仪表相比，数字万用表的使用注意事项是不同的测试对象，表笔接入的端口不同。在插入表笔时，应注意接口上方的符号说明。

三、电阻

实验室常用的电阻有滑线变阻器和电阻箱。在中学阶段，学生对它们就有了基本了解。

滑线变阻器常用于调控回路中的电压和电流，它的主要参数包括全电阻阻值 R_0 和额定电流，典型的应用方式是中学学习过的限流和分压电路。通过分析可以发现，在负载电阻 R_L 与变阻器全电阻阻值 R_0 的比大于 2 时，两类电路更易于调节。

电阻箱也是电学实验室常用的仪器，它既可用于调控又可用于辅助测量。对于常用的 ZX21 型电阻箱，室温 20 ℃时的准确度等级分别为：0.1（×10000 和×1000 挡），0.5（×100 挡），1（×10 挡），2（×1 挡）和 5（×0.1 挡）。其额定功率均为 0.25 W，因此不同挡位的额定电流不同，各挡从大到小的额定电流分别为 0.005 A、0.0158 A、0.05 A、0.158 A、0.5 A 和 1.58 A。当同时使用多个挡位时，需要注意不要超过几个额定电流中的最小值。电阻箱的最大绝对误差 ΔR 为

$$\Delta R = \Sigma R_i \cdot a_i\% \tag{6}$$

式中，R_i 为电阻箱某挡位示数，a_i 为对应挡位的准确度等级。

【阅读材料】

1. 正态分布和 t 分布

在大量相对独立的微小因素的共同作用下，得到的随机变量服从正态分布。物理实验中多次独立测量得到的数据 x 可以近似看作服从正态分布，其概率密度函数为

$$p(x,\mu,\sigma^2) = \frac{1}{\sigma\sqrt{2\pi}} \exp\left[-\frac{1}{2}\left(\frac{x-\mu}{\sigma} \right)^2 \right]$$

式中，μ 表示 x 出现概率最大的值，消除系统误差后，通常就可以得到 x 的近真值。σ 称为标准差，它是正态分布曲线上的拐点。ξ 表示随机变量 x 在 $[x_1, x_2]$ 区间内出现的概率

$$\xi = \int_{x_1}^{x_2} p(x)\mathrm{d}x$$

称为置信概率。

实际测量的任务是通过测量数据 x，求出 μ 和 σ 的值，有

$$\mu = \lim_{n\to\infty} \frac{\sum x_i}{n}$$

$$\sigma = \lim_{n\to\infty} \sqrt{\frac{\sum(x_i-\mu)^2}{n}}$$

当置信概率的积分线 x_1，x_2 分别取 $\pm\sigma$，$\pm2\sigma$ 和 $\pm3\sigma$ 时，可以得到各自对应的置信概率 ξ，有

$$\mu = x \pm \sigma \qquad \xi = 0.683$$
$$\mu = x \pm 2\sigma \qquad \xi = 0.954$$
$$\mu = x \pm 3\sigma \qquad \xi = 0.997$$

由于实际测量次数有限，可用有限 n 次测量值的 $\bar{x}$、$s(x)$ 替代 μ、σ，有

$$\overline{x} = \frac{\sum x_i}{n}, \quad s(x) = \sqrt{\frac{\sum (x_i - \overline{x})^2}{n-1}}$$

此时测量值不符合正态分布，而符合 t 分布。$\mu = \overline{x} \pm s(\overline{x})$ 的置信概率也不是 0.683，而应乘以与置信概率 ξ、自由度 ν 有关的系数 $t_\xi(\nu)$，此时得到置信概率为 ξ 的结果应改为

$$\mu = \overline{x} \pm t_\xi(\nu)s(\overline{x})$$

在实验室常用的测量次数 n（$n=\nu+1$）范围内，系数 $t_\xi(\nu)$ 的值见表 2。

表 2 系数 $t_\xi(\nu)$ 的值

t_ξ / ν ξ	2	3	4	5	6	7	8	9	10	11	12
0.997	19.21	9.21	6.62	5.51	4.90	4.53	4.28	4.09	3.96	3.85	3.76
0.950	4.30	3.18	2.78	2.57	2.45	2.36	2.31	2.26	2.23	2.20	2.18
0.683	1.32	1.20	1.14	1.11	1.09	1.08	1.07	1.06	1.05	1.05	1.04

可以发现，测量次数越多，t 系数越趋于 1。若对某物理量进行 6 次测量（$\nu=5$），则测量结果应表示为

$$x = \overline{x} \pm 1.11 s(\overline{x}) \qquad \xi = 68.3\%$$

这是用 t 分布表示测量结果的方式。t 分布是测量误差理论中的一种重要分布。对于一定的置信概率，它只与测量次数 n 有关，以正态分布为极限。

2. 多次测量算术平均值的标准偏差 $s(\overline{x})$

根据误差理论的合成公式，各独立被测量 x_i 的标准差

$$\sigma(\overline{x}) = \sqrt{\sum_{i=1}^{n}\left[\frac{\partial \overline{x}}{\partial x_i}\sigma(x)\right]^2} = \sqrt{\frac{n\sigma^2(x)}{n^2}} = \frac{\sigma(x)}{\sqrt{n}}$$

当用测量列的标准偏差 $s(x)$ 和算术平均值的标准偏差 $s(\overline{x})$ 分别替代 $\sigma(x)$ 和 $\sigma(\overline{x})$ 时，有

$$s(\overline{x}) = \frac{s(x)}{\sqrt{n}} = \sqrt{\frac{\sum_{i=1}^{n}(x_i - \overline{x})^2}{n(n-1)}}$$

即算数平均值的标准偏差 $s(\overline{x})$ 是 $\sigma(\overline{x})$ 的估计值。

【参考文献】

[1] 国家计量局. 关于实验不确定度建议书 INC-1[S]. 北京：国家计量局，1980

[2] 国家技术监督局. 测量误差及数据处理[S]. 北京：国家计量局，1991

[3] 吕斯骅，段家忯. 新编基础物理实验[M]. 北京：高等教育出版社，2006

[4] 杨述武，赵立竹，沈国土. 普通物理实验 1[M]. 4 版. 北京：高等教育出版社，2009

第二章　基础实验

第一节　预备实验

实验一　长度的测量

长度测量是最基本的测量，许多其他物理量也常常可以转化为长度量进行测量。除了数字显示仪器外，几乎所有的测量仪器最终都将转换为长度进行读数。例如，水银温度计是用水银柱面的高度来读取温度的；福廷气压计也是用标尺读出水银柱高度来测定大气压强的。测量长度的量具和仪器的种类有很多，主要包括钢直尺、钢卷尺、游标卡尺和螺旋测微计等。

【实验目的】

1. 复习游标卡尺、螺旋测微计的原理和使用方法。
2. 学习使用读数显微镜、百分表等仪器的使用方法。
3. 练习有效数字的运算和不确定度的计算。

【实验仪器及器材】

米尺、游标卡尺、螺旋测微计、读数显微镜数显卡尺、百分表、待测物体（钢球、铝圆柱体、漆包线等）。

【实验原理】

1. 米尺

米尺的分度值一般为 1 mm，测量时，可准确读到毫米位，毫米以下的十分位靠视力估计。用米尺测量长度时，通常不用米尺的端点作为测量起点，而是选择零点以后的某个整数刻度值作为起点，然后从终点读数中减去起点读数，以减小端点磨损带来的测量误差。

2. 游标卡尺

游标是一个附在主尺上的可移动附件，利用它可以使测量数据更为精确。这种用游标提高测量精度的方法，不仅用在游标卡尺上，还广泛用在分光计、经纬仪和测高仪等仪器上。如图 1 所示，游标卡尺主要包括主尺 D 和附加在主尺上的能沿主尺滑动的副尺（游标尺，游标）E，量爪 A、A′ 与主尺 D 相连，量爪 B、B′ 及深度尺 C 与游标 E 相连，量爪 A、B 用来测量厚度和外径，量爪 A′、B′ 用来测量内径，深度尺 C 可用来测量槽或不透的孔的深度。F 为固定螺钉，当需要把卡尺从被测物体上取下后才能读数时，应先将固定螺钉拧紧。

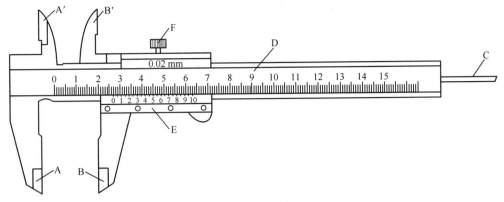

图 1 游标卡尺的外观

常用的游标卡尺的游标分度值有 0.10 mm、0.05 mm、0.02 mm 三种，主尺分度值一般为 1 mm。分度值为 0.02 mm 的游标通常有 50 个分格，也称为五十分游标，50 个分格对应主尺上的 49 mm。这种游标卡尺在实验室用得较多。如图 2 所示，当游标的"0"刻线与主尺的"0"刻线对齐时，游标上的第 50 条刻线与主尺上第 49 条刻线对齐。此时游标上"0"刻线后的第 1 条刻线与主尺上 1 mm 刻度线

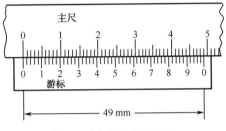

图 2 五十分游标示意图

之间的距离差为 0.02 mm，游标上的第 5 条刻线与主尺上 5 mm 处刻度线的间距为 5×0.02=0.10 mm。为了读数方便，在游标上的第 5、10、15、20、25、30、35、40 和 45 条刻线下分别标有 1、2、3、4、5、6、7、8 和 9 这几个数字，表示游标的这些刻线与主尺某一刻线对齐时，游标的读数分别为 0.10 mm、0.20 mm、0.30 mm、0.40 mm、…、0.90 mm。同理，如果游标上标有"3"的刻线，其后面第 2 条刻线与主尺刻线对齐，游标的读数即为 0.34 mm。

使用游标卡尺测量前，应先使量爪 A 和 B 合拢，检查游标的"0"刻线与主尺的"0"刻线是否能够对齐。如两者不能对齐，应将此时的读数作为零点读数值，对测量值进行修正。当遇到游标相邻两条刻线与主尺某两条相邻刻线对齐的程度接近时，要确定一条为准，一般不再估读游标卡尺分度值的几分之一。

使用游标卡尺时，一手拿物体，另一手拿游标卡尺，轻轻地将物体卡住，注意保护量爪，避免磨损，不要用游标卡尺测量表面粗糙的物体，用量爪卡紧物体后，不要使物体与量爪相对运动。测量时，要用量爪将被测物体卡正，特别是测量孔和环的内径时，一定要找到最大值，否则测量结果不准确。读数时，先读出与游标的"0"刻线对应的主尺整数刻度值，再从游标上读出不足 1 mm 的数值。将主尺和游标上读出的数值合在一起时，应注意主尺上标出的数值是以 cm 为单位的，游标上的分度值又是 mm，因此建议先统一用 mm 为单位读数。

3. 螺旋测微计

螺旋测微计（千分尺）是比游标卡尺更精密的长度测量仪器。如图 3 所示，它的主要部分是一个装在尺架 G 上的精密的测微螺杆（简称螺杆）B，螺距为 0.5 mm，因此螺杆旋转一周时，螺杆沿轴线方向前进或后退 0.5 mm。固定套筒 C 的后端加工成螺母，螺杆后端连接着一个可旋转的微分套筒 D，它的一周分为 50 个等分格，当微分套筒旋转一个格时，

螺杆沿轴线方向前进或后退 0.5/50 mm（即 0.01 mm）。螺旋测微计的最小分度为 0.01 mm。固定套筒中央沿轴线方向的一条刻线称为准线，其下方有毫米刻度，上方有半毫米刻度，这是主尺。

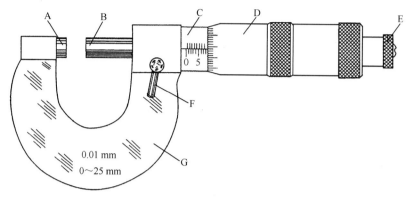

图 3　螺旋测微计的外观

在测量长度时，应轻轻旋转微分套筒后端的棘轮 E，使待测物刚好被测砧 A 和螺杆 B 夹住，不要直接旋转微分套筒 D，以免拧得太紧，影响测量结果或损伤螺杆。测量完毕松开螺杆时，可旋转微分套筒。读数时，先从微分套筒 D 的有刻度的边缘对应的 C 上的固定标尺位置读出整格数（注意每格 0.5 mm），0.5 mm 以下的读数由准线对应的微分套筒的圆周上的刻度读出，估读到 0.001 mm 这一位。图 4 是螺旋测微计读数的两个例子。图 4（a）中，主尺读数是 5.5 mm，再读出与准线对齐的微分套筒上的读数，并读出估读数，故其读数为 5.5+0.190=5.690 mm。图 4（b）中，主尺读数是 3 mm，微分套筒上的读数为 0.167，故其读数为 3.167 mm。

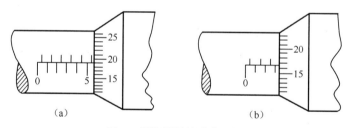

图 4　螺旋测微计读数示例

螺旋测微计在使用一段时间后，零点会发生变化。所以测量前要先记下零点读数。这时在测砧 A 和螺杆 B 之间不放入任何物体，旋转棘轮 E，当听到"喀、喀……"的响声时即停止旋转。这时与准线对齐的微分套筒上的读数就是零点读数。测量物体的长度时，应将得到的读数减去零点读数，才是物体的长度。

螺旋测微计的量程有 0～25 mm、25～50 mm、50～75 mm 等不同规格，可根据实际需要选用。

4. 读数显微镜

读数显微镜可用来测量微小距离或微小距离的变化。它是将长焦距的显微镜和螺旋测微装置相组合而成的。它的镜筒可以通过螺旋机构左右移动，移动的距离可以通过主尺 F 和鼓轮 E 读出。因为螺距是 1 mm，鼓轮旋转一周镜筒移动 1 mm，鼓轮上的一周有 100 个小格，每格 0.01 mm。

如图 5 所示，读数显微镜主要包括目镜 A、物镜 B 和镜筒 H，C 为调焦旋钮，物镜和目镜之间装有十字叉丝。使用时，先调整目镜看清叉丝，再缓慢转动调焦旋钮 C，使镜筒自下而上升高，直到看清放在工作台 G 上的被测物为止。转动鼓轮 E，使显微镜筒沿丝杠（即螺杆）的方向移动，使十字叉丝交点与被测物的起点对准，读数时先从主尺读出毫米的整数部分，再从与标志线 D 对应的鼓轮刻度读出毫米以下的小数部分。然后再转动鼓轮，直到叉丝交点和待测物的终点对齐后再读数，两次读数之差即为被测物的长度。

在使用读数显微镜时，应注意使被测物的长度方向与读数显微镜的丝杠运动方向平行，还要注意丝杠与螺母之间必须有空隙，否则无法旋转。但丝杠在鼓轮带动下来回旋转时会出现"空程"。为了避免空程误差，测量时应使十字叉丝交点沿同一方向运动，读出起点和终点两个读数。例如从左向右测量时，可转动鼓轮使十字叉丝交点向左越过被测物的起点，然后再转动鼓轮使十字叉丝交点向右移动，与被测物左端对齐后读出起点读数；再使十字叉丝交点继续向右移动，与被测物右端对齐读出终点读数。因为这样两次读数时，镜筒一直沿同一方向移动，就不会出现空程误差。

5. 百分表

百分表主要用来测量工件尺寸、几何行程误差等，其主要原理是将测量杆的微小直线位移通过适当的放大机构放大后转变为指针的角位移，最后由指针在刻度盘上指示出相应的示值。使用时应将装夹套 G（见图 6）固定在某一装置上，使测头 E 与待测物一端接触并受到适当挤压，测杆 F 会缩进一些，可从转数指针 C 和刻度盘指针 D 读出一定的读数，然后再使测头 E 与被测物另一端接触（此时测头仍应与被测物接触并受到一定程度的挤压），从刻度盘 B 上读出此时的读数，两次读数之差即为被测物的长度。

现在，数显式的百分表已很常见。它的原理和数显卡尺、数显千分尺相近。

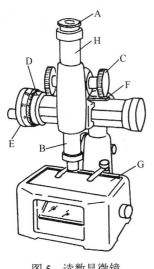

图 5 读数显微镜

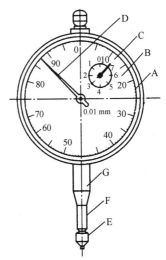

图 6 机械百分表

6. 数显卡尺

数显卡尺、数显千分尺中，采用了容栅式传感器。容栅式传感器安装在不同设备上时可构成不同的长度测量仪器。图 7（a）是长容栅的结构原理图，电极的形状为条状。图 7（a）中，1 为定栅，2 为动栅，它们在 A、B 面上分别印制（或刻划）成如图 7（b）所示形状的一系列相同尺寸均匀分布并互相绝缘的金属栅状极片（栅极）；栅状极片的长度为 a，将定栅和动栅的栅极面相对放置，其间留有空隙 δ，形成一对电容（即容栅）。当动栅沿长度方向平行于定栅不断移动时，每对电容的遮盖长度都将发生周期性变化，电容值也随之发生相应的周期性变化，经电路处理后，可得到线位移值。

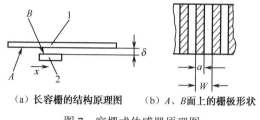

（a）长容栅的结构原理图　　（b）A、B 面上的栅极形状

图 7　容栅式传感器原理图

【实验内容】

1．利用米尺、游标卡尺分别测量铝圆柱体的直径和高，计算其体积的不确定度；利用数显卡尺测量铝圆柱体的直径和高，将测量结果与游标卡尺的测量结果相比较。

2．利用螺旋测微计测量钢丝、小球的直径。

3．利用读数显微镜测量粗光栅的光栅常量，要求测 10 个周期以上，再取平均值。

4．利用读数显微镜和数显百分表组合，测量一个凹透镜中心部分的厚度。

【阅读材料】

"米"的定义

1889 年，第一届国际计量大会批准国际米原器（铂铱合金）的长度为 1 m。1927 年，第七届国际计量大会对"米"的定义又做了一些补充：国际计量局保存的铂铱米尺上所刻两条中间刻线的轴线在 0 ℃时的距离。这把尺子保存在 1 个大气压下。

1892 年春，迈克耳孙接受国际计量局的邀请，以镉（Cd）波长测定国际米原器的长度。第二年 3 月得出了测量结果。其工作方法是找出在 15 ℃和 760 毫米汞柱气压（即标准大气压）的状态下，对应 1 m 的距离内所包含的镉红谱线的波长数。然而由于镉红谱线所能获得干涉的最大光程差仅有 25 cm，迈克耳孙又采用了一系列的标准具作为辅助工具，经过复杂的测量及数据处理，发现国际米原器的长度为红色镉谱线波长的 1 553 163.5 倍。

1960 年，在第十一届国际计量大会上，决定用氪（^{86}Kr）的橙色谱线代替镉红线，把"米"的定义改为："米的长度等于相当于氪（^{86}Kr）原子的 $2p_{10}$ 到 $5d_5$ 能级之间跃迁的辐射在真空中波长的 1 650 763.73 倍。"1983 年 10 月，第十七届国际计量大会又通过了如下的新定义："米是 1/299 792 458 秒的时间间隔内光在真空中行程的长度。"

【参考文献】

[1] 贾小兵，杨茂田，殷洁，等. 大学物理实验教程[M]. 北京：人民邮电出版社，2003

[2] 丁益民，徐扬子. 大学物理实验[M]. 北京：科学出版社，2008

[3] 李学慧. 大学物理实验[M]. 北京：高等教育出版社，2005

[4] 李秀燕. 大学物理实验[M]. 北京：科学出版社，2001

[5] 赵家凤. 大学物理实验[M]. 北京：科学出版社，1999

[6] 黄建群. 大学物理实验[M]. 成都：四川大学出版社，2005

[7] 杨述武，赵立竹，沈国土. 普通物理实验1[M]. 4 版. 北京：高等教育出版社，2009
[8] 强锡富. 传感器[M]. 2 版. 北京：机械工业出版社，1999
[9] 鲁绍曾. 米的新定义及其复现[J]. 计量学报，1983，（1）：72～75
[10] 关洪. 长度单位——米不再是基本单位了吗？[J]. 物理. 1994，17（10）：595～597

实验二　单摆测重力加速度

伽利略由于观察到教堂悬灯的摆动而对摆进行了实验研究，发现单摆的周期与摆长的平方根成正比，而与振幅大小和摆锤质量无关。这个规律的发现为后来的振动理论和机械计时器件的设计奠定了基础。

物体在只有地球引力作用的情况下自由下落的加速度，称为重力加速度。地球表面上同一点的物体，不论其质量如何，都具有相同的重力加速度。但是由于地球本身的不均匀，地球不是一个真正的球体；由于地球自转时产生的离心力随离地轴的距离不同而异，所以在地球表面上不同地点有不同的重力加速度。

【实验目的】

1．练习使用秒表和米尺，测出摆的周期和摆长。
2．研究单摆的周期与摆长的关系，测出当地的重力加速度。
3．研究振幅对周期的影响，练习测定锥摆的周期。

【实验仪器及器材】

单摆装置、米尺、游标卡尺、秒表、周期测定仪等。

【实验原理】

把一个金属小球拴在一根细长的线上，线的另一端固定，如果细线的质量比小球的质量小很多，而球的直径又比细线的长度小很多，这样的装置可以看作一个不计质量的细线系住一个质点，也就是一个单摆。

设小球的质量为 m ，其质心到摆的悬点 O（见图 1）的距离为 l，作用在小球上的切向力的大小为 $mg\sin\theta$，它总指向平衡位置 O'。当摆角 θ 很小时，则有 $\sin\theta \approx \theta$，切向力的大小可近似为 $mg\theta$。根据牛顿第二定律，质点的运动方程为

图 1　单摆示意图

$$ml\frac{\mathrm{d}^2\theta}{\mathrm{d}t^2} = -mg\theta$$

$$\frac{\mathrm{d}^2\theta}{\mathrm{d}t^2} = -\frac{g}{l}\theta \qquad (1)$$

由式（1）可知，小球做简谐振动，其角频率为

$$\omega = \sqrt{\frac{g}{l}}$$

则其振动周期为

$$T = 2\pi\sqrt{\frac{l}{g}} \qquad (2)$$

单摆往返摆动一次所需时间称为单摆的周期。由此可见，单摆的周期只与摆长和重力加速度有关。如果测出单摆的周期和摆长，就可以计算出重力加速度

$$g = 4\pi^2 \frac{l}{T^2} \qquad (3)$$

实验中，因测量一个周期的相对误差较大，一般是测量连续摆动的 n 个周期的时间 t，则 $T = \dfrac{t}{n}$，于是有

$$g = 4\pi^2 \frac{n^2}{t^2} l \qquad (4)$$

式中，π 和 n 不考虑误差，因此 g 的不确定度传递公式为

$$u(g) = g\sqrt{\left(\frac{u(l)}{l}\right)^2 + \left(2\frac{u(t)}{t}\right)^2} \qquad (5)$$

由此可以看出，在 $u(l)$、$u(t)$ 大体一定的情况下，增大 l 和 t 对测量 g 有利。

当单摆的摆角 θ 较大时，摆的振动周期可近似为

$$T = 2\pi\sqrt{\frac{l}{g}}\left(1 + \frac{1}{4}\sin^2\frac{\theta}{2}\right) \qquad (6)$$

【实验内容】

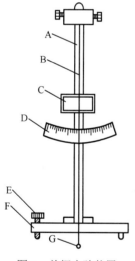

图 2　单摆实验装置

1. 实验装置的调整。实验装置如图 2 所示。

（1）调节底脚螺丝 E，使底座 F 大致水平，进而使立柱 A 与通过摆锤 G 自然下垂的摆线 B 的方向平行；从正面观察时，应使摆线 B、反射镜 C 上的竖直刻线和经反射镜反射所成摆线的像三者重合；从侧面观察时，应使摆线 B 与立柱 A 的方向大致平行。

（2）调节标尺 D 的高度。根据标尺的刻线间距，计算出要使标尺所标的角度与实际角度相等，标尺的上弧边中点距离摆线的悬点之间的大致距离；按照计算出的值调好标尺位置后将标尺固定。

2. 固定摆长，测重力加速度 g。

（1）取摆长约 1 m 左右，用带刀口的米尺测量悬点 O（见图1）到小球最低点的距离 l_1；再用游标卡尺多次测量小球的直径 d；由 $l = l_1 - d/2$ 计算出摆长 l 及其不确定度。

（2）测量单摆的周期。使单摆进行小角度的摆动，待摆动稳定后，用秒表测量摆动 50 次所需的时间 $50T$，重复做 5 次，求出 $50T$ 的平均值和平均值的标准偏差，作为其标准不确定度。计算出重力加速度 g 及其标准不确定度 $u(g)$。

3. 改变摆长，测定重力加速度 g。

（1）在 60～110 cm 之间大致均匀地选取 6 个不同的摆长值，用周期测定仪测出不同摆长时单摆做小角度摆动的 $10T$。

（2）利用 Excel 列出相应的摆长 l 和周期平方 T^2 的值，用最小二乘法处理数据，拟合出 $T^2 - l$ 图，求出相应的直线斜率和相关系数，由直线斜率计算出 g 的值。

4．固定摆长不变，改变摆角 θ，测定周期。

（1）在摆长取 80 cm 左右时，使摆角分别为 $10°$、$20°$、$30°$ 时，分别用周期测定仪测定摆动周期 T（试改变标尺的位置，使标尺上原来的 $5°$、$10°$ 和 $15°$ 分别对应实际的 $10°$、$20°$ 和 $30°$）；

（2）由式（2）和式（6）分别计算出相应的周期 $T_{(2)}$ 和 $T_{(6)}$ 的值，其中的 g 取当地标准值，分别与测量出的 T 值进行比较，说明摆角的影响。

5*．利用所提供的装置，使摆做圆锥形运动，即"锥摆"。利用周期测定仪测出 10 个周期所用的时间，计算出周期值，与思考题 2 中要求自己导出的公式周期值加以比较。

6*．固定摆长不变，观察磁场对周期的影响。

将直径约 6 cm 的钕铁硼磁铁圆盘平放在摆球的下方，调整摆线长度，使摆球的下端距离磁铁平面大约 0.5 cm，分别测量钢摆球在有磁铁和无磁铁时 $30T$ 的时间，加以比较。再使摆长不变，改用铝摆球测定 $30T$ 的时间，加以比较，说明磁场对摆动周期的影响，并分析原因。（**因钕铁硼磁铁的磁感应强度很大，实验中要特别注意安全，尽量远离其他铁磁性物质，防止挤伤手。用毕装在适当的盒子里。**）

【思考题】

1．测量单摆周期时，为什么不在摆动两端的极限位置计时，而在摆球通过平衡位置时计时？

2．假设单摆的摆动不在竖直平面内，而是做圆锥形运动（即"锥摆"），在摆长相同的条件下，所测得的周期 T 比在单摆情况下是大还是小？试导出公式加以说明。

3．实验中用秒表测量周期时，为什么不是测出一个周期 T，而是测出 50 个周期（$50T$），两者对 g 的不确定度各有什么影响？

【阅读材料】

伽利略（Galileo G.，1564—1642）是伟大的意大利物理学家和天文学家，科学革命的先驱。历史上他首先在科学实验的基础上融会贯通了数学、物理学和天文学三门知识，扩大、加深并改变了人类对物质运动和宇宙的认识。他以系统的实验和观察推翻了以亚里士多德为代表的、纯属思辨的传统的自然观，开创了以实验事实为根据并具有严密逻辑体系的近代科学。

早在 1587 年，伽利略在比萨大教堂偶然间发现一盏悬挂着的油灯在不断摆动时，尽管振幅逐渐减小，他用自己的脉搏测量出摆动往返一次的时间却是始终不变的。随后他便在家中用细绳悬挂一个金属块，使其摆动，发现摆动的周期也不变化。可是当细绳的长度改变后，摆动周期就随之而改变了。于是得到了摆长和摆动周期的一般经验公式。后来，他利用这一规律创造了摆长可自由改变的脉搏计时器，帮助医生测量病人心率。

1609 年，得知荷兰一位眼镜工人发明了望远镜，他没有见到实物，经过自己思考，用风琴管和凸、凹透镜各一片制成了一个望远镜，放大倍率为 3，后又提高到 9。他又将放大率提高到 33，用来做天文观察，有了很多新发现。

1638 年，他的《两门新科学》一书的出版，揭开了物理学的新纪元。他在这本著作中整理并公布了 30 年前他得到的一些重要发现。他认为应该依据运动的基本特征量速度对运动进行分类，他由此提出了匀速运动和变速运动这种新的分类方法，从而使运动理论的研究取得了重大的进展。他首先定义了匀速运动：我们称运动是均匀的，是指在任何相等的时间间隔内通过相等的距离。他进而给出了瞬时速度的概念：物体在给定的时刻的速度，就是物体从该时刻起做匀速运动所具有的速度。这是对速度概念的一个重要扩展。

在研究自由落体运动时，考虑到竖直方向的自由落体下落的速度很快，做定量观测，特别是准确测量有困难。他设计了"冲淡重力"的实验，即著名的"斜面实验"。他在一板条上刻出一条直槽，贴上羊皮纸使之平滑，让一个光滑的黄铜小球沿直槽下落，并用水钟测定下落时间。他在斜面倾斜角不同和铜球滚动距离不同的情况下做了上百次测定，发现"一个从静止开始下落的物体在相等的时间间隔经过的各段距离之比，等于从 1 开始的一系列奇数之比"，从而证实了落体"所经过的各种距离总是同所用时间的平方成比例的"。

伽利略第一次提出了惯性概念，第一次把外力和"引起加速或减速的外部原因"即运动的改变联系起来，他在观察中得出结论："一个运动的物体，假如有了某种速度以后，只要没有增加或减小速度的外部原因，便会始终保持这种速度——这个条件只有在水平的平面上才有可能成立，因为在斜面的情况下，朝下的斜面提供了加速的起因，而朝上的斜面提供了减速的起因；由此可知，只有在水平面上的运动才是不变的。"伽利略还观察了闪电现象，认为光速是有限的，还设计了测量光速的实验。他还创制了很多实验仪器。

伽利略在人类思想解放和文明发展的过程中做出了划时代的贡献。他追求科学真理的精神和成果，永远为后人所景仰。

【参考文献】

[1] 中国大百科全书物理学编委会. 中国大百科全书（物理卷）[M]. 北京：中国大百科全书出版社，1987

[2] 杨述武. 赵立竹，沈国土. 普通物理实验[M]. 4 版. 北京：高等教育出版社，2009

[3] 曾贻伟，龚德纯，王书颖，等. 普通物理实验教程[M]. 北京：北京师范大学出版社，1989

[4] 朱俊孔，张山彪，高铁军，等. 普通物理实验[M]. 济南：山东大学出版社，2001

[5] 李秀燕. 大学物理实验[M]. 北京：科学出版社，2001

[6] 林抒，龚镇雄. 普通物理实验[M]. 北京：人民教育出版社，1981

[7] 吕斯骅. 全国中学生物理竞赛实验指导书[M]. 北京：北京大学出版社，2006

[8] 方建兴，江美福，魏品良. 物理实验[M]. 苏州：苏州大学出版社，2002

[9] 彭瑞明. 大学物理实验[M]. 广州：华南理工大学出版社，2004

[10] 钱临照，许良英. 世界著名科学家传记（物理学家，Ⅴ）[M]. 北京：科学出版社，1999

[11] 李艳平，申先甲. 物理学史教程[M]. 北京：科学出版社，2003

实验三　数字万用表的工作原理和使用

万用电表（又称为多用电表，万用表）是电磁测量、电子测量中最基本的测量仪表，它可以用来测量交直流电压、交直流电流和电阻，有的还能测量电容和晶体管参数，在实验室还经常用来检查、排除电路故障。因为其使用和携带非常方便，所以得到了广泛应用。

数字万用表是现代实验室必备的通用设备之一。随着数字测量技术的广泛应用，它越发显现出重要性。

【实验目的】

1. 掌握数字万用表的工作原理、基本组成和主要特性。
2. 掌握数字万用表的校准方法和使用方法。
3. 掌握分压和限流电路的形式和计算方法。
4. 了解整流滤波电路和过压保护电路的主要功能。

【实验仪器及器材】

1. DM-1 数字万用表设计实验仪。
2. 三位半或四位半数字万用表。

【实验原理】

1. 数字万用表的主要特性
与指针式万用表相比，数字万用表具有以下优点：
（1）高准确性和高分辨力
一般三位半数字式电压表头的准确度可以达到±0.5%，四位半的表头为±0.03%，而指针式万用表的磁电式表头的准确度仅为±2.5%。
分辨力是表头最低位上一个字所代表的被测量值，它反映了仪表的灵敏度。通常三位半数字万用表的分辨力为电压 0.1 mV、电流 0.1 μA、电阻 0.1 Ω，远高于一般指针式万用表。
（2）数字式电压表有较高的输入阻抗
电压表的输入阻抗越高，对被测电路的影响就越小，测量稳定性好，准确性就越高。
三位半数字万用表电压挡的输入阻抗为 10 MΩ，四位半的输入阻抗大于 100 MΩ。而一般指针式万用表电压挡输入阻抗的值是 20～100 kΩ。
（3）测量速度快
数字万用表的测量速率是指每秒完成的测量并显示的次数，它主要取决于数/模转换电路的工作速率。三位半和四位半数字万用表的测量速率通常为每秒 2～3 次，高的可达每秒几十次。
（4）自动判别极性
指针式万用表通常采用单项偏转的表头，被测极性反向时指针会反打，容易损坏仪器。而数字万用表能够自动判断并显示被测量的极性，使用起来更加方便。
（5）全部测量实现数字式直读
指针式万用表刻画了多条刻度线，使用时需要根据量程进行换算、小数点定位以得到实际测量结果，易出差错。特别是电阻挡的刻度，既是反向读数（由大到小），又是非线性刻度，还要考虑挡的倍乘，使用非常不便。而数字万用表换挡时小数点自动显示，所有测量挡都可以直接读数，不用换算和倍乘。
（6）自动调零
由于采用了自动调零电路，数字万用表校准好后，使用时无须调校。
（7）抗过载能力强
数字万用表具备比较完善的保护电路，具备较强的抗过载能力。
数字万用表也有以下一些弱点：
（1）通常，数字万用表的量程转换开关与电路板是一体的，触点容量小，耐压能力不是很高；有的机械强度不够高；寿命不够长；使用一段时间后换挡不可靠。

（2）使用时应根据被测对象的不同调换插孔位置，一般，数字万用表电压电阻的测量共用一个表笔插孔 V/Ω；而电流挡分为两个插孔，小电流测量用 mA 插孔，大电流测量用 A 插孔。插错可能造成测量错误，甚至损坏仪表。

2. 数字万用表的基本组成

数字万用表的基本组成如图 1 所示。除了图 1 中的基本组成部分之外，数字万用表还有蜂鸣器电路、二极管电路、三极管 h_{FE} 测量电路和低电压指示电路等（如 DT830A 型）。有的表还设有电容检测电路、温度测量电路和自动延时关机电路等（如 DC890C+、M890D 和 KT105 等型号）。较新的还有电感和频率测量电路（如 DT930F+、KT102 和 VC9808 等型号）。

本实验只研究数字万用表的基本组成部分。

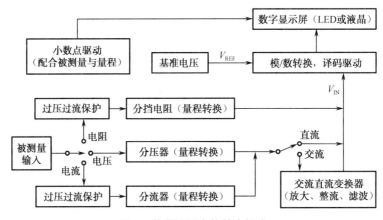

图 1　数字万用表的基本组成

3. 模/数（A/D）转换电路与数字显示电路

常见的物理量都是幅值连续变化的所谓模拟量（模拟信号）。指针式万用表可以直接对模拟电压、电流进行显示。而对于数字万用表，需要将模拟信号（常为电压信号）转换成数字信号，再进行显示和处理（如存储、传输、打印和运算等）。

数字信号与模拟信号不同，其幅值（大小）不是连续变化的。数字信号的大小只能是某些分立的数值。这种情况被称为"量化的"。若最小量化单位（量化台阶）为 Δ，则数字信号的大小一定是 Δ 的整数倍，该整数可以用二进制数码表示。但是为了能够直观地读出信号大小的数值，需要经过数码变换（译码）后由数码管或液晶屏显示出来。

例如，设 Δ=0.1 mV，将被测电压 U 与 Δ 比较，看 U 是 Δ 的多少倍，并将结果四舍五入取为整数 N（二进制）。然后，将 N 变换为十进制七段显示码显示出来。能够准确得到并被显示出来的 N 是有限的。一般情况下，N 大于等于 1 000 即可满足测量精度要求（量化误差小于等于 0.1%）。所以，最常见的数字表头的最大系数是 1999，被称为三位半 $\left(3\frac{1}{2}\right)$ 数字表。对于上述情况，将小数点定在最末位之前，显示出来的就是以 mV 为单位的被测电压的大小。如，U 是 Δ（0.1 mV）的 1 234 倍，即 N=1 234，显示结果为 123.4 mV。这样的数字表头，再加上电压极性判断显示电路，就可以测量显示-199.9～199.9 mV 的电压，显示精度为 0.1 mV。

由此可见，数字式测量仪表的核心是模/数（A/D）转换、译码显示电路。A/D 转换一般又可分为量化、编码两个步骤。有关 A/D 转换、编码、译码的详细理论知识超出了本实验所要求的范围，感兴趣的学生可参阅有关专业教材。

以上阐述的 A/D 转换和数字显示已是很成熟的电子技术，并且已经制成大规模集成电路，一般的仪器仪表的使用者只要知道该类集成电路的引脚及特性，就能使用了。

本实验使用的 DM-I 型数字万用表，其核心是一个三位半的数字表头，它由数字表专用 A/D 转换译码驱动集成电路和外围元件、LED 数码管构成。该表头有 7 个输入端，包括 2 个测量电压输入端（IN_+、IN_-）、2 个基准电压输入端（V_{REF+}、V_{REF-}）和 3 个小数点驱动输入端。

4. 直流电压测量电路

数字万用表的测量基础是最小量程为 200 mV 的直流电压表。数字万用表的直流电压挡量程为 200 mV、2 V、20 V、200 V 和 1000 V。在数字电压表头（200 mV 量程）前面加一级分压电路（分压器），可以扩展直流电压测量的量程。如图 2 所示，U_0 为数字电压表头的量程（200 mV），r 为其内阻（如 10 MΩ），r_1 和 r_2 为分压电阻，U_{i0} 为扩展后的新量程。

由于 $r \gg r_2$，所以分压比为 $\dfrac{U_0}{U_{i0}} = \dfrac{r_2}{r_1 + r_2}$。由此分压公式，可以得到新量程。

多量程分压器原理电路图如图 3 所示。根据上述分压公式，5 挡量程的分压比分别为 1、0.1、0.01、0.001 和 0.0001，对应的量程分别为 200 mV、2 V、20 V、200 V 和 2000 V。

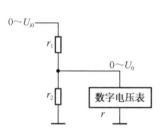

图 2　分压电路原理图

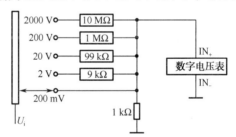

图 3　多量程分压器原理电路图

采用图 3 的分压电路，虽然可以扩展电压表的量程，但是在小量程挡明显降低了电压表的输入阻抗，这在实际使用中是不希望看到的。所以，实际数字万用表的直流电压挡电路如图 4 所示，它能在不降低输入阻抗的情况下，达到同样的分压效果。

例如：200 V 量程挡的分压比为

$$\frac{R_4 + R_5}{R_1 + R_2 + R_3 + R_4 + R_5} = \frac{10\ \text{k}\Omega}{10\ \text{M}\Omega} = 0.001$$

其余各挡的分压比可以同样算出。

实际设计时是根据各挡的分压比和总电阻来确定各分压电阻的。例如先确定 $R_总 = R_1 + R_2 + R_3 + R_4 + R_5 = 10$ MΩ，再计算 2000 V 挡的电阻 $R_5 = 0.0001 R_总 = 1$ kΩ，最后逐挡计算 R_4、R_3、R_2 和 R_1。

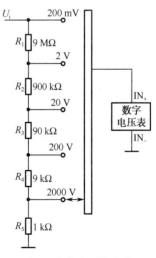

图 4　直流电压挡电路

尽管上述最高量程挡的理论量程值是 2000 V，但通常数字万用表出于耐压和安全的考虑，规定最高电压量程限为 1 000 V。

换量程时，多刀量程转换开关可以根据挡位自动调整小数点显示，使用者可以方便地直接读出测量结果。

三位半直流电压表的基本不确定度可以取为±0.5%读数值；四位半的可以取为±0.05%读数值或±0.01%读数值。

5. 直流电流测量电路

数字万用表直流电流挡的量程分为 200 μA、2 mA、20 mA、200 mA 和 2 A。测量电流的原理是：根据欧姆定律，用合适的取样电阻 R 将待测电流转换为相应的电压，再进行测量。如图 5 所示，由于 $r \gg R$，取样电阻 R 上的压降为

$$U_i = RI_i$$

式中，I_i 为被测电流。

若数字表头的电压挡量程为 U_0，欲使电流挡量程为 I_0，则该挡的取样电阻（也称分流电阻）为

$$R = U_0 / I_0$$

例如，U_0=200 mV，则 I_0=200 mA 挡的分流电阻为 R=1 Ω。

多量程分流器原理电路如图 6 所示。图 6 中的分流器在实际使用中有一个缺点，就是当换挡开关接触不良时，被测电路的电压可能使数字表头过载。所以，实际数字万用表直流电压挡的电路为图 7。

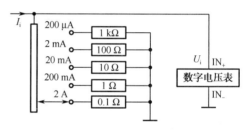

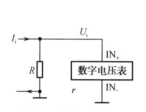

图 5 电流测量原理　　　　图 6 多量程分流器原理电路

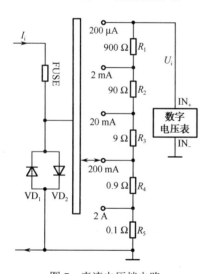

图 7 直流电压挡电路

图 7 中各挡分流电阻的阻值计算方法是：先计算最大电流挡的分流电阻 R_5：

$$R_5 = U_0 / I_{m5} = 0.2 / 2 = 0.1 \, \Omega$$

再计算下一挡的 R_4：

$$R_4 = \frac{U_0}{I_{m4}} - R_5 = \frac{0.2}{0.2} - 0.1 = 0.9 \, \Omega$$

依次可以计算 R_3、R_2 和 R_1。

图 7 中的 FUSE 是 2 A 保险丝管，电流过大时会快速熔断，起过流保护的作用。两只反向连接且与分流电阻并联的 VD_1、VD_2 为塑封硅整流二极管，它们起双向限幅过压保护的作用。正常测量时，输入电压小于硅二极管的正向导通压降，二极管截止，对测量毫无影响。一旦输入电压大于 0.7 V，二极管立即导通，两端电压被限制住（小于 0.7 V），保护仪表不被损坏。

用 2 A 挡测量时，若发现电流大于 1 A 时，应控制测量时间不超过 20 s，以避免大电流引起的较高温升影响测量精度，甚至损坏仪表。

6. 交流电压、电流测量电路

数字万用表中交流电压、电流测量电路是在直流电压、电流测量电路的基础上，在分压器或分流器之后加入了一级交流-直流（AC-DC）变换器，其原理简图如图 8 所示。

该 AC-DC 变换器主要由集成运算放大器、整流二极管和 RC 滤波器等组成，还包含一个能调整输出电压高低的电位器，用来对交流电压挡进行校准。调整该电位器可使数字表头的显示值等于被测交流电压的有效值。

与直流电压挡类似，出于对耐压和安全方面的考虑，交流电压最高挡的量限通常为有效值 750 V。

数字万用表交流电压、电流挡适用的频率范围通常为 40～400 Hz（如 DT830A 和 M3900 等型号），有些型号的交流挡测量频率可达 1000 Hz（如 M3800 和 PF72 等）。

7. 电阻测量电路

数字万用表中的电阻挡采用比例测量法，其原理电路如图 9 所示。

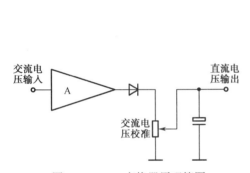

图 8　AC-DC 变换器原理简图

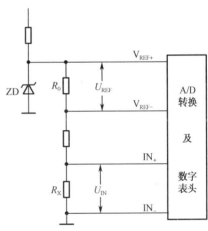

图 9　电阻测量原理电路

由稳压管 ZD 提供测量基准电压，流过标准电阻 R_0 和被测电阻 R_X 的电流基本相同（数字表头的输入阻抗很高，其取用电流可以忽略不计）。

所以 A/D 转换器的参考电压 U_{REF} 和输入电压 U_{IN} 有如下关系：

$$\frac{U_{REF}}{U_{IN}} = \frac{R_0}{R_X}$$

即

$$R_X = \frac{U_{IN} R_0}{U_{REF}}$$

根据所用 A/D 转换器的特性，数字表显示的是 U_{IN} 与 U_{REF} 的比值。当 $U_{IN}=U_{REF}$ 时，即 $R_X=R_0$ 时，显示 "1000"；当 $U_{IN}=0.5U_{REF}$ 时，即 $R_X=0.5R_0$ 时，显示 "500"，以此类推。这称为比例读数特性。因此，只要选取不同的标准电阻并适当地对小数点进行定位，就能得到不同的电阻测量挡。

例如：对于 200 Ω 挡，取 $R_{01}=100$ Ω，小数点定位在十位上。当 $R_X=100$ Ω 时，表头显示 100.0 Ω。当 R_X 变化时，显示值相应变化，可以从 0.1 Ω 测到 199.9 Ω。

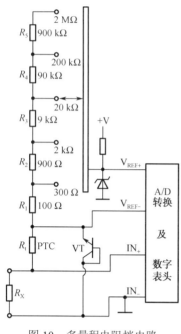

图 10　多量程电阻挡电路

对于 2 kΩ挡，取 R_{02}=1 kΩ，小数点定位于千位上。当 R_X 变化时，显示值相应变化，可以从 0.001 kΩ测到 1.999 kΩ。

其余各挡思路相同。

数字万用表多量程电阻挡电路如图 10 所示。由分析可知：

$$R_1=R_{01}=100 \ \Omega$$
$$R_2=R_{02}-R_{01}=1000-100=900 \ \Omega$$
$$R_3=R_{03}-R_{02}=10 \ \text{k}\Omega-1 \ \text{k}\Omega=9 \ \text{k}\Omega$$
$$\vdots$$

图 10 中由正温度系数（PTC）的热敏电阻 R_t 与晶体管 VT 组成了过压保护电路，以防误用电阻挡测高电压时损坏集成电路。当误测高电压时，晶体管 VT 发射极将击穿从而限制了输入电压的升高。同时 R_t 随着电流的增加而发热，其阻值迅速增大，从而限制了电流的增加，使 VT 的击穿电流不超过允许范围，即 VT 只是处于软击穿状态，不会损坏，一旦解除误操作，R_t 和 VT 都能恢复正常。

【使用要求】

使用数字万用表前，也要先熟悉一下各个挡位的功能和量程，分清电压挡和电流挡的交、直流挡。使用前黑色的表笔插入标有"COM"的插孔，测电压和电阻时，红色表笔插入标有"V/Ω"的插孔中；测电流时如果待测电流大于 2 A，应将红表笔插入标有"10 A"的插孔，待测电流小于 2 A 时，将红表笔插入标有"A"的插孔内。便携式数字万用表使用前要按下电源键，使用后关闭电源。数字万用表测量电压时，其输入阻抗一般都在 10 MΩ以上，而且与量程无关。测量电流时，其各挡的内阻不是很小，一般 200 μA 挡的内阻约为 1000 Ω，2 mA 挡的内阻约为 100 Ω，具体数值请参阅说明书。数字万用表测量时，如果只在最高位显示"1"，而其他位什么都不显示，表示被测量超过量程，应换用更大的量程进行测量。

【实验内容和方法】

1. 设计制作多量程直流数字电压表

（1）制作 200 mV（199.9 mV）直流电压表头并校准

使用电路单元：三位半数字表头，直流电压校准，待测直流电压电流，分压器。

按照图 11 接线，参考电压 V_{REF} 输入端接直流电压校准电位器。使待测直流电压源和分压电阻获得 150 mV 左右的校准电压，将一只成品数字万用表（标准表）置于直流 200 mV 挡与表头输入端并联，调整"直流校准电压"旋钮使表头读数与标准表读数一致（偏差小于±0.5 mV）。然后保留虚线框内的线路，拆去其余部分。

（2）扩展电压表头成为多量程直流电压表

使用电路单元：三位半数字表头，直流电压校准，分压器，量程转换和测量输入。

按照图 4 接线。仪器上的"动片 2"作为量程转换开关，"动片 1"作为控制小数点显示的开关，具体连线方式可参照图 12。

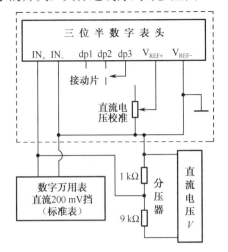

图 11　200 mV 直流数字电压表及其校准电路

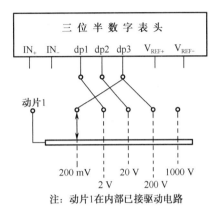

图 12　多量程直流数字电压表的小数点控制电路

（3）用自制电压表测量直流电压

① 测量 5 号电池的端电压（标称值 1.5 V）和 6F22 电池的端电压（标称值 9 V）。

② 测量实验仪上的待测直流电压：调节"直流电压电流"单元的电位器，可以改变直流电压"V"的大小和极性。将电流"I"两端连通，构成电流回路，电路中的 LED 应该会发光，可以观测电压"V"对发光状态的影响。

③ 测量光电池的端电压：将电压表连接到光电池的两端，改变光照的强度，观察电压的变化情况。

2. 设计制作多量程交流数字电压表

（1）在上述 200 mV 直流数字电压表头的基础上，增加交流-直流（AC-DC）变换器，制成交流数字电压表并校准。

使用电路：三位半数字表头，直流电压校准，交流电压校准（AC-DC 变换器），待测交流电压电流，分压器。

按照图 13 连线，在 200 mV 直流数字电压表头（已校准）前面接入 AC-DC 变换器，然后进行交流电压校准。

利用待测交流电压源和分压器获得 70 mV 左右的交流电压，将数字万用表（标准表）置于交流 200 mV 挡，调整"交流电压校准"旋钮使表头读数与标准表读数一致（允许偏差小于 1.5 mV）。校准后，拆去校准电路。

（2）制作多量程交流数字电压表。使用电路：三位半数字表头，直流电压校准，交流电压校准（AC-DC 变换器），分压器，待测交流电压电流，量程转换和测量输入。

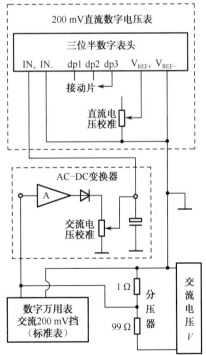

图 13　200 mV 交流数字电压表头
及其校准电路

接入合适的分压器和量程转换开关，小数点控制电路不变。

（3）用自制电压表测量交流电压

① 测量待测"交流电压电流"单元中的 $\tilde{V}$，此电压为内部电源变压器的次级线圈电压；

② 测量灯泡电压：将待测交流电流 $\tilde{I}$ 连通（短路），小灯泡会发亮。调整限流电位器，灯泡亮度会随之变化。测量灯泡两端的电压，观察其与灯泡亮度之间的关系。

3. 设计多量程直流数字电流表

（1）先制成 200 mV 直流数字电压表头并将其校准（若之前校准未被破坏，此步可省）。

（2）制成多量程直流数字电流表

使用电路：三位半数字表头，直流电压校准，分流器，电流挡保护电路，待测直流电压电流，量程转换和测量输入。

按照图 7 接线，仪器上的"动片 2"作为量程转换开关，"动片 1"作为控制小数点显示的开关。

（3）用自制电流表测量直流电流

① 测量 LED 的电流：将电流表串联在待测直流电流 I 电路中，调节电位器可观察到电流大小、极性的变化以及 LED 发光情况的相应变化；

② 测量光电池的输出电流：将电流表连接到光电池两端，观察输出光电流随光照强度变化的情况。

4. 设计制作多量程交流数字电流表

（1）制作

在实验内容 2 和 3 的基础上，参照数字万用表结构框图（见图 1），自行设计并连接多量程交流数字电流表电路。

提示：若保持"直流电压校准"和"交流电压校准"电位器状态不变，则可略去校准步骤。否则，要重新进行校准。

（2）用自制交流电流表测量电流强度

将交流电流表串入待测交流电流 $\tilde{I}$，小灯泡会发亮。调整限流电位器，小灯泡亮度会随之变化。观察电流强度与小灯泡亮度之间的关系。

5. 设计制作多量程数字电阻表

（1）制作

使用电路：三位半数字表头，电阻挡基准电压，分挡电阻器，电阻挡保护电路，量程转换和测量输入。

参照图 10 连线，仪器上的"动片 2"和"动片 1"连接方式不变。

（2）用自制多量程数字电阻表测量电阻

① 测量实验仪上多个固定电阻的阻值；

② 测量可变电阻器（电位器）的阻值变化范围，观察其变化是否是线性的；

③ 测量光敏电阻的阻值，观察其阻值随光照强度的变化情况；

④ 测量热敏电阻（NTC）的阻值，观察其阻值随温度强度的变化情况；

⑤ 测量晶体管引脚之间的正反向电阻，观察 PN 结的单向导电性。

6. 选作

设计制作 20 MΩ 电阻挡测量电路，用其测量人体皮肤电阻（不同部位、不同干湿状态）。

1．实验时应该"先接线，再通电；先断电，再拆线"，通电前应确认接线无误，避免短路。

2．即使有保护电路，也应该注意不要用电流挡或电阻挡测量电压，以免造成不必要的损失。

3．当数字表头最高位显示"1"（或"−1"）而其余位都不亮时，表明输入信号过大，即超量程。此时应尽快换大量程挡或减小（断开）输入信号，避免长时间超量程。

4．自锁紧插头插入时，不必太用力就可接触良好，拔出时手捏插头旋转一下就可轻易拔出，应避免硬拔硬拽导线，以免拽断线芯。

【思考题】

1．在图 4 中，分压电路的电阻阻值是如何计算得到的？
2．在图 7 中，如何计算分流电路的电阻阻值？
3．三位半数字电压表的最大和最小的显示数分别是什么？
4．是否能将数字万用表作为电桥的示零计使用？应该如何使用？

【参考文献】

[1] 杨述武，赵立竹，沈国土. 普通物理实验[M]. 4 版. 北京：高等教育出版社，2009
[2] 南京泰普教学仪器厂. DM-I 型数字万用表设计性试验仪使用说明书[S]. 南京：南京泰普教学仪器厂

第二节　普通基础实验

实验一　惯性秤

【实验目的】

1．掌握用惯性秤测量物体质量的原理和方法。
2．学习惯性秤的定标和使用方法。
3．研究重力对惯性秤的影响。

【实验装置】

惯性秤的构造如图 1 所示，其主要部分是两条相同的弹性钢带（称为秤臂）连成的一个悬臂振动体 A，悬臂振动体的一端是秤台 B，秤台的槽中可放入定标用的标准质量块。A 的另一端是平台 C，通过固定螺栓 D 把 A 固定在 E 座上，旋松固定螺栓 D，则整个悬臂振动体可绕固定螺栓转动，E 座可在立柱 F 上移动，挡光片 G 和光电门 H

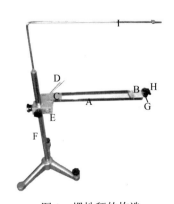

图 1　惯性秤的构造

是测周期用的。光电门和计时器用导线相连。将秤台沿水平方向稍稍拉离平衡位置后释放，则秤台在秤臂的弹性恢复力作用下，沿水平方向做往复振动。其振动频率随着秤台负载质量的变化而变化，其相应周期可用光电控制的数字计时器测定，进而以此为基础，可测定负载的惯性质量。立柱顶上的吊杆 I 可用来悬挂待测物（一圆柱形物体），另外本仪器还可将秤臂沿铅直方向安装，研究重力对惯性秤的振动周期的影响。

【实验原理】

根据牛顿第二定律 $f = ma$，可以得 $m = \dfrac{f}{a}$。若以此式作为质量的定义，则称 m 为惯性质量。

在秤臂水平放置时，将秤台沿水平方向拉离平衡位置后释放。秤台及加于其上的负载在秤臂弹性恢复力 f 作用下，将做水平往复振动，此时重力因与运动方向垂直，对水平方向的运动影响很小，可以忽略不计。当振幅较小时，可以把这一振动当作简谐振动处理。若秤台偏离平衡位置的位移为 x 时，秤台受到的弹性恢复力为 $f = -kx$，其中 k 为悬臂振动体的劲度系数。根据牛顿第二定律，其运动方程可写成

$$(m_0 + m)\frac{\mathrm{d}^2 x}{\mathrm{d}t^2} = -kx \tag{1}$$

其中，m_0 为秤台空载时的等效质量，m 为秤台上加入的附加质量块（砝码或被测物）的质量。当初相为零时，式（1）的解可表示为

$$x = x_0 \cos \omega t$$

其中，x_0 为秤台的振幅，其圆频率 $\omega = \sqrt{\dfrac{k}{m_0 + m}}$，其周期 T 则可表示为

$$T = 2\pi \sqrt{\frac{m_0 + m}{k}} \tag{2}$$

1. 惯性质量的测定与定标

在弹性限度内，即 k 为常数（更确切地说是忽略其随负载的微小变化）的情况下，对应于空秤与不同负载 m_1 和 m_x，由式（2）可以得到

$$\begin{cases} T_0^2 = \dfrac{4\pi^2}{k} m_0 \\[2mm] T_1^2 = \dfrac{4\pi^2}{k} (m_0 + m_1) \\[2mm] T_x^2 = \dfrac{4\pi^2}{k} (m_0 + m_x) \end{cases} \tag{3}$$

从式（3）中消去 k 及 m_0，得

$$m_x = \frac{T_x^2 - T_0^2}{T_1^2 - T_0^2} m_1 \tag{4}$$

由式（4）可见，当已知质量 m_1 时，只要分别测得 T_0、T_1 和 T_x，就可以求得未知质量 m_x。这就是使用惯性秤测质量的基本原理和方法。这种方法是以牛顿第二定律为基础的，是通过测量周期求得质量值，不依赖于地球的引力，因此以这种方式测定的物体质量即为惯性质量。在失重状态下，无法用天平称质量，而惯性秤仍然可以使用。由式（4）还可以看

到，惯性秤不能只通过测定 T_x 来确定 m_x，还必须测定以某已知惯性质量 m_1 为负载时秤的周期 T_1，因此这样使用惯性秤很不方便。为了更迅速、更准确地读出被测物体惯性质量的大小，可先用多个已知质量的砝码做出 $T-m$ 定标曲线备用。此后，当欲测定某负载的质量时，只要将该负载置于秤台中心，测出其周期，再由定标曲线查出其相应惯性质量即可。

定标曲线可用如下方法标定：先测定空秤即负载质量 $m=0$ 时的周期 T_0，然后依次将质量相等（或质量不等，但已知其惯性质量）的砝码放在秤台上，分别测出相应的周期 T_1、T_2…最后用这些数据做出如图 2 和图 3 所示的定标曲线。

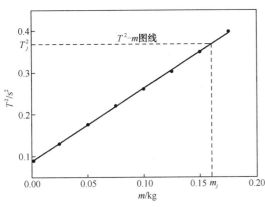

图 2　利用 T^2-m 表示的定标曲线 1　　　　图 3　利用 T-m 表示的定标曲线 2

2. 惯性秤的 k 值

利用式（3）中的前两个式子，消去 m。（下标 1 可以略去）便可得到

$$k = \frac{4\pi^2 m}{T^2 - T_0^2} \tag{5}$$

由式（5）可知，通过测定空秤周期 T_0 和负载为 m 时的周期 T 可求得惯性秤的劲度系数 k（其中 m 用惯性质量单位表示）。

当 k 值测定以后可以根据式（3）中的第一式求得秤台的有效质量为

$$m_0 = T_0^2 \frac{k}{4\pi^2} \tag{6}$$

另外，也可以直接将式（2）两端平方，整理后得到

$$T^2 = \frac{4\pi^2}{k} m_0 + \frac{4\pi^2}{k} m \tag{7}$$

利用线形回归的方法计算出劲度系数 k 及秤台空载时的等效质量 m_0，由测出的周期值得出未知惯性质量 m。

3. 重力对惯性秤振动的影响

（1）秤臂水平安装

当质量为 m 的被测物体直接放在秤台中心时，其重量被秤臂铅直方向的弹力所支撑。因而被测物的重力对惯性秤水平方向的运动几乎没有影响，设此时测得的振动周期为 T_a，显然有

$$T_a = 2\pi \sqrt{\frac{m + m_0}{k}} \tag{8}$$

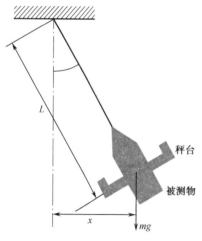

图 4　被测物悬挂在秤台正上方

现将被测物悬吊于秤台中心孔的正上方，仍使被测物处于秤台中心，但此时被测物的重量变为由悬线张力所平衡，不再铅直地作用于秤臂上。若再让秤振动起来，由于被测物在偏离平衡位置后，其重力的水平分力作用于秤台上，从而使惯性秤的振动周期有所变化，如图 4 所示，在位移 x 与悬线长 L（由悬点到圆柱体中心的距离）相比较小时，作用于振动系统上的恢复力为 $-\left(kx + \dfrac{x}{L}mg\right)$，显然此时振动周期为

$$T_b = 2\pi\sqrt{(m + m_0)/(k + mg/L)} \qquad (9)$$

由式（8）和式（9）两式可见，后一种情况下秤臂振动的周期 T_b 比前一种情况下的周期 T_a 要小些，两者比值为

$$\frac{T_a}{T_b} = \sqrt{\frac{k + mg/L}{k}} = \sqrt{1 + \frac{mg}{kL}} \qquad (10)$$

这一关系可以通过实验验证。

（2）秤臂铅直安装

当秤臂铅直放置时，秤台和砝码（或被测物）的振动亦在铅直面内进行，由于重力的影响，其振动周期也会比水平放置时减小。若秤台中心至台座的距离为 L（图 5），此时振动系统的运动方程可以写成

$$(m_0 + m)\frac{\mathrm{d}^2 x}{\mathrm{d} t^2} = -\left[k + \frac{m_0 + m}{L}g\right]x$$

相应地，其周期可以写成

$$T_c = 2\pi\sqrt{\frac{m + m_0}{k + \dfrac{m_0 + m}{L}g}} \qquad (11)$$

将式（8）与式（11）相比，有

$$\frac{T_a}{T_c} = \sqrt{1 + \frac{(m + m_0)g}{kL}} \qquad (12)$$

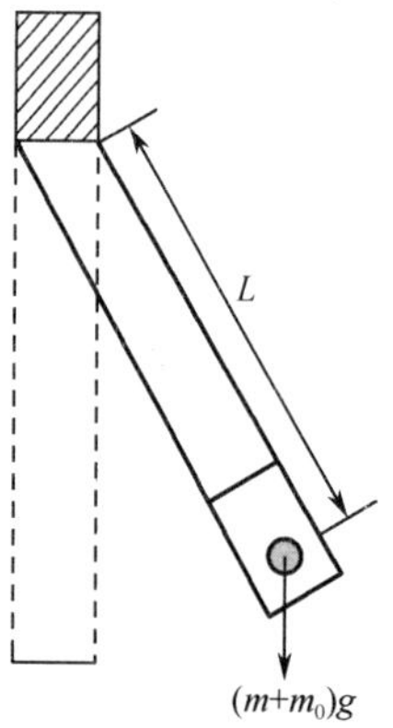

$(m + m_0)g$

图 5　秤臂铅直放置

这一关系式可以通过实验验证。

由以上原理可见，重力对惯性秤的周期是有明显影响的。对不同的安装情况，惯性秤的定标曲线形状也会有所不同。因此在使用惯性秤测定质量时，必须在同样的定标条件下进行。一般为避免重力的影响，应在水平安装情况下使用，此时秤臂应尽量保持水平。

【实验内容】

1. 安装和调整测量系统（包括惯性秤和计时系统）。使用前要将平台 C 调成水平，并检查计时器工作是否正常。

2. 检查标准质量块的质量是否相等，可逐一将标准质量块置于秤台上测周期，如果各质量块的周期测定值的平均值相差不超过 1%，就认为标准质量块的质量是相等的，并取标准质量块质量的平均值为此实验的质量单位。用所给质量大致相等的砝码做出惯性秤的

$T-m$ 定标曲线。

3．测定以圆柱体为负载时秤的周期 T_a，并由定标曲线查出该圆柱体的惯性质量。

4．测定惯性秤的弹性系数 k 和秤台的有效质量 m_0。

5．将被测圆柱体悬吊于支架上，细心调整其自由悬垂位置，使之恰好处在秤台中心。测定悬点到圆柱体中心的距离 L（用米尺测量）和此时秤台的振动周期，研究重力对系统周期的影响，验证式（9）是否成立。

6*．将秤臂铅直放置，测定秤臂长 L（用米尺测量）和此时秤台的振动周期（负载仍为圆柱体），验证式（11）是否成立。

7．用天平称衡砝码和被测圆柱体的引力质量，分析它与惯性质量的关系。

【注意事项】

1．水平或铅直安装惯性秤时应使用水平仪检验。

2．测定周期时，累计 10～20 个周期即可。

3．秤台振动时，摆角要尽量小些（5°以内），秤台的水平位移约 1～2 cm 即可，并且使各次测量时都相同。

【思考题】

1．惯性质量和引力质量有何关系？

2．分析惯性秤的测量灵敏度，即 k 和哪些因素有关？根据所用周期测试仪的分辨率（0.01 s），此惯性秤所能达到的质量测量灵敏度为多少（不考虑其他误差）？

【阅读材料】

失重条件下的人体质量测量

宇航员的身体质量是健康监测的一个重要指标。然而对于漂浮在飞船或空间站中的宇航员来说，确定身体质量远不是一件简单的事情。在太空微重力环境下，重力作用几乎为零，地面常规测量体重的方法都无法使用，因为这些方法或是直接测量重力，或是需要重力的参与才能进行测量。比如弹簧秤，是利用弹性定律直接测量重力的；而天平，则利用杠杆平衡原理，没有重力也无法测量。中国宇航员王亚平 2013 年在"太空授课"中，演示了这一现象。图6是王亚平做的演示实验。两根完全相同的弹簧，下面悬挂不同质量的物体，弹簧的长度一样，因此无法指示物体质量的差别。因此，在太空失重的条件下，测量宇航员的质量，需要使用新的方法。

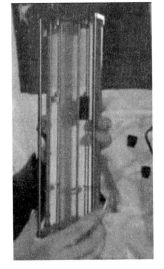

图6　太空失重条件下，弹簧秤无法测质量

失重条件下测量质量的基本思路是：使被测物体运动，通过测量与物体质量相关的物理量，如振动频率、加速度、动量等，计算出物体质量。这实质上利用的是物体的惯性，因此测出的质量称为惯性质量。而地面上利用重力测得的质量称为引力质量，两者在概念上是不同的，在数值上相等。目前在空间站中实际使用的方法可以分为两类：一是利用振动原理，二是利用牛顿第二定律。

1. 振动原理

基于振动原理的仪器相当于一个单自由度的无阻尼质-弹系统，如质量-弹簧、质量-梁、质量-杆、质量-轴系统等。根据质-弹系统自由振动的周期与质量满足的关系 $T = 2\pi\sqrt{\dfrac{m}{k}}$，可以得到待测质量。基于振动原理开展的研究最早，也得到了最多的实际应用，俄罗斯的质量测量设备、美国的小质量测量设备都使用了振动原理。

图 7 给出了在美国"天空实验室"上搭载的人体质量测量装置（BMMD）。用该装置测量时，将人体固定在专用座椅上，使座椅和人一起做机械振动。通过测量振动周期计算出航天员的质量。该设备的量程为 100 kg，测量精度可达+100～+450 g。

图 8 所示是国际空间站装备的俄罗斯质量测量设备。使用时，宇航员把胸、腹部紧贴上部的平台，利用脚踏、把手固定好脚和手。把手上有一个触发开关，可以解锁设备，使其振动起来，通过振动周期计算人体质量，精度可达 0.5%。俄罗斯的这套设备虽然精度较高，但缺陷也显而易见，体积大、功耗高，仅运动部件就重达 7 kg，整体功耗高达 50 W。

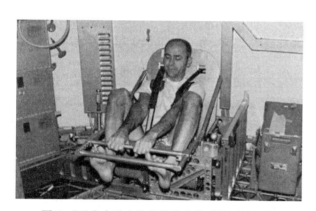

图 7 "天空实验室"搭载的人体质量测量设备

图 8 俄罗斯质量测量设备

利用振动原理的方法存在以下问题：

（1）由于需要往返振动，待测质量必须是刚体或者准刚体，否则待测物体质量分布的不断改变将严重影响测量精度。

（2）实际系统均存在阻尼、非线性等非理想因素，使得自由振动周期与质量的理论关系式不能严格满足，必须经过大量的标定试验得到拟合公式。

（3）对于待测质量的活体，如航天员、实验动物等，振动过程可能带来不适。

2. 牛顿第二定律

牛顿第二定律指出，物体的加速度等于物体所受的合外力与质量的比值，即 $a = \dfrac{F}{m}$。若要测量质量，只需要使物体产生加速运动，再测出其受力以及加速度即可。中国的"天宫一号"空间站上的质量测量仪利用的便是牛顿第二定律。

图 9 是"天宫一号"空间站上的质量测量仪的测量原理示意图。在天宫一号里面，质

量测量仪外观看上去像飞船舱壁上的一个箱子，使用时拉开它，航天员坐在杆子上，利用四肢勾住支架，将连接运动机构的弹簧拉到指定位置。松手后，拉力使弹簧回到初始位置。利用光栅测速系统，可测出宇航员身体运动的加速度。知道力和加速度，就可算出宇航员身体的质量。

利用牛顿第二定律测质量的一个前提是拉力是恒力，物体做匀加速运动。这在质量测量仪上是通过一个弹簧凸轮恒力机构实现的。恒力机构的实质是一个恒力矩机构，利用弹簧-凸轮在转轴上产生恒力矩，恒力矩通过与凸轮同轴的圆形转轮（力臂不变）向外输出恒定拉力。整个机构包括生成恒力矩的弹簧凸轮部分和输出恒力的转轮部分，结构如图10所示。

在各种微重力条件下的质量测量方法中，基于牛顿第二定律的直线加速度方法在理论上适用于非刚性体，最适合用于人体等非刚性体的质量测量。

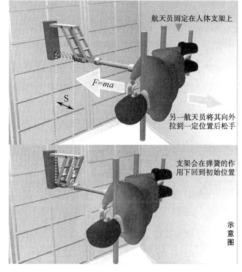

图9 "天宫一号"质量测量仪测量原理示意图

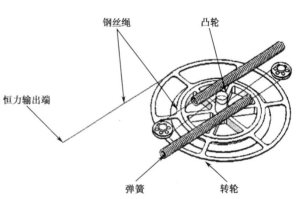

图10 恒力机构示意图

【参考文献】

[1] 马蔚生. 大学物理实验[M]. 上海：华东师范大学出版社，2006

[2] 吴红玉. 大学物理实验[M]. 浙江：浙江大学出版社，2010

[3] Hui Yan, Luming Li*, Chunhua Hu, et al. Astronaut mass measurement using linear acceleration method and the effect of body non-rigidity[J]. Science China-Physics Mechanics & Astronomy, 2011，54(4):777-782

[4] 严辉，李路明，郝红伟，等. 基于直线加速度的人体质量测量方法及其地面实验研究[J]. 清华大学学报（自然科学版），2012，07：1013-1017

[5] 严辉，郝红伟，李路明，等. 微重力环境中质量测量方法的研究[J]. 载人航天，2007，4：7-11

实验二　物质密度的测定

密度是反映物质特性的物理量，它只与物质的种类有关，与质量、体积等因素无关。每种物质都有一定的密度，不同物质的密度一般是不同的。例如，人体的密度仅有1.07 g/cm^3，只比水的密度多一点，所以学游泳不会很难，汽油的密度比水小，所以在路上看到的油渍，都会浮在水面上。海水的密度大于水，所以，人体在海水中比较容易浮起来。物质的密度会受温度的影响而改变。一般而言，物质的质量不受温度影响，但是体积会热胀冷缩。所以若温度上升时体积膨胀，密度相对就变小了。相反地，若物质在温度下降时体积缩小，密度会变大。不过水是个例外，水的密度在 4 ℃时最大，水温只要从 4 ℃上升或下降，密度都会变小。也就是说 4 ℃的水，体积在受热时也膨胀、冷却时也膨胀。水的密度大于冰。所以水总是由表面开始结冰，密度最大的 4 ℃的水会沉入最底层。这个性质非常重要，在严寒的冬天，虽然水的表面已结冰，但在湖泊的底层仍维持 4 ℃左右，使水中的生物可安然度过冬天。

密度测量不仅在物理、化学研究中是重要的，而且在石油、化工、采矿、冶金及材料工程中都有重要意义。对于鉴别未知物质，密度是一个重要的依据。"氩"就是通过计算未知气体的密度发现的。经多次实验后又经光谱分析，确认空气中含有一种以前不知道的新气体，把它命名为氩。在农业上可以依据密度判断土壤的肥力，含腐殖质多的土壤肥沃，其密度一般为 2.3 g/cm³。在选种时可根据种子在水中的沉、浮情况进行选种：饱满健壮的种子因密度大而下沉；瘪壳和其他杂草种子由于密度小而浮在水面。在工业生产中，如淀粉的生产以土豆为原料，一般来说含淀粉多的土豆密度较大，故通过测定土豆的密度可估计淀粉的产量。又如，工厂在铸造金属物之前，需估计熔化多少金属，可根据模子的容积和金属的密度算出需要的金属量。

测量物体密度的方法，可归纳为源于密度定义的直接测量法以及利用密度与某些物理量之间特定关系的间接测量法。直接测量法又分为绝对测量法和相对测量法两大类。绝对测量法通过对基本量（质量和长度）的测定，来确定物体的密度，利用这种方法时，必须把物质加工成线性尺寸确定的形状，如立方体、圆柱体、球体等。相对测量法通过与已知密度的标准物质相比较，来确定物质的密度，如流体静力称衡法、比重瓶法、浮子法和悬浮法等。间接测量法的种类很多，如浮子法、静压法、介电常数法、射电法、声学法、振动法等，主要用于工业生产过程中的密度测量。本实验要求学生熟练掌握天平的原理和使用方法，用静力称衡法和比重瓶法测量密度大于水和小于水的规则及不规则固体、液体的密度。

【实验目的】

1．熟悉物理天平的构造和原理，并学会正确的使用方法。

2．学习用静力称衡法测量固体和液体的密度。

3．掌握助沉法测定不规则固体密度（比水的密度小）的原理和方法。

4．巩固有效数字和不确定度的计算方法。

5．理解如何将不易测量量用易测量量来代替的方法。

【实验仪器及器材】

物理天平（附砝码、镊子）、游标卡尺、大烧杯、比重瓶、温度计、圆柱形铝棒（被测物）、石蜡块（被测物）、钢块（配重物）、玻璃珠（被测物）、自来水、蒸馏水、酒精、细线、剪刀、抹布、吹风机等。

【实验原理】

密度的定义：

$$\rho = \frac{m}{V}$$

测出物体质量 m 和体积 V 后，可间接测得物体的密度 ρ。利用天平很容易测出质量。对于规则形状的固体，可通过游标卡尺、千分尺等测出它的外形尺寸，间接测出体积，但是对于不规则形状的固体，若通过测外形尺寸来求体积，则计算起来比较麻烦，甚至十分困难。此时，用转换法来测定其体积既简单又精确。在此介绍的方法是在水的密度已知的条件下，由天平测量出体积。

1. 静力称衡法测固体的密度（比水的密度大）

如图 1 所示，设被测物不溶于水，其在空气中的称衡质量为 m_1（空气浮力忽略不计），全部浸没在水中（悬吊，不接触烧杯壁和底）的称衡质量为 m_2，体积为 V，水的密度为 ρ_w。以浸在水中的被测物为研究对象，静态平衡时，有

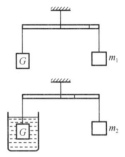

$$F_{浮} = \rho_w g V = (m_1 - m_2)g$$

g 为当地重力加速度。将上式整理可得

$$V = \frac{m_1 - m_2}{\rho_w}$$

则被测物密度为

$$\rho = \frac{m_1}{V} = \frac{m_1}{m_1 - m_2}\rho_w \qquad （1）$$

图 1　静力称衡法测固体密度（比水的大）的示意图

由式（1）可以看出，若选用已知密度的纯水 ρ_w（只要测出水的温度 t，纯水的密度就可以从密度表中查出）。这样，使用静力称衡法测密度就变成了纯质量的测量，简化了测量程序，而且测得的结果比较准确。

2. 静力称衡法与助沉法相结合测固体的密度（比水的密度小）

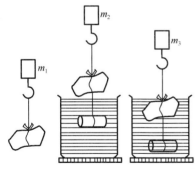

图 2　静力称衡法测固体密度（比水的密度小）的示意图

如图 2 所示，设被测物不溶于水，其在空气中的称衡质量为 m_1（空气浮力忽略不计），体积为 V。用细线将一助沉物悬挂在被测物的下面。助沉物在空气中的称衡质量为 $m_{助}$，体积为 $V_{助}$，设仅将助沉物没入水中而被测物在水面以上时系统的称衡质量为 m_2（注意悬吊，不接触烧杯壁和底），将助沉物和被测物作为整体视为研究对象（忽略细线的质量），静态平衡时，有

$$m_1 g + m_{助} g - \rho_w g V_{助} = m_2 g$$

二者均没入水中时的称衡质量为 m_3，静态平衡时，有

$$m_1 g + m_{助} g - \rho_w g V_{助} - \rho_w g V = m_3 g$$

以上两式做差，得

$$\rho_w g V = (m_2 - m_3)g$$

整理，得

$$V = \frac{m_2 - m_3}{\rho_w}$$

则被测物密度

$$\rho = \frac{m_1}{V} = \frac{m_1}{m_2 - m_3} \rho_w \qquad (2)$$

测出水温 t，查表得 ρ_w，测出 m_1、m_2 和 m_3，即可求出 ρ。

3．比重瓶法测液体的密度

图 3 所示为常用比重瓶，它在一定的温度下有一定的容积，将被测液体注入瓶中，多余的液体可由塞中的毛细管溢出。

空比重瓶在空气中的称衡质量为 m_1，装满密度为 ρ 的被测液体时的称衡质量为 m_2，则比重瓶的容积为

$$V = \frac{m_2 - m_1}{\rho}$$

充满同温度的蒸馏水时的质量为 m_3，则

$$V = \frac{m_3 - m_1}{\rho_w}$$

图 3 比重瓶

因此，可得被测物的密度为

$$\rho = \frac{m_2 - m_1}{m_3 - m_1} \rho_w \qquad (3)$$

试想下，如何用比重瓶法测不溶于水的碎小固体的密度？

【实验内容】

1．调整和使用物理天平。使用前要认真了解物理天平的构造和使用注意事项。天平的正确使用可以归纳为四点：调水平；调零点（注意游码一定在零线位置）；左称物，右放码；常制动（取放物体或砝码、移动游码或调平衡螺母都要制动天平，只有在判断天平是否平衡时才能开启天平）。

2．利用绝对测量法测量圆柱形铝棒的密度，要求几何尺寸物理量重复测量 3 次。

3．基于静力称衡法测量铝棒、蜡块和酒精的密度，要求所有物理量均采用单次测量。

4*．测量碎小玻璃球的密度，要求所有物理量均采用单次测量。

5．根据实验要求，自拟实验数据表格，并根据实验数据计算待测物的密度和不确定度，且最终结果用不确定度表示。

【思考题】

1．测量形状规则的固体密度的方法是什么？

2．什么是静力称衡法？用静力称衡法测量密度大于水的固体密度的方法是什么？

3．用静力称衡法测量密度小于水的固体密度的方法是什么？动手试试多个固体的系绳技巧。

4．用比重瓶法测量液体密度的方法是什么？

5．如何用比重瓶测量不溶于水的固体小颗粒的密度？

6．物理天平的使用方法是什么？

【阅读材料】

物理天平简介

1. 原理与结构

物理天平的原理是一个简单的等臂杠杆。它是利用被测物与砝码的质量相比较而得到被测物体的质量。物理天平的构造如图4（a）所示，实物如图4（b）所示。在横梁中间和端点共有三个刀口，中间的刀口要放在支柱顶端的刀垫上，刀垫用玛瑙或硬质合金钢制造，两端的刀口是悬挂秤盘的，横梁上附有可以移动的游码，是作为小砝码用的。常见的一种天平的最大称量是 500 g，配有一套砝码，最小的是 1 g，称量 1 g 以下的质量用游码。游码从横梁左端移到右端就等于右盘中加了 0～1 g 的砝码。横梁等分成十个大格，每个大格又等分成几个小格。以 5 个小格为例，游码每向右移动一个小格就等于在右盘内加了 20 mg 的砝码，即这种天平的分度值为 20 mg。

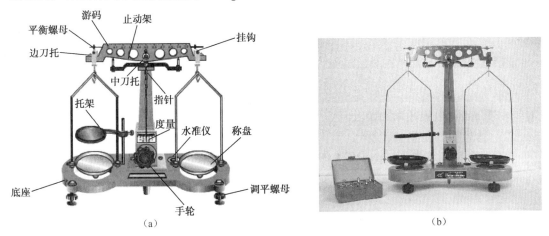

（a）　　　　　　　　　　　　　　　　（b）

图4　物理天平的结构图和实物图

横梁中部还装有竖直向下的一个指针，与支柱上的指针标尺配合，可以指示天平的平衡位置及灵敏度。横梁两侧还有用来调整零点的平衡螺母。天平底盘上装有水准仪，调节底脚调平螺母，用水准仪指示天平的调平情况。天平的底板上，在左边秤盘上方还有一个可以放置物品的托架。

标志天平规格性能的除了"最大称量"以外，还有游码的分度值（也称为"感量"）。感量是横架中间的指针在下面指针标尺上每偏转一格时，对应的天平的秤盘中所加的质量数。如感量为 0.1 克/格的天平就是指针每偏转一格需要任一秤盘加上 0.1 g 的质量。感量的倒数称为"灵敏度"，即盘中砝码每加上 0.1 g（或 1 g）时指针偏转的格数。

灵敏度（或感量）除了标志天平的性能以外，还可以利用它来进行精密称衡。如在天平空载（零点）时指针正好指在指针标牌中间，负载时指针指示偏右 1.5 格，就可以根据灵敏度算出应该在天平砝码的读数上加上多少质量。利用指针也可以提高称衡效率，可以很快判定游码移动多少就可以使天平接近平衡，避免称衡操作中的盲目性。在调节天平的零点时，由横梁上的平衡螺母转过一圈相当于指针偏转几格，来判定下一次应该把平衡螺母转过多少就能调到接近平衡。

2. 操作步骤

（1）调节刀垫的水平，即调整天平水平。这需要通过调节底盘的水平来实现。

（2）调整零点。即将游码放在零位置，在横梁两侧刀口上挂上秤盘，反复调整平衡螺母，将制动旋钮向右旋转，支起横梁，判断天平是否达到平衡。平衡的标志是指针指在标尺中心位置或在标尺中心位置处往复摆动，且左右摆动的幅度一致。

（3）称衡。将物体放在左盘，砝码放在右盘，进行称衡。每次称衡完毕，将制动旋钮向左旋转，放下横梁，其落在止动架上。

（4）全部称衡完毕后，将秤盘摘离刀口，游码放到零位，将天平复原。

3．注意事项

（1）天平的负载不得超过最大称量。

（2）在取放物体或砝码、移动游码、调节平衡螺母以及不使用天平时，必须把天平制动。只有在判断天平是否平衡时才将天平启动。启、制动天平的动作要轻。

（3）砝码只能用镊子夹取，不能用手拿取。砝码用完后应立即放回砝码盒中，即砝码只能放在两个地方：秤盘中或砝码盒中。

（4）天平或砝码要防锈、防蚀、防止机械损伤。液体、高温物品以及带腐蚀性的化学品等不能直接放在秤盘中称衡。

【参考文献】

[1] 孙晶华，梁艺军，关春颖，等．操纵物理仪器 获取实验方法（——物理实验教程）[M]．北京：国防工业出版社，2010

[2] 李学慧，徐朋，部德才，等．大学物理实验[M]．北京：高等教育出版社，2012

[3] 陈子栋，潘伟珍，金国娟，等．大学物理实验[M]．北京：机械工业出版社，2013

实验三　基于气垫导轨验证牛顿第二定律

气垫导轨利用气泵将压缩空气导入导轨空腔，再由导轨表面上的小孔喷出，在导轨表面与滑块之间形成一个薄气层（气垫），使得滑块悬浮在导轨上，在运动中只受到微小的空气黏滞阻力，能量损失较小，因此，气垫导轨上的滑块运动可近似看成无摩擦阻力的直线运动。

基于气垫导轨可测定物体做匀加速直线运动时的平均速度和瞬时速度，验证动量守恒定律，验证牛顿第二定律，研究简谐振动的运动学特征等，本实验主要学习在气垫导轨上验证牛顿第二定律。

验证性实验是在某一理论已知的条件下进行的。所谓验证，是把实验结果与已知理论相比较是否一致。当然，要做到完全一致是不大可能的，只要两者之差是在误差允许的范围内就可以了。验证性实验分为直接验证和间接验证两类，本实验属于直接验证，即对理论所涉及的物理量，均在实验中直接测定，并研究它们之间的定量关系。

【实验目的】

1．学会气垫导轨和数字计时器的正确使用方法。

2．掌握在气垫导轨上测量平均速度、瞬时速度和加速度的方法。

3．研究加速度与力、质量之间的关系，从实验中归纳总结牛顿第二定律。

【实验仪器及器材】

带刻度尺的气垫导轨、倾斜垫块、光电门、数字计时器、滑块、挡光片、固定螺母、挂钩、砝码托、砝码、细线、游标卡尺、电子天平、剪刀、酒精、抹布等。

【实验原理】

1. 速率的测量

实验操作时，将 U 形挡光片固定在滑块上，则挡光片与滑块具有相同的速度，并利用 U 形挡光片来测量滑块的速率。其原理如下：如图 1 所示，箭头标出了挡光片的运动方向，通过光电门时，挡光片第一次挡光开始计时，第二次挡光停止计时，数字计时器上将显示出从开始计时到停止计时相应的时间间隔 t，对应的挡光距离为 d，常用游标卡尺测出。（试想一下，若挡光片反向运动，对应的 d 是什么？）由此可得出滑块通过光电门的平均速率 v：

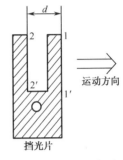

图 1　挡光片示意图

$$v = \frac{d}{t}$$

在此测量中，实际上测定的是滑块上挡光片（宽 d）经过某一段时间的平均速度，但由于 d 较窄，所以在 d 范围内，滑块的速度变化比较小，故可把此平均速度近似看成滑块上挡光片经过光电门的瞬时速度。

2. 导轨的调平

导轨的结构见 50 页的阅读材料。调平导轨本应是将平直的导轨调成水平方向，但是实验室现有的导轨因受重力影响都存在一定的弯曲，因此"调平"的意义是指将光电门 A、B 所正对的导轨上的两点调到同一水平线上（见图 2）。实验中依次通过静态调整、动态验证完成导轨调平。

图 2　导轨示意图

（1）静态调整

假如气垫导轨上 A、B 两点已在同一水平线上，则在 A、B 中点位置附近静止释放的滑块应静止不动或来回晃动，此为静态判断导轨水平的实验标准。

（2）动态验证

在 A、B 间运动的滑块，因导轨弯曲对它运动的影响可以抵消，但是滑块与导轨间还存在少许空气黏滞阻力，所以滑块由 A 门向 B 门运动时，通过 A 门的速率 v_A 大于通过 B 门的速率 v_B，即 $v_A > v_B$；相反时，$v_B > v_A$。由于挡光片宽度基本相同，所以 A→B 时，$t_A < t_B$，相反时，$t_B < t_A$。同时，由 A 向 B 运动时的速率损失 $\Delta v_{AB} = v_A - v_B$，要和相反运动时的速率损失 $\Delta v_{BA} = v_B - v_A$ 尽量接近。即 $\Delta t_{AB} = t_A - t_B$ 要尽量与 $\Delta t_{BA} = t_B - t_A$ 相近，实验时要求 t_A、t_B 相差小于 2 ms。

3. 黏性阻尼系数 b 的测定

调平气垫导轨后，滑块由 A 门向 B 门运动时，根据动能定理，可得

$$b\bar{v}s = \frac{1}{2}mv_A^2 - \frac{1}{2}mv_B^2 \qquad (1)$$

式中，m 为滑块的质量，s 为 A、B 两光电门间的距离，$\bar{v}$ 为滑块通过 A、B 两光电门间的平均速度，其值为 $\bar{v} = (v_A + v_B)/2$。代入式（1），可得

$$b = \frac{m\Delta v_{AB}}{s}$$

滑块反向运动时，即由 B 门向 A 门运动时，同理可得

$$b = \frac{m\Delta v_{BA}}{s}$$

以上两式取平均，可得

$$b = \frac{m}{s}\frac{\Delta v_{AB} + \Delta v_{BA}}{2} \qquad (2)$$

此为计算 b 的依据。实验时注意滑块速度要适中，并且在推动时注意使之运动平稳（最好在滑块后尾轻轻向前平推），此外，滑块沿两相反方向运动时挡光片通过光电门位置不同，要注意分别测量：当 A→B 时，挡光距离记为 d_1；当 B→A 时，挡光距离记为 d_2。

4. 加速度 a 的测量

测量滑块加速度 a，可依据

$$a = \frac{v_B - v_A}{t} = \frac{d}{t_{AB} - \frac{t_A}{2} + \frac{t_B}{2}}\left(\frac{1}{t_B} - \frac{1}{t_A}\right) \qquad (3)$$

式（3）分母中的附加项 $\left(-\frac{t_A}{2} + \frac{t_B}{2}\right)$ 就是针对平均速度 $\bar{v} = \frac{d}{t}$ 代替瞬时速度 v 引入的系统误差而做的修正项，即用式（3）计算加速度 a 时，不存在由于用 $\bar{v}$ 代替 v 的系统误差。而计算加速度的另一公式 $a = \frac{v_B^2 - v_A^2}{2s} = \frac{d^2}{2s}\left(\frac{1}{t_B^2} - \frac{1}{t_A^2}\right)$ 中，依然存在用平均速度 $\bar{v} = \frac{d}{t}$ 代替瞬时速度 v 的系统误差，系统误差的大小和滑块初始位置到 A 门的距离 s_0 及 d 有关，$\frac{d}{s_0}$ 越小，误差也越小。因此，实验中应选择式（3）计算加速度 a ［要求能自己推导出式（3）］。

5. 验证牛顿第二定律

牛顿第二定律是这样描述的：一个物体受到外力作用时，它所获得的加速度的大小与外力的大小成正比，并与物体的质量成反比，加速度的方向与外力的方向相同。采用国际单位制，牛顿第二定律通常的数学表达式为

$$F = ma \qquad (4)$$

牛顿第二定律，首先说明了对于质量一定的物体在不同的外力作用下，其加速度与外力之间的正比关系；其次说明了不同物体在相等的外力作用下，物体的加速度与物体质量之间的反比关系。由于课堂实验时间有限，且基于气垫导轨系统，系统质量一定的前提条件容易满足，我们只要求验证前者关系。下面详述此部分内容。

当导轨调平后，如图 3 所示，将细线的一端系在质量为 M 的滑块（挡光片固定在滑块上）上，另一端绕过滑轮挂上质量为 m_0 的砝码托及砝码，将滑块从某一固定位置静止释放，则滑块在砝码托及砝码的重力作用下做加速运动，先后通过 A、B 两个光电门。增减挂在砝码托上的砝码个数以改变外力，加速度随之改变。将滑块（包含挡光片等小配件）、滑轮、砝码托及砝码作为研究系统，为了保证系统质量的恒定，实验中需要将未挂在砝码托上的砝码固定在滑块上。若忽略掉滑轮的摩擦阻力，则此时系统的合外力为

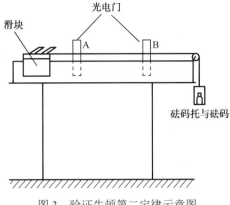

图 3　验证牛顿第二定律示意图

$$F = m_0 g - F_{阻} = m_0 g - b\bar{v} \tag{5}$$

式中，$F_{阻}$ 为空气黏滞阻力，其大小为 $b\bar{v}$，其中 b 为黏性阻尼系数，依据式（2）得到，$\bar{v}$ 为滑块通过 A、B 两光电门间的平均速度，其值为 $\bar{v} = \dfrac{v_A + v_B}{2} = \dfrac{d_1}{2}\left(\dfrac{1}{t_A} + \dfrac{1}{t_B}\right)$。$g$ 为重力加速度，北京地区取 9.801 m/s²。m_0 为悬挂的砝码托及砝码质量，可由电子天平测得。所以系统所受的合外力可以间接得到。

系统的总质量 m 应为滑块质量 M（包含挡光片等小配件）、细线质量和全部砝码及砝码托质量之和（此处忽略了滑轮转动惯量的折合质量），系统的加速度 a 依据式（3）计算得到。由前面的分析可以看出，实验中对 F、a 的测量，实际上是通过测量时间、长度和质量等物理量而间接得到的。实验中可测得至少 6 组 F、a 值，如果二者之间存在 $F = \beta a$ 的线性关系，且斜率 β 和运动系统的总质量 m 在测量误差范围内相等，则可认为成功验证了牛顿第二定律。

【实验内容】

1．用纱布沾少许酒精擦拭导轨表面和滑块内表面，用薄纸片检查气孔有否堵塞。

2．检查和设定计时系统。

3．调平气轨并测出黏性阻尼系数 b（根据实验原理自拟表格）。

注意：（1）导轨上的滑轮部分完全悬空，以保障后续悬挂砝码时细线不会搭在实验台上；（2）先给导轨供气，再把滑块放在导轨上；（3）计时器选择 S2 挡。

4．测量加不同砝码时的加速度 a（根据实验原理自拟表格）。

注意：（1）此时计时器选择 a 挡；（2）悬挂的砝码在挡光片通过 B 光电门后方可着地；（3）砝码质量略有差异，注意区分；（4）同一条件下，重复测量 3 次，注意从同一位置静止释放滑块（为什么？）；（5）每次测量前，保证细线在滑轮上。

5．测量滑块、砝码等的质量。

注意：实验结束时，先取下滑块，再关闭气泵，以停止给导轨供气。

6．计算加各种砝码时的加速度 a 及 F 值。

7．用最小二乘法求直线拟合式 $F = \beta a$ 的 β 和 R^2 值。

8．分析实验结果。

【思考题】

1. 基于气垫导轨验证牛顿第二定律时的验证思路是什么？
2. 气垫导轨的特点是什么？作用是什么？
3. 气垫导轨如何调平？静态调整、动态验证应分别满足什么要求？
4. 光电门和挡光片组合测速度的原理是什么？平均速度和瞬时速度的差别是什么？
5. 黏性阻尼系数 b 的测量原理是什么？
6. 考虑到平均速度代替瞬时速度的系统误差，对加速度 a 做了如下修正：

$$a = \frac{d}{t_{AB} - \dfrac{t_A}{2} + \dfrac{t_B}{2}} \left(\frac{1}{t_B} - \frac{1}{t_A} \right)$$

此式是如何得到的？

7. 简述电子天平的使用方法。

【阅读材料】

气垫导轨简介

气垫导轨主要由导轨、滑块及光电转换装置组成，其实物图如图 4 所示，结构示意图如图 5 所示。

图 4　气垫导轨等实验装置实物图

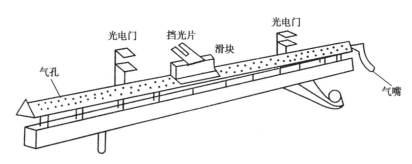

图 5　气垫导轨结构示意图

1. 导轨

导轨由长 1.5～2.0 m 的三角形中空铝合金材料制成。轨面上两侧各有两排直径为 0.4～0.6 mm 的喷气孔。导轨一端装有进气嘴，当压缩空气进入管腔后，就从小孔喷出，在轨面与滑块之间形成很薄的空气层，将滑块从导轨面上托起（约 0.15 mm），从而把滑块与导轨之间的滑动摩擦变为空气层之间的气体内摩擦，极大地减小了摩擦力的影响。导轨两端有缓冲弹簧，一端安有滑轮。整个导轨安在钢梁上，其下有三个用以调节导轨水平的底脚螺钉。一端有两个底角螺钉，调节它们使导轨直立在钢梁上；另一端为单个底角螺钉，调节它使导轨水平；或将垫块放在导轨底脚螺钉下，以得到不同的斜度。

2. 滑块

滑块是在导轨上运动的物体，一般用角形铝材制成，内表面经过细磨，能与导轨的两侧面很好地吻合。当导轨中的压缩空气由小孔喷出时，垂直喷射到滑块表面，它们之间形成空气薄层，使滑块浮在导轨上（见图4右图）。根据实验要求，滑块上可以安装挡光板、重物或砝码。滑块两端除可装缓冲弹簧外，也可装尼龙搭扣及轻弹簧。

3. 光电转换装置

光电转换装置又称光电门，由聚光灯泡和光敏管组成。聚光灯泡的电源由数字计时器供给，光电转换装置只要接通毫秒计电源开关，聚光灯泡即可点亮，发出的光束正好照在光敏管上，光敏管与数字计时器的控制电路连接。当光照被罩住时，光敏管电阻发生变化，从而产生一个电信号，触发计时器开始计时；当光照恢复或光照又一次被挡住（视数字计时器的工作状态而定）时，又产生一个电信号，使数字计时器停止计时。计时器显示出一次挡光或两次挡光之间的时间间隔。

4. 注意事项

气垫导轨是一种高精度实验装置，导轨表面和滑块内表面有较高的光洁度，且配合良好。因此，（1）各组导轨和滑块只能配套使用，不得与其他组调换，实验中要严防敲碰、划伤导轨和滑块（特别是滑块不能掉在地上）；（2）不得在未通气时就将滑块放在导轨上滑动，以免擦伤两者表面；（3）使用完毕，先将滑块取下再关气源；（4）导轨和滑块表面有污物或灰尘时，可用棉纱沾酒精擦拭干净；（5）导轨表面气孔很小，易被堵塞，影响滑块运动，通入压缩空气后要仔细检查，发现气孔堵塞，可用小于气孔直径的细钢丝轻轻捅通；（6）实验完毕，应将轨面擦净，用防尘罩盖好。

牛顿生平简介

牛顿，英国物理学家、天文学家、数学家，生于林肯郡附近的农村。在格兰瑟姆中学毕业后，入剑桥大学，后成为剑桥大学教授。力学方面，在伽利略等人研究的基础上，总结出机械运动的三个基本定律，发展了开普勒等人的工作，发现了万有引力定律，把地球上物体的力学和天体力学统一到一个力学体系中，创立了经典力学体系。光学方面，致力于色彩现象和光的本性的研究，用三棱镜分析了日光，分析出白光是由不同颜色的光构成的，成为光谱分析的基础，并制作了牛顿色盘。发现了光的一种干涉图样，称为牛顿环。热学方面，确定了冷却定律，即当物体表面与周围存在温度差时，单位时间内从单位面积上散失的热量与这一温度差成正比。数学方面提出了"流数法"，建立了二项式定理，并和莱布尼茨几乎同时创立了微积分学。天文学方面，研制成反射望远镜，初步考察了行星运动规律。解释了潮汐现象，预言了地球不是正球体，并由此说明了岁差现象。晚年任造币厂检察官、厂长。同时编写了以神学为题材的著作，终生未婚。因其在科学上的伟大贡献，当选英国国会议员，并被授予爵士称号，皇家学会主席。逝世后被作为有功于国家的伟大人物葬于威斯敏斯特教堂。

【参考文献】

[1] 张晓宏，阎占元，黄明强，等. 大学物理实验[M]. 北京：科学出版社，2013

[2] 李学慧，徐朋，部德才，等. 大学物理实验[M]. 北京：高等教育出版社，2012

[3] 杨述武，赵立竹，沈国土，等. 普通物理实验[M]. 4 版 北京：高等教育出版社，2009

实验四　杨氏模量的测定（伸长法）

【实验目的】

1．用伸长法测定金属丝的杨氏模量。
2．学习光杠杆原理并掌握使用方法。

【实验仪器及器材】

杨氏模量测定仪、螺旋测微器、游标卡尺、钢卷尺、光杠杆及望远镜刻度尺组。

【实验原理】

任何物体在外力作用下都要发生形变，形变可分为弹性形变和塑性形变两种。如果外力在一定限度以内，当外力撤去后，物体能恢复到原来的形状，这是弹性形变。当外力撤去以后，物体不能恢复到原来的形状，这是塑性形变。固体材料的弹性形变能利用杨氏模量这一个重要物理量来描述。杨氏模量表征的是材料的自身属性，仅与材料的性质有关，与几何尺寸以及作用力无关，是工程设计中选用材料的重要参数之一。

胡克定律指出，在弹性限度内，弹性体的应力和应变成正比。设有一根长为 l、横截面积为 S 的钢丝，在外力 F 作用下伸长了 δ，则

$$\frac{F}{S} = E\frac{\delta}{l} \tag{1}$$

式中，比例系数 E 称为杨氏模量，单位为 $\mathrm{N \cdot m^{-2}}$。杨氏模量是表征材料本身弹性的物理量。由胡克定律可知，应力大而应变小，杨氏模量较大；反之，杨氏模量较小。杨氏模量反应材料对于拉伸或压缩变形的抵抗能力。对于一定的材料来说，拉伸和压缩的杨氏模量不同，但通常两者相差不多。

仅当形变很小时，应力应变才服从胡克定律。若应力超过某一限度，到达一点时，撤销外力后，应力回到零，但有剩余应变 ε_p，称为塑性应变。塑性力学便是专门研究这类现象的。当外力进一步增大到某一点时，会突然发生很大的形变，该点被称为屈服点。在达到屈服点后不久，材料可能发生断裂，在断裂点被拉断。

设钢丝直径（截面积）为 d，则 $S = \frac{1}{4}\pi d^2$，将此代入上式并整理后得出

$$E = \frac{4Fl}{\pi d^2 \delta} \tag{2}$$

上式表明，对于长度 l、直径 d 和所加外力 F 相同的情况下，杨氏模量大的金属丝的伸长量 δ 较小，而杨氏模量小的伸长量较大。

根据式（2）测杨氏模量时，伸长量 δ 比较小，不易测准，因此，测定杨氏模量的装置，都是围绕如何测准伸长量而设计的。此实验利用光杠杆装置去测量伸长量 δ。安装光杠杆 G 及望远镜刻度尺组，如图 1 所示。

光杠杆原理图如图 2 所示。假设平面镜的法线和望远镜的光轴在同一直线上，且望远镜的光轴和刻度尺平面垂直，刻度尺上某一刻度发出的光线经平面镜反射进入望远镜，可

在望远镜中十字叉丝处读出该刻度的像，其刻度值设为 A_m，若光杠杆后足下移 δ，即平面镜绕两前足转过角度 θ 时，平面镜法线也将转过角度 θ，根据反射定律，反射线转过的角度应为 2θ，此时望远镜十字叉丝应对准刻度尺上另一刻度的像，其刻度值设为 A_n。光杠杆前后足尖的垂直距离为 d_1，光杠杆平面镜到刻度尺的距离为 d_2，设加砝码 m 后金属丝伸长为 δ，加砝码 m 前后望远镜中刻度尺的读数差为 ΔA，则由图2知，光杠杆小镜法线转了 θ，则从望远镜中看到两刻度线 A_m 和 A_n 对小镜的转角为 2θ，$\tan\theta = \delta/d_1$，反射线偏转了 2θ，$\tan2\theta = \Delta A/d_2$，当 $\theta < 5°$ 时，$\tan2\theta \approx 2\theta$，$\tan\theta \approx \theta$，故有 $2\delta d_1 = \Delta A/d_2$，即 $\delta L = \Delta A d_1/2d_2$，或者

$$\delta = (A_m - A_n)d_1/2d_2 \tag{3}$$

将 $F = mg$ 代入上式，得出用伸长法测金属的杨氏模量 E 的公式为

$$E = \frac{4Fl}{\pi d^2 \delta} = \frac{8mgld_2}{\pi d^2 (A_m - A_n)d_1} = \frac{8gld_2}{\pi d^2 K d_1} \tag{4}$$

其中，$A_m - A_n = \dfrac{2d_2}{d_1}\delta$ 为增加一个砝码引起刻度尺刻度的变化量，$K = \dfrac{A_m - A_n}{m}$ 为增加单位质量引起刻度尺刻度的变化量，$m = 1.000\ \text{kg}$ 为砝码质量（标称，已知）。

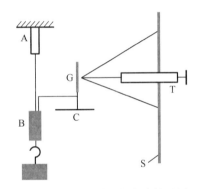
图1　测定杨氏模量的实验装置图

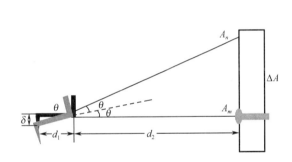
图2　光杠杆原理图

【实验仪器及器材】

杨氏模量测量仪如图3所示。A、B为钢丝两端的螺丝夹，在B的下端挂有砝码的托盘，调节仪器底部的螺丝J可以使平台水平，且使B刚好悬于平台的圆孔中间。在平台上放有光杠杆G，光杠杆前两足放在平台的槽内，后足尖放在螺丝夹B上。当钢丝伸长时，可通过望远镜刻度尺组测量光杠杆的偏转角，从而求出钢丝的微小伸长量。

光杠杆由平面镜、前足、后足组成，如图4所示。镜面倾角及前、后足之间的距离均可调。

望远镜刻度尺组由刻度尺和望远镜组成，如图5所示。转动望远镜目镜可以清楚地看到十字叉丝。调整望远镜调焦手轮并通过光杠杆的平面镜可以看到刻度尺的像，望远镜的轴线可以通过望远镜轴线调整螺钉调整，松开望远镜、刻度尺紧固螺钉，望远镜、刻度尺能够分别沿立柱上下移动。

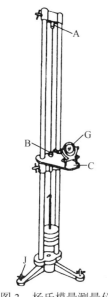

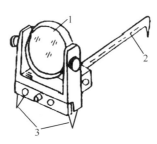

1—平面镜；2—后足；3—前足

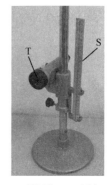

T—望远镜；S—刻度尺

图 3　杨氏模量测量仪　　　　图 4　光杠杆　　　　图 5　望远镜刻度尺组

【实验内容】

1. 光杠杆的调节

将光杠杆放在平台上，调节光杠杆前后足尖的距离，使光杠杆后足尖放在平台的横槽内，前足尖放在钢丝管制器的平面内，但不得与钢丝相碰。光杠杆的平面镜要与平台垂直。

2. 望远镜刻度尺的调节

（1）镜面保持垂直状态；（2）望远镜和平面镜等高（直接比对）；（3）望远镜筒轴线保持水平；（4）望远镜与平面镜相距 1 m 左右；（5）从望远镜上方调节，使得准星与平面镜中刻度尺的像的上端在一条直线上；如看不到刻度尺的像，则可左右移动望远镜底座，或松开望远镜固定手轮，调整望远镜，直至反射镜内出现刻度尺的像为止；（6）正反调节望远镜调焦手轮，从望远镜中找到平面镜中刻度尺的像；（7）仔细调节望远镜的目镜，使望远镜内的十字线看起来清楚为止。

3. 测量

（1）依次加砝码，每加一次砝码读一次刻度尺的读数，加六次砝码；依次减砝码，每减一次砝码读一次刻度尺的读数；取两组数的平均值（同一载荷）。

注意：光杠杆、望远镜刻度尺调整好后，整个实验中应防止位置变动。加取砝码要轻取轻放；加砝码时，砝码缺口不能向着同一方向，否则容易使中心偏移而倾倒；每次加砝码后要使其稳定，待钢丝不动时再观测读数。观察刻度尺时眼睛正对望远镜，不得忽高忽低引起视差。

（2）用钢卷尺测量钢丝长度 l；注意两端点的位置，上端起于夹钢丝的两个半圆柱的下表面，下端止于钢丝管制器的上表面（光杠杆下方）。

（3）用钢卷尺测量刻度尺到平面镜的距离 d_2。

（4）用螺旋测微器测量钢丝直径 d，变换位置测三次（注意不能用悬挂砝码的钢丝，应在备用钢丝上测量）。

（5）将光杠杆在纸上压出三个足印，用游标卡尺测量出 d_1。

【注意事项】

1. 零点差：各测量器具均有零点差，游标卡尺和螺旋测微器直接从仪器读出。

2. 游标卡尺的使用方法：游标的 0 点对准主尺的位置，再读游标上哪格对得最齐，不需要估读。

3. 螺旋测微器的使用方法：主尺读数+活动套管上的分格数×0.01。

【实验数据处理】

1. 用求平均法计算 $\bar{K}$ 值（结果与最小二乘法比较）。

2. 用最小二乘法求 K。

方法：以 m 为横轴，A 为纵轴，用 Excel 作图（散点图），选"添加趋势线"（线形），显示方程 $y=a+bx$，其中斜率 $b=K$，$R=r$（关联系数）。

3. 计算总不确定度：

$$u(E) = E\sqrt{\left(\frac{u_C(l)}{l}\right)^2 + \left(2\frac{u_C(d)}{d}\right)^2 + \left(\frac{u_C(d_1)}{d_1}\right)^2 + \left(\frac{u_C(d_2)}{d_2}\right)^2 + \left(\frac{u_C(K)}{K}\right)^2}$$

其中，$u(K)$的不确定度用 $u(k) = \sqrt{\frac{1-r^2}{n-2}}\frac{k}{r}$ 估计。A 类不确定度用标准不确定度 s 来表示；B 类不确定度与仪器误差限之间的关系为 $u_B = \frac{\Delta}{\sqrt{3}}$；总不确定度 $u_C(x) = \sqrt{u_A^2(x) + u_B^2(x)}$。单次测量时，$u_C(x) = u_B(x)$。

各仪器的最小分度值 i 和极限误差Δ 如下：游标卡尺，$i=0.02$ mm，$\Delta=0.02$ mm；螺旋测微计，$i=0.01$ mm，$\Delta=0.004$ mm；卷尺，$i=1$ mm，$\Delta=0.5$ mm。

【思考题】

1. 为什么钢丝长度只测量一次，且只需选用精度较低的测量仪器？而钢丝直径必须用精度较高的仪器多次测量？

2. 简述用伸长法测弹性模量的设计思想及光杠杆放大率。

3. 如果实验时钢丝有些弯曲，对实验有何影响？如何从实验数据中发现这个问题？

4. 钢的杨氏模量为 2×10^{11} N·m^{-2}，而其极限强度（破坏应力）为 7.5×10^8 N·m^{-2}，两者是否矛盾？为什么？

【阅读材料】

胡克定律（Hooke's law）是力学弹性理论中的一条基本定律，表述为：固体材料受力之后，材料中的应力与应变（单位变形量）之间呈线性关系。满足胡克定律的材料称为线弹性或胡克型（英文 Hookean）材料。

从物理的角度看，胡克定律源于多数固体（或孤立分子）内部的原子在无外载作用下处于稳定平衡的状态。许多实际材料，如一根长度为 L、横截面积为 A 的棱柱形棒，在力学上都可以用胡克定律来模拟——其单位伸长（或缩减）量（应变）在常系数 E（称为杨氏模量）下，与拉（或压）应力σ 成正比，即 $F=-k \cdot x$ 或 $\Delta F=-k \cdot \Delta x$，其中$\Delta x$ 为总伸长（或缩减）量，k 是常数，是物体的劲度系数（倔强系数或弹性系数）。在国际单位制中，

F 的单位是 N，x 的单位是 m，它是形变量（弹性形变），k 的单位是 N/m。劲度系数在数值上等于弹簧伸长（或缩短）单位长度时的弹力。负号表示弹簧所产生的弹力与其伸长（或压缩）的方向相反。

胡克定律用 17 世纪英国物理学家罗伯特·胡克的名字命名。胡克提出该定律的过程颇有趣味，他于 1676 年发表了一句拉丁语字谜，谜面是：ceiiinosssttuv。两年后他公布谜底是：ut tensio sic vis，意思是"力如伸长（那样变化）"，这正是胡克定律的中心内容。

满足胡克定律的弹性体是一个重要的物理理论模型，它是对现实世界中复杂的非线性本构关系的线性简化，而实践又证明了它在一定程度上是有效的。然而现实中也存在着大量不满足胡克定律的实例。胡克定律的重要意义不只在于它描述了弹性体形变与力的关系，更在于它开创了一种研究的重要方法：将现实世界中复杂的非线性现象进行线性简化，这种方法的使用在理论物理学中是屡见不鲜的。

起初，胡克（见图 6）在做实验的过程中，发现"弹簧上所加重量的大小与弹簧测力计（见图 7）的伸长量成正比"，他又通过多次实验验证自己的猜想。1678 年，胡克写了《弹簧》这篇论文，向人们介绍了对弹性物体实验的结果，为材料力学和弹性力学的发展奠定了基础。

19 世纪初，英国科学家托马斯·杨总结了胡克等人的研究成果，指出"如果弹性体的伸长量超过一定限度，材料就会断裂，弹性力定律就不再适用了"，明确地指出弹性力定律的适用范围。

至此，经过许多科学家的辛勤劳动，终于准确地确立了物体的弹性力定律。后人为纪念胡克的开创性工作和取得的成果，便把这个定律称为胡克定律。

图 6　胡克　　　　　　　　图 7　弹簧测力计

【参考文献】

[1] 杨述武，赵立竹，沈国土. 普通物理实验[M]. 4 版. 北京：高等教育出版社，2009

[2] 吴泳华，霍剑青，浦其荣. 大学物理实验[M]. 2 版. 北京：高等教育出版社，2005

[3] 江南大学理学院物理实验组. 大学物理实验[M]. 无锡：江南大学出版社，2006

[4] 曾贻伟，龚德纯，王书颖. 普通物理实验教程[M]. 北京：北京师范大学出版社，1989

[5] 李寿松，苏平，王晓耕，等. 物理实验教程[M]. 北京：高等教育出版社，1997

[6] 周殿清. 大学物理实验[M]. 武汉：武汉大学出版社，2002

[7] 赵家凤. 大学物理实验[M]. 北京：科学出版社，2004

[8] 潘人培. 物理实验[M]. 南京：东南大学出版社，1990

[9] 漆安慎，杜婵英. 力学[M]. 北京：高等教育出版社，2005

[10] Y. C. Fung. Foundations of Solid Mechanics[M]. New Jersey：Prentice-Hall Inc.，Englewood Cliffs，1965.

实验五　弦振动的研究

【实验目的】

1．观察弦振动时形成的驻波。

2．用两种方法测量弦线上横波的传播速度，比较两种方法测量的结果。

3．验证弦振动的波长与张力的关系。

【实验仪器及器材】

电振音叉（频率可调节）、弦线、滑轮、砝码、低压电源、米尺。

【实验原理】

两列波的振幅、振动方向和频率都相同，且有恒定的位相差，当它们在介质内沿一条直线相向传播时，将产生一种特殊的干涉现象——驻波。

1．弦线上横波传播的速度

如图 1 所示，将长度为 l 的细弦线的一端固定在电振音叉上，另一端绕过滑轮挂上砝码。当音叉振动时，强迫弦线振动（弦振动频率和音叉的振动频率 f 相等），形成向滑轮端前进的横波，在滑轮处反射后沿相反方向传播。在音叉与滑轮间往返传播的横波的叠加形成一定的驻波，适当调节砝码重量或弦长（音叉端到滑轮轴间的距离），在弦上将出现稳定的强烈的振动，即弦与音叉共振。弦共振时，驻波的振幅最大，音叉端为振动的节点（非共振时，音叉端不是驻波的节点），若此时弦上有 n 个半波区，则 $\lambda = 2l/n$，弦上的波速 v 则为

$$v = f\lambda \qquad \text{或} \qquad v = f\frac{2l}{n} \tag{1}$$

若横波在张紧的弦线上沿 x 轴正方向传播，取 $AB = \mathrm{d}s$ 的微元段加以讨论（见图 2）。设弦线的线密度（即单位长质量）为 ρ，则此微元段弦线 $\mathrm{d}s$ 的质量为 $\rho\,\mathrm{d}s$。在 A、B 处受到左右邻段的张力分别为 T_1、T_2，其方向为沿弦的切线方向，与 x 轴成 a_1、a_2 角。

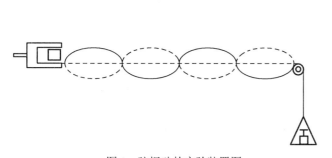

图 1　弦振动的实验装置图

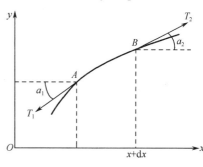

图 2　弦线上的张力

由于弦线上传播的横波在 x 方向无振动，所以作用在微元段 $\mathrm{d}s$ 上的张力的 x 分量应该为零，即

$$T_2 \cos a_2 - T_1 \cos a_1 = 0 \tag{2}$$

又根据牛顿第二定律，在 y 方向微元段的运动方程为

$$T_2 \sin a_2 - T_1 \sin a_1 = \rho \, \mathrm{d}s \frac{\mathrm{d}^2 y}{\mathrm{d}t^2} \tag{3}$$

对于小的振动，可取 $\mathrm{d}s \approx \mathrm{d}x$，而 a_1、a_2 都很小，所以

$$\cos a_1 \approx 1, \cos a_2 \approx 1, \sin a_1 \approx \tan a_1, \sin a_2 \approx \tan a_2$$

又从导数的几何意义可知

$$\tan a_1 = \left(\frac{\mathrm{d}y}{\mathrm{d}x}\right)_z, \tan a_2 = \left(\frac{\mathrm{d}y}{\mathrm{d}x}\right)_{x+\mathrm{d}x}$$

式（2）将成为 $T_2 - T_1 = 0$，即 $T_2 = T_1 = T$ 表示张力不随时间和地点而变，为一定值。式（3）将成为

$$T\left(\frac{\mathrm{d}y}{\mathrm{d}x}\right)_{x+\mathrm{d}x} - T\left(\frac{\mathrm{d}y}{\mathrm{d}x}\right)_z = p\,\mathrm{d}s \frac{\mathrm{d}^2 y}{\mathrm{d}t^2} \tag{4}$$

将 $\left(\frac{\mathrm{d}y}{\mathrm{d}x}\right)_{x+\mathrm{d}x}$ 按泰勒级数展开并略去二级微量，得 $\left(\frac{\mathrm{d}y}{\mathrm{d}x}\right)_{x+\mathrm{d}x} = \left(\frac{\mathrm{d}y}{\mathrm{d}x}\right)_x + \left(\frac{\mathrm{d}^2 y}{\mathrm{d}x^2}\right)_x \mathrm{d}x$。将此式代入式（4）得

$$T\left(\frac{\mathrm{d}^2 y}{\mathrm{d}x^2}\right)_x \mathrm{d}x = \rho \, \mathrm{d}x \frac{\mathrm{d}^2 y}{\mathrm{d}t^2}$$

即

$$\frac{\mathrm{d}^2 y}{\mathrm{d}t^2} = \frac{T}{\rho} \frac{\mathrm{d}^2 y}{\mathrm{d}x^2} \tag{5}$$

将式（5）与简谐波的波动方程 $\frac{\mathrm{d}^2 y}{\mathrm{d}t^2} = v^2 \frac{\mathrm{d}^2 y}{\mathrm{d}x^2}$ 相比较可知，在线密度为 ρ、张力为 T 的弦线上横波传播速度 v 的平方等于

$$v^2 = \frac{T}{\rho}$$

即

$$v = \sqrt{\frac{T}{\rho}} \tag{6}$$

2. 弦振动规律

将式（6）代入式（1）得

$$f = \frac{1}{\lambda}\sqrt{\frac{T}{\rho}} = \frac{n}{2l}\sqrt{\frac{T}{\rho}} \tag{7}$$

式（7）表示，以一定频率振动的弦，其波长 λ 将随张力 T 及线密度 ρ 的变化而变化。同时也表示出，弦长 l、张力 T、线密度 ρ 一定的弦，其自由振动的频率不止一个，而是包括相当于 $n = 1, 2, 3\cdots$ 的 $f_1, f_2, f_3\cdots$ 多种频率。其中 $n = 1$ 的频率称为基频，$n = 2, 3\cdots$ 的频率称为第一、第二谐频，但基频较其他谐频强得多，因此它决定弦的频率，而各谐频决定它的音色。振动体有一个基频和多个谐频的规律不只在弦线上存在，而是普遍的现象。但基频相同的各振动体，其各谐频的能量分布可以不同，所以音色不同。

当弦线在频率为 f 的音叉策动下振动时，适当改变 T、l 和 ρ，和强迫力发生共振的不

一定是基频，而可能是第一、第二、第三……谐频，此时在弦线上出现 2, 3, 4,…个半波区。

将式（7）两侧取对数，得

$$\ln\lambda = \frac{1}{2}\ln(mg) + \ln\left(\frac{1}{f\sqrt{\rho}}\right) \tag{8}$$

此式表明在 $\ln\lambda$、$\ln(mg)$ 和 $\ln f$ 之间存在线性关系。本实验即将验证这一关系。

【实验仪器及器材】

实验装置如图 3 所示，金属弦线的一端系在能做水平方向振动的可调频率数显机械振动源的振动簧片上，FD-SWE-II 驻波实验仪频率变化范围从 0～200 Hz 连续可调，频率的最小变化量为 0.01 Hz。弦线一端通过定滑轮悬挂一砝码盘；在振动装置（振动簧片）的附近有可动刀口，在实验装置上还有一个可沿弦线方向左右移动并撑住弦线的动滑轮。这两个滑轮固定在实验平台上，其产生的摩擦力很小，可以忽略不计。若弦线下端所悬挂的砝码（包含砝码盘）的质量为 m，张力 $mg=T$。当波源振动时，即在弦线上形成向右传播的横波；当波传播到动滑轮与弦线的相切点时，由于弦线在该点受到滑轮两壁阻挡而不能振动，波在切点被反射形成了向左传播的反射波。这种传播方向相反的两列波叠加即形成驻波。当振动簧片与弦线固定点至动滑轮与弦线切点的长度 l 等于半波长的整数倍时，即可得到振幅较大而稳定的驻波，振动簧片与弦线固定点为近似波节，弦线与动滑轮相切点为波节。它们的间距为 l，则 $\lambda = 2l/n$，其中 n 为任意正整数，即可测量弦上横波波长。由于振动簧片与弦线固定点在振动不易测准，实验也可将最靠近振动端的波节作为 l 的起始点，并用可动刀口指示读数，求出该点离弦线与动滑轮相切点的距离 l。

【注意事项】

1. 改变砝码质量时要轻拿轻放，要使砝码静止后再进行测量。
2. 重力加速度取 $g=9.788$ m/s^2。
3. 移动可动刀口支架 4 和动滑轮 5 调整波段时，细心调节使形成的驻波达到最稳定，方可记录数据。

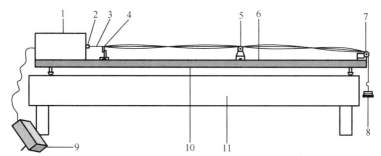

1—可调频率数显机械振动源；2—振动簧片；3—弦线；4—可动刀口支架；5—动滑轮；
6—标尺；7—定滑轮；8—砝码与砝码盘；9—变压器；10—实验平台；11—实验桌

图 3　仪器结构图

【实验内容】

观察驻波的形成和波形、波长的变化：改变弦线长度或砝码质量，使之产生振幅最大且稳定的驻波，改变数次，观察波形、波长的变化情况。

1. 选取 f=100 Hz，验证 $\ln\lambda$ 与 $\ln(mg)$ 间满足线性关系，斜率为 0.5（注：m_0=40 g，m_p=45 g）。将测量值填入表 1。

表 1　不同弦线张力对驻波波长的影响

m	mg	n	L_i	L_f	$L= L_f - L_i$	λ	$\ln（mg）$	$\ln\lambda$
m_0		5						
m_0+m_p		4						
$\vdots$								
m_0+6m_p		1						

根据表 1 的结果，在坐标纸上做出 $\ln\lambda - \ln T$ 曲线，求出曲线的纵轴截距和斜率，将截距和 $\ln\left(\dfrac{1}{f\sqrt{\rho}}\right)$ 相比较，求出线密度 ρ，斜率和 1/2 相比较，分析产生差异的原因。

2. 固定砝码质量，将测量值填入表 2，根据表 2 的结果作图验证 $\ln\lambda$ 与 $\ln f$ 间满足线性关系，斜率为-1。

表 2　不同振动频率 f 对驻波波长的影响

f	n	L_i	L_f	$L=L_f - L_i$	λ	$\ln f$	$\ln\lambda$
35	1						
$\vdots$							
175	3						

3. 用电子天平测量弦线密度。

取 2 m 长和所用弦线为同一轴上的线，在分析天平上称其质量为 m，求出线密度 ρ。

4. 比较两种波速计算值。

从以上测量中选取合适的数据，代入式（1）和式（6）中，计算出理论上应当相等的两个速度值，说明其差异是否显著。

从测量记录中，选一组数据代入式（7），计算出弦振动的频率，说明它和已知音叉频率的差异是否显著。

【思考题】

1. 来自两个波源的两列波，沿同一直线相向行进时，能否形成驻波？

2. 弦线的粗细和弹性对于实验有什么影响？

3. 在动滑轮支架的支撑处形成波腹还是波节？为什么？

4. 本试验中，改变弹簧片频率，会使波长变化还是波速变化？改变弦线长时，频率、波长、波速中哪个量随之变化？改变砝码质量情况又会怎么样？

5. 调出稳定的驻波后，欲增加半波数 n，应增加砝码还是减少砝码？是加长还是缩短弦线长？

【阅读材料】

1. 驻波

驻波可以由两列振幅、振动方向和频率都相同，传播方向相反的简谐波叠加和干涉产生。

正向传播的波为

$$y_1 = A\cos 2\pi\left(ft - \frac{x}{\lambda}\right) = A\cos(\omega t - kx) \tag{9}$$

反向传播的波为

$$y_2 = A\cos 2\pi\left(ft - \frac{x}{\lambda}\right) = A\cos(\omega t - kx) \tag{10}$$

两列波叠加的结果，任一点 x 的合成振动为

$$y = y_1 + y_2 = A\cos(\omega t - kx) + A\cos(\omega t + kx) = 2A\cos kx\cos \omega t \tag{11}$$

振动位置 x 不同，振幅项 $2A\cos\omega t$ 可正可负。

驻波方程正向传播的波为

$$y = y_1 + y_2 = 2A\cos kx\cos \omega t \tag{12}$$

令 $\left|2A\cos\dfrac{2\pi x}{\lambda}\right| = 0$，可得波节的位置坐标为

$$x = \pm(2m+1)\frac{\lambda}{4} \quad (m=0,\ 1,\ 2\cdots)$$

令 $\left|2A\cos\dfrac{2\pi x}{\lambda}\right| = 2A$，可得波腹的位置坐标为

$$x = \pm m\frac{\lambda}{2} \quad (m=0,\ 1,\ 2\cdots)$$

相邻两波节（或波腹）的距离为

$$x_m - x_{m-1} = \frac{\lambda}{2}$$

因此，在驻波实验中，只要测得两相邻波节或相邻波腹，就可以确定波长。

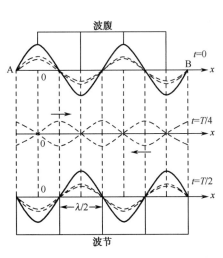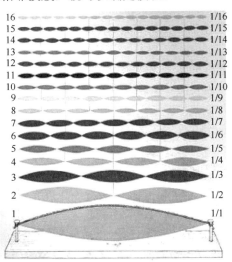

图 4　驻波的形成

2. 弦振动

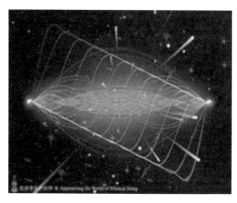

图 5 弦振动模拟

我们已知道，敲击钢琴弦后发出的并不是简单的乐音，而是复合音，是一种各自与基音有特定谐和关系的音的组合，也叫弦振动段的组合，弦段可分为 1、1/2、1/3、1/4、1/5、1/6 等，它们之间的频率比为 $1:2:3:4:5:6:\cdots$ 这样在任意弦段振动的频率公式就是：振动频率=（n/琴弦的直径×琴弦的有效长度）×（琴弦的张力×重力加速度/π×琴弦材料的密度）$^{1/2}$。弦振动模拟见图 5。

在弦理论中，基本的对象不是占据空间单独一点的粒子，而是一维的弦。这些弦可有端点，或者它们自己可以连接成一个闭合圆环。

正如小提琴上的弦，弦理论中的弦支持一定的振荡模式，或者共振频率，其波长准确地配合两个端点之间的长度。

小提琴弦的不同共振频率导致不同的音阶，而弦的不同振动导致不同的质量和力荷，它们被解释为基本粒子。粗略地讲，弦振动的波长越短，则粒子的质量越大。

【参考文献】

[1] 杨述武，赵立竹，沈国土. 普通物理实验[M]. 4 版. 北京：高等教育出版社，2009

[2] 吴泳华，霍剑青，浦其荣. 大学物理实验[M]. 2 版. 北京：高等教育出版社，2005

[3] 江南大学理学院物理实验组. 大学物理实验[M]. 无锡：江南大学出版社，2006

[4] 曾贻伟，龚德纯，王书颖. 普通物理实验教程[M]. 北京：北京师范大学出版社，1989

[5] 李寿松，苏平，王晓耕，等. 物理实验教程[M]. 北京：高等教育出版社，1997

[6] 周殿清. 大学物理实验[M]. 武汉：武汉大学出版社，2002

[7] 赵家凤. 大学物理实验[M]. 北京：科学出版社，2004

[8] 潘人培. 物理实验[M]. 南京：东南大学出版社，1990

实验六 用波尔共振仪研究振动现象

在机械制造和建筑工程等科技领域，受迫振动导致的共振现象引起工程技术人员极大的关注。共振现象有许多实用价值，诸多仪器和装置的原理基于各种各样的共振现象，如超声发生器、无线电接收机、交流电的频率计等；但共振现象也有破坏作用，如共振引起建筑物的垮塌，电器元件的烧毁等。在微观科学研究中，共振现象是一种重要的研究手段，例如利用核磁共振和顺磁共振研究物质结构等，因此研究共振是很有意义和必要的。

共振是宇宙间一切物质运动的一种普遍规律。在某种程度上甚至可以说是共振产生了宇宙和世间万物，没有共振就没有世界。众所周知，宇宙是在一次剧烈的大爆炸后产生的，而促使这次大爆炸产生的原因之一便是共振。当宇宙还处于混沌的起点时，里面就开始产生了振荡。最初的时候，这种振荡是非常微弱的，渐渐地，振荡的频率越来越高、越来越强，并引起了共振。最后，在共振和膨胀的共同作用下，导致了一阵惊天动地的轰然巨响，宇宙在瞬间急剧膨胀、扩张。而微观物质世界的产生，也与共振有着密不可分的关系。从电磁波谱看，微观世界中的原子核、电子、光子等物质运动的能量都是以波动的形式传递的。有一些粒子微小到无法想象，但它们可以在共振的作用之下，在 100 万亿分之一秒的瞬间互相结合起来，于是新的化学元素便产生了，所以粒子物理学家经常把粒子称为"共振体"。更为重要的是，共振能充当地球生物的保护神。众所周知，过量的紫外线会使人类及各种生物遭到严重的破坏，不过由于大气层中有臭氧层，当紫外线经过大气层时，臭氧层的振动频率恰恰能与紫外线产生共振，这种振动吸收了大部分的紫外线，保证人不至于被射线伤害。另外，共振还把人们所看到的每一件物体都神奇地染上了颜色，如钠光是黄的，因为钠原子的振动所产生的是黄色的光，水银原子的振动发出蓝光，氖原子发出的振动到了人眼中，就成为红色等。

通过力学现象研究振动与共振简单直观。本实验借助波尔共振仪定量研究两种机械振动：阻尼振动和受迫振动。波尔是一位伟大的物理学家，他研究的主要方向就是原子结构。波尔共振仪是为了纪念波尔而以他的名字命名的。

【实验目的】

1．观察和测量波尔共振仪中弹性摆轮的自由振动与阻尼振动。
2．研究波尔共振仪中弹性摆轮受迫振动的幅频特性和相频特性，观察共振现象。
3．学习用频闪法测定运动物体的相位差。
4．研究不同阻尼力矩对受迫振动的影响，测定阻尼系数。

【实验仪器及器材】

BG-2 型波尔共振仪（包括振动仪与电器控制箱）。

【实验原理】

系统在周期性外力作用下所产生的振动称为受迫振动，这个周期性的外力称为强迫力。实验中由铜片制成的摆轮通过蜗卷弹簧竖直安装在轴上，在弹性力矩（$-k\theta$）作用下可自由来回摆动（忽略空气阻力的影响），此运动为简谐振动，运动方程为

$$J\frac{\mathrm{d}^2\theta}{\mathrm{d}t^2} = -k\theta$$

式中，J 为摆轮的转动惯量。摆轮的下端装有一对线圈，利用电磁感应的原理，当线圈内通过电流时，摆轮便受到电磁阻尼力矩 $-b\dfrac{\mathrm{d}\theta}{\mathrm{d}t}$ 的作用，此运动为阻尼振动，运动方程为

$$J\frac{\mathrm{d}^2\theta}{\mathrm{d}t^2} = -k\theta - b\frac{\mathrm{d}\theta}{\mathrm{d}t} \tag{1}$$

为使摆轮做受迫振动，电机轴上装有偏心轴，通过带有转轴接头的连杆而带动蜗卷弹簧。当开启电机时，摆轮便受到一个周期性外力矩 $M_0\cos\omega t$ 的作用，此运动为受迫振动，其运动方程为

$$J\frac{\mathrm{d}^2\theta}{\mathrm{d}t^2} = -k\theta - b\frac{\mathrm{d}\theta}{\mathrm{d}t} + M_0\cos\omega t \tag{2}$$

其中，M_0 为外力矩的幅值；ω 为外力矩的圆频率。

为方便，令 $\omega_0^2 = \dfrac{k}{J}$，$2\beta = \dfrac{b}{J}$，$m = \dfrac{M_0}{J}$，则式（1）可改为

$$\frac{d^2\theta}{dt^2} + 2\beta\frac{d\theta}{dt} + \omega_0^2\theta = m\cos\omega t \tag{3}$$

式中，ω_0 为摆轮的固有圆频率。

根据微分方程理论，式（3）的通解为

$$\theta = \theta_1 e^{-\beta t}\cos(\omega_f t + \alpha) + \theta_2\cos(\omega t + \varphi) \tag{4}$$

由式（4）可见，受迫振动可分成两部分：

第一部分，$\theta_1 e^{-\beta t}\cos(\omega_f t + \alpha)$ 即表示阻尼振动，经过一定时间后衰减消失，它反映受迫振动的暂态行为，和初始条件有关。

第二部分，$\theta_2\cos(\omega t + \varphi)$ 表示与系统强迫力力矩频率相同且振幅为 θ_2 的周期运动，说明强迫力力矩对摆轮做功，向振动体传送能量，最后达到一个稳定的振动状态。将 $\theta_2\cos(\omega t + \varphi)$ 代入式（3），可得振幅 θ_2 为

$$\theta_2 = \frac{m}{\sqrt{(\omega_0^2 - \omega^2)^2 + 4\beta^2\omega^2}} \tag{5}$$

它与强迫力力矩之间的相位差为

$$\varphi = \tan^{-1}\frac{-2\beta\omega}{\omega_0^2 - \omega^2} = -\tan^{-1}\frac{\beta T_0^2 T}{\pi(T^2 - T_0^2)} \tag{6}$$

式（6）中的负号表示摆轮振动相位落后于强迫力相位。由式（5）、式（6）可看出，振幅 θ_2 与相位差 φ 的数值取决于强迫力力矩 M、频率 ω、系统的固有频率 ω_0 和阻尼系数 β 四个因素，而与振动初始状态无关。

由 $\frac{\partial}{\partial\omega}[(\omega_0^2 - \omega^2)^2 + 4\beta^2\omega^2] = 0$ 极值条件可得出，当强迫力的圆频率 $\omega = \sqrt{\omega_0^2 - 2\beta^2}$ 时，产生共振，θ_2 有极大值。若共振时圆频率和振幅分别用 ω_r、θ_r 表示，则

$$\omega_r = \sqrt{\omega_0^2 - 2\beta^2} \tag{7}$$

$$\theta_r = \frac{m}{2\beta\sqrt{\omega_0^2 - \beta^2}} \tag{8}$$

$$\varphi_r = -\tan^{-1}\frac{\sqrt{\omega_0^2 - 2\beta^2}}{\beta} \tag{9}$$

式（7）、式（8）表明，阻尼系数 β 越小，共振时圆频率越接近于系统固有频率，振幅 θ_r 也越大。我们把受迫振动的振幅随强迫力力矩频率变化的这种特性叫作幅频特性，把受迫振动的相位差随强迫力力矩频率变化这种特性叫作相频特性。图 1 和图 2 所示为在 β 不同时受迫振动的幅频特性和相频特性。由此可见，β 越小，共振时的圆频率 ω_r 越接近于固有频率 ω_0，共振振幅便越大，此时位移与强迫力力矩的相位差趋于 $-\pi/2$。

摆轮做受迫振动时，根据实验测得的幅频曲线和相频曲线，利用式（5）、式（6）进行拟合，可以得到阻尼系数 β 的大小。下面再介绍计算阻尼系数 β 的另外一种方法。

摆轮做阻尼振动时，由式（1）的通解 $\theta = \theta_1 e^{-\beta t}\cos(\omega_f t + \alpha)$，可得任意 t 时刻，摆轮的振幅为 $\theta_1 e^{-\beta t}$，之后经过任意 i 或 j 个周期 T 后，其振幅分别衰减为 $\theta_i = \theta_1 e^{-\beta(t+iT)}$，$\theta_j = \theta_1 e^{-\beta(t+jT)}$。将两式相除并取对数，得

$$\ln\frac{\theta_i}{\theta_j} = (j-i)\beta T \tag{10}$$

可以看出，若实验测得某一时刻后第 i 个、第 j 个周期的振幅 θ_i 和 θ_j，以及摆轮的周期，便可利用式（10）计算出阻尼系数 β。

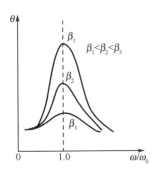

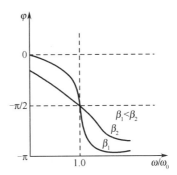

图 1　β 不同时受迫振动的幅频曲线　　　　图 2　β 不同时受迫振动的相频曲线

【实验内容】

1. 测定摆轮振幅不同时的固有周期 T_0 或固有圆频率 ω_0

一般认为，一个弹簧的弹性系数 k 应为常数，与弹簧扭转的角度无关。实际上，由于制造工艺及材料性能的不同，k 值随着弹簧转角的改变而有微小的变化（3% 左右），因而造成在不同振幅时系统的固有圆频率 ω_0 有微小变化。所以应测出摆轮不同振幅时相应的固有周期 T_0，再计算出固有圆频率值 ω_0。摆轮做受迫振动时，强迫力圆频率与摆轮固有圆频率相近时，会发生共振，所以说测量摆轮固有圆频率值 ω_0 为研究受迫振动的幅频曲线和相频曲线提供了一个重要参数。

仪器初始状态调整：摆轮在平衡位置时不受弹簧弹性力力矩作用，即摆轮上的长凹槽处于竖直状态（或角度盘指针指 0°）；不受强迫力作用，即电机应关掉；不受电磁阻尼力作用，即阻尼选择"0"挡。

测量：手动将摆轮转过 120°～150° 后释放，一一对应测量摆轮振幅 θ 和固有周期 T_0。要求重复 3 次。

2. 测量阻尼振动的阻尼系数 β

仪器初始状态调整：摆轮上的长凹槽处于竖直状态（或角度盘指针指 0°）；电机应关掉；施加一定的电磁阻尼力力矩，一般将阻尼选择"3"或"4"挡。

测量：手动将摆轮转过 120°～150° 后释放，记录连续 10 个周期的振幅 $\theta_1, \theta_2, \theta_3, \cdots,$ θ_{10}，以及 10 个周期的总时间 $10T$，根据式（10）计算阻尼系数 β。要求重复 3 次，用逐差法或作图法处理数据。

3. 绘制受迫振动的幅频特性和相频特性曲线

仪器初始状态调整：阻尼选择与实验 2 相同的挡位。打开电机开关，旋转"强迫力周期"旋钮来改变强迫力频率。

测量：测定受迫振动完全稳定时摆轮的振幅，以及 10 个周期的总时间 $10T$，并利用闪光灯测定受迫振动位移与强迫力相位差 φ（测量方法详见阅读材料）。

注意：改变强迫力周期后，当受迫振动完全稳定后，方可测定摆轮的振幅［根据式（4）可看出，这时方程解的第一项趋于零，只有第二项存在］和其他物理量。稳定的标志是摆轮的周期与强迫力周期一致，摆轮的振幅固定不变，摆轮与强迫力相位差固定不变。

要求：测量完整的幅频特性和相频特性曲线，即以共振点为中心，曲线在其两侧完全展开。实验表格自拟，数据点自选。提示：共振点的特点是振幅最大且固定不变，摆轮位移与强迫力相位差在90°附近。

数据处理：（1）根据实验数据，用计算机处理并绘出幅频特性（$\theta-\omega/\omega_0$）和相频特性曲线（$\varphi-\omega/\omega_0$）。（2）*拟合幅频特性和相频特性曲线，计算阻尼系数β。

【思考题】

1. 回顾力学中所学振动的类型。大家熟知的振动现象是什么？

2. 简述简谐振动的动力学描述？简述阻力矩的引入及描述。简述外界周期性驱动力矩的引入及描述。

3. 受迫振动的动力学方程，即通解是什么？各项代表的意义是什么？系数是如何确定的？

4. 共振现象的特点有哪些？

5. 实验中如何研究各类振动？

6. 受迫振动的幅频特性与相频特性曲线是如何测定的？什么时候可以开始测量？

【阅读材料】

仪器简介

BG-2 型波尔共振仪由振动仪与电器控制箱两部分组成，其实物如图 3 所示。振动仪部分结构如图 4 所示，铜质摆轮 A 安装在机架上，蜗卷弹簧 B 的一端与铜质摆轮 A 的轴相连，另一端可固定在机架支柱上，在弹簧弹性力的作用下，摆轮可绕轴自由往复摆动。在摆轮的外围有一卷槽型缺口，其中一个长凹槽 C 比其他凹槽长出许多。机架上对准长缺口处有一个光电门 H，它与电器控制箱相连接，用来测量铜质摆轮的振幅角度值和振动周期。在机架下方有一对带有铁芯的阻尼线圈 K，摆轮 A 恰巧嵌在铁芯的空隙，当线圈中通过直流电流后，摆轮受到一个电磁阻尼力的作用。改变电流的大小即可使阻尼大小相应变化。为使铜质摆轮 A 做受迫振动，在电动机轴上装有偏心轮，通过连杆 E 带动摆轮，在电动机轴上装有带刻线的有机玻璃转盘 F，它随电机一起转动。由它可以从角度读数盘 G 读出相位差φ。调节控制箱上的十圈电机转速调节旋钮，可以精确改变加在电机上的电压，使电机的转速在实验范围（30～45 r/min）内连续可调，由于电路中采用特殊稳速装置、电动机采用惯性很小的带有测速发电机的特种电机，所以转速极为稳定。电机的有机玻璃转盘 F 上装有两个挡光片。在角度读数盘 G 中央上方 90°处也有光电门 I（强迫力矩信号），并与控制箱相连，以测量强迫力矩的周期。

受迫振动时摆轮与外力矩的相位差是利用小型闪光灯来测量的。闪光灯受摆轮信号光电门控制，每当摆轮上长凹槽 C 通过平衡位置时，光电门 H 接收光，引起闪光，这一现象称为频闪现象。在稳定情况时，由闪光灯照射下可以看到有机玻璃转盘 F 好像一直"停在"某一刻度处，所以此数值可方便地直接读出，误差不大于 2°。如图 3 所示，闪光灯搁置在底座上，切勿拿在手中直接照射刻度盘。

摆轮振幅是利用光电门 H 测出摆轮上凹型缺口个数，并在控制箱显示器上直接显示出此值，精度为 1°。波尔共振仪示意图见图 4。

图3　BG-2型波尔共振仪由振动仪、电器控制箱组成

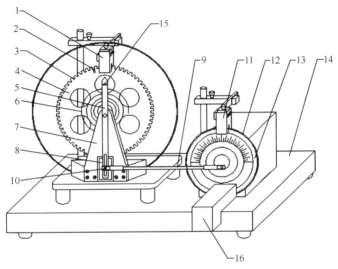

1—光电门 H；2—长凹槽 C；3—短凹槽 D；4—铜质摆轮 A；5—摇杆 M；6—蜗卷弹簧 B；7—支承加；8—阻尼线圈 K；

9—连杆 E；10—摇杆调节螺丝；11—光电门 I；12—角度读数盘 G；13—有机玻璃转盘 F；14—底座；15—弹簧夹持螺钉 L；

16—闪光灯

图4　波尔共振仪示意图

　　波尔共振仪电气控制箱的前面板如图 5 所示。左面三位数字显示铜质摆轮的振幅。右面五位数字显示时间，计时精度为 10^{-3} s。当"周期选择"置于"1"处时显示摆轮的摆动周期，而当扳向"10"时，显示 10 个周期所需的时间，复位按钮仅在开关扳向"10"时起作用。复位按钮的一个作用是清零，另一个作用是使振幅和周期读数同步显示在窗口中。强迫力周期调节按钮是一个带有刻度的十圈电势器，调节此旋钮时可以精确改变电机转速，即改变策动力矩的周期。刻度仅供实验时参考，以便大致确定策动力矩周期值在多圈电势器上的相应位置。

　　阻尼电流选择可以改变通过阻尼线圈内直流电流的大小，从而改变摆轮系统的阻尼系数。选择开关可分 6 挡，"0"处阻尼电流为零，"1"最小约为 0.2 A，"5"处阻尼电流最大，约为 0.6 A，阻尼电流靠 15 V 稳压装置提供，实验时选用挡位根据情况而定（通常为 3 挡，4 挡）。

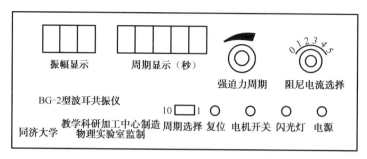

图 5　波尔共振仪电气控制箱的前面板

闪光灯用来控制闪光与否，当扳向接通位置时，当铜质摆轮长缺口通过平衡位置时便产生闪光，由于频闪现象，可从相位差读数盘上看到刻度线似乎静止不动的读数（实际上有机玻璃盘上刻度线一直在匀速转动）。从而读出相位差数值，为使闪光灯管不易损坏，平时将此开关扳向"关"处，仅在测量相位差时才扳向接通。

电机开关用来控制电机是否转动，在测定阻尼系数和摆轮固有频率与振幅关系时，必须将电机关掉。

波尔共振仪电气控制箱的后面板如图 6 所示。电气控制箱与闪光灯和波尔共振仪之间通过各种专用电缆相连接，不会产生接线错误。

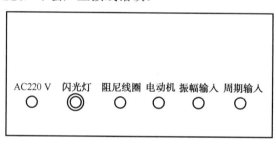

图 6　波尔共振仪电气控制箱的后面板

波尔简介

尼尔斯·亨瑞克·戴维·波尔（N. H. D. Bohr, 1885—1962），1885 年 10 月 7 日生于丹麦首都哥本哈根，从小受到良好的家庭教育，波尔还是一个中学生时，就已经在父亲的指导下，进行了小型的物理实验。1903 年进入哥本哈根大学学习物理，1907 年，波尔在父亲的实验室里开始研究水的表面张力问题。自制实验器材，通过实验取得了精确的数据，并在理论方面改进了瑞利的理论，研究论文获得丹麦科学院的金奖章。1909 年获科学硕士学位。1911 年波尔完成了金属电子论的论文，从而在哥本哈根大学取得了博士学位。他发展和完善了汤姆生和洛伦兹的研究方法，并开始接触到普朗克的量子假说。

他在研究量子运动时，提出了一整套新观点，建立了原子的量子论，首次打开了人类认识原子结构的大门，为近代物理研究开辟了道路。近代物理学大厦的基础——量子力学，是以波尔为领袖的一代杰出物理学家集体才华的结晶。1921 年创建了哥本哈根理论物理研究所，1922 年波尔成为诺贝尔物理学奖获得者，并逐渐在物理学界形成了举世闻名的"哥本哈根学派"。波尔还是一位杰出的人道主义者和社会活动家，当法西斯在欧洲横行的时候，他帮助一大批德国和意大利学者免遭迫害。第二次世界大战中，为了反对法西斯，他参加研制了原子弹。战后，他又是呼吁和平利用原子能的知名人士。

【参考文献】

[1] 孙晶华，梁艺军，关春颖，等. 操纵物理仪器 获取实验方法——物理实验教程[M]. 北京：国防工业出版社，2010

[2] 吴建宝，张朝民，刘烈，等. 大学物理实验教程[M]. 北京：清华大学出版社，2013

[3] 李相银，徐永祥，王海林，等. 大学物理实验[M]. 北京：高等教育出版社，2010

[4] 张晓宏，阎占元，黄明强，等. 大学物理实验[M]. 北京：科学出版社，2013

[5] 吕斯骅，段家怃. 新编基础物理实验[M]. 北京：高等教育出版社，2006

实验七　测定冰的熔解热

【实验目的】

1. 了解热学实验中的基本问题——量热和计温，学习使用量热器，掌握基本的量热方法（混合法）。

2. 学习测定冰的熔解热的方法，了解粗略修正散热的方法。

【实验仪器及器材】

量热器、电子天平、水银温度计（0～50.00 ℃及 0～100.0 ℃各一支）[或电子温度计（-10.0～100.0 ℃）一支]、量筒、烧杯、冰块、秒表、小块干毛巾等。

【实验原理】

1. 一般概念

物质在一定的条件下，可以由固相转变为液相，这一过程称为熔解。在一定的压强下晶体要升高到一定的温度才开始熔解；在压强不变的条件下，晶体在熔解过程中温度保持不变，这个温度称为物质在该压强下的熔点。在熔解过程中，系统要吸收热量；使单位质量的晶体熔解所需的热量称为该晶体物质的熔解热。

本实验用混合量热法来测定冰的熔解热。它的基本做法是：把待测的系统 A 和一个已知其热容的系统 B 混合起来，并设法使它们形成一个与外界没有热量交换的孤立系统 C（C=A+B）。这样，其中一个系统 A（或 B）所放出的热量，全部被另一个系统 B（或 A）所吸收。因为已知热容的系统在实验过程中所放出（或吸收）的热量 Q，是可以由其温度的改变 ΔT 和热容 C 计算出来的，即 $Q = C \cdot \Delta T$。因此，待测系统在实验过程中所吸收（或放出）的热量也就可以得出了。

混合量热法要求尽可能地减少和外界的热交换，这就要求，无论是从仪器装置的设计和制作方面，还是从实验者的操作技术和操作方法方面，都要尽可能地满足这一要求。

温度测量是热学实验中的一个重要内容，测量温度时必须使系统各处温度达到均匀，必须使待测物质与测温物质达到热平衡，这样才能用温度计的指示值代表系统温度。

2. 装置简介

测量热量的仪器称为量热器。实验中使用量热器，可以使实验系统近似成为一个孤立系统，尽可能地减小实验系统与外界之间的传导、对流和辐射。

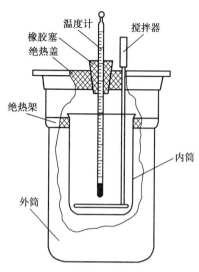

温度计
搅拌器
橡胶塞
绝热盖

绝热架

内筒

外筒

图 1　量热器结构示意图

本实验所用的量热器是最简单的一种，称为水量热器。如图 1 所示，它的内筒是用热的良导体（如紫铜等金属）制成的，其外表面经过镀铬并抛光，以减少热辐射的影响。外筒可以用绝热材料制成，如果用金属制作，也要经过电镀抛光。内筒中通常盛上一定质量的水，水中插有温度计和搅拌器。内筒、温度计、搅拌器和水，以及后来放入的待测物体就成为我们的实验系统。其中，内筒、温度计、搅拌器和水的比热容是已知的，质量可以测出，因而它们的热容也就可以计算出来。

实验过程中应不停地拉动搅拌器，以使得温度均匀。内筒放在用塑料或硬橡胶等不良导体制成的绝热架上；内、外筒之间的空间充满空气（也可以填上一些其他绝热材料），而空气是热的不良导体，可以减少热传导的影响。外筒上有一个绝热盖，减少了与环境的对流；绝热盖上开有装温度计和搅拌器的孔，水银温度计先穿进一个适当的橡胶塞中，再装到绝热盖上，搅拌器上方装一个绝热手柄，以减少和手之间的热传导。

于是进行实验的系统和环境之间因辐射而产生热量的传递也减小了。这样的量热器已经可以使实验系统粗略地接近于一个孤立系统了。

对于由玻璃和水银制成的温度计，玻璃和水银的比热容不同且其质量也不好测定。玻璃的比热容为 0.79×10^3 J/（kg·K），密度为 2.5×10^3 kg/m^3，水银的比热容为 0.138×10^3 J/（kg·K），密度为 13.6×10^3 kg/m^3。玻璃的比热容与密度的乘积（相当于单位体积的热容）和水银的比热容与密度的乘积很相近，都约等于 1.9×10^6 J/m^3，因此，可以测出温度计插入水中的体积 V（为了方便以 cm^3 为单位），用 1.9 V（J/K）作为温度计插入水中部分的热容 δ_c。

数字温度计主要由温度传感器、放大电路和数字显示几部分组成。由于温度传感器进入待测系统部分的热容 δ_c 很小，可以忽略不计。

电子天平由称量传感器、电子线路和数字显示等几部分组成。使用中需要注意：电子天平的负载量不得超过其最大称量值；使用前应先预热 30 min 以上；使用前应先校准（校准方法请参看实验室给出的资料）。

3. 熔解热的计算和散热修正

若待测冰块的质量为 M、温度为 T_1（设在当时的实验条件下冰的熔点为 T_0），与质量为 m、温度为 T_2 的水混合，水的比热容为 $c_0=4.18\times10^3$ J/（kg·K）。冰全部溶解为水后，系统达到平衡时的温度为 T_3。设量热器的内筒的质量为 m_1，比热容为 c_1；搅拌器的质量为 m_2，比热容为 c_2 [本实验室所用内筒和搅拌器材料均为铜，$c_1=c_2=0.389\times10^3$ J/（kg·K）]，温度计的热容为 δ_c，已知在 $-40\sim0$ ℃冰的比热容 c_3 为 1.80×10^3 J/（kg·K）。如果实验系统可以视为孤立系统，将冰投入盛有上述温度水的量热器中，则热平衡方程式可写为

$$Mc_3(T_0-T_1)+ML+Mc_0(T_3-T_0)=(mc_0+m_1c_1+m_2c_2+\delta_c)(T_2-T_3) \qquad (1)$$

式中，L 为冰的熔解热。冰箱中冻出的冰块往往低于 0 ℃，直接测量冰块的温度比较困难，因此从冰箱中取出铝冰盒后，可以在冰水混合物中放几分钟，使冰块温度达到 0 ℃，用室温下的自来水冲一下铝冰盒的外部，就可将冰块取出，放在杜瓦瓶中备用。使用时用干毛巾将冰块表面的水擦拭干净，就可得到 0 ℃的干燥冰块。因而在实验室条件下，冰的熔点

也可以认为是 0 ℃，即 $T_0 = 0$ ℃，所以冰的熔解热 L 为

$$L = \frac{1}{M}(mc_0 + m_1c_1 + m_2c_2 + \delta_c)(T_2 - T_3) - c_0T_3 \qquad (2)$$

尽管注意到了上述的各方面，但系统不可能与环境的温度总是完全相同，因此就不可能完全达到绝热的要求。因此，为了使测量能够更精密一些，可以采用散热修正的方法，比如改变实验条件或用新的温度曲线代替实测曲线。

对系统散失的热量修正可以根据牛顿冷却定律进行。牛顿冷却定律是由牛顿本人经过观察得出的经验规律，它可以表述为：在一定的条件下，一个系统的温度变化率与该系统和外界的温度之差成正比，其数学形式为

$$\frac{dT}{dt} = -k(T - \theta) \qquad (3)$$

式中，T、θ 分别为系统及环境的温度，t 为时间。在 $T - \theta$ 不大时（不超过 15 ℃），k 是常量，与系统的表面状况及系统的热容量有关。牛顿冷却定律也可以写成另一种形式

$$\frac{dQ}{dt} = K(T - \theta) \qquad (4)$$

$\frac{dQ}{dt}$ 称为该系统的散热速率，即单位时间内系统散失的热量；K 为散热常数，与系统表面积成正比，并随表面的吸收或发射辐射热的本领而改变。

这里介绍一种根据牛顿冷却定律粗略修正散热的方法。已知当 $T > \theta$ 时，$\frac{dQ}{dt} > 0$，系统向外散热；当 $T < \theta$ 时，$\frac{dQ}{dt} < 0$，系统从环境吸热。可以取系统的初温 $T_2 > \theta$，终温 $T_3 < \theta$，以设法使整个实验过程中系统与环境间的热量传递前后相互抵消。

实验过程中系统温度的下降是不均匀的：刚投入冰时，水的温度高，冰块的表面积大，因而冰熔解较快，系统温度 T 下降也快。冰块开始熔解后，它的表面积逐渐变小，水温也有所下降，冰的熔解自然就变慢了，系统温度 T 下降也就变慢了。图 2 所示为系统温度（量热器中的水温）随时间变化的曲线。t_2 为投冰的时刻，对应量热器中的水温为 T_2；t_θ 为系统温度与室温 θ 相等时的时刻；t_3 是冰刚刚熔解完的时刻，对应量热器的水温为 T_3。

根据式（4），$dQ = K(T - \theta)dt$，实验过程中，即系统温度从 T_2 变为 T_3 这段时间内系统与环境间交换的热量为

$$Q = \int_{t_2}^{t_3} K(T - \theta)dt \qquad (5)$$

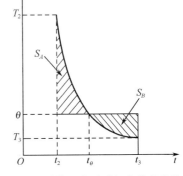

图 2　系统温度随时间变化的曲线

考虑到系统温度在高于室温前和低于室温后分别向环境放热和吸热，式（5）可写成

$$Q = K\int_{t_2}^{t_\theta}(T - \theta)dt + K\int_{t_\theta}^{t_3}(T - \theta)dt \qquad (6)$$

前一项中 $T - \theta > 0$，系统散热，对应于图 2 中画斜线的面积 $S_A = \int_{t_2}^{t_\theta}(T - \theta)dt$，面积 S_A 与系统向外界散失的热量成正比，即 $Q_{散} = KS_A$；后一项 $T - \theta < 0$，系统吸热，对应于图2中

画另一方向斜线的面积 $S_B = \int_{t_\theta}^{t_3}(T-\theta)\mathrm{d}t$ ，可见面积 S_B 与系统从外界吸收的热量成正比，即 $Q_{\text{吸}} = KS_B$ 。因此如果能使 $S_A \approx S_B$ ，系统对外界的吸热和散热就可以相互抵消。

从图 2 可以看出，由于降温速率不同，从 T_2 降到室温 θ 所用的时间比从室温 θ 降到系统终温 T_3 所用时间要短，要使 $S_A \approx S_B$ ，就必须使 $(T_2 - \theta) > (\theta - T_3)$ ，究竟 T_2 和 T_3 应取多少，或 $(T_2 - \theta):(\theta - T_3)$ 应取多少，要在实验中视具体情况而定。

这种使散热与吸热相互抵消的做法，不仅要求水的初温比环境温度高，终温比环境温度低，而且对初温、终温与环境温度相差的幅度，以及冰块的质量要求比较严格。有时经过几次试验，可能效果仍然不够理想。用新的温度曲线代替实测曲线的方法可参考有关文献。

【实验内容】

1. 用天平测出内筒的质量 m_1 和搅拌器的质量 m_2 。水的初温 T_2 可先取比室温 θ 高 10～15 ℃，水的体积取量热器内筒容量的 2/3 左右，测出装适量的水后的内筒质量。

2. 要选取透明、清洁的冰块（冰内不应有水）。冰块不能直接放在天平上称。冰的质量可由冰熔解后，冰加水的质量减去水的质量求得。

3. 将量热器装好，温度计插入水中的深度要适当。拉动搅拌器，并用秒表计时，每隔 30 s 记录一次水温，记录 5～6 min。

4. 选好大小适当的冰块，用干燥的小毛巾将冰块表面擦干。将冰块投入量热器内筒的水中，投冰时从秒表上记下时间。从投冰的时刻开始，每隔 15 s 记录一次温度。开始温度下降得很快，后来下降得很慢，最后甚至会非常缓慢地升高。记录温度应当一直记到水温有一定的升高为止。请同学们判断计算冰的熔解热用的 T_2 、 T_3 的数值应如何从所记录的数据中选取。注意整个实验过程中要不断地拉动搅拌器，轻轻地进行搅拌。

5. 称出内筒和水的总质量，从而计算出冰的质量。如果采用水银温度计，观察温度计在水中的浸入深度，在量筒中测出达到这样的浸入深度时浸入水中的体积 V （以 cm^3 为单位）。

6. 利用上面测出的数据，在计算机或坐标纸上做出温度-时间曲线，按照图 2 的方法，比较代表系统散热的面积 S_A 和代表系统吸热的面积 S_B ，看哪一部分的面积大，从而调整系统的实验参数 T_2 、 M ，使之对实验更为有利。

7. 在上述分析的基础上，按照调整后的参数重新进行实验，记录有关数据，在得到的温度-时间曲线中，两部分面积大致满足 $S_A \approx S_B$ 后，计算冰的熔解热。

【注意事项】

1. 注意保护温度计。玻璃液体（水银或酒精）温度计很容易折断，水银泡更易破碎，水银逸出会造成严重污染，因此使用中要非常注意。使用电子温度计时，应注意防止其传感器折断损坏，其显示部分不要接触水。

2. 因为系统不可能是理想的孤立系统，实际上它与外界总会有温差，存在热量交换，故实验中应尽可能地减少这种热交换。例如，远离阳光、暖气等热源，远离空调、电风扇等产生的气流，避免手的接触，将内外筒擦拭干净，避免水滴蒸发等因素的影响。

3. 投放冰块时，既要迅速，又要防止有水溅出。使用搅拌器时，要轻轻地拉动，动作过快过猛有可能使内筒中的水溢出。

4. 如果使用直接从冰箱冷冻室取出的冰块做实验，应保证冰冻的时间足够长，最好用电子温度计测出冷冻室的温度，将其当作冰块温度，代入公式（1）进行计算。

【思考题】

1. 混合量热法必须保证什么实验条件？本实验中是如何从仪器、实验安排和操作等各个方面来保证的？

2. 水的初温选得太高或太低对实验有什么影响？量热器的内筒装水过少或过多对实验有什么影响？

3. 量热器的内筒可否用杜瓦瓶代替？为什么？

【阅读材料】

关于量热学实验和温标

早在 1740 年左右，俄国学者里赫曼（1711—1753）就用"混合法"研究了热的传递。他根据经验建立了如下关系式：

$$混合后的"热"（即温度） = \frac{am + bn + \cdots}{a + b + \cdots}$$

式中，m，$n \cdots$ 分别是质量为 a，$b \cdots$ 的物体的热（温度）。虽然他还没有建立比热容的概念，但该公式表明了热量守恒的规律。

英国化学家布莱克（1728—1799）发现了热容量和潜热。他把 0 ℃ 的冰块和相等质量的 80 ℃ 的水相混合，发现得到的水温不是 40 ℃，而是维持在 0 ℃，只是冰全都化成了水。

生于波兰的荷兰仪器制造者华伦海特（Fahrenheit D G，1686—1736）一生中用大量精力和心血研究温度计和温标。他将冰、水、氯化铵或海盐的混合物温度定为 0 ℃。冰水混合物的温度定为 32 ℃，将正常人的体温定为 96 ℃，以这三个固定点创立了华氏温标。他后来发现在一个大气压下，水的沸点是 212 ℃。他发明了净化水银的方法，最早提出了温度计中应当普遍使用水银的主张。他逝世后，人们把水的冰点 32 ℃ 和水的沸点 212 ℃ 分别作为两个固定点，成为后来的华氏温标（Fahrenheit scale）。

瑞典天文学教授摄尔修斯（Celsicus A，1701—1744）在气象观测中对温度测量产生了兴趣，1741 年年底做成了他的第一支水银温度计。他选择了水的冰点和沸点作为两个固定点，中间分为 100 个间隔。为了避免冰点以下的低温出现负值，他把沸点定为 0 ℃，而把冰点定为 100 ℃。他逝世后不久，他的一位同事建议把这两个固定点的温度值倒过来，以便更符合人们的习惯，于是把水的冰点定为 0 ℃，水的沸点定为 100 ℃。1948 年的国际计量大会将这种温标命名为"摄氏温标"（Celsicus scale）。

【参考文献】

[1] 林抒，龚镇雄. 普通物理实验[M]. 北京：人民教育出版社，1981

[2] 杨述武. 普通物理实验[M]. 4 版. 北京：高等教育出版社，2009

[3] 朱俊孔，张山彪，高铁军，等. 普通物理实验[M]. 济南：山东大学出版社，2001

[4] 熊永红. 大学物理实验[M]. 武汉：华中科技大学出版社，2004

[5] 王希义. 大学物理实验[M]. 西安：陕西科技出版社，2001

[6] 陆申龙，郭有思. 热学实验[M]. 上海：上海科技出版社，1988

[7] 吕斯骅，段家祗. 基础物理实验[M]. 北京：北京大学出版社，2002

[8] 中国大百科全书物理学编委会. 中国大百科全书（物理卷）[M]. 北京：中国大百科全书出版社，1987

[9] 潘人培，董宝昌. 物理实验教学参考书[M]. 北京：高等教育出版社，1990

[10] 方建兴，江美福，魏品良. 物理实验[M]. 苏州：苏州大学出版社，2002

[11] 郭奕玲，沈慧君. 著名经典物理实验[M]. 北京：北京科技出版社，1991

实验八　伏安法测二极管的特性

二极管是最基本的电子线路元件之一，它的基本结构在热敏、光敏传感器中也有着重要的应用。

【实验目的】

1．巩固分压和限流电路的相关知识。

2．掌握利用伏安法测量非线性元件的伏安特性和修正电表接入误差的方法。

3．学习作图法处理实验数据，获取元件的伏安特性曲线。

【实验仪器及器材】

直流稳压电源（DH1715A-3 型和 GPS-3030DD 型）、滑线变阻器、数字万用表、直流电流表、非线性电阻元件（二极管）等。

【实验原理】

二极管是由 N 型和 P 型半导体材料制作的，其符号如图 1 所示。如果在二极管的 P 端接高电位，N 端接低电位，称为二极管的正接；反之，称为反接。

当二极管正接时，随电压的增加电流也随之增加，当所加电压小于导通电压（锗管导通电压为 0.15 V 左右，硅管导通电压为 0.6 V 左右）时，电流增加得很缓慢；当电压增加到超过导通电压时，再稍加大电压，电流急剧增大，出现如图 2 第一象限的曲线情况，称为二极管的正向特性曲线；当二极管反接时，即使电压增加，流过二极管的电流也很微小，基本不导通，即处于反向截止状态，这就是二极管的单向导电性，可以利用它的这个特点搭建整流电路；当反向电压增加到接近二极管的击穿电压时，流过二极管的电流突然猛增，如图 2 第三象限的曲线情况，称为二极管的反向特性曲线，利用它的这个特点可以做成稳压电路。

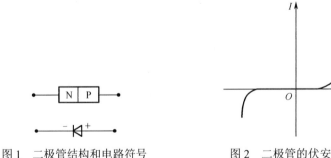

图 1　二极管结构和电路符号　　　　图 2　二极管的伏安特性曲线

根据欧姆定律电阻公式 $R=\dfrac{U}{I}$，如果 R 是个常数，可知其伏安特性曲线是通过原点的一条直线，这种电阻称作线性电阻；而非线性电阻 $R=\dfrac{\Delta U}{\Delta I}$ 是个动态电阻，它是个变量。用伏安法测量电阻时，由于电流表、电压表都有一定内阻，当它们接入电路后，改变了原电路的参数，从而使测量产生一定的系统误差。如图 3（a）所示，电压表测量的虽是二极管的端电压，但电流表测量的却是二极管和电压表两路电流之和，而流过二极管的电流 I_D 为

$$I_D = I - I_V = I - \frac{V_D}{R_V} \qquad\qquad （1）$$

式中，R_V 为电压表的内阻，如把电流表的指示值 I 视为流过二极管的电流，由此带来的系统误差：

$$\delta I_D = I - I_D = \frac{V_D}{R_V} \qquad\qquad （2）$$

从上式可以看出，只有电压表内阻 $R_V \to \infty$ 时，$\delta I_D \to 0$。实际上电压表的内阻并不满足上述要求，当 R_V 值相对被测阻值不是足够大时，δI_D 值将较大，由此而产生的系统误差，必须按式（2）进行修正；如按图 3（b）所示电路进行测量，电流指示值如实反映了流过二极管的电流，但电压表的测量值却是二极管和电流表上两者的电压之和，二极管上实际的电位差为

$$U_D = U - U_A = U - I_D R_A \qquad\qquad （3）$$

式中，R_A 为电流表内阻，如把电压表的指示值视为二极管两端电位差，由此带来的系统误差为

$$\delta U_D = U - U_D = I_D R_A$$

从上式看出，只有电流表的内阻 $R_A \to 0$ 时，$\delta U_D \to 0$，实际的电流表均有一定内阻，当 R_A 较大时，δU_D 随之增大，同样要对该系统误差进行修正。

图 3（a）的电流表接在电压表之外，称为伏安法测电阻的外接法；图 3（b）的电流表接在电压表之内，称为内接法。但无论哪种接法，均存在系统误差。

非线性电阻伏安特性的测量可采用如图 4 所示的线路图。当 K 与 1 接通时，称为内接法，当 K 与 2 接通时，称为外接法。若 R_V、R_A 为已知，根据测量值可以进行相应的修正计算。

【实验内容】

根据图 4 接线，滑线变阻器 R_p 的阻值应大于 R 的阻值，置 R_p 于最大值，C 点滑至 B 端，检查线路无误和电表的挡级合适后接通电源。

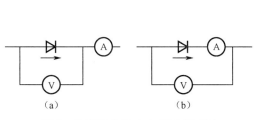

图 3　电流表外接（a）和内接（b）

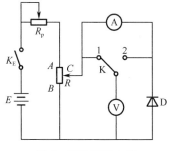

图 4　实验测量电路

按内接法测量，调节 R_p 和 C 点位置，电压由 0 V 开始，每隔 0.06 V 测量一次对应的 I_D 值，直到 I 值约为（1/2～2/3）I_{Dmax} 为止。（二极管正向允许通过的电流最大值由实验室给出）

依上述方法，按照外接法测量。

将二极管反接，用内接法测二极管反向特性，取电压为击穿电压的 1/3 为止（二极管反向击穿电压值由实验室给出），切勿超过！

画出二极管正、反向伏安特性曲线；计算出正向曲线上不同点对应的直流电阻值，以及不同点的反向电阻值，并进行修正。

【思考题】

1. 什么叫内接法和外接法？请画图表示。
2. 为什么测二极管的反向特性一般不能用外接法？
3. 研究一下你所测二极管的伏安特性曲线，试描述其特性？

【参考文献】

[1] 杨述武，赵立竹，沈国土. 普通物理实验[M]. 4 版. 北京：高等教育出版社，2009
[2] 贺淑莉. 大学物理实验[M]. 北京：科学出版社，2006

实验九　惠斯通电桥测电阻

电阻是重要的、最基本的电路元件。电阻的测量，是人们研究材料特性和电路性能的主要工作之一。由于电阻与其他许多非电学量（如形变、温度、压力等）有直接关系，因而可以通过对材料电阻的测量来确定材料的这些非电学量，即电阻类传感器的基本性能测试，它为实现自动检测打下基础。

中学阶段都是根据欧姆定律来测量待测电阻的大小（如伏安法测电阻）。由于利用欧姆定律测电阻，测量准确度受到电表内阻的影响，不可避免地带来测量误差。在伏安法线路的基础上，经过改进的电桥电路克服了这些缺点，故使用电桥测量可达到较高的准确度。电桥电路不仅可以测量电阻，而且可以测量电感、电容等物理量。根据用途不同，电桥有多种类型，如开尔文双电桥和交流电桥等，它们的性能、结构各异，但其基本原理却是相同的。惠斯通电桥是其中最简单的一种，它也是电阻类传感器的常用前置电路。

【实验目的】

1. 掌握惠斯通电桥基本原理，了解桥式电路的特点。
2. 掌握用惠斯通电桥测电阻的方法。
3. 了解电桥灵敏度概念，学习对测量电路的系统误差进行简单校正。

【实验仪器及器材】

直流稳压稳流电源（DH1715A-3 型和 GPS-3030DD 型），检流计，滑线变阻器，3 个不同量级的待测电阻，电阻箱，单刀双掷开关，箱式惠斯通电桥（AC5-1 型），导线。

【实验原理】

1. 惠斯通电桥的工作原理

惠斯通电桥也称直流电桥，其基本电路如图 1 所示，其中 R_A、R_B、R_X、R_S 为四个电阻，连成四边形，每一边称为电桥的一个臂；对角 1 和 3 与直流电源相连，对角 2 和 4 之间连接一检流计 G，用来检测其支路有无电流通过；此对角线称为"桥"。当 2、4 两点电势相等时，检流计中无电流通过，就称之为电桥平衡。这时节点 1、2 间的电位差应等于节点 1、4 间的电位差。于是有

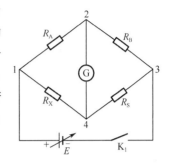

图 1　直流电桥基本电路

$$R_A/R_B=R_X/R_S \qquad （1）$$

这就是电桥的平衡方程，式中 R_A/R_B 称为比率臂或比例臂，R_S 称为比较臂。实际上可将电源连接于四边形的任一对角，而检流计连在剩下的另一对角，这并不影响桥臂电阻间的平衡关系。若已知 R_A、R_B、R_S，即可根据平衡方程算出待测电阻 R_X，即有

$$R_X=R_S R_A/R_B=CR_S \qquad （2）$$

2. 电桥灵敏度

灵敏度是指仪器指示器的微小变化与造成该变化所需要的待测量的变化之比，灵敏度高就意味着该仪器对待测量的极微小变化的响应能力强。

对于带刻度的测量仪器，如指针式检流计，其灵敏度 S_i 的定义为单位电流引起的指针偏转的格数，即 $S_i=\Delta n/\Delta I_g$。例如，对于光点检流计，其刻度间隔为 1 mm，分度值为 1.5×10^{-9}A，则灵敏度为 1 mm/1.5×10^{-9}A=6.7×10^{8} mm/A。在设计测量仪器时，需要考虑灵敏度；在选择和使用仪器时，也需要考虑仪器的灵敏度这一重要参数。

电桥灵敏度 S 是这样定义的：当电桥平衡时，有 $I_g=0$，此时若比较臂电阻 R_S 有一小的改变量ΔR_S 时，电桥失去平衡，检流计指针必有偏移，设指针偏移格数为 n，则有

$$S=n/(\Delta R_S/R_S) \qquad （3）$$

该灵敏度被称为相对灵敏度。

有理论和实验已证明，电桥灵敏度 S 可以表述为

$$S = \frac{ES_i}{(R_X + R_A + R_B + R_S)+\left(2+\dfrac{R_S}{R_B}+\dfrac{R_A}{R_X}\right)R_g} \qquad （4）$$

式中，E 为电桥端电压，R_g 为检流计内阻。

R_g 很大时，也可利用下式了解各项因素与 S 之间的依从关系

$$S = S_i \times E \frac{R_A}{R_B R_g \left(1+\dfrac{R_A}{R_B}\right)^2} \qquad （5）$$

可以看出，电桥灵敏度 S 的大小与桥臂比 R_A/R_B、电源电压 E 及检流计的灵敏度 S_i 等因素有关。可以分别表述为：

① 电桥灵敏度 S 与检流计的灵敏度 S_i 成正比。提高检流计的灵敏度可以提高电桥的灵敏度。但是，S_i 值越大，电桥就越不稳定，调节平衡较困难；S_i 值越小，测量精确度越低。

因此，要选择适当的检流计灵敏度。

② 电桥灵敏度 S 与检流计内阻 R_g 有关。R_g 越小，电桥灵敏度 S 越高。

③ 电桥灵敏度 S 与比率臂 R_A/R_B 有关。在它远小于 1 时，S 与比率臂 R_A/R_B 成正比；远大于 1 时，两者成反比。

④ 电桥灵敏度 S 与电源的电动势 E 成正比，所以在不超过桥臂电阻额定功率的情况下，加大电源电压可以提高电桥的灵敏度。

3. 电桥灵敏度引入的误差

根据 S 的测量公式（3），可以得到电桥灵敏度 S 引入的被测电阻的相对误差：

$$\frac{\Delta R_X}{R_X} = \frac{\Delta n}{S} \tag{6}$$

式中，Δn 取 0.2～0.5 格（检流计灵敏阀）。可以发现，电桥灵敏度越高，由它引入的误差越小。

4. 箱式直流电桥

将组成电桥的各个元件组装在一个箱子内，可以成为便于携带、使用方便的箱式电桥。以 QJ23 型箱式电桥为例，它是电磁学实验室广泛应用的一种成品桥，其原理图如图 2 所示。其中 bc 臂和 cd 臂的电阻构成比例臂，ad 臂为比较臂。改变多刀量程转换开关的位置可以改变比例臂倍率的比值，一般倍率取 10^n（$n = 0, \pm 1, \pm 2, \pm 3$）。QJ23 型电桥面板图如图 3 所示，使用时，当待测电阻超过 50 kΩ 时，或在测量中转动比较臂最小一挡转盘（×0.001 挡），已难分辨检流计的指针偏转，此时需外接高灵敏的检流计，以提高测量结果的正确性。

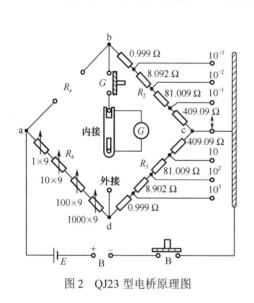

图 2 QJ23 型电桥原理图

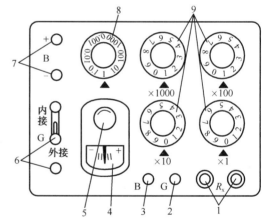

1—待测电阻接线柱；2—检流计开关按钮；3—电源开关按钮；4—检流计；5—检流计调零旋钮；6—检流计内外接选择；7—可换外接电源；8—倍率调节盘；9—比较臂调节旋钮

图 3 QJ23 型电桥面板图

其他箱式电桥的面板与 QJ23 型的类似，经常还包括电源电压的转换旋钮和灵敏度调节旋钮。

5. 调节自组电桥平衡的经验和注意事项

① 用数字万用电表粗测待测电阻值，选好比例臂，将充当 R_A、R_B、R_S 的电阻箱的阻值调好；② 在 E 值较小和 S_i 较低——电桥灵敏度较低时粗调，使检流计指针指零，即电桥平衡；③ 粗调平衡后，分别适当提高 E 和 S_i 值再细调电桥平衡。

需要特别注意的是：在运用提高电源电压和减小各桥臂阻值提高电桥灵敏度时，千万不要使各桥臂电阻超过其额定功率而损坏元件。

【实验内容和数据处理】

1. 中值电阻的测量

用数字万用表粗测三个不同量级的电阻：

$R_1 = $ _____Ω；

$R_2 = $ _____Ω；

$R_3 = $ _____Ω。

2. 用自组电桥测上述电阻

搭建如图 1 所示的电路，根据被测电阻的粗测结果，确定比率臂、R_A、R_B 和 R_S 的值，注意考虑电桥灵敏度和测量结果的有效数字位数，将测量结果填入表 1。

表 1 电阻测量结果 1

	R_A/Ω	R_B/Ω	R_S/Ω	测量结果
R_1/Ω				
R_2/Ω				
R_3/Ω				

待测电阻 R_x（R_1、R_2 或 R_3）的不确定度可按下式计算：

$$U_{R_x} = \overline{R_x}\sqrt{\left(\frac{U_{R_A}}{R_A}\right)^2 + \left(\frac{U_{R_B}}{R_B}\right)^2 + \left(\frac{U_{R_S}}{R_S}\right)^2 + \left(\frac{U_S}{R_X}\right)^2} \qquad （7）$$

式中，U_{R_A}、U_{R_B} 和 U_{R_S} 为电阻箱示值分别为 R_A、R_B 和 R_S 时所对应的不确定度。因实验中为单次测量，电阻箱的不确定度就只有 B 类不确定度。它与电阻箱的仪器误差有关。仪器误差为

$$\Delta R = \sum a_i\% R_i + 0.002m \ (\Omega) \qquad （8）$$

式中，a_i 为电阻箱各转盘的准确度等级（见电阻箱的标牌），R_i 是使用时各转盘的示值，而第二项是由转盘的接触电阻引起的误差，m 是指接入电路的转盘数。由此可得到电阻箱 B 类不确定度为

$$U_{R_i} = \frac{\Delta R_i}{\sqrt{3}} \qquad i = \text{A、B和S} \qquad （9）$$

式（7）中的 U_S 是电桥灵敏度的不确定度。根据式（6），U_S 可以用下式表示：

$$U_S = \frac{\Delta n}{\sqrt{3}S}\overline{R_X} \qquad （10）$$

3. 箱式电桥测电阻

将待测电阻分别接入箱式直流电桥的测试臂，注意测试结果的有效数字，选择适当的倍率，电桥平衡后，将数据填入表。

表 2 电阻测量结果 2

	倍率 M	比较臂电阻 R_S/Ω	待测 $R_X = MR_S/\Omega$
R_1/Ω			

	倍率 M	比较臂电阻 R_S/Ω	待测 $R_X=MR_S/\Omega$
R_2/Ω			
R_3/Ω			

将箱式电桥的测试结果与自组桥的结果比较，求取测量结果的相对偏差。

【思考题】

1．从原理上讲，惠斯通电桥主要由哪几部分组成？

2．电桥法测量电阻是一种比较精确的测量方法，在测量前最好先用其他方法（如万用表）粗测被测电阻的大小，这样做的目的是什么？

3．用惠斯通电桥测量电阻时，应如何正确使用电源按钮开关和检流计按钮开关？

4．选择电桥比率臂的原则是什么？

5．在惠斯通电桥中将电源和检流计的位置互换，从理论上讲是否还可以测量电阻？对测量结果是否有影响？

【阅读材料】

惠斯通（Wheatstone C，1802—1875）生于英国格洛斯特市附近一个村庄。1806 年，惠斯通的父亲带着全家迁到了伦敦。惠斯通在一所私人学校里接受教育，他在法语竞赛中成绩优异；还学习了拉丁语和希腊语，表现出对数学和物理的偏爱。但他没有受过什么正规的科学教育。惠斯通是一位声学、光学、电学和电报学的实验学家和发明家，家庭环境引起了他最初对声学研究的兴趣。他 14 岁时在叔叔的乐器行当学徒，21 岁时开始致力于乐器的发明，并从事声学振动的实验研究，一部分论文被译成德文和法文。1834 年被任命为伦敦国王学院的实验物理学教授，他的大部分工作是电学和光学方面的。1836 年成为皇家学会会员。

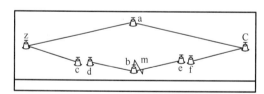

图 4　惠斯通论文中的电桥电路图

1843 年，在皇家学会的讲演中，惠斯通介绍了电桥的电路。如图 4 所示，一块木板上装着四条铜线：Za、Zb、Ca 和 Cb；Z 与 b 之间有两个接线柱 c 和 d，而 C 与 b 之间有两个接线柱 e 和 f，c 和 d 之间可以接上一个电阻，e 和 f 之间也接上适当的电阻。由于当时还没有适当的电阻丝可用，Za、Ca 只能用较细的铜丝当作电阻丝。它们的端点固定在铜接线柱上。接线柱 Z、C 连接电源，而 a、b 连接检流计。如果其四个臂满足今天说的平衡条件，即

$$\frac{R_{Za}}{R_{Zb}} = \frac{R_{aC}}{R_{bC}}$$

，则可以达到很好的平衡。这样，即使电源提供的电流比较强，检流计的指针也要指向零点。

在惠斯通之前，克里斯蒂（Christie S H，1784—1865）设计了一个类似的电路，用于比较电磁感应在不同金属丝的线圈中感应出的脉冲电动势。这一电路使惠斯通受到启发，他在此基础上研究出了用稳定电流测量和比较电阻的装置，他称之为"示差电阻测量器"，后来一直被人们称为惠斯通电桥。

惠斯通发明的变阻器，成为后来实用电阻箱和滑线变阻器的雏形；他研究了双目视觉原理，

指出观察同一物体时，投影在左右两眼的视网膜上的图像是不相同的；如果将这两个视图在纸上准确画出，分别提供给左、右眼，就会重现出原来的立体图形。他发展了电报技术，用电池代替静电作为电源，使用五个磁针在线圈电流作用下的偏转指示字母；他对声学进行了很多重要研究。惠斯通自学成才，得到了一些著名科学家的帮助，有执着的追求，是他取得成功的主要原因。

【参考文献】

[1] 杨述武，赵立竹，沈国土. 普通物理实验[M]. 4 版. 北京：高等教育出版社，2009

[2] 沈元华，陆申龙. 基础物理实验[M]. 北京：高等教育出版社 2003

[3] 刘战存，王彩芹. 惠斯通对物理学的贡献[J]. 首都师范大学学报：自然科学版，2007，28（4）：20-24

实验十 直流电表的改装与校准

电表是最基本的电学测量工具之一，按工作电流可分为直流电表、交流电表，交直流两用电表；按用途可分为电流表、电压表；按读取方式可分为指针式电表和数字式电表。常用的有直流电流表、交流电流表、直流电压表、交流电压表、欧姆表、万用表等，这些电表都可以通过微安表或直流数字毫伏表（俗称表头）改装而成。

电表作为测量仪器，它的发展与电磁学理论的发展和实验水平的不断提高密切相关。从世界上第一台验电器（1743 年）、可动线圈式检流计（1836 年）、惠斯通电桥（1841 年）和直流电位差计（1861 年）等问世以来，到 20 世纪 30 年代前后，电磁测量仪表从实验室的研制阶段，逐步发展成为商品化产品。经典式电工仪表在设计理论与工艺结构方面已基本定型。到 20 世纪 60 年代，电表精度有了很大提高，一些系列的电表准确度等级已达到0.1 级水平，此后，由于材料与工艺的限制，经典式仪表基本上停滞在这一水平上。

在实验室使用的电流表或电压表多是磁电式电表，它具有灵敏度高、功率消耗小、防外界磁场影响强、刻度均匀等优点。未经改装的电表，由于灵敏度高，满度电流（电压）很小，它的表头一般只允许通过微安量级的电流，因此只能用它测量很小的电流或电压。如果用它来测量较大的电流和电压，就必须进行改装，以扩大测量范围，这种改装过程称为电表的扩程。而数字万用电表功能性强，量程多，读数方便，在实验和实际测量中也经常用到，它是在直流数字电压表的基础上配接各种变换器构成的。任何一件仪器（尤其是自行组装的仪器）在使用前都应进行校准，特别是在进行精密测量之前，校准是必不可少的。因此校准是实验技术中一项非常重要的技术。本实验将重点学习基于磁电表头、数字毫伏表头进行电表改装和校准。

【实验目的】

1. 了解磁电式直流电表的基本结构和使用方法。

2. 掌握扩大电表量程的方法，掌握多用表的改装原理。

3. 了解数字万用电表的组成原理。

4. 用量程为 200 mV 的直流数字电压表组装多量程的直流电压表和直流电流表。

5. 掌握电表的校准方法。

【实验仪器】

待改装的磁电式电表表头、数字万用电表（三位半、四位半各一块）、直流稳压电源、电阻箱、变阻器、开关、导线等。

【实验原理】

一、磁电表直流电表改装与校准

磁电式直流电表（也称指针偏转式直流电表）的表头结构如图 1 所示。永久磁铁的两极连着带圆筒孔腔的极掌。极掌之间装有圆柱形软铁芯，其作用是使极掌和铁芯间的空隙中磁场较强，且使磁力线以圆柱的轴为中心呈均匀辐射状。在圆柱形软芯上支撑有一个可在铁芯和极掌间的空隙处运动的矩形线圈，其上固定一根指针或光指针。当有电流流通时，线圈受电磁力矩作用而偏转，直到跟游丝的反扭力矩平衡而静止不动。线圈偏转角的大小与所通过的电流成正比。电流方向不同，偏转方向也不同。

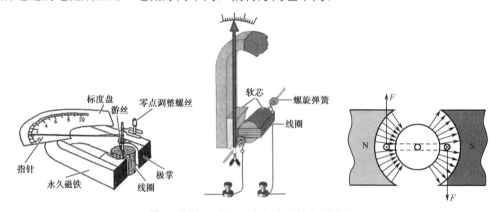

图 1　磁电式直流电表的表头结构示意图

1. 测量微安表的内阻

测量微安表内阻的常用方法有两种：半偏分流法和替代法。

半偏分流法电路如图 2 所示。先断开开关 S_2，接通开关 S_1，并调节电阻箱 R_1 使微安表达到满量程（或某个较大的数值）；再接通开关 S_2，使电阻箱 R_2 与微安表并联，并仅调节电阻箱 R_2 阻值，直到微安表的示值为满量程的 1/2，如果电路中的电阻满足 $R_1 >> R_g$（微安表的内阻），则可认为这时电路电流 I 与接通开关 S_2 之前近似相等，则有 $R_g = R_2$。

替代法电路如图 3 所示。先将开关 S_2 接到 a 点，再接通开关 S_1，调节变阻器 R_P，在被测表不超过满量程的条件下，使监测表达到某个较大的示值 I，然后将开关 S_2 接到 b 点，以电阻箱 R_2 代替被测表，仅调节 R_2 使监测表示值仍为 I。此时 $R_g = R_2$。

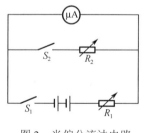

图 2　半偏分流法电路

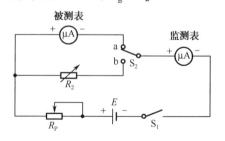

图 3　替代法电路

2. 磁电式直流电表的改装

微安表（即被改装的表头）表头线圈的电阻 R_g 称为表头内阻。微安表的指针偏转到满度时所需要的电流 I_g 称为表头量程。满度电流 I_g 越小，表头灵敏度越高。

（1）将微安表扩程改装为直流电流表

表头能通过的电流很小，要将它改装成能测量大电流的电表，必须扩大它的量程，方法是在表头两端并联一个分流电阻 R_P，如图 4（a）所示。这样就能使表头不能承受的那部分电流经分流电阻 R_P，而表头电流 I_g 仍在原来许可范围之内。

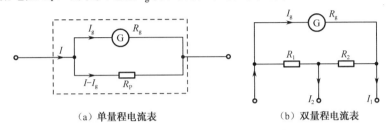

（a）单量程电流表　　　（b）双量程电流表

图 4　改装直流电流表的原理图

设微安表改装后的量程为 I，由欧姆定律得

$$(I - I_g)R_P = I_g R_g \tag{1}$$

即

$$R_P = \frac{I_g R_g}{(I - I_g)} = \frac{R_g}{\left(\dfrac{I}{I_g} - 1\right)} \tag{2}$$

在微安表上并联不同阻值的分流电阻，便可制成多量程的电流表，如图 4（b）所示。同理可得

$$\begin{cases} (I_1 - I_g)(R_1 + R_2) = I_g R_g \\ (I_2 - I_g)R_1 = I_g(R_g + R_2) \end{cases} \tag{3}$$

则

$$R_1 = \frac{I_g R_g I_1}{I_2(I_1 - I_g)}, \quad R_2 = \frac{I_g R_g (I_2 - I_1)}{I_2(I_1 - I_g)} \tag{4}$$

（2）将微安表改装为直流电压表

微安表本身能测量的电压 U_g 是很低的。为了能测量较高的电压，可在微安表中串联一个扩程电阻 R_s，如图 5 所示。这时微安表不能承受的那部分电压将降落在扩程电阻 R_s 上，而微安表仍降落原来的电压值 U_g。

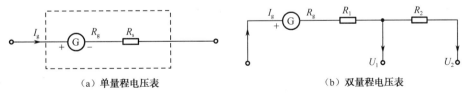

（a）单量程电压表　　　（b）双量程电压表

图 5　改装直流电压表的原理图

设微安表的量程为 I_g，内阻为 R_g，改装成电压表的量程为 U，则由欧姆定律得

$$I_g(R_g + R_s) = U$$

即

$$R_s = \frac{U}{I_g} - R_g \tag{5}$$

在微安表上串联不同阻值的扩程电阻，便可制成多量程的电压表，如图 5（b）所示。同理可得

$$\begin{cases} I_g(R_g + R_1) = U_1 \\ I_g(R_g + R_1 + R_2) = U_2 \end{cases}$$

则

$$\begin{cases} R_1 = \dfrac{U_1}{I_g} - R_g \\ R_2 = \dfrac{U_2}{I_g} - R_g - R_1 \end{cases} \tag{6}$$

（3）电表的校准

电表扩程后，要经过校准方可使用。方法是将改装表与一块标准表进行比较，当两表通过相同的电流（或电压）时，若待校表的读数为 I_x，标准表的读数为 I_0，则该刻度的修正值为

$$\Delta I_x = I_0 - I_x \tag{7}$$

将该量程中的各个刻度都校准一遍，可得到一组值 I_x、ΔI_x（或 U_x、ΔU_x）。将相邻两点用直线连接，整个图形呈折线状，即得到 ΔI_x-I_x（或 ΔU_x-U_x）曲线，称为校准曲线，如图 6 所示。以后使用这块电表时，就可以根据校准曲线对各个读数进行校准，从而获得较高的准确度。

图 6　校准曲线

根据改装电表的量程和测量值的最大绝对误差，可以计算改装表的最大相对误差，即

$$最大相对误差 = \frac{最大绝对误差}{量程} \times 100\% \leqslant a\% \tag{8}$$

式中，a 是电表的准确度等级（参见第一章第四节）。

二、数字式直流电表改装与校准

1. 数字万用电表的组成原理

数字万用电表功能强，量程多，它是在直流数字电压表的基础上配接各种变换器构成的。以直流电压表的最小量程为基础，通过电流-电压（I-U）转换器、电阻-电压（R-U）转换器、交流-直流（$\tilde{U}$-U）转换器把被测量转换成直流电压信号，这样就组成了数字万用电表。本实验仅介绍用数字万用电表的最小直流电压量程组装多量程的直流电压表和直流电流表。

2. 改装为直流电压量程

当选择开关拨到 DCV 时，数字万用电表就是一块多量程直流电压表。实验用三位半数字万用电表的直流电压量程分别是 200 mV、2 V、20 V、200 V 和 1000 V。以最小直流电压量程 200 mV（其内阻一般大于 10 MΩ）为基本量程，利用电阻分压即可将基本量程扩展为多量程直流电压表。

设基本量程的满度电压为 U_g，需组装的直流电压量程分别为 U_1、U_2，由电阻组成分压电路，其阻值分别为 R_1、R_2、R_3。组装后多量程数字直流电压表的内阻为 R_g，组装原理如图 7 所示。

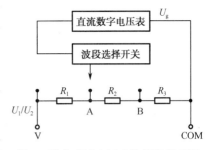

被测电压由 V 和 COM 端输入电表，其中 COM 为公共接线端，图 7 中画出了波段开关的选择接线端，与直流数字电压表相连。当调节波段开关时，直流数字电压表连在分压电路的不同接触点。当用相应量程输入满度电压时，各接点分压值仍是 200 mV，这就实现了直

图 7　数字直流电压表的组装原理图

流电压量程的扩程。需要注意的是，直流数字电压表的核心电路由集成运算放大器芯片组成，其内阻一般大于 10 MΩ，可认为该阻值为无穷大，故直流数字电压表几乎不分流。显然，组装后各电压量程的内阻均为 $R_g = R_1 + R_2 + R_3$。当波段选择开关接在 A 处时，改装表的量程为 U_1；当波段选择开关接在 B 处时，改装表的量程为 U_2。

由图 7 可得：

$$\begin{cases} R_g = R_1 + R_2 + R_3 \\ \dfrac{U_g}{R_2 + R_3} = \dfrac{U_1}{R_g} \\ \dfrac{U_g}{R_3} = \dfrac{U_2}{R_g} \end{cases}$$

解得　　$R_1 = \left(1 - \dfrac{U_g}{U_1}\right) R_g$，　$R_2 = \left(\dfrac{U_g}{U_1} - \dfrac{U_g}{U_2}\right) R_g$，　$R_3 = \dfrac{U_g}{U_2} R_g$。

其中组装后 R_g 的值需要自己设定，如 100 kΩ。

3. 改装为直流电流量程

当选择开关至 DCA 时，数字万用电表就是一个多量程直流电流表，其量程分别为 200 μA、2 mA、20 mA、200 mA、2 A 和 10 A，基本量程仍是直流电压 200 mV 量程。由电阻组成并联分流电路，当被测电流流过分流电阻时产生压降，实现了 *I-U* 转换；通过直流数字电压表即可显示被测电流大小。

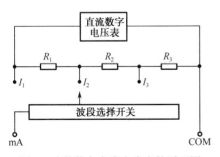

图 8　改装数字直流电流表的原理图

组装多量程直流电流表的原理图如图 8 所示。基本量程仍为 U_g，需组装的直流电流量程分别为 I_1、I_2、I_3，分流电路的电阻分别为 R_1、R_2、R_3。被测电流由 mA 和 COM 输入，直流电流量程波段开关的选择接线端与 mA 相连。选择不同直流电流量程时，被测电流由不同接触点输入，在不同的并联电阻上形成压降。当使用相应量程输入满度电流时，各接点的分压值都是 U_g，这便实现了用直流数字电压表测量直流电流。改装后的各直流电流量程的内阻不同。

由图 8 可得

$$\begin{cases} (R_1 + R_2 + R_3)I_1 = U_g \\ (R_2 + R_3)I_2 = U_g \\ R_3 I_3 = U_g \end{cases}$$

解得 $R_1 = U_g\left(\dfrac{1}{I_1} - \dfrac{1}{I_2} - \dfrac{1}{I_3}\right)$, $R_2 = U_g\left(\dfrac{1}{I_2} - \dfrac{1}{I_3}\right)$, $R_3 = \dfrac{U_g}{I_3}$。

【实验内容】

一、磁电式电表改装与校准

1. 把量程为 100 μA（内阻约为 1.5 kΩ）的磁电表头改装为量程为 1 mA 的直流电流表，并进行校准（以数字万用电表作为校准表），确定改装后电表的准确度等级。

要求：列出具体思路。

注意：（1）安全用电（保护自己和爱护仪器）；（2）画出电路图，合理、清晰地布局电路；（3）微安表头勿超量程，勿接反。

2. 把量程为 100 μA（内阻约为 1.5 kΩ）的磁电表头改装为量程为 1 V 的直流电压表，并进行校准（以数字万用电表作为校准表），确定改装后电表的准确度等级。

3. 组装多量程的直流电流表和直流电压表。

（1）将上述微安表改装成 0-1 mA-10 mA 的直流电流表。

（2）将上述微安表改装成 0-1 V-10 V 的直流电压表。

二、数字式直流电表改装与校准

1. 以数字万用电表的直流电压 200 mV 量程为基本量程，组装成一块量程分别为 2 V 和 20 V 的双量程直流电压表。要求改装后直流电压表的内阻为 100 kΩ。三位半的数字万用电表作为被改装表，四位半的数字万用电表作为标准表。设计校准电路和步骤，并进行校准。

2. 将数字万用电表的直流电压 200 mV 量程组装成一块量程分别为 200 μA、2 mA 和 20 mA 的多量程直流电流表，设计校准电路和步骤，并进行校准。

【思考题】

1. 微安表头的工作原理是什么？如何测量其内阻？

2. 如何改装成单量程直流电流表？如何改装成单量程直流电压表？

3. 数字万用电表的直流电压 200 mV 量程挡的特点是什么？

4. 如何改装成多量程的直流电压表？如何改装成多量程的直流电流表？

【阅读材料】

1. 改装欧姆表

（1）欧姆表原理

欧姆表的原理电路如图 9 所示，其中虚线框部分为欧姆表，a 和 b 为两接线柱（表笔插孔），测量时将待测电阻 R_x 接在 a 和 b 上。在欧姆表中，E 为电源（干电池，内阻为 R_E）电动势，G 为表头（内阻为 R_g，满度电流为 I_g），R' 为限流电阻。由欧姆定律可知，回路中的电流 I_x 由下式决定：

$$I_x = \frac{E}{(R_E + R_g + R') + R_x}$$

可以看出，对于一块给定的欧姆表（即给定 E、R_E、R_g、R'），I_x 仅由 R_x 决定，即 I_x 与 R_x 之间有一一对应关系。这样，在表头刻度上标出相应的 R_x 值，即成为一块欧姆表。

当 $R_x=0$ 时，回路中的电流最大，其值为 $\dfrac{E}{R_E + R_g + R'}$。

在设计欧姆表时，令表头的满度电流 I_g 等于此最大电流，即

$$I_g = \frac{E}{R_E + R_g + R'}$$

习惯上，用 R_m 表示 $R_E + R_g + R'$，称为欧姆表的中值电阻，即有

$$I_g = \frac{E}{R_m}$$

$$I_x = \frac{E}{R_m + R_x}$$

图 9　欧姆表的原理电路

可以看出，欧姆表的刻度是不均匀（非线性）的。当 $R_x=R_m$ 时，$I_x=I_g/2$，欧姆表指针正好指向中间刻度，即 R_m 处，这也是其被称为中值电阻的原因。当 $R_x \ll R_m$ 时，$I_x \approx \dfrac{E}{R_m} = I_g$，此时的偏转接近满度，随 R_x 的变化不明显，因而测量误差较大；当 $R_x \gg R_m$ 时，$I_x \approx 0$，因而测量误差也很大。所以实际操作中通常只用欧姆表中间的一段来测量（常选取 $R_m/5 \sim 5R_m$）。实际上，欧姆表都有几个量程，每个量程的 R_m 不同，R_m 的改变通过在微安表头并联电阻来实现。

（2）调零电路

上述欧姆表的刻度是根据电池的电动势 E 和内阻 R_E 不变的情况设计的。但是，在实际使用时，电池的内阻会不断增加，电动势也逐渐减小，这时若将表笔短路，指针不会指在满度（0 Ω）处。这一现象称为电阻挡的零点偏移，它给测量带来一定的系统误差。对此最简单的解决方法就是调节电路中的限流电阻 R'，使指针满偏指在 0 Ω处。但是这会改变欧姆表的内阻，使其偏离标度尺的中间刻度值，从而引起新的系统误差。

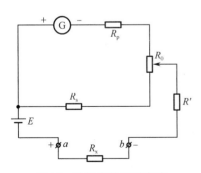

图 10　欧姆表的调零电路

较合理的电路是在表头回路里接入对零点偏移起补偿作用的电位器 R_0，如图 10 所示。电位器上的滑动接头把 R_0 分成两部分，其中一部分与表头串联，另一部分与表头并联。当电动势增加使电路中的总电流偏大时，可将滑动接头下移，以增加与表头串联的阻值，而减少与表头并联的阻值，减小流经表头的电流；而当实际的电动势低于标称值或内阻高于设计标准，使总电流偏小时，可将滑动接头上移，以增加表头电流。总之，调节电位器 R_0 的滑动接头，可以使表笔短路时流经表头的电流保持满电流。电位器 R_0 称为调零电位器。但是当改变其滑动接头时，整个表头回路的等效电阻 R_g' 会随之改变，因而中值电阻 $R_m = R_E + R_g' + R'$ 也会有变化。

为了减小这个变化对测量结果带来的误差，通常在设计欧姆表时，先设计 R×1 kΩ挡，这一

挡的中值电阻为 $R_m \approx 10\,\mathrm{k\Omega}$，这是一个很大的电阻，$R'_g$ 的变化对它的影响可以忽略不计。对于 R×100 Ω、R×10 Ω、R×1 Ω 各挡，则采用 R×1 kΩ 挡并联分流电阻的方法来实现。

2. 组装最简单的多用电表

将最简单的电流表、电压表、欧姆表以适当的方式组装在一起，就成为一块最简单的多用电表（常称为万用电表或万用表），如图 11 所示。微安表头并联电阻 R_1，可组成毫安表，如虚线框内所示，以此为基础，串联电阻 R_2，可组成电压表，串联电阻 R_3、R_4 和电源 E，可组成欧姆表。此万用表有四个接线端：标有"*"的是公共端；a、b、c 分别是毫安、伏特、欧姆量程的接线端。

基于图 11 组装一块万用电表，先把微安表（0～100 μA）改装成 0～1 mA 的直流电流表，再在此基础上将它改装成 0～5 V 的直流电压表和中值电阻为 1.5 kΩ 的欧姆表。

3. 实用万用电表

实用万用电表不是孤立的各功能电路的简单组合，而是从减少元件简化电路的角度设计的综合电路。图 12 是参照 MF-30 型万用表电路的简化电路。类似地，可以根据设计的挡位量程来求出需要接入的各电阻阻值。

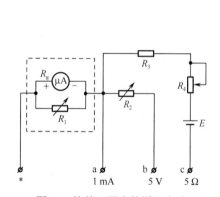

图 11　简单万用表的原理电路

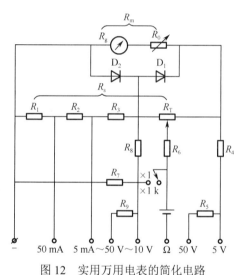

图 12　实用万用电表的简化电路

【参考文献】

[1] 杨述武，赵立竹，沈国土，等. 普通物理实验[M]. 4 版. 北京：高等教育出版社，2009

[2] 吕斯骅，段家忯，陈凯旋，等. 全国中学生物理竞赛实验指导书[M]. 北京：北京大学出版社，2006

[3] 孙晶华，梁艺军，关春颖，等. 操纵物理仪器获取实验方法：物理实验教程[M]. 北京：国防工业出版社，2013

实验十一　半导体热敏电阻温度特性的研究

热敏电阻是常用的测温元件，它是重要的热电式温度传感器之一，在家用电器、汽车、无线电技术、测温技术等方面有广泛的应用。在家用电器中，它可以作为温度开关决定制冷机的工作状态；在测量电路中，可以用作温度补偿元件，以消除环境温度波动对电路输出信号的影响。温度特性是热敏电阻实现测温功能的基本特性。

【实验目的】

1．研究热敏电阻的温度特性，掌握温度特性的测试方法。
2．了解非平衡电桥的工作机制。
3．了解半导体温度计的结构及使用方法。

【实验仪器及器材】

箱式电桥、热敏电阻、数字温度计、数字万用表、保温杯等。

【实验原理】

热敏电阻是阻值对温度变化很敏感的一种半导体电阻，其材料是金属氧化物，经高温烧结制成半导体陶瓷。它的主要特点是随温度变化的灵敏度高，温度每变化 1 ℃，阻值的相对变化可达到 1%～6%。热敏电阻的阻值变化范围较大，一般在几十至几万Ω之间。它具有较小的热惯性，但其阻值与温度变化呈非线性关系，并且元件的稳定性也较差。

半导体热敏电阻可分为正温度系数的和负温度系数的热敏电阻，前者阻值随温度的升高而升高；后者阻值则随温度的升高而降低，较为常用的是后者。

1．负温度系数热敏电阻的温度特性和主要性能参数

热敏电阻的主要特性是温度特性，其微观机制可描述为由于半导体中的载流子数目随温度升高而按指数形式增加，因此使半导体的导电能力增强。

负温度系数的热敏电阻其电阻-温度关系的数学表达式为

$$R_T = R_{T_0} \exp B_n \left(\frac{1}{T} - \frac{1}{T_0} \right) \tag{1}$$

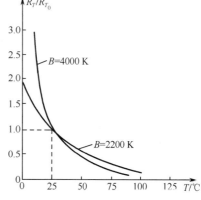

图1 负温度系数的热敏电阻的温度特性曲线

式中，R_T 和 R_{T_0} 分别代表热力学温度为 T 和 T_0 时的热敏电阻阻值，B_n 为热敏电阻的材料系数（n 代表负电阻温度系数），它是与这类温度传感器的灵敏度成正比的一个重要参数。式（1）是一个经验公式，当温度变化范围不太大时（<450 ℃），该式成立，其关系曲线如图 1 所示。

为便于使用，常取环境温度为 25 ℃作为参考温度（即 $T_0 = 298$ K），则负温度系数的热敏电阻的电阻-温度特性可写为

$$\frac{R_T}{R_{25}} = \exp B_n \left(\frac{1}{T} - \frac{1}{T_0} \right) \tag{2}$$

其中，R_{T_0}（常为 R_{25}）是热敏电阻的标称电阻，其大小由热敏电阻的材料和几何尺寸决定。对于一个确定的热敏电阻，R_{25} 和 B_n 为常数，常用测试的方法求得。

将式（2）两边取对数，得

$$\ln R_T - \ln R_{25} = B_n \left(\frac{1}{T} - \frac{1}{298} \right) \tag{3}$$

令 $x = \dfrac{1}{T}$，$y = \ln R_T$，$A = \ln R_{25} - \dfrac{B_n}{298}$，则上式可写成

$$y = A + B_n x \tag{4}$$

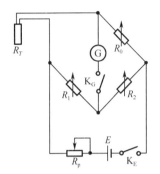

图 2　测量热敏电阻温度特性原理图

式中，x 和 y 可通过测量结果 T 和 R_T 求出，利用几组测量值，基于最小二乘法作 y-x 图，进行拟合可求出参数 A 和 B_n，从而确定热敏电阻的标称值 R_{25} 和材料常数 B_n。

由前面的实验可知，利用箱式直流电桥可以测得某一温度下的热敏电阻阻值 R_T。当桥路平衡时，热敏电阻的阻值 $R_T = \dfrac{R_1}{R_2} R_0$，其中 $\dfrac{R_1}{R_2}$ 为比例臂值，R_0 为比较臂阻值，如图 2 所示。

温度 t 可由温度计测出。注意：上述公式中的 T 为热力学温标，而温度计测得的温度 t 单位为摄氏温标。

2. 热敏电阻的应用和不平衡电桥检测

热敏电阻的温度特性使它可以作为温度计或温度开关使用，尤其是当把阻值随温度的变化，用电压或电流随温度的变化表示出来时，就实现了非电量（t）的电测量（U 或 I）。这种电压随温度变化的情况可通过不平衡电桥来检测，即在初始电桥平衡的基础上，由于温度变化，导致桥路失去平衡，不平衡电压将随着温度的变化而变化。在一定条件下，不平衡电压 U_g 可表示为

$$U_g = \frac{(R_T R_2 - R_0 R_1)}{(R_T + R_0)(R_1 + R_2)} U \tag{5}$$

式中，U 为桥路端电压。如果变化前电桥是平衡的，有初始平衡条件：$R_{T_0} R_2 = R_0 R_1$。当热敏电阻由于温度变化而阻值发生变化 ΔR 时，有 $R_T \rightarrow R_{T_0} + \Delta R$，则变化后的不平衡电压 U_g 为

$$U_g = \frac{\Delta R R_2}{(R_{T_0} + \Delta R + R_0)(R_1 + R_2)} U \tag{6}$$

与热敏电阻初始值 R_{T_0} 相比，阻值变化范围 ΔR 不大时，输出电压 U_g 与由于温度所引起的电阻变化 ΔR 呈近线性关系。

【实验内容】

1. 热敏电阻温度特性的研究——R_T-T 曲线的测定

在保温杯中加入适量的水，将温度计和热敏电阻放入杯中，用搅拌器适度搅拌；将热敏电阻的引线接入箱式电桥的测试臂，选取合适的比例臂，调整电桥平衡，测量对应的 R_T。之后马上读出温度计的即时示值 t。使水温上升或下降 $2 \sim 3\ ℃$，重复上述测量，可测得一组（R_T, t）值。注意：整个测量温度 t 的变化范围应尽量大些。

在测量一组（R_T, t）值后，可以马上测量不平衡电压 U_t，即同时测量（R_T, t）、（U_t, t）值。

2. 热敏电阻的工作特性曲线——U_t-t 曲线的测定

将箱式电桥中的检流计通过外接换成数字电压表。使调节臂 R_0 和比例臂 R_1/R_2 置于初始温度 t_0 对应的平衡电桥状态，合上开关，读出数字电压表示值 U_t 及温度计的示数 t。在使水温下降或上升后，重复上述测量，可得到一组（U_t，t）值。注意：测量时 R_1/R_2 和 R_0 始终置于初始温度 t_0 对应的平衡值。

3. 用热敏电阻和数字温度计测量自己的手温和室温

将测得的与手温和室温对应的 U_t 值代入工作特性曲线，确定对应的温度 t 值，并与数字温度计的测量结果比较。

【数据处理】

1. 基于最小二乘法作图，确定热敏电阻的温度特性曲线和主要性能参数 R_{25} 和 B_n。
2. 画出 U_t-t 曲线，确定人手温度和室温。
3*. 基于最小二乘法，找出 U_t-t 曲线的经验公式，并与理论结果进行对比分析。

【思考题】

1. 试比较水银温度计与半导体温度计的异同。
2. 用不同参数（RT_0，B_n）的半导体材料制成的温度计有什么不同？
3. 平衡电桥与不平衡电桥有何区别？
4. 结合"惯性秤"实验，试总结标定元件或测试系统的方法。

【参考文献】

[1] 杨述武，赵立竹，沈国土. 普通物理实验[M]. 4 版. 北京：高等教育出版社，2009
[2] 沈元华，陆申龙. 基础物理实验[M]. 北京：高等教育出版社，2003
[3] 吴泳华，霍剑青，浦其荣. 大学物理实验[M]. 2 版. 北京：高等教育出版社，2005
[4] 王化祥，张淑英. 传感器原理及其应用[M]. 天津：天津大学出版社，2007
[5] 孙庆龙. NTC 热敏电阻温度特性研究[J]. 大学物理实验. 2013，26（4）：16-17

实验十二 霍尔效应及其应用

【实验目的】

1. 了解霍尔效应的实验原理以及有关霍尔元件对材料要求的知识。
2. 学习用"对称测量法"消除副效应的影响，测量并绘制试样的 V_H-I_S 和 V_H-I_M 曲线。

【实验仪器及器材】

1. TH-H 型霍尔效应实验仪，主要由规格为>2500GS/A 电磁铁、N 型半导体硅单晶切薄片试样、样品架、I_S 和 I_M 换向开关、V_H 和 V_σ 测量选择开关组成。
2. TH-H 型霍尔效应测试仪，主要由样品工作电流源、励磁电流源和直流数字毫伏表组成。

【实验原理】

1. 霍尔效应

霍尔效应从本质上讲是运动带电粒子在磁场中受洛伦兹力作用而引起的偏转。对于图 1 所示的 P 型半导体试样，若在 x 方向的电极 1、2 上通以电流 I_S，在 y 方向加磁场 B，空穴具有一定的漂移速度 v，则磁场 B 会对电荷在 z 方向产生一个洛伦兹力

$$F_m = qvB \tag{1}$$

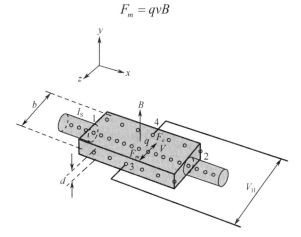

图 1　霍尔效应原理图

洛伦兹力使电荷产生横向偏转，由于样品有边界，这种偏转就导致在垂直电流和磁场的方向上产生正负电荷的聚积，从而形成附加的横向电场，即霍尔电场 E。

该电场阻止载流子继续向两侧偏转，当载流子所受的电场力与洛伦兹力相等时，电荷的聚集就达到平衡，有

$$qvB = qE \tag{2}$$

这时电荷在样品中流动时将不再偏转，霍尔电压就由这个电场建立起来。如果是 N 型样品，则横向电场与前者相反，所以 N 型和 P 型的霍尔电压符号相反，据此可以判断霍尔元件的导电类型。

设霍尔材料的宽度为 b，厚度为 d，载流子浓度为 n，则电流强度 I_S 与电荷速度 v 的关系为

$$I_S = nqvbd \tag{3}$$

由式（2）和式（3）可得

$$E = \frac{I_S B}{nqbd} \tag{4}$$

式（4）两边乘以 b，得

$$V_H = Eb = \frac{I_S B}{nqd} = R_H \frac{I_S B}{d} \tag{5}$$

即霍尔电压 V_H 与 I_S 和 B 的乘积成正比，与试样厚度 d 成反比。比例系数 R_H 称为霍尔系数，它是反映材料霍尔效应强弱的重要参数。由式（5）可见，只要测出 V_H（V）并知道 I_S（A）、B（Gs）和 d（cm），则可按下式计算 R_H（cm³/q）：

$$R_H = \frac{V_H d}{I_S B} \times 10^8 \tag{6}$$

式（6）中的10^8是由于磁感应强度 B 用电磁单位（Gs）而其他各量均采用 C.G.S 实用单位而引入的。得到 R_H 后，可进一步计算载流子浓度 $n = \dfrac{1}{qR_H}$。

霍尔器件就是利用霍尔效应制成的电磁转换元件。成品的霍尔元件，其 R_H 和 d 已知，因此在实际应用中将式（6）改写成

$$V_H = K_H I_S B \qquad\qquad (7)$$

其中，比例系数 $K_H = \dfrac{R_H}{d} = \dfrac{1}{nqd}$ 称为霍尔元件灵敏度（其值由制造厂家给出），它表示该器件在单位工作电流和单位磁感应强度下输出的霍尔电压。I_S 称为控制电流。式（7）中的单位取 I_S 为 mA，B 为 kGS，V_H 为 mV，则 K_H 的单位为 mV/（mA·kGS）。

K_H 越大，霍尔电压 V_H 越大，霍尔效应越明显。从应用上讲，K_H 越大越好，K_H 与载流子浓度 n 成反比，半导体的载流子浓度远比金属的载流子浓度小，因此用半导体材料制成的霍尔元件，霍尔效应明显，灵敏度较高，这也是一般霍尔元件不用金属导体而用半导体制造的原因。另外，K_H 还与 d 成反比，因此霍尔元件一般都很薄。

根据式（7），K_H 已知，I_S 可调，只要测出 V_H 就可以求得未知磁感应强度，这就是霍尔效应测磁场的原理。

2. 消除霍尔元件副效应的影响

在产生霍尔效应的同时，因伴随着多种副效应，以致实验测得的 3、4 两个电极之间的电压并不严格等于霍尔电压 V_H，而包含着各种副效应引起的附加电压，因此必须设法消除。根据副效应产生的机理（参见阅读材料）可知，采用电流和磁场换向的对称测量法，基本上能够把副效应的影响从测量的结果中消除，具体的做法是：I_S 和 B 的大小不变，并在设定电流和磁场的正、反方向后，依次测量由下列四组不同方向的 I_S 和 B 组合的 3、4 两点之间的电压 V_1、V_2、V_3 和 V_4，即

$+I_S$	$+B$	V_1
$+I_S$	$-B$	V_2
$-I_S$	$-B$	V_3
$-I_S$	$+B$	V_4

然后求上述四组数据 V_1、V_2、V_3 和 V_4 的代数平均值，可得

$$V_H = \frac{V_1 - V_2 + V_3 - V_4}{4} \qquad\qquad (8)$$

通过对称测量法求得的 V_H，虽然还存在个别无法消除的副效应，但其引入的误差甚小，可以略而不计。

【仪器介绍】

TH-H 型霍尔效应组合实验仪由实验仪和测试仪两大部分组成，如图 2 所示。图 2 上方为实验仪，包括电磁铁、样品和样品架、I_S 和 I_M 换向开关及 V_H 和 V_σ 测量选择开关。样品材料为 N 型半导体硅单晶片，几何尺寸为：厚度 d=0.5 mm，宽度 b=4.0 mm。

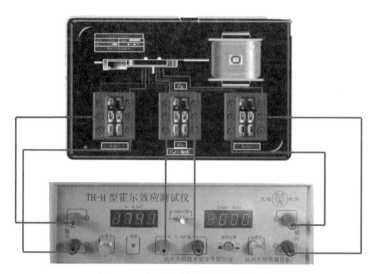

图 2 TH-H 型霍尔效应组合实验仪

图 2 下方为测试仪，面板中 "I_S 输出" 为样品工作电流源，"I_M 输出" 为励磁电流源。两组电流源彼此独立，两路输出电流大小通过 I_S 调节旋钮及 I_M 调节旋钮进行调节，二者均连续可调。其值可通过 "测量选择" 按键由同一只数字电流表进行测量，按键测 I_M，放键测 I_S。V_H 和 V_σ 通过功能切换开关由同一只数字电压表进行测量。电压表零位可通过调零电位器进行调整。当显示器的数字前出现 "–" 时，表示被测电压极性为负值。

【实验内容】

1. 测绘 V_H-I_S 曲线

（1）将实验仪的 "V_H、V_σ" 切换开关投向 V_H 侧，测试仪的 "功能切换" 置于 V_H。按仪器面板标注连接测试仪和实验仪之间的三组连线。注意严禁将测试仪的励磁电源 "I_M 输出" 接到实验仪的 "I_S 输入" 或 "V_H、V_σ 输出" 处，否则一旦通电，霍尔元件即遭损坏。

（2）保持 I_M 值不变（取 $I_M=0.400$ A），改变工作电流 I_S 用对称法测出相应的霍尔电压，记入表 1 中。

（3）绘制 V_H-I_S 曲线，并求斜率，代入式（6）求霍尔系数 R_H，并求出载流子浓度。代入式（7）求霍尔元件灵敏度 K_H。

表 1 霍尔电压值 $I_M=0.400$ A I_S 取值：1.00～4.00 mA

I_S/mA	V_1/mV	V_2/mV	V_3/mV	V_4/mV	$V_H = \dfrac{V_1 - V_2 + V_3 - V_4}{4}$ /mV
	+I_S、+B	+I_S、−B	−I_S、−B	−I_S、+B	

2. 测绘 V_H-I_M 曲线

（1）保持 I_S 值不变，（取 I_S=3.00 mA），改变 I_M 用对称法测出相应的霍尔电压，记入表 2 中。

（2）绘制 V_H-I_M 曲线。

表 2　霍尔电压值 I_S=3.00 mA　　I_M 取值：0.100～0.600 A

I_M/A	V_1/mV	V_2/mV	V_3/mV	V_4/mV	$V_H = \dfrac{V_1 - V_2 + V_3 - V_4}{4}$/mV
	+I_S、+B	+I_S、-B	-I_S、-B	-I_S、+B	

【思考题】

1. 用霍尔元件测量磁场时，若磁场 B 和霍尔元件法线有一夹角 θ，则测出的磁感应强度 B' 和实际的磁感应强度 B 是什么关系？

2. 由于霍尔元件的霍尔电压建立时间很短，为 $10^{-12} \sim 10^{-14}$ s，因此瞬时的磁场也能在霍尔元件上建立电势差，利用霍尔元件的这一特点设计一种测量飞轮转速的方法。

【阅读材料】

霍尔效应的副效应

1. 不等势电压降 V_0

如图 3 所示，由于元件的测量霍尔电压的电极 3、4 不可能绝对对称地焊在霍尔片的两侧，位置不在一个理想的等势面上，因此，即使不加磁场，只要有电流 I_S 通过，就有电压 V_0 产生，结果在测量 V_H 时，就叠加了 V_0，使得 V_H 值偏大或偏小。V_H 的符号取决于 I_S 和 B 两者的方向，而 V_0 只与 I_S 的方向有关，而与磁感应强度 B 的方向无关，因此 V_0 可以通过改变 I_S 的方向予以消除。

2. 埃廷斯豪森效应

如图 4 所示，由于实际上载流子的迁移速率服从统计分布规律，构成电流的载流子速度不同，若速度为 $\bar{v}$ 的载流子所受的洛伦兹力与霍尔电场的作用力刚好抵消，则速度小于 $\bar{v}$ 的载流子受到的洛伦兹力小于霍尔电场的作用力，将向霍尔电场作用力方向偏转，速度大于 $\bar{v}$ 的载流子受到的洛伦兹力大于霍尔电场的作用力，将向洛伦兹力方向偏转。这样使得一侧高速载流子较多，相当于温度较高，另一侧低速载流子较多，相当于温度较低，从而在 Y 方向引起温差，由此产生的热电效应，在两电极上引入附加电势差 V_E。由于 $V_E \propto I_S B$，其符号与 I_S 和 B 的方向的关系跟 V_H 是相同的，因此不能用改变 I_S 和 B 方向的方法予以消除，但其引入的误差很小，可以忽略。

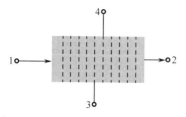

图3 不等势电压产生的机理

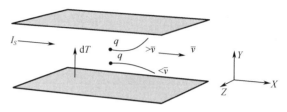

图4 埃廷斯豪森效应

3. 能斯特效应

如图5所示，因器件两端电流引线的接触电阻不等，通电后在接点两处将产生不同的焦耳热，导致在 X 方向有温度梯度，引起载流子沿梯度方向扩散而产生热扩散电流，热流 Q 在 Z 方向磁场作用下，类似于霍尔效应在 Y 方向上产生一附加电场 δ_N，相应的电压 $V_N \propto QB$，而 V_N 的符号只与 B 的方向有关，与 I_s 的方向无关，因此可通过改变 B 的方向予以消除。

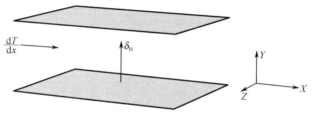

图5 能斯特效应

4. 里纪-勒杜克效应

如图6所示，上述3中所述的 X 方向热扩散电流，因载流子的速度统计分布，在 Z 方向的磁场 B 作用下，将在 Y 方向产生温度梯度，由此引入的附加电压 $V_{RL} \propto QB$，V_{RL} 的符号只与 B 的方向有关，亦能消除。

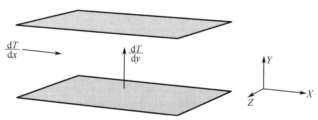

图6 里纪-勒杜克效应

霍尔效应的发现

1879年，美国约翰·霍普金斯（Johns Hopkins）大学二年级研究生，24岁的霍尔（E.H. Hall，1855—1938）发现了霍尔效应。当时他是著名教授罗兰（H.A.Rowland，1848—1901）的研究生。

霍尔在阅读麦克斯韦的《电和磁》一书的有关部分时，注意到其中的一段话：“必须小心地记住，作用在穿过磁力线的有电流流过的导体上的机械力，不是作用在电流上的，而是作用在流过电流的导体上的。”霍尔认为麦克斯韦的这一论断与人们考虑这一情况时的直观推想是矛盾的。不带电流的导线不会受到磁的作用，而通有电流的导线所受的作用力与电流的大小成正比，而作用力的大小通常与金属丝的尺寸和材料是没有关系的。恰好不久他又读到了瑞典物理学家 Erik-Edlund 1878年发表在《哲学杂志》上的一篇论文“单极感应”（Unipolar Induction），在那里作者明确指出，磁场作用在一固定导体中的电流上，与它作用在自由移动的导体上是完全相同的。发现这两位物理学家的见解不同，霍尔请教了自己的导师罗兰教授。罗兰说他也曾怀疑过麦克斯韦论断的真实性，以前也为此仓促地做了一下实验，但没有成功。

霍尔首先重复了罗兰以前的实验，如图7所示，使用的样品是一个金属圆盘，初步的实验没有观察到任何现象。

后来霍尔根据罗兰的建议，用金箔代替金属圆盘，如图8所示，检流计指针有明显的偏转，成功地观察到了磁作用的效果。现在很容易理解其成功的原因，因为金箔比金属圆盘要薄很多，而霍尔电压是与样品的厚度成反比的。

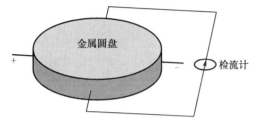 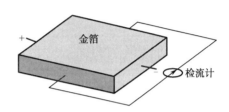

图7　初步的实验装置　　　　　　　　　　图8　成功的实验装置

霍尔以霍尔效应作为他的学位论文的研究结果，1880年获博士学位。在《美国数学杂志》上发表了题为"论磁铁对电流的新作用"的论文。科学界认为是"过去50年中电学方面最重要的发现"，英国著名物理学家开尔文（开氏热标的创立者）评价"霍尔的发现可和法拉第相比拟"。

量子霍尔效应

按经典理论，霍尔电位随B连续变化，但是，1980年，德国物理学家冯·克利青（Klau Klitzing，1943—）观察到在1.5 K极低温度和18.9 T强磁场下，测量金属-氧化物-半导体场效应晶体管时，发现其霍尔电位随磁场的变化出现了一系列量子化平台，称为量子霍尔效应。

霍尔电阻$R_H = U_H / I = h / ne^2$（h为普朗克常数，e为电子电量，$n=1, 2, 3, \cdots$）与样品和材料性质无关。国际计量局（BIPM）在1988年正式将第一阶（$n=1$）平台的电阻值定义为冯·克利青常数，符号为R_K，并规定$R_K = 25\,812.807\ \Omega$作为电阻单位的标准值。

量子霍尔效应是20世纪凝聚态物理及其新技术领域发展中的重大成就，冯·克利青因此获1985年诺贝尔物理学奖。

量子反常霍尔效应

1880年，霍尔在研究磁性金属的霍尔效应时发现，即使不加外磁场也可以观测到霍尔效应，这种零磁场中的霍尔效应就是反常霍尔效应。反常霍尔效应与普通的霍尔效应在本质上完全不同，因为这里不存在外磁场对电子的洛伦兹力而产生的运动轨道偏转。反常霍尔电导是由于材料本身的自发磁化而产生的，因此是一类新的重要物理效应。

有经典的反常霍尔效应，就会有量子版本的反常霍尔效应。量子反常霍尔效应与量子霍尔效应最大的区别就是前者不需要外磁场。理论上对量子反常霍尔效应早有预言，但由于所需要的材料必须是具有铁磁性的拓扑绝缘体，实现起来难度非常大。

2013年，我国的薛其坤教授带领他的研究团队成功地制备出了量子反常霍尔体系。他们通过在（Bi，Sb）2Te3薄膜中掺入铬的方法获得具有铁磁性的拓扑绝缘体，并在没有外加磁场的情况下观察到了霍尔电阻的存在，并达到了理论预测值h/e^2，有关结果发表在了Science杂志上。

【参考文献】

[1] 吕斯骅. 新编基础物理实验[M]. 北京：高等教育出版社，2006

[2] 孙晶华，梁艺军，关春颖，等. 物理实验教程[M]. 北京：国防工业出版社，2009

[3] G S Leadstone. The discovery of the Hall effect [J]. Phys. Educ. 1979, 14:374-381

[4] Klaus von Klitzing. New Method for High-Accuracy Determination of the Fine-Structure Constant Based on Quantized Hall Resistance[J]. Phys. Rev. Lett. 1980, 45:494-505

[5] 范丽. 薛其坤.《科学》发文 首次在实验上发现量子反常霍尔效应[EB/OL]. 清华大学新闻网，2013 [2013-3-15]. http://news.tsinghua.edu.cn/publish/news/4204/2013/20130315085129032737847/20130315085129032737847_.html

[6] 马海燕. 中国科学家首次在实验中发现量子反常霍尔效应[EB/OL]. 搜狐滚动，2013[2013-4-11]. http://roll.sohu.com/20130411/n372312975.shtml

实验十三　磁电阻效应

材料的电阻会因为外加磁场而发生变化，这一现象称为磁电阻效应（MR）。磁电阻效应是 1857 年由英国物理学家威廉•汤姆森发现的，它在金属里可以忽略，在半导体中则可能产生或强或弱的影响。随着高新技术的不断发展，探索高密度的信息存储材料和快速的读写材料已备受关注。为了适应这一需要，物理学家和材料学家逐步发现各种磁电阻效应在读出磁头、磁性传感器，以及高密度的磁存储方面具有很好的实际应用或应用前景。这些磁电阻效应包括正常磁电阻（OMR）、各向异性磁电阻（AMR）、巨磁电阻（GMR）、庞磁电阻（CMR）、隧穿磁电阻（TMR）、直冲磁电阻（BMR）和异常磁电阻（EMR）等效应。磁电阻器件由于灵敏度高、抗干扰能力强等优点在工业、交通、仪器仪表、医疗器械、探矿等领域也得到广泛应用，如数字式罗盘、交通车辆检测、导航系统、伪钞鉴别、位置测量等。图 1 给出了磁电阻效应应用的几个例子。2007 年诺贝尔物理学奖授予来自法国国家科学研究中心的物理学家阿尔贝•费尔（Albert Fert）和来自德国尤利希研究中心的物理学家彼得•格林贝格尔（Peter Grünberg），以表彰他们发现巨磁电阻效应的巨大贡献。当时瑞典皇家科学院对该项成就做出以下评价："用于读取硬盘数据的技术，得益于这项技术，硬盘在近年来迅速地变得越来越小。"

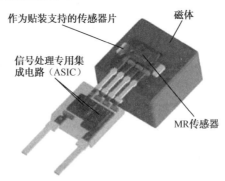

作为贴装支持的传感器片　　磁体
信号处理专用集成电路（ASIC）
MR 传感器

硬盘中的巨磁电阻效应　　汽车中的磁电阻传感器　　利用各向异性磁电阻效应的角度传感器

图 1　磁电阻效应应用举例

锑化铟是一种价格低廉、灵敏度高的正常磁电阻材料，有着十分重要的应用价值。它可用于制造在磁场微小变化时测量多种物理量的传感器。本实验将着重研究锑化铟（InSb）磁电阻传感器在不同磁感应强度下的电阻变化。其中磁感应强度大小借助砷化镓（GaAs）霍尔传感器利用霍尔效应来测量。实验融合了霍尔效应和磁电阻效应两种物理现象。

【实验目的】

1. 了解磁电阻效应的分类。
2. 掌握正常磁电阻效应产生的原理及表征方法。
3. 学习用霍尔效应测量磁感应强度的方法。
4. 加强学生运用计算机软件处理实验数据的能力。
5. 理解恒流源和恒压源的区别。

【实验仪器及器材】

MR-1 磁电阻效应实验装置、VAA-1 电压测量双路恒流电源、导线若干。

【实验原理】

1. 霍尔效应

一块长方形金属薄片或者半导体薄片，若在某方向上通入电流 I_S，在其垂直方向上加一磁场 B，则在垂直于电流和磁场的方向上将产生电位差，这种现象称为霍尔效应。霍尔效应从本质上讲是运动的带电粒子在磁场中受洛伦兹力作用而引起的偏转。如图 2 所示，半导体薄片的长度为 l，宽度为 b，厚度为 d。现在沿其长度方向通入电流 I_S，并在与半导体平面垂直的方向加上磁场 B，设流过半导体的载流子电荷量为 q，定向运动的平均速度为 v，则载流子将受到洛伦兹力 F_B，其大小为

$$F_B = qvB$$

在此力的作用下，载流子向板的侧端面聚集，电子空穴分别积累在不同的两侧端面。与此同时，由于半导体两侧电子和空穴的积累，便在半导体的横向平面形成电场，该电场使随后的载流子受到电场力 F_E 的作用，其大小为

$$F_E = qE$$

随着积聚电荷的增加，电场不断增强，直到载流子所受的电场力与磁场力相等，即 $F_E=F_B$ 时，达到一种平衡状态，载流子不再继续向侧面积聚。这时在两侧端面之间建立的电场称为霍尔电场，其电压称为霍尔电压 V_H。此时有

$$qvB = q\frac{V_H}{b} \tag{1}$$

设半导体内的载流子浓度为 n，则电流 I_S 与载流子平均速度 v 的关系为

$$v = \frac{I_S}{dbnq} \tag{2}$$

由式（1）、式（2）可得

$$V_H = \frac{I_S B}{nqd} = R_H \frac{I_S B}{d} \tag{3}$$

式中，$R_H = \dfrac{1}{nq}$ 称为霍尔系数（备注：实际上该关系式仅适用于金属导体。对于霍尔系数

比金属高得多的半导体材料，其霍尔系数应改写为 $R_H=\dfrac{3\pi}{8}\dfrac{1}{nq}$ ）。在实际应用中，式（3）常被改写为

$$V_H=K_H I_S B \tag{4}$$

式中， $K_H=\dfrac{R_H}{d}$ 为霍尔元件的灵敏度，单位是 mV/（Ma·T）。对于一定的霍尔元件，其灵敏度是一个常数，可通过实验方法测得，作为已知量。利用式（4），通过测量 I_S 和 V_H，可得到磁场的磁感应强度 B，此即利用霍尔效应测量磁感应强度的原理。

2. 正常磁电阻效应

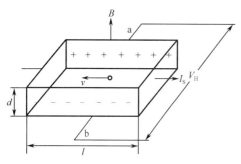

图 2　霍尔效应及磁电阻效应原理

一定条件下，导电材料处于磁场中时，传导电子受到强烈磁散射而使电阻值 R 随磁感应强度 B 的变化而改变的现象称为磁电阻效应。磁场与外电场垂直时所产生的磁电阻称为横向磁电阻，磁场平行于外电场时所产生的磁电阻称为纵向磁电阻。下面我们来分析正常横向磁电阻效应。仍借助图 2 来分析，当半导体磁电阻材料处于磁场中时，半导体的载流子将受洛伦兹力的作用，发生偏转，在两端产生积聚电荷并产生霍尔电场。

由于载流子速度分布服从统计规律，平衡时霍尔电场的作用和平均速度载流子的洛伦兹力作用刚好抵消，那么小于或大于平均速度的载流子将发生偏转，因而沿外加电场方向运动的载流子数量将减少，电阻增大，表现出横向磁电阻效应。若将图 2 中 a 端和 b 端短路，则磁电阻效应更明显（想想为什么？）。通常以电阻率的相对改变量来表示磁电阻效应的大小，即用 $\dfrac{\Delta\rho}{\rho(0)}$ 表示。其中 $\Delta\rho=\rho(B)-\rho(0)$，$\rho(0)$ 为零磁场时的电阻率，$\rho(B)$ 为磁感应强度为 B 时的电阻率。对于确定尺寸的磁电阻传感器来说，由于磁电阻传感器电阻的相对变化率 $\dfrac{\Delta R}{R(0)}$ 等于 $\dfrac{\Delta\rho}{\rho(0)}$，这里 $\Delta R=R(B)-R(0)$，$R(B)$ 和 $R(0)$ 分别为磁感应强度为 B 和 0 时的电阻。因此也可以用磁电阻传感器电阻的相对变化率 $\dfrac{\Delta R}{R(0)}$ 来表示磁电阻效应的大小。理论和实验均证明，当金属或半导体处于较弱磁场中时，一般磁电阻传感器的电阻相对变化率 $\dfrac{\Delta R}{R(0)}$ 正比于磁感应强度 B 的平方，而在强磁场中 $\dfrac{\Delta R}{R(0)}$ 与磁感应强度 B 直接呈线性关系。磁电阻传感器的上述特性在物理学和电子学方面有着重要应用。

【实验内容】

1. 了解磁电阻实验仪的性能，正确使用仪器。

根据图 3 连接线路，并画出等效电路图。注意区分电源和电表，弄懂恒流源的用法，清楚双刀双掷开关、GaAs 霍尔传感器和 InSb 磁电阻传感器的引线连接。注意锑化铟（InSb）的第 2、4 脚引线短接。

2. 测定线圈磁感应强度 B 和励磁电流 I_M 的关系，测定锑化铟磁电阻传感器的电阻与磁感应强度的关系。

（1）研究思路：给励磁线圈加一励磁电流 I_M，产生磁场，将双刀双掷开关 K_1、K_2 向上闭合，测量霍尔传感器 GaAs 的霍尔电压 V_H、电流 I_S，以计算此磁场的大小（依据是什么？）；将双刀双掷开关 K_1、K_2 向下闭合，测量磁电阻传感器 InSb 的电压 U_2、电流 I_2，计算该磁场下的电阻大小（依据是什么？）。多次改变励磁电流 I_M 的值，重复上述测量。

（2）正式测量前，设定 I_2，先全量程改变 I_M，观察电压表的示数，以防超量程，由此确定正式测量时通过 InSb 的电流大小。注意 InSb 的电阻随磁感应强度 B 的变化分两个区域：$B<0.1$ T 时，$\frac{\Delta R}{R(0)} \propto B^2$；$B>0.14$ T 时，$\frac{\Delta R}{R(0)}$ 与磁感应强度 B 呈线性关系。测量时，当励磁电流较小时，测量点取的间隔应小一点。此外，如果要使磁电阻器件工作在线性范围内，应使其工作在较强的磁场下，其他材料的正常磁电阻器件也有类似的特性。

（3）根据实验数据记录，利用计算机处理数据和作图，完成以下四个图：$B\sim I_M$；$\frac{\Delta R}{R(0)}\sim B$（全 B 测量范围）；$\frac{\Delta R}{R(0)}\sim B^2$（弱 B 范围），要求用最小二乘法拟合；$\frac{\Delta R}{R(0)}\sim B$（强 B 范围），要求用最小二乘法拟合。分析实验结果。

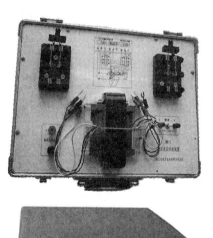

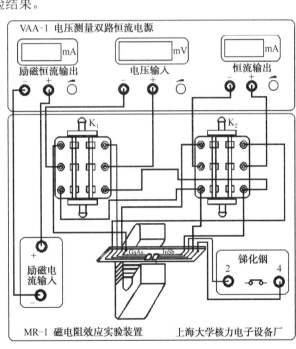

图 3　MR-1 磁电阻效应实验装置，VAA-1 电压测量双路恒流电源和电路连接示意图

【思考题】

1．什么是磁电阻效应？磁电阻效应的种类有哪些？哪年的诺贝尔奖与哪类磁电阻效应有关？

2．如何研究 InSb 材料的磁电阻效应？即需要获得哪些物理量？如何获得？

3．磁电阻效应实验中重点理解哪两个电路？并分别画出等效电路图（等效电路画在预习报告上）。

4．磁电阻效应的产生原因是什么？实验中如何使 InSb 材料的磁电阻效应更明显？

5. 磁电阻效应如何表征？弱磁场、强磁场下磁电阻效应与磁场的关系分别是怎样的？数据如何处理？

【阅读材料】

仪器简介

1. MR-1 磁电阻效应实验装置（图 3 左上）及 VAA-1 电压测量双路恒流电源（图 3 左下）和电路连接示意图（图 3 右）。

I_M 励磁电流：0～1000 mA 连续可调；霍尔、磁阻传感器工作电流 $I_S(I_2)$ 为 0～3 mA；直流数字电压表，量程为 0～2 V。

2. 注意事项。

（1）正确连接电路。霍尔器件和磁电阻器件易碎，引线也容易断，操作时要小心。

（2）通过霍尔器件和磁电阻器件的电流不得超过其额定值，否则将烧坏仪器。

（3）实验装置附近不宜放置铁磁物品。

（4）仪器上的恒流源不用时应归零，以提高使用寿命。

【参考文献】

[1] 黄志高，郑卫峰，赖恒. 大学物理实验[M]. 北京：高等教育出版社，2008

[2] 上海上大电子设备有限公司. MR-1 型磁阻效应实验仪说明书[S]. 上海：上海上大电子设备有限公司，[年份不详]

[3] [作者不详]. InSb 磁电阻特性研究[S]. 2014，http://www.doc88.com/p-0817191728273.html

[4] 杨述武，赵立竹，沈国土. 普通物理实验[M]. 4 版. 北京：高等教育出版社，2009

[5] 贺淑莉，刘战存，何敬锁. 大学物理实验[M]. 北京：科学出版社，2006

[6] 葛松华，唐亚明. 大学物理实验[M]. 北京：化学工业出版社，2012

[7] 吴建宝，张朝民，刘烈. 大学物理实验教程[M]. 北京：清华大学出版社，2013

实验十四　巨磁电阻效应

2007 年 10 月，法国科学家阿尔贝·费尔和德国科学家彼得·格林贝格尔因分别独立发现了巨磁电阻效应而共同获得了 2007 年诺贝尔物理学奖。由磁场引起材料电阻变化的现象称为磁电阻效应。巨磁电阻是指材料的电阻率在有外磁场作用时较之无外磁场作用时大幅度减小，其电阻相对变化率比各向异性磁电阻的高一到两个数量级。磁场的微弱变化将导致巨磁电阻材料电阻值产生明显改变，从而能够用来探测微弱信号。

巨磁电阻材料在数据读出磁头、磁随机存储器和传感器上有广泛的应用前景。用巨磁电阻材料制成的高灵敏度读出磁头，使存储单字节数据所需的磁性材料尺寸大为减小，从而使磁盘存储密度得到大幅提高。如今，计算机、数码相机、MP3 等各类数码电子产品所装备的硬盘，基本上都应用了巨磁电阻磁头。巨磁电阻传感器可广泛地应用于家用电器、汽车工业和自动控制技术中，对角度、转速、加速度、位移等物理量进行测量和控制，与各向异性磁电阻传感器相比，具有灵敏度更高、线性范围宽、寿命长等优点。

本实验借助新型巨磁电阻传感器，利用亥姆霍兹线圈产生磁场，研究巨磁电阻效应的特性。

【实验目的】

1. 了解巨磁电阻效应的原理，亥姆霍兹线圈的特性。
2. 弄清巨磁电阻效应传感电路的组成。
3. 学习巨磁电阻效应的实验表征方法。
4. 理解巨磁电阻效应传感器定标方法。

【实验仪器及器材】

FD-GMR-A 型巨磁电阻效应实验仪（包括实验主机、亥姆霍兹线圈实验装置、连接导线等），指南针，水准泡。

【实验原理】

1. 巨磁电阻效应

巨磁电阻效应是磁电阻效应中的一种。

巨磁电阻效应的大小也以电阻率的相对改变量来表征，即用 $\dfrac{\Delta\rho}{\rho_0}$ 表示。其中 $\Delta\rho=\rho_B-\rho_0$，ρ_0 为零磁场时的电阻率，ρ_B 为磁感应强度为 B 时的电阻率。也可以用磁电阻传感器电阻的相对改变量 $\dfrac{\Delta R}{R_0}$ 来表示磁电阻效应的大小，其中 $\Delta R=R_B-R_0$，R_B 和 R_0 分别为磁感应强度为 B 和 0 时的电阻。一般材料的 $\dfrac{\Delta\rho}{\rho_0}$ 值都很小，通常小于 1%；各向异性磁电阻材料（例如坡莫合金）的 $\dfrac{\Delta\rho}{\rho_0}$ 可达到 3%；而巨磁电阻材料的 $\dfrac{\Delta\rho}{\rho_0}$ 通常都在-10%以上，有些可达到-100%。因此，巨磁电阻材料受到了世界各国学术界和工业界的巨大关注，在短时间内取得了令人瞩目的理论及实验成果，并迅速在应用领域获得巨大成功。

巨磁电阻是一种层状结构，由厚度为几个纳米的铁磁金属层（Fe、Co、Ni 等）和非磁性金属层（Cr、Cu、Ag 等）交替制成，相邻铁磁金属层的磁矩方向相反。这种多层膜的电阻随外磁场变化而显著变化。当外磁场为 0 时，材料电阻最大；当外磁场足够大时，原本反平行的各层磁矩都沿外场方向排列，材料电阻最小。

巨磁电阻效应可以由铁磁性金属导电的理论，即二流体模型来解释。在铁磁金属中，导电的 s 电子受到磁性原子磁矩的散射作用，散射的概率取决于导电的 s 电子自旋方向与薄膜中磁性原子磁矩方向的相对取向。即二者方向一致时电子受到的散射作用很弱，二者方向相反时电子则受到强烈的散射作用，而传导电子受到的散射作用强弱直接影响材料电阻的大小。根据二流体模型，传导电子分成自旋向上和自旋向下两种，由于多层膜中非磁性金属层对两组自旋状态不同的传导电子的影响是相同的，所以只考虑磁性层的影响。外加磁场为 0 时，相邻铁磁层的磁矩方向相反，如图 1（a）所示，两种电子都在穿过与其自旋方向相同的磁层后，在下一磁层受到强烈的散射，宏观上看，巨磁阻材料处于高电阻状态。当外加磁场足够大时，如图 1（b）所示，原本反平行排列的各磁层磁矩都沿外加磁场方向排列，一半电子可以穿过许多只受到很弱的散射的磁层，另一半在每一层都受到很强的散射，宏观上，材料处于低电阻状态。这样就产生了巨磁电阻现象。由此可以看出，外加磁场使巨磁电阻材料的电阻减小，而对正常的磁电阻材料，外加磁场却使其电阻增大。

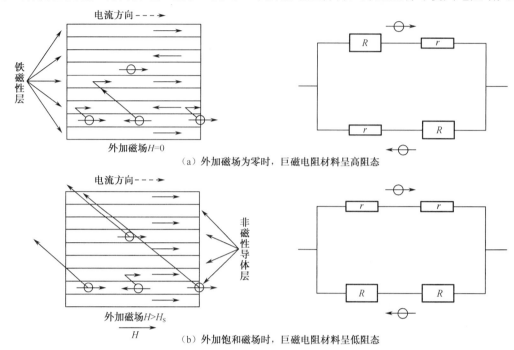

（a）外加磁场为零时，巨磁电阻材料呈高阻态

（b）外加饱和磁场时，巨磁电阻材料呈低阻态

图 1　二流体模型对巨磁电阻效应的解释

2. 巨磁电阻传感器

实验中所用的巨磁电阻传感器采用了惠斯通电桥和磁通屏蔽技术。传感器基片上镀了一层很厚的磁性材料，这层材料对其下方的巨磁电阻形成屏蔽，不让任何外加磁场进入被屏蔽的电阻器。惠斯通电桥（图 2）由四只相同的巨磁电阻组成，其中 R_1 和 R_3 在该磁性材料的上方，受外加磁场作用时电阻减小，而 R_2 和 R_4 在该磁性材料的下方，被屏蔽而不受外加磁场影响，电阻不变，记为 R_0。所以，当 $B=0$ T 时，$R_1=R_2=R_3=R_4=R_0$；当 $B\neq 0$ T 时，$R_2=R_4=R_0$，$R_1=R_3=R_B$，其中 R_0 和 R_B 分别为巨磁电阻材料在磁感应强度为 0 和 B 时的电阻。

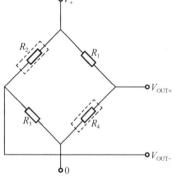

图 2　巨磁电阻元件组成的惠斯通电桥示意图

很明显，实验时图 2 中"0"和"V_+"之间接电源，电源电压的大小即为 V_+，给电桥供电，"$V_{\text{OUT}+}$"和"$V_{\text{OUT}-}$"之间接入电压表，判断电桥平衡与否。由图 2 可知

$$V_{输出} = V_{\text{OUT}+} - V_{\text{OUT}-}$$
$$= V_+ \frac{R_4}{R_1+R_4} - V_+ \frac{R_3}{R_2+R_3}$$

将条件（当 $B=0$ T 时，$R_1=R_2=R_3=R_4=R_0$；当 $B\neq 0$ T 时，$R_2=R_4=R_0$，$R_1=R_3=R_B$）代入上式，可得

$$\frac{R_B}{R_0} = \frac{V_+ - V_{输出}}{V_+ + V_{输出}}$$

整理，得

$$\frac{\Delta R}{R_0} = \frac{R_B - R_0}{R_0} = \frac{R_B}{R_0} - 1 = -\frac{2V_{输出}}{V_+ + V_{输出}} \qquad (1)$$

由式（1）可以看出，该实验中巨磁电阻效应的大小实际上是给电桥加一定的电源电压，通过电桥的不平衡电压来反映的，这与正常磁电阻效应实验的研究方法不同。

巨磁电阻传感器还使用了磁通集中器，磁通集中器使原来的传感器灵敏度增大。它收集垂直于传感器引脚方向上的磁通量并把他们聚集在芯片中心的惠斯通电桥上。如图3所示，垂直于传感器引脚的方向为巨磁电阻传感器的敏感轴方向。在相同场强下，当外加磁场方向平行于传感器敏感轴方向时，传感器输出最大。当外加磁场方向偏离传感器敏感轴方向时，传感器输出与偏离角度 θ 成余弦关系，即传感器灵敏度 K_θ 与偏离角度 θ 成余弦关系 $K_\theta = K_\theta\cos\theta$，其中 K_0 为 $\theta=0$ 时的传感器灵敏度。此性质仅为巨磁电阻传感器的性质（磁通集中器的作用）。巨磁电阻材料本身为各向同性。

由于巨磁电阻传感器灵敏度高，因此能有效地检测到由待测电流产生的磁场，进而得到待测电流的大小。用巨磁电阻传感器测量通电导线电流值时，导线放在传感器的上方或下方，电流方向需平行于引脚，如图4所示。通电导线会在导线周围产生环形磁场，其磁感应强度与电流大小成正比。当传感器中的巨磁电阻材料感应到磁场时，传感器就产生一个电压输出。当电流增大时，周围的磁场增大，传感器的输出也增大；同样，当电流减小时，周围磁场和传感器输出都减小。

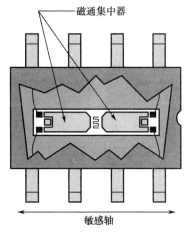

图 3　巨磁电阻传感器

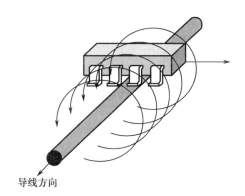

图 4　巨磁电阻传感器用于测量电流

3. 亥姆霍兹线圈

根据毕奥-萨伐尔定律，载流线圈在轴线上某点的磁感应强度 B 为

$$B = \frac{\mu_0 \overline{R}^2}{2(\overline{R}^2 + x^2)^{3/2}} NI \tag{2}$$

式中，μ_0 为真空磁导率，$\overline{R}$ 为线圈的平均半径，x 为圆心到该点的距离，N 为线圈匝数，I 为通过线圈的电流强度。

一对彼此平行且连通的共轴圆形线圈，当两线圈内的电流方向一致，大小相同时，线圈之间的距离 d 正好等于圆形线圈的平均半径 $\overline{R}$，这种结构的线圈就是亥姆霍兹线圈。设 z 为亥姆霍兹线圈中轴线上某点离中心点 O 处的距离，则由式（2）可得亥姆霍兹线圈轴线上任意一点的磁感应强度为

$$B = \frac{1}{2}\mu_0 NI\overline{R}^2 \left\{ \left[\overline{R}^2 + \left(\frac{\overline{R}}{2} + z \right)^2 \right]^{-3/2} + \left[\overline{R}^2 + \left(\frac{\overline{R}}{2} - z \right)^2 \right]^{-3/2} \right\}$$

则在亥姆霍兹线圈上中心 O 处的磁感应强度为

$$B = \frac{\mu_0 NI}{\overline{R}} \left(\frac{8}{5^{3/2}} \right) \quad\quad\quad (3)$$

式（3）在实验数据处理时要用到。亥姆霍兹线圈的特点是能在其公共轴线中点附近产生较广的均匀磁场区，所以在生产和科研中有较大的使用价值，也常用于弱磁场的计算标准。

【实验内容】

1. 用亥姆霍兹线圈定标巨磁电阻传感器，并得到巨磁电阻效应的最大值。

（1）连接电路，设置仪器：将主机恒流源表头下的白色开关扳向线圈电流方向，将亥姆霍兹线圈用小手枪插线并联起来（通过线圈电流大小与恒流源电流的关系是什么？），并与主机上小手枪插座相连，将传感器输出表头下的放大倍数挡调至×1 挡。说明：巨磁电阻传感器已置于亥姆霍兹线圈的中心。

（2）调节惠斯通电桥的平衡：打开主机，将线圈电流调零，传感器工作电压调为 5 V 左右，将传感器输出调零。逐渐升高线圈电流，可以看见传感器输出逐渐增大，观察现象。将线圈电流和传感器输出再次归零，准备正式测量。

（3）将线圈电流由零开始逐渐增大，建立传感器输出电压与线圈电流的关系，注意电流间隔的选取。

（4）根据实验数据处理，做出 V 输出-B 关系图，线性区域用最小二乘法拟合得巨磁电阻传感器的灵敏度 K（想想该灵敏度应该如何定义？）；做出 $\frac{\Delta R}{R_0}$-B 关系图，得到 $\frac{\Delta R}{R_0}$ 的最小值。

2. 研究巨磁电阻传感器灵敏度 K 与传感器敏感轴-亥姆霍兹线圈轴线磁场间夹角 θ 的关系（自行设计实验）。

3. 由巨磁电阻传感器和亥姆霍兹线圈测量地磁场的水平分量（自行设计实验）。地磁场的介绍见阅读材料。

4. 用巨磁电阻传感器测量通电导线的电流大小（自行设计实验）。

【思考题】

1. 巨磁电阻效应的物理机理是什么？本实验中如何研究该效应？实验电路是什么？

2. 亥姆霍兹线圈中心磁场有多大？巨磁电阻效应是如何表征的？巨磁电阻传感器是如何定标及计算灵敏度的？

3. 了解地磁场，如何利用该实验装置测量地磁场的水平分量？

【阅读材料】

仪器简介

1. FD-GMR-A 型巨磁电阻效应实验仪（见图 5）

实验仪主要由一台实验主机、实验装置架及各种连接导线组成。实验装置架包括亥姆霍兹线圈和巨磁电阻传感器，实验主机含亥姆霍兹线圈用的恒流源，待测直流电源，传感器工作电源，传感器输出测量电压表等。

亥姆霍兹线圈：单只线圈匝数 200 匝，半径 10 cm；亥姆霍兹线圈用恒流源：0～1.2 A；传感器电源：1.5～12 V；被测直流电源：0～5 A。

图 5　FD-GMR-A 型巨磁电阻效应实验仪

2. 注意事项

（1）注意地磁场对实验产生的影响。

（2）使用磁性传感器时，应尽量避免铁质材料和可以产生磁性的材料在传感器附近出现。

地磁场简介

地球本身具有磁性，所以地球与近地空间之间存在着磁场，称为地磁场。地磁场的强度和方向随地点不同（甚至随时间）而不相同。地磁场的北极、南极分别在地理南极、北极附近，彼此并不重合，如图 6 所示，而且随时间推移两者间的偏差在不断地缓慢变化。地磁轴与地球自转轴并不重合，大约有 11° 交角。

在一个不太大的范围内，地磁场基本上是均匀的，可用三个参量来表示地磁场的方向和大小，如图 7 所示。

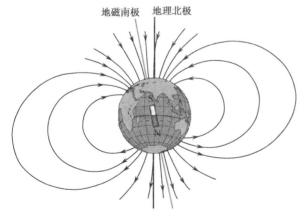
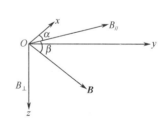

图 6　地磁场示意图　　　　图 7　地磁场分量

（1）磁偏角 α：地球表面任一点的地磁场矢量所在垂直平面（图 7 中，$B_{//}$ 与 Oz 构成的平面）与地理子午面之间的夹角（图 7 中，Ox、Oz 构成的平面）。

（2）磁倾角 β：磁感应强度与水平面之间的夹角（图 7 中，矢量 B 与 Ox、Oy 构成的平面的夹角）。

（3）水平分量 $B_{//}$，地磁场矢量 B 在水平面上的投影。

测量地磁场的三个参量，就可确定某一地点地磁场矢量 B 的方向和大小。当然这三个参量的数值随时间不断地改变，但这一变化极其缓慢，极为微弱。1936 年测得北京的地磁参量如下：地理位置，北纬 39°56′，东经 116°20′；磁偏角 α（偏西），4°48′；磁倾角 β，57°23′；地磁场水平分量 $B_{//}$，28.9 μT。

【参考文献】

[1] 吴建宝，张朝民，刘烈，等. 大学物理实验教程[M]. 北京：清华大学出版社，2013

[2] 陈子栋，潘伟珍，金国娟，等. 大学物理实验[M]. 北京：机械工业出版社，2013

[3] 姚列明，霍中生，吴静，等. 结构化大学物理实验[M]. 北京：高等教育出版社，2012

[4] 上海复旦天欣科教仪器有限公司. FD-GMR-A 巨磁阻效应实验仪说明书[S]. 上海：上海复旦天欣科教仪器有限公司

实验十五　低电阻的测量

电桥是一种用电位比较法进行测量的仪器，被广泛用来精确测量电学量和非电学量。在自动化控制测量中也是常用的仪器之一。电桥按其用途，可分为平衡电桥和非平衡电桥；按其使用的电源，可分为直流电桥和交流电桥；按其结构，可分为单臂电桥和双臂电桥。电阻按阻值的大小大致可分为 3 类：阻值在 1 Ω 以下的为低电阻，在 $1\sim1\times10^{5}$ Ω 之间的为中电阻，100 kΩ 以上的为高电阻。不同阻值的电阻，测量方法不尽相同。它们都有本身的特殊问题，例如，用惠斯通电桥测中电阻时，可以忽略导线本身的电阻和接点处的接触电阻（总称附加电阻）的影响；但用它测低电阻时，就不能忽略了。一般来说，附加电阻约为 0.001 Ω，若所测低电阻为 0.01 Ω，则附加电阻的影响可达 10%；如所测低电阻在 0.001 Ω 以下，就无法得出结果了。对惠斯通电桥加以改进而形成的直流双臂电桥（又称为开尔文双电桥）消除了附加电阻的影响，它适用于 $10^{-6}\sim10^{2}$ Ω 电阻的测量。

本实验阐述了利用四端法消除附加电阻的物理思想，并将其用于直流双臂电桥中测量低电阻。

【实验目的】

1. 掌握用四端法消除附加电阻的物理思想。
2. 理解用伏安法测量低电阻的方法。
3. 学习直流双臂电桥测量低电阻的原理和方法，学会自组直流双臂电桥电路。
4. 掌握 QJ44 型直流双臂电桥的使用方法，会用仪器测量低电阻阻值。

【实验仪器及器材】

直流稳压电源、标准电阻两个、电阻箱四个、待测低电阻、DH8230 数字直流微电流计、开关、导线、QJ44 型直流双臂电桥。

【实验原理】

1. 伏安法测低电阻的困难与处理

电子元件常会有引线电阻，各个元件构成电路时会引入引线、导线和接触电阻，如图 1 所示。若电子元件本身的阻值远大于这些附加电阻，则附加电阻对测量结果的影响可以忽略。

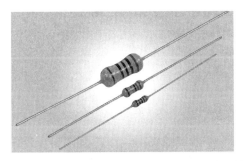
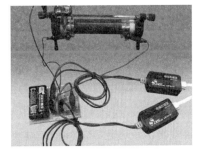

图1 实际电路中引入的引线、导线和接触电阻等附加电阻

用伏安法测中等阻值的电阻是很容易的，但在测低电阻（记为 R_x）时将遇到困难，如图 2 所示，图 2（a）是伏安法的一般电路图，图 2（b）是将 R_x 两侧的接触电阻、导线电阻以等效电阻 R_1'、R_2'、R_3'、R_4' 表示的电路图。由于电压表的内阻较大，串接小电阻 R_1'、R_4' 对其测量影响不大，而 R_2'、R_3' 串接到被测低电阻 R_x 后，使被测电阻成为（$R_2'+R_x+R_3'$），其中 R_2' 和 R_3' 与 R_x 相比是不可不计的，有时甚至超过 R_x，因此图 2 所示的电路不能用以测量低电阻 R_x。

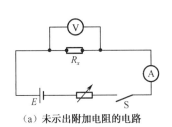
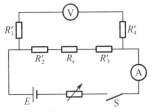

（a）未示出附加电阻的电路   （b）示出附加电阻时的等效电路

图2 伏安法测低电阻电路

解决上述测量的困难，在于消除 R_2'、R_3' 的影响，图 3 的电路可以达到这个目的。它是将低电阻 R_x 两侧的接点分成四个：两个外侧电流接点（cc）和两个内侧电压接点（pp），此即电阻的四端法（实际上，四端法也经常在科研测量中使用，而不论电阻大小）。这样电压表测量的是长 l 的一段低电阻（其中不包括 R_2' 和 R_3'）两端的电压。这样的四端法测量电路使低电阻测量成为可能。下面分析用伏安法测低电阻，测量电压、电流时要注意的地方。

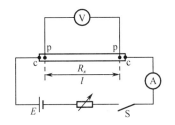
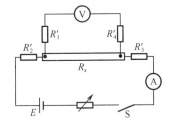

图3 基于四端法的伏安法电路

（1）电压的测量

设 R_x=0.002 Ω，则当电流 I=1.5 A 时，U_l=0.003 V，即 3 mV，因此测低电阻时，要用毫伏表测电压。为了减少毫伏表内阻不够大的影响，可改用数字电压表或电势差计测量。

（2）电流的测量

用电流表测量图 3 中的电流，当选用量程为 2 A，0.5 级电流表时，对于 1.5 A 的电流

可能使电流 I 的测量的相对误差达到 0.67%（计算方法：$\dfrac{2 \times 0.5\%}{1.5} \times 100\%$），即低电阻的测量误差将超过 0.67%。如要提高低电阻测量的精度，就要改用如图 4 所示的间接测量电流的方法（其中标出了接触电阻、导线电阻），即精确测量串联的标准电阻 R_s 两端的电压 U_s，由 $I = \dfrac{U_s}{R_s}$ 去求 I 值，由于 U_s 可以设法测得很精确，所以可提高电流 I 的精确度。

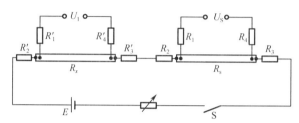

图 4　提高伏安法测量精度的电路

2. 测低电阻的开尔文（Kelvin）双电桥的原理

双电桥测低电阻，就是将未知低电阻 R_x 和已知的标准低电阻 R_s 相比较，在连接电路时均采用四端法接线，比较电压的电路，如图 5 所示，R_1'、R_2'、R_3' 表示接触电阻和导线电阻，比较 R_x 和 R_s 两端的电压时，通过两个分压电路 adc 和 b_1bb_2 去比较 b、d 两点的电势，将 R_1、R_2、R_3、R_4 的电阻值取得较大，则其两端的接触电阻和导线电阻可以不计。当 R_1、R_2、R_3、R_4 取某一值时可使 $I_G = 0$，即

$$U_{bc} = U_{dc} \tag{1}$$

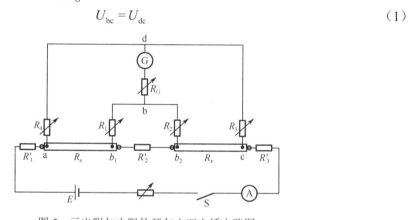

图 5　示出附加电阻的开尔文双电桥电路图

由图 5 可以看出

$$U_{bc} = U_{b_1 b_2} \frac{R_2}{R_1 + R_2} + U_{b_2 c} = I_{R_2'} \frac{R_2' R_2}{R_1 + R_2} + I_{R_s} R_s \tag{2}$$

$$U_{dc} = U_{ac} \frac{R_3}{R_3 + R_4} = (I_{R_x} R_x + I_{R_2'} R_2' + I_{R_s} R_s) \frac{R_3}{R_3 + R_4} \tag{3}$$

由于 R_x、R_s、$R_2' \ll R_1$、R_2、R_3、R_4，则 $I_{R_x} \approx I_{R_2'} \approx I_{R_s}$，代入式（2）、式（3），并利用式（1），整理后可得

$$\frac{R_3(R_x + R_2' + R_s)}{R_3 + R_4} = \frac{R_2' R_2}{R_1 + R_2} + R_s \tag{4}$$

整理上式得

$$R_x = R_s \frac{R_4}{R_3} + R_2' \left(\frac{1 + \dfrac{R_4}{R_3}}{1 + \dfrac{R_1}{R_2}} - 1 \right) \tag{5}$$

从上式可以看出，当 $\dfrac{R_4}{R_3} = \dfrac{R_1}{R_2}$ 时，式中右侧括号中的值等于零，因而不好处理的接触电阻及导线电阻 R_2' 的影响被消除，结果有

$$R_x = \frac{R_4}{R_3} R_s \tag{6}$$

纵贯前面的分析过程，可以看出公式（6）成立的条件有以下三个：（1）$U_{bc} = U_{dc}$；（2）R_x、R_s、$R_2' \ll R_1$、R_2、R_3、R_4；（3）$\dfrac{R_4}{R_3} = \dfrac{R_1}{R_2}$。实验操作时主要就是设定和调节 R_1、R_2、R_3、R_4 四个电阻的阻值，使电桥达到平衡。请同学们想一想如何设定和调节 R_1、R_2、R_3、R_4 的阻值，使实验调节电桥平衡时能直观地满足第三个条件？

【实验内容】

1. 用自组直流双臂电桥分别精确测量量级为 $10^{-1}\ \Omega$ 和 $10^{-3}\ \Omega$ 的待测电阻的阻值

要求：改变 R_1 和 R_4 的阻值进行多次测量。

注意：（1）安全用电（保护自己和爱护仪器）；（2）电路布局合理、清晰；（3）检流计调零。方法为：预热 10 min，量程选择 "200 nA" 挡，调好指示仪零点，然后接入电路，闭合电路中所有开关，形成回路（但恒流源无输出），调节检流计使其示零；（4）选择合适的恒流源电流，若太小，电桥灵敏度低，若太大，容易烧损元件；（5）不要长时间闭合电源开关，否则元件会发热，电阻变化将导致检流计示数跳变。

2. 利用 QJ44 型直流双臂箱式电桥分别测量两待测电阻的阻值

要求：单次测量，但要尽可能地提高测量精度。并将自组的实验结果与箱式的相比较。

注意：使用前预热 10 min。在使用 QJ44 型双电桥时，开始时要将检流计的灵敏度旋钮放在最低位置，粗调平衡后再逐步增加灵敏度。QJ44 型直流双臂电桥的介绍详见阅读材料。

【思考题】

1. 我们熟知的测电阻的方法有哪些？原理是什么？用此方法测量低电阻时有什么问题？如何解决？

2. 什么是四端法？

3. 写出伏安法测低电阻的原理、电路图及等效电路图。

4. 写出直流双臂电桥（开尔文双电桥）测低电阻的原理、电路图及等效电路图。

5. 直流双臂电桥测低电阻的计算公式是什么？此公式成立的条件是什么？电阻箱 R_1、R_2、R_3、R_4 阻值如何选择？

6. 简述 QJ44 型直流双臂电桥（箱式）的使用方法。

【阅读材料】

仪器简介

1. DH1719 型直流稳压稳流电源，面板说明如图 6 所示。

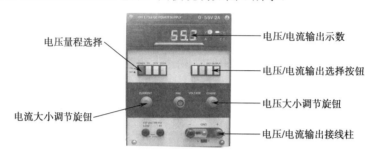

电压量程选择

电压/电流输出示数

电压/电流输出选择按钮

电压大小调节旋钮

电流大小调节旋钮

电压/电流输出接线柱

图 6　DH1719 型直流稳压稳流电源

2. 标准电阻，面板说明如图 7 所示。

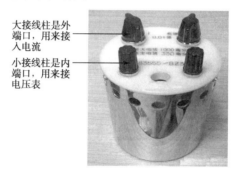

大接线柱是外端口，用来接入电流

小接线柱是内端口，用来接电压表

图 7　标准电阻

3. QJ44 型直流双臂电桥，面板说明如图 8 所示。

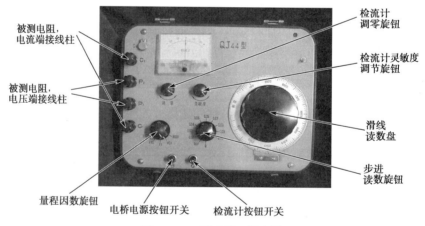

被测电阻，电流端接线柱

被测电阻，电压端接线柱

量程因数旋钮

电桥电源按钮开关

检流计按钮开关

检流计调零旋钮

检流计灵敏度调节旋钮

滑线读数盘

步进读数旋钮

图 8　QJ44 型直流双臂电桥

使用方法：

（1）将被测电阻按四端法连接，依次接在电桥相应的 C_1、P_1、P_2、C_2 接线柱上。

（2）按下 B 按钮，预热 5 min，调节零旋钮，使检流计指针指向零位置。

（3）按起 B 按钮，估计被测电阻大小，选择适当量程因数。先按下 G 按钮，再按下 B

按钮，调节步进和滑线读数盘，使检流计指针指在零位置上，电桥平衡，被测电阻按下式计算：

被测电阻值=量程因数×（步进盘读数+滑线盘读数）。

【参考文献】

[1] 杨述武，赵立竹，沈国土，等. 普通物理实验[M]. 4 版. 北京：高等教育出版社，2009

[2] 胡承忠，杨兆华，封百涛，等. 物理实验指导[M]. 济南：山东大学出版社，2009

[3] 葛松华，唐亚明，王泽华，等. 大学物理实验[M]. 北京：化工工业出版社，2013

实验十六　交流电桥

交流电桥是一种比较式仪器，在电测技术中占有重要地位。它主要用于交流等效电阻及时间常数，电容及其介电损耗，自感及其线圈品质因数和互感等电参数的精密测量，也可用于非电量变换为相应电量参数的精密测量。

交流电桥与直流电桥电路的基本结构及电桥平衡的基本原理相似。但是由于交流电桥桥臂阻抗为复数，检流计支路的不平衡电压也是复数，使得交流电桥的调节方法和平衡过程都变得复杂起来，也正因为这样，使交流电桥电路变化多端，并获得了广泛应用和不断发展。

交流电桥因测量任务的不同有各种不同的形式，但只要掌握了它的基本原理和测量方法，对各种形式的交流电桥都比较容易掌握。本实验通过几种常用交流电桥电路来测量电感、电容等参数，深入了解交流电桥的平衡原理，学习并掌握调节交流电桥平衡的方法。

【实验目的】

1．了解电桥平衡的基本原理。
2．掌握调节电桥平衡的方法。
3．学会使用交流电桥测量电容和电感及其损耗。

【实验仪器及器材】

信号发生器、电阻箱三个、晶体管万用表（交流电表）、标准可变电容箱、待测电容、待测线圈、导线、开关。

【实验原理】

1．实际电容器和线圈的等效电路及相关参数

在交流电作用下，实际的电容、电感在交流电路中，除具有储、放能量外，也必然要损耗部分能量——相当于纯电阻的损耗。

（1）电容。任何电容器（简称电容）都是由两个互相"绝缘"的极板组成的，为了提高它的电容量，在极板间充有各种不同介电常量的电介质，但是各种电介质的绝缘性能不一，因此实际使用的电容器两极板间还相当于并联着一只阻值较大的绝缘电阻，如图 1 所示，图 1（a）为实际电容器，等效成理想电容器 C 与绝缘电阻 R_1 并联的组合件图 1（b）。只有当 R_1 值趋于无限大时，实际电容器与理想电容器才完全等效，因此实际电容器的阻抗

应写为

$$Z_C = R_1 // \frac{1}{\mathrm{j}\omega C} = \frac{R_1 \dfrac{1}{\mathrm{j}\omega C}}{R_1 + \dfrac{1}{\mathrm{j}\omega C}} = \frac{R_1}{R_1 \mathrm{j}\omega C + 1} = \frac{R_1(1 - R_1 \mathrm{j}\omega C)}{1 + (R_1 \omega C)^2} \tag{1}$$

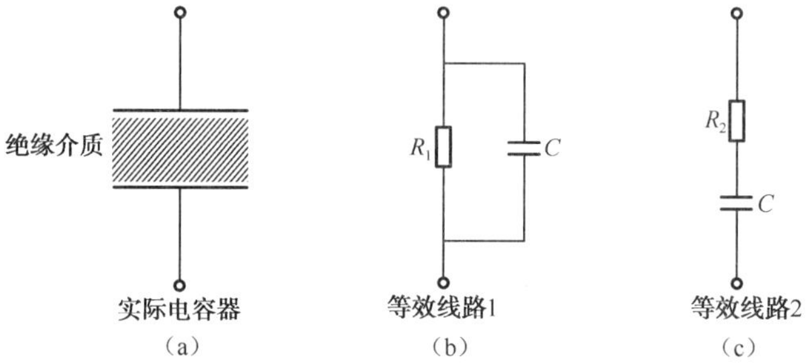

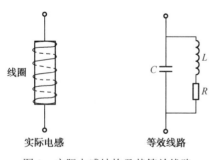

图 1　实际电容器结构及其等效线路

当绝缘电阻远大于纯容抗，即 $R_1 \gg \dfrac{1}{\omega C}$ 时，式（1）可整理为

$$Z_C = \frac{1}{R_1 \omega^2 C^2} + \frac{1}{\mathrm{j}\omega C} = R_2 + \frac{1}{\mathrm{j}\omega C} \tag{2}$$

式中，$R_2 = \dfrac{1}{R_1 \omega^2 C^2}$。由式（2）可以看出，实际电容器又可等效成理想电容器 C 与电阻 R_2 串联而成的电路，如图 1（c）所示。很明显，R_2 值很小，并趋于零。理想电容器的 $R_1 \to \infty$，或者 $R_2 \to 0$。正弦交流电通过理想电容器时，它两端的电压与通过的电流之间的相位差为 $90°$。由于实际电容器不完全理想，所以正弦交流电通过它时，电容器两端的电压与通过的电流之间的相位差 φ 不是 $90°$，而是 $\varphi = 90° - \delta$，其中 δ 为电容器的损耗角。损耗角 δ 随 R_2 的增加而变大，离纯电容器或理想电容器的特性越来越远。因此 δ 是衡量实际电容器与理想电容器差别的一个重要参数。为了方便，还用损耗角的正切来衡量实际电容器的质量，称为损耗，即

$$\tan\delta = R_2 \omega C$$

（2）电感。电感是由导线按一定方式绕制而成的线圈，因此它具有导线的电阻、由导线相对位置决定的分布电容以及线圈本身决定的电感量。它可等效为一个 L、R、C 串、并联电路，如图 2 所示。图中 C 为实际线圈的"分布"电容，其值很小，对高频交流电有较大的傍路作用，L 为纯电感线圈或称为理想线圈，R 为线圈的直流电阻和由其他影响合成的串联电阻。如果线圈工作在低频（几百千赫）范围内，便可略去 C，而仅考虑线圈的直流电阻，于是阻抗可表示为

$$Z_L = R + \mathrm{j}\omega L$$

图 2　实际电感结构及其等效线路

R 越小，线圈越接近纯电感。为了衡量线圈的质量，用品质因数 Q 来定量描述：

$$Q = \frac{\omega L}{R}$$

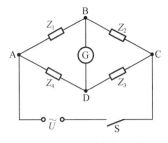

图 3　交流电桥电路图

2. 交流电桥及其平衡条件

交流电桥电路图如图 3 所示，它和直流电桥在电路形式上基本相同，但它的四个桥臂 $\tilde{Z}_1$、$\tilde{Z}_2$、$\tilde{Z}_3$、$\tilde{Z}_4$ 为复阻抗（可以是电阻、电容、电感或它们的组合）。调节各臂阻抗，使电桥达到平衡，即交流示零仪中无电流通过，B 和 D 两点的电势差为零，此时有

$$\tilde{Z}_1 \tilde{Z}_3 = \tilde{Z}_2 \tilde{Z}_4 \tag{3}$$

这就是交流电桥的平衡条件。由图 3 可知，若第一桥臂由被测阻抗构成 $\tilde{Z}_x$，则

$$\tilde{Z}_x = \frac{\tilde{Z}_2}{\tilde{Z}_3} \tilde{Z}_4 \tag{4}$$

当其他桥臂的参数已知时，就可确定被测阻抗 $\tilde{Z}_x$ 的值。

在正弦交流电情况下，桥臂阻抗可以写成复数的形式 $\tilde{Z} = R + \mathrm{j}X = Z\mathrm{e}^{\mathrm{j}\varphi}$。若将电桥的平衡条件用复数的形式表示，则可得 $Z_1\mathrm{e}^{\mathrm{j}\varphi_1} \cdot Z_3\mathrm{e}^{\mathrm{j}\varphi_3} = Z_2\mathrm{e}^{\mathrm{j}\varphi_2} Z_4\mathrm{e}^{\mathrm{j}\varphi_4}$，即

$$Z_1 \cdot Z_3 \mathrm{e}^{\mathrm{j}(\varphi_1 + \varphi_3)} = Z_2 \cdot Z_4 \mathrm{e}^{\mathrm{j}(\varphi_2 + \varphi_4)}$$

根据复数相等的条件，等式两端的幅模和幅角必须分别相等，故有

$$\begin{cases} Z_1 Z_3 = Z_2 Z_4 \\ \varphi_1 + \varphi_3 = \varphi_2 + \varphi_4 \end{cases} \tag{5}$$

式（5）为平衡条件的另一种表现形式，可见交流电桥的平衡必须满足两个条件：一是相对桥臂上阻抗幅模的乘积相等；二是相对桥臂上阻抗幅角之和相等。

由式（5）可以得出如下两点重要结论：

（1）交流电桥必须按照一定的方式配置桥臂阻抗

如果用任意不同性质的四个阻抗组成一个电桥，不一定能够调节到平衡，因此必须把电桥各元件的性质按电桥的两个平衡条件适当配合。在很多交流电桥中，为了使电桥结构简单和调节方便，通常将交流电桥的两个桥臂设计为纯电阻。

（2）交流电桥平衡必须反复调节两个桥臂的参数

在交流电桥中，为了满足上述两个条件，必须调节两个桥臂的参数，才能使电桥完全达到平衡，而且往往需要对这两个参数进行反复调节，所以交流电桥的平衡调节要比直流电桥的调节困难一些。

此外，在交流电桥设计中，桥臂尽量不采用标准电感。由于制造工艺上的原因，标准电容的准确度要高于标准电感，并且标准电容不易受外磁场的影响。所以常用的交流电桥，不论是测电感还是测电容，除了被测臂之外，其他三个臂都采用电容和电阻。

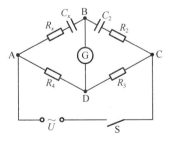

图 4　电容电桥电路图

3. 电容电桥

图 4 所示为电容电桥电路图，待测电容接到电桥的第一臂，并写成 $\tilde{Z}_x = R_x + \dfrac{1}{\mathrm{j}\omega C_x}$ 的形式，与被测电容相比较的标准电容 C_2 接入相邻的第二臂，同时与 C_2 串联一个可变电阻 R_2，那么

$\tilde{Z}_2 = R_2 + R_{C_2} + \dfrac{1}{j\omega C_2}$，其中 R_{C_2} 为标准电容的串联损耗电阻，实验中 C_2 是空气型标准电容或者云母型标准电容，工作在较低频率的条件下，那么，R_{C_2} 值极小，可以不计。所以 $\tilde{Z}_2 = R_2 + \dfrac{1}{j\omega C_2}$。桥的另外两臂为纯电阻，即 $\tilde{Z}_3 = R_3$，$\tilde{Z}_4 = R_4$。当电桥平衡时，由式（4）可知

$$R_x + \frac{1}{j\omega C_x} = \frac{R_4}{R_3}\left(R_2 + \frac{1}{j\omega C_2}\right)$$

根据复数相等条件可以得到

$$C_x = \frac{R_3}{R_4}C_2$$

$$R_x = \frac{R_4}{R_3}R_2 \tag{6}$$

$$\tan\delta = R_2\omega C_2$$

为了使电桥平衡，可分别重复调节 C_2 和 R_2 的数值，直到交流示零器指示的数值不能再小为止。一般情况下我们注意的是要精确测量待测电容的容量大小，而损耗电阻或损耗（角）的有效数字不去过多追究。由式（6）可以看出，务必使 $R_3 = R_4$，$C_x = C_2$，同时 R_3、R_4 和 C_2 的精确度要尽可能高。

4. 麦克斯韦电桥

图 5 所示为麦克斯韦电桥电路图，待测电感接到电桥的第一臂，并写成 $\tilde{Z}_x = R_x + j\omega L_x$ 的形式，电桥其他三臂的阻抗分别为 $\tilde{Z}_2 = R_2$，$\tilde{Z}_3 = R_3 \,/\!/\, \dfrac{1}{j\omega C_3}$，$\tilde{Z}_4 = R_4$

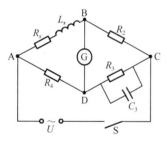

图 5 麦克斯韦电桥电路图

当电桥平衡时，由式（4）可知

$$R_x + j\omega L_x = \frac{R_4 R_2}{R_3 \,/\!/\, \dfrac{1}{j\omega C_3}}$$

整理得

$$L_x = R_2 R_4 C_3$$

$$R_x = \frac{R_2 R_4}{R_3} \tag{7}$$

$$Q = \frac{\omega L_x}{R_x} = R_3\omega C_3$$

由式（7）可以看出，为了调节电桥平衡，可反复改变 C_3 和 R_3 值，但是特别要使 R_2、R_4 和 C_3 三个量的有效数字尽可能多，才能保证 L_x 有较高的测量精密度。

此外，测量电容的还有西林电桥，如图 6（a）所示，测量电感的还有电感电桥，如图 6（b）所示，请同学们自己分析电桥平衡应满足的条件，并叙述调节方法。

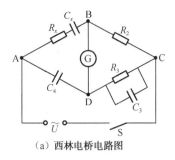

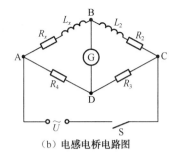

(a) 西林电桥电路图   (b) 电感电桥电路图

图 6　西林电桥和电感电桥

【实验内容】

1．用自搭电容电桥，测量电容量约为 1 μF 的待测电容的电容量 C_x，并计算出 ΔC_x 值和 R_x 值。

要求在以下情况下进行测量和分析：（1）$R_3=R_4=10\,000\ \Omega$，$1\,000\ \Omega$ 和 $100\ \Omega$；（2）$R_3=10\,000\ \Omega$ 时，$R_4=1\,000\ \Omega$ 和 $100\ \Omega$。

2．用麦克斯韦电桥，测定电感量约为 12 mH 的待测线圈的 L_x 值和损耗电阻 R_x。

要求：单次测量，L_x 至少应有 3 位有效数字。

注意：（1）安全用电（保护自己和爱护仪器）；（2）电路布局合理、清晰，尽可能减少导线的空间交叉；（3）严格按照电桥平衡条件设置电阻箱、电容的值；（4）先粗调电桥，摸索出调节平衡的方法后，再进行细调；（5）每次调节，都要先断开电源开关，以防通过示零器的电流过大；（6）最终调节到电桥平衡时，应使用万用表交流毫伏挡的最小量程，且示数尽可能小，此时电源输出电压应为低频，但幅值较大；（7）实验结束时万用表应放在直流挡。

【思考题】

1．理想电容器的容抗是多少？实际电容器和等效线路是什么？当绝缘电阻远大于容抗时，电容器容抗的表达式是什么？

2．理想电感的容抗是多少？实际线圈的等效线路是什么？低频时感抗的表达式是什么？

3．交流电桥的结构是什么？电桥的平衡条件是什么？桥臂上各元件的阻抗间满足的关系式是什么？此关系式均适用于电容、线圈和纯电阻这些元件吗？

4．电容电桥的结构是什么？待测电容的电容量和直流电阻的表达式是什么？调节电桥平衡的技巧及精确度考虑是什么？

5．麦克斯韦电桥的结构是什么？待测线圈的电感量和损耗电阻的表达式是什么？调节电桥平衡的技巧及精确度考虑是什么？

【阅读材料】

仪器简介

实验所用的是 RX7 型旋钮式十进式电容箱，如图 7 所示。其内部的电容以优质云母片为介质和铝箔交叠而成。它适用于直、交流电路，用以提供准确的电容数值。其技术特性有以下几点：

（1）精确度：10×0.1 μF 组，±0.5%；10×0.01 μF 组，±0.65%；10×0.001 μF 组，±2%；10×0.000 1 μF 组，±5%。

图 7　电容箱

（2）工作频率：800～1 000 Hz。

（3）耐压：250 V 交流有效值。

（4）工作环境：10～35 ℃，相对湿度 30%～80%。

【参考文献】

[1] 杨述武，赵立竹，沈国土，等. 普通物理实验[M]. 4 版. 北京：高等教育出版社，2009

[2] 李学慧，徐朋，部德才，等. 大学物理实验[M]. 北京：高等教育出版社，2012

[3] 陈子栋，潘伟珍，金国娟，等. 大学物理实验[M]. 北京：机械工业出版社，2013

[4] 袁敏，梁霄，刘强，等. 大学物理实验[M]. 北京：科学出版社，2014

[5] 吕斯骅，段家忯. 新编基础物理实验[M]. 北京：高等教育出版社，2006

实验十七　示波器的使用

示波器是教学和科研实验室的常用设备之一，它是用来显示、观察和测量周期性电压波形及其参数的重要电子仪器。一切可转化为电压的电学量（如电流、电阻等）和非电学量（如温度、压力、磁场、光强等）的信号均可用示波器来观察和测量。示波器所测电压的频率响应可从直流到 10^9 Hz；它可以观察连续信号，也能捕捉单个快速脉冲信号并将它储存起来，定格在屏幕上以便进一步分析研究。示波器能测量电压、时间和频率等信号参数，又可显示两个相关量的函数图形。所以示波器是一种用途极为广泛的通用测量仪器。

【实验目的】

1．了解示波器的基本结构和工作原理。

2．掌握示波器的基本调节和使用方法。

3．掌握用示波器测量电压、频率和相位差的方法。

【实验仪器及器材】

双踪示波器 IWATSU SS-5802，函数发生器 GW INSTEK SFG-2004（GFG-8016G）等。

【实验原理】

示波器的使用是和其工作原理密切相关的，而示波器的原理又是以示波器的结构为基础的。

1．示波器的基本结构和工作原理

1）基础结构

电子示波器主要由四个部分组成：阴极射线示波管系统；同步和触发系统；放大系统；电源系统。

示波管是一个抽成高真空的玻璃管，其结构如图 1 所示。管前端的内表面涂有荧光物质。阴极被加热时，灯丝发射出大量电子，电子经聚焦和加速后轰击荧光屏，发出荧光。

靠近阴极的栅极，可以通过调节其电位，即"辉度（或 INTEN）"调节旋钮，控制发射电子流的强弱，使荧光的亮度改变。垂直（Y）偏转板和水平（X）偏转板分别是两对平行板电极，改变加在其上的电压，可控制电子束落在荧光屏上的位置。

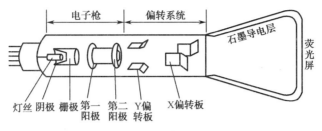

图 1　示波管结构图

2）工作原理

（1）电偏转

在 Y 偏转板上加电压时，其电场使飞速运动的电子束（及其在屏上的光点）沿垂直方向偏移，即产生电（致）偏转现象。

若幅度为 U（V）的电压使电子束沿垂直方向偏转 L（cm），则定义 U/L 为偏转因数，记作 K，即

$$K = U/L \text{（V/cm）} \tag{1}$$

偏转因数也称"伏/格（或 VOLTS/DIV）"值，表示电子束沿垂直方向偏转 1 cm（即 1 格）的电压幅度。显然，偏转因数为 K（V/cm）时，使电子束偏转 Y（cm）的电压幅值为

$$U = KY \text{（V）} \tag{2}$$

根据式（2），从电子束偏转厘米（或格）数，可测出加在垂直 Y 偏转板上的被测电压值。

（2）扫描

若仅在水平偏转板上加周期性变化的电压 $U_x(t)$，则电子束（或屏幕上的光点）沿水平方向做周而复始的往返运动，其位移随电压增大而变大（电压达最大值时位移也最大），随电压减小而变小，而当电压恢复到起始值时，电子束（或光点）便回到起始位置。电子束（或光点）的这种周而复始的往返运动称为扫描。此时的 $U_x(t)$ 称为扫描电压。当扫描速率较快（频率较高）时，荧光屏上则显示一条水平亮线，称为扫描线。若 $U_x(t)$ 为线性锯齿波电压，则电子束的水平位移与时间呈线性关系。

若在水平偏转板上加的扫描电压使电子束在 T（s）内沿水平方向移动了 L（cm），则 T/L 称为厘米扫描时间，记作 t_0，即

$$t_0 = T/L \text{（s/cm）} \tag{3}$$

厘米扫描时间也称"时间/格（或 TIME/DIV）"值，表示电子束沿水平方向扫描 1cm（或 1 格）的时间。显然，厘米扫描时间为 t_0 时，电子束沿水平方向扫描 X（cm）所用的时间为

$$T = t_0 X \tag{4}$$

根据式（4），从电子束横向扫描距离 X，可测定时间间隔。

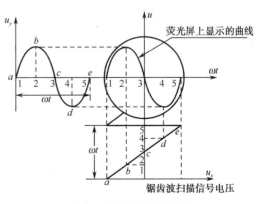

图 2　波形显示原理图

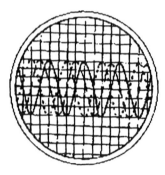

图 3 扫描不同步的现象

（3）波形显示

在竖直偏转板上加周期为 T_y 的被观测交流电压信号 $U_y(t)$，而在水平偏转板上加周期为 T_x 的线性锯齿波扫描电压 $U_x(t)$ 时，后者使竖直 y 方向的振动沿水平 x 方向展开，呈现二维平面图形。当 $T_x = nT_y$（n=1, 2, 3, …），且每次锯齿波的扫描起始点准确地落在被观测信号的同相位点时，将周而复始地扫出完全相同的波形。为了稳定地显示被测信号波形，扫描电压需要与被观测信号达到同步，称为扫描同步。但若 $T_x = nT_y$，而每次扫描起始点落在被观测信号的非同相位点时，每次扫出的波形不重复，其结果是屏上的波形不断地向右或向左移动，无法观测到稳定的波形，即扫描不同步，如图 3 所示。扫描显示稳定波形的基本条件（即扫描同步条件）是扫描电压周期 T_x 为被观测信号周期 T_y 的整数倍，即

$$T_x = nT_y \text{ 或 } T_x / T_y = n \quad (n=1,\ 2,\ 3,\ \cdots) \tag{5}$$

实际上由于被观测信号和锯齿波的周期很难严格地满足式（5）的要求，所以仅通过手控调节"厘米扫描时间"的方法是无法实现扫描同步的。

（4）整步

示波器实现扫描同步的过程称为整步，常用触发扫描和连续扫描两种方式实现。触发扫描同步的实现方法是：从输入的被测信号中提供触发信号，送到触发电路，当其电平达到某一选择的触发电平时，触发电路便输出触发脉冲，用它启动扫描电路进行扫描。锯齿波在某周期内的扫描期间，扫描电路不再受到触发脉冲的任何影响，直至本次扫描结束。之后等到下一个触发脉冲到来时，它又重新启动扫描电路进行下一次扫描。因每一个触发脉冲产生于同触发电平所对应的触发信号的同相位点，故每次扫描的起始点会准确地落在同相位点，因而每次扫出的波形完全重复，可以稳定地显示被观测信号的波形。

2．示波器的应用

1）观察波形

用锯齿波扫描可直接观察输入信号波形；用"X-Y"方式也可观察到两个相互关联的变量合成的平面图形。

2）测电压

示波器测电压的原理基于电子束偏转的大小正比于被测电压值。

当被测直流电压 U_y 使电子束偏转 Y（cm）时，有

$$U = KY \quad (\text{V}) \tag{6}$$

式（6）中，K（V/cm）为偏转因数。若被测电压为简谐波，则其有效值为

$$U_e = \frac{U_{\text{p-p}}}{2\sqrt{2}} = \frac{KY_{\text{p-p}}}{2\sqrt{2}} \tag{7}$$

式（7）中，$U_{\text{p-p}}$ 为电压峰-峰值，$Y_{\text{p-p}}$ 为波峰与相邻波谷之间的间距格数。

如果被测交变电压是正负不对称波形，或是随时间变化的脉冲波形时，则必须在 X 偏转板上加锯齿波电压扫描以显示波形，方可测定电压幅度或任意时刻的电压瞬时值。

3）测频率

（1）测周期法

当厘米扫描时间为 t_0 (s/cm) 时，n 个周期为 T_y (s) 的被测信号所对应的水平距离为 L（cm），则有 $nT_y = t_0L$（$n = 1, 2, 3, \cdots$），于是有

$$T_y = t_0L/n, \quad f_y = n/(t_0L) \qquad （8）$$

根据式（8），即可测得待测信号的周期 T_y (s) 和频率 f_x。

（2）李萨如图形法

在 X、Y 偏转板上，分别加频率为 f_x、f_y 的两个简谐电压信号时，电子束受合成场控制，沿其合成轨迹运动，荧光屏上将描绘出两个正交简谐振动的合成图形。其形状随两个简谐电压信号的频率和相位差的不同而不同。若两个简谐信号的频率比为简单整数比，屏上就会显示李萨如图形，如图 4 所示。根据李萨如图形的形状，可以确定两信号的频率比，有

$$\frac{f_y}{f_x} = \frac{m}{n} \qquad （9）$$

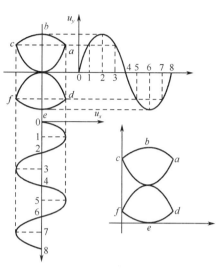

图 4　李萨如图形的形成

式中，m 为水平线与图形的交点（或切点）数，n 为垂直线与图形的交点（或切点）数。

3. 测量相位差

（1）双踪显示法

在示波器双踪（双通道）显示方式下，将两个同频率信号

$u_1 = U_{01} \sin(\omega t + \varphi_1)$ 和 $u_2 = U_{02} \sin(\omega t + \varphi_2)$ 通过示波器通道 1（CH1）和通道 2（CH2）加到 Y 偏转板上时，屏幕上的图形如图 5 所示。u_1 与 u_2 之间的位相差 $\Delta\varphi$ 可用下式计算：

$$\Delta\varphi = \varphi_1 - \varphi_2 = \frac{\Delta l}{l} \cdot 360^\circ \qquad （10）$$

式中，l 为信号在一个周期内所对应的屏上的水平距离，Δl 为两个信号同相位点间所对应的水平距离，如图 5 所示。

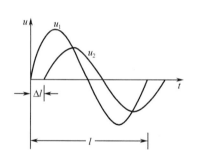

图 5　双踪显示方式下同频率两信号的波形显示

（2）李萨如图形法

在示波器的 X-Y 显示方式下，把两个同频率信号 u_1 与 u_2 通过 CH1、CH2 分别加到 X、Y 偏转板上时，屏上出现如图 6 所示的椭圆。u_1 与 u_2 间的相位差 $\Delta\varphi$ 可用下式计算：

$$\Delta\varphi = \arcsin\left(\frac{2x}{2x_0}\right) \qquad （11）$$

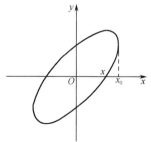

图 6　X-Y 显示方式下同频率两信号的波形

或者
$$\Delta\varphi = \arcsin\left(\frac{2y}{2y_0}\right) \tag{12}$$

式中，x、y 分别为李萨如图形的椭圆与 X 轴或 Y 轴交点到图中心原点的距离，x_0、y_0 分别为水平或垂直偏转的最大距离。如图 6 所示。

【实验内容和数据处理】

在明确测试内容、基本操作方法和注意事项后，接通示波器电源开关，调整扫描线（通道开关 CH1 或 CH2 和位置 Position 调节旋钮）、清晰度（FOCUS）、显示亮度（INTEN）和读数系统（READOUT）旋钮使其适当。示波器（IWATSU SS-5802）面板图如图 7 所示。

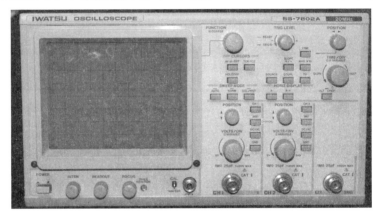

图 7　示波器面板图

1．观察波形：使函数发生器产生频率为 1 kHz 和幅度（AMPL 旋钮）适中的正弦信号，将其接入示波器的通道 1 或 2（CH1 或 CH2）。调出稳定波形后，分别调节"触发源"（SOURCE）选择状态、"触发电平"（TRIG LEVEL）、"扫描方式"选"自动"（AUTO）或"常态"（NORM）、"扫描时间"（TIME/DIV）和"偏转因数"（VOLTS/DIV），以及两通道基本按键（CH1、CH2、ADD、INVERT、AC/DC 和 GND），观察并记录这些调控按键和旋钮对波形、稳定性和形状的影响，了解和掌握这些基本按键和旋钮的功能及使用方法。

改变信号源输出信号的波形（WAVE）、幅度和频率（如取 50 Hz，500 Hz，5000 Hz，50 000 Hz 等），反复练习迅速调出稳定波形。

2．校正偏转因数和厘米扫描时间：用示波器本身的校准信号（cal，峰-峰值为 0.6 V、频率为 1 kHz 的方波信号）分别输入 CH1、CH2。想想如何校准？

3．给出三个不同波形、不同数量级的频率和幅值的电压信号，测量其峰-峰值 $U_{p\text{-}p}$ 和频率 f。

4．观测李萨如图形：CH1、CH2 分别输入两个函数发生器的正弦波形，示波器的扫描方式置于"$X\text{-}Y$"模式。调出三个不同比值的李萨如图形，验证李萨如频率关系成立。

5*．测相位差：测量由电阻箱和电容箱组成的简单移相器电路形成的相位差，或用所给仪器自行设计实验进行测量。

【思考题】

1．示波器的主要功能是什么？

2．（1）怎样迅速地找出清晰的扫描线？

（2）怎样迅速地调出稳定的波形？

（3）怎样测定信号（DC，AC）的幅度？

（4）怎样测定不同波形的交流信号频率？

（5）怎样测定两个同频率信号的相位差？

（6）怎样观测李萨如图形？

3．（1）扫描方式的"自动"和"常态"有何异同？

（2）触发电平在多大范围内调节能使波形稳定？为什么？

（3）若示波器上显示的正弦波不断向左移动，这是什么原因？如何调节才能使波形稳定？

（4）"双踪"显示时，两通道的波形是否同时稳定显示？在什么情况下能同时稳定显示？

（5）李萨如图形为什么总在变化？其稳定的条件是什么？

4．一位同学用示波器测量电压和周期，结果偏差特别大，试分析可能的原因。

【阅读材料】

阴极射线管示波器的发明者布劳恩（Braun K F，1850—1918），生于德国卡塞尔的富尔达小镇。1868 年从当地中学毕业，进入马尔堡（Marburg）大学数学专业学习，1869 年转到柏林大学，1872 年获博士学位。曾先后在维尔茨堡大学、马尔堡大学和斯特拉斯堡大学等任教。1874 年，布劳恩发现了一些矿物晶体的单向导电性，为半导体物理的发展奠定了基础；1909 年"因在发展无线电报中做出的贡献"，他和马可尼（Marconi G，1874—1937）分享了诺贝尔物理学奖。

长期以来，布劳恩对振荡现象有着浓厚的兴趣，加上当时交流发电站投入了使用，新的交流电系统对电压、电流和相位的测量产生了实际需要。但当时对振动的研究，没有适当的仪器，无法直接用眼睛观察。这些问题引起了布劳恩的关注。伦琴发现 X 射线以后，引起了科学界的极大震动，阴极射线管引起了人们的强烈兴趣。

布劳恩很快认识到，阴极射线管的某些特征，对于显示波形是理想的。1896 年下半年，布劳恩设计了一个能够实现他的目标的管子。他将阴极置于管子的一端，把中间有一个小孔的孔板放在管子中部，将从阴极发散出的射线限制成很细的一束，这样就只有通过小孔的阴极射线能够对产生图像有贡献，其余的绝大部分阴极射线被阻挡住；将用来观察的一片涂有氰亚铂酸钡或硅酸锌等磷光材料的半透明的云母圆盘即荧光屏放在管子的末端。使管子的轴线沿水平方向放置，将一个轴线沿水平方向且与阴极射线方向垂直的线圈放在管子外面靠近孔板的地方，并使其通过待研究的电流，线圈产生的磁场将使电子束发生竖直方向的偏转。为了观察随时间变化的信号，在荧光屏前放一面旋转的镜子，用于平移光线，起到了水平方向扫描的作用，观察者通过旋转镜可以看到移动亮点扫出的二维曲线。后来，布劳恩还去掉了旋转反射镜，而在管子下面增加一根能旋转的磁性杆，使阴极射线沿水平方向偏转。

和今天的电子示波器相比，布劳恩最初的阴极射线管示波器是很简陋的。但经过多年来的不断改进，电子示波器有了很大发展，成为电子测量仪器发展史中影响最大、用途最广的测量仪器。

【参考文献】

[1] 吕斯骅，段家忯. 新编基础物理实验[M]. 北京：高等教育出版社，2006

[2] 杨述武，赵立竹，沈国土. 普通物理实验[M]. 4 版. 北京：高等教育出版社，2009

[3] 沈元华，陆申龙. 基础物理实验[M]. 北京：高等教育出版社，2003

[4] Kurylo F &. Susskind C. Fredinand Braun. A life of the Nobel Prizewinner and inventor of the cathode-ray oscilloscope[M]. Cambridge: The MIT Press, 1981

[5] Keller P A. The 100th anniversary of the cathode-ray tube. Information Display. 1997, 13(6): 12-16

实验十八　空气中超声波声速的测量

【实验目的】

1．学习用共振干涉法和相位比较法测量超声波的声速。

2．加深对驻波及振动合成等理论知识的理解。

3．了解压电陶瓷换能器的工作原理。

4．培养综合运用仪器的能力。

【实验原理】

声波是一种在弹性介质中传播的机械纵波。频率在 20～20 000 Hz 的声波为可听声波。低于 20 Hz 的声波为次声，高于 20 000 Hz 的声波为超声波，这两类声波不能被人耳听到，但与可听声波的性质相同。

一些晶体和压电陶瓷片受到应力作用，两端面产生表面电荷，称为压电效应；反之，在一些晶体和压电陶瓷片两端加上电场，会使之产生伸缩形变，称为逆压电效应。

当在压电陶瓷片上加上交变电压时，即可成为声波的声源，反之用压电陶瓷片接收声频信号时，可使声压转换为交变电压。

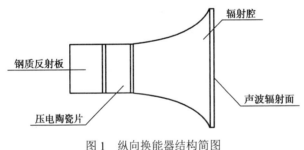

图 1　纵向换能器结构简图

本实验采用压电陶瓷超声波换能器，来产生和接收超声波，如图 1 所示，头部用轻金属铝做成喇叭形状，尾部则用重金属（如铁）制成，螺钉从压电陶瓷环中穿过，这样可以增加辐射面积，增强振子与介质的耦合作用，在一定的温度下经极化处理后，具有压电效应。

声波的传播速度 v 与声波频率 f 和波长 λ 的关系为

$$v = f\lambda \tag{1}$$

实验中，声波频率 f 可由信号发生器直接读出，只要测出声波波长 λ，就可求出声速 v。测量 λ 的常用方法有共振干涉法和相位比较法。

1．共振干涉法（驻波法）

实验装置如图 2 所示，S_1 和 S_2 是两只相同的压电陶瓷超声换能器，S_1 用作发射器，S_2

为接收器。信号发生器输出的正弦电压信号，接入发射器 S_1，S_1 将此信号转变为超声波信号，发射出平面超声波。接收器 S_2 接收到超声波信号后，将它转变为正弦电压信号，接入示波器进行观察。接收器 S_2 在接收超声波的同时，还反射一部分超声波。这样，由 S_1 发射的超声波和由 S_2 反射的超声波，在 S_1 和 S_2 端面之间干涉，产生驻波共振现象。当 S_1 和 S_2 端面之间距离 x，恰好等于超声波半波长的整数倍时，即 $x = n \cdot \dfrac{\lambda}{2}$ $(n = 1, 2, \cdots)$，在 S_1 和 S_2 之间的区域内将因干涉而形成驻波。

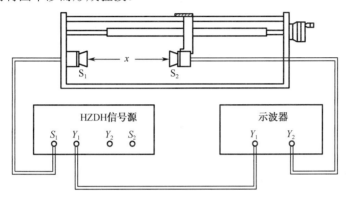

图 2　驻波法测声速实验装置图

设 x 方向入射波方程为

$$y_1 = A\cos\left(\omega t - \frac{2\pi}{\lambda}x\right)$$

反射波方程为

$$y_2 = A\cos\left(\omega t + \frac{2\pi}{\lambda}x\right)$$

入射波与反射波干涉，形成驻波，有

$$y = y_1 + y_2 = \left(2A\cos\frac{2\pi}{\lambda}x\right)\cos\omega t \tag{2}$$

当 $\left|\cos\dfrac{2\pi}{\lambda}x\right| = 1$ 时，在 $x = n \cdot \dfrac{\lambda}{2}$ $(n = 1, 2, \cdots)$ 位置上，振幅最大，称为波腹；

当 $\left|\cos\dfrac{2\pi}{\lambda}x\right| = 0$ 时，在 $x = (2n-1) \cdot \dfrac{\lambda}{4}$ $(n = 1, 2, \cdots)$ 位置上，振幅最小，称为波节。

因此，当 S_1 和 S_2 端面之间距离 x，恰好等于超声波半波长的整数倍时，即

$$x = n \cdot \frac{\lambda}{2} \quad (n = 1, 2, \cdots) \tag{3}$$

在 S_1 和 S_2 之间的区域内，将因干涉而形成驻波。

对一个振动系统来说，当激励频率与系统固有频率相近时，系统将产生共振，此时振幅最大。本实验驻波场可看作一个振动系统，当信号发生器的激励频率等于驻波系统固有频率时，产生驻波共振，振幅达到极大值；当驻波系统偏离共振状态时，驻波的形状不稳定，振幅比极大值小得多。

由于波节两侧质点的振动反向，所以在纵波产生的驻波中，波节处介质的疏密变化最大，声压最大，当转变为电信号时，将会有幅值最大的电信号。本实验中 S_1 为波节，固定 S_1，

连续移动 S_2，增大 S_2 与 S_1 的间距 x，每当 x 满足式（3）时，示波器将显示出幅值最大的电压信号，记录这些波节（S_2）的坐标，则两个相邻波节之差即为半波长。

2．相位比较法

实验装置如图 2 所示，S_1 发出的超声信号经介质传播到达接收器 S_2，S_2 接收的信号与 S_1 发射的信号之间存在相位差 $\Delta\varphi = \dfrac{2\pi}{\lambda}x$。本实验中，把 S_1 发出的信号直接引入示波器的水平输入，并将 S_2 接收的信号引入示波器的垂直输入。这样，对于确定的间距 x，示波器上的图形由频率相同、振动方向相互垂直、相位差恒定的两个振动合成，从而形成李萨如图形。连续移动 S_2，增大 S_2 与 S_1 的间距 x，可使相位差变化，并依次满足 $\Delta\varphi = 0, \dfrac{\pi}{2}, \pi, \dfrac{3}{2}\pi, 2\pi, \cdots$ 相应地，示波器将依次显示如图 3 所示的图形。

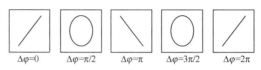

图 3　李萨如图形

因此，当相位差从 $\Delta\varphi = 0$ 变化到 $\Delta\varphi = \pi$ 时，李萨如图形从"/"变化到"\"，相应的间距 x 的改变量为 $\Delta x = \dfrac{\lambda}{2}$；同理，当相位差从 $\Delta\varphi = \pi$ 变化到 $\Delta\varphi = 2\pi$ 时，李萨如图形从"\"变化到"/"，相应的间距 x 的改变量也是 $\Delta x = \dfrac{\lambda}{2}$，由此测得波长。

【仪器介绍】

本实验采用 HZDH 声速测试系统，它由两个部分组成，分别为 HZDH 声速测试仪和 HZDH 综合声速测试仪信号源。

1．HZDH 声速测试仪

其外形结构图如图 4 所示。S_1 和 S_2 为压电陶瓷换能器，S_1 作为声波的发射器，它由信号源供给交流电信号，由逆压电效应发出平面超声波；而 S_2 则作为声波的接收器，由正压电效应将收到的声压转换为电信号，经过信号处理后，输入示波器。S_1 固定不动，S_2 可通过转动鼓轮在数显尺杆上移动，所在相对位置由数显表头读出。

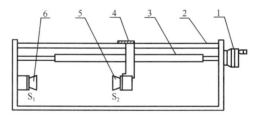

1—鼓轮；2—数显尺杆；3—螺杆；4—数显表头；5—发射器 S_2；6—接收器 S_1

图 4　HZDH 声速测试仪外形结构图

2．HZDH 综合声速测试仪信号源

其面板如图 5 所示。仪器可对发射的声波类型等进行选择。

调节旋钮的作用：连续波强度——用于调节输出信号的功率（输出电压）；接收增益——用于调节仪器内部的接收增益；频率调节——用于调节输出信号的频率。

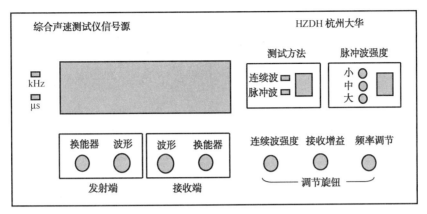

图 5 HZDH 综合声速测试仪信号源面板

【实验内容】

1. 仪器调整

（1）按图 2 连接声速测试仪、综合声速测试仪信号源和双踪示波器。开机预热 15 min，将测试方法选在"连续波"方式（默认），选定空气作为测试介质，示波器的 CH1 作为观察发射信号用，CH2 作为观察接收信号用。示波器先选择 A 方式工作；记录室温。

（2）调节信号频率，观察频率调节时接收电压 CH2 的幅度变化。在某一频率时电压幅度最大，该频率值就是测试系统的共振频率。改变 S_1 和 S_2 间距，重复调整，多次测定共振频率，取平均值为实验测试时的频率。

2. 共振干涉法测声速

调好数显尺的单位和零点，测试方法选为连续波方式，缓慢转动鼓轮调节 S_1 和 S_2 的间距，CH2 波形幅度会发生变化，记录下波形幅度最大时的位置坐标 L_i。

继续沿同一方向转动鼓轮调节距离，接收到的波形变小后再次达到最大时，记下此时的位置坐标 L_{i+1}，超声波的波长为 $\lambda = 2|L_{i+1} - L_i|$。可以多测一些位置，用最小二乘法处理数据。将结果填入表 1。

表 1 共振干涉法测声速 $t =$_____（℃）, $f =$_____（Hz）

次数	1	2	3	4	5	6	...
x_n（cm）							

3. 相位比较法测声速

将示波器的工作方式改为"X-Y"方式，并选择适当的偏转因数。

转动鼓轮调节距离，观察到波形为一适当角度的斜线时，记录此时的位置坐标 L_i。

再沿同一方向转动鼓轮调节距离，待观察到波形为另一不同角度的斜线时，再次记录此时的位置 L_{i+1}。

仍可用公式 $\lambda = 2|L_{i+1} - L_i|$ 计算波长，建议仍用最小二乘法处理数据。将结果填入表 2。

表 2 相位比较法测声速 $t =$_____（℃）, $f =$_____（Hz）

次　数	1	2	3	4	5	6	...
x_n（cm）							

4. 计算出室温条件下声速理论值

测量实验室的室温，测量大气压强，测量空气湿度，查出室温下水的饱和蒸汽压，计算出室温条件下声速理论值，并与实验值比较。

5. 计算不确定度

基于最小二乘法的拟合公式中，斜率的不确定度 $u(k)$ 可用 $u(k) = \sqrt{\left(\dfrac{1-r^2}{n-2}\right)} \cdot \dfrac{b}{r}$ 估计。

【注意事项】

1. 仪器使用中，应避免综合声速测试仪信号源的输出端短路。
2. 实验中，S_1 和 S_2 不能互相接触，否则会损坏压电换能器。
3. 螺旋来回转动会产生螺距间隙偏差，测量时应沿同一方向转动超声波测试仪鼓轮。

【思考题】

1. 为什么换能器要在谐振频率下进行声速测量？
2. 试比较两种测声速方法的优缺点。

【阅读材料】

超声波是一种频率高于 20 000 Hz 的声波。超声波的方向性好，穿透能力强，易于获得较集中的声能，在水中传播距离远，可用于测距、测速、清洗、焊接、碎石、杀菌消毒等，在医学、军事、工业、农业上有很多的应用。超声波因其频率下限大于人的听觉上限而得名。

理论研究表明，在振幅相同的条件下，一个物体振动的能量与振动频率成正比，超声波在介质中传播时，介质质点振动的频率很高，因而能量很大。在中国北方干燥的冬季，如果把超声波通入水罐中，剧烈的振动会使罐中的水破碎成许多小雾滴，再用小风扇把雾滴吹入室内，就可以增加室内空气湿度，这就是超声波加湿器的原理。如咽喉炎、气管炎等疾病，很难利用血流使药物到达患病的部位，利用加湿器的原理，把药液雾化，让病人吸入，能够提高疗效。利用超声波巨大的能量还可以使人体内的结石做剧烈的受迫振动而破碎，从而减缓病痛，达到治愈的目的。超声波在医学方面的应用非常广泛，B 型超声波仪器如图 6 所示。

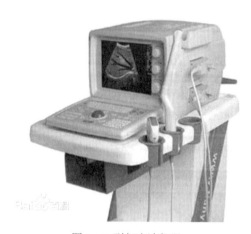

图 6　B 型超声波仪器

超声效应已广泛用于实际，主要有如下几方面：

1. 超声检验

超声波的波长比一般声波要短，具有较好的方向性，而且能透过不透明物质，这一特性已被广泛用于超声波探伤、测厚、测距、遥控和超声成像技术。超声成像是利用超声波呈现不透明物内部形象的技术。把从换能器发出的超声波经声透镜聚焦在不透明试样上，从试样透出的超声波携带了被照部位的信息（如对声波的反射、吸收和散射的能力），经声透镜汇聚在压电接收器上，所得电信号输入放大器，利用扫描系统可把不透明试样的形象显示在荧光屏上。上述装置称为超声显微镜。超声成像技术已在医疗检查方面获得普遍应用，在微电子器件制造业中用来对大规模集成电路进行检查，在材料科学中用来显示合金中不同组分的区域和晶粒间界等。超声全息术是利用超声波的干涉原理记录和重现不透明物的立体图像的声成像技术，其原理与光波的全息术基本相同，只是记录手段不同而已。用同一超声信号源激励两个放置在液体中的换能器，它们分别发射两束相干的超声波：一束透过被研究的物体后成为物波，另一束作为参考波。物波和参考波在液面上相干叠加形成声全息图，用激光束照射声全息图，利用激光在声全息图上反射时产生的衍射效应而获得物的重现像，通常用摄像机和电视机进行实时观察。

2. 超声处理

利用超声的机械作用、空化作用、热效应和化学效应，可进行超声焊接、钻孔、固体的粉碎、乳化、脱气、除尘、去锅垢、清洗、灭菌、促进化学反应和进行生物学研究等，在工矿业、农业、医疗等各个部门获得了广泛应用。

超声治疗学是超声医学的重要组成部分。超声治疗时将超声波能量作用于人体病变部位，以达到治疗疾患和促进机体康复的目的。

在全球，超声波广泛运用于诊断学、治疗学、工程学、生物学等领域。

3. 超声除螨

科研人员发现，螨虫的听觉神经系统很脆弱，对特定频率的超声非常敏感，针对螨虫的这种生理特性，已有科技公司的研究人员开发出了超声波除螨仪。这种新型的除螨产品采用现代微电子技术手段，直接用特殊频率的超声作用于螨虫的听觉神经系统，使其生理系统紊乱，烦躁不安，食欲不振，最终奄奄一息逐渐死亡。采用这种原理的除螨产品不用添加任何化学药剂，无毒无二次污染，对人体和家中宠物都没有伤害，是比较理想的除螨产品。

4. 超声除油

将沾有油污的制件放在除油液中，使其处于一定频率的超声波场作用下的除油过程，称为超声波除油。引入超声波可以强化除油过程、缩短除油时间、提高除油质量、降低化学药品的消耗量。尤其对复杂外形零件、小型精密零件、表面有难除污物的零件及绝缘材料制成的零件有显著的除油效果，可以省去费时的手工劳动，防止零件的损伤。

超声波除油的效果与零件的形状、尺寸、表面油污性质、溶液成分、零件的放置位置等有关，因此，最佳的超声波除油工艺要通过试验确定。超声波除油所用的频率一般为30 kHz左右。零件小时，采用高一些的频率；零件大时，采用较低的频率。超声波是直线传播的，难以达到被遮蔽的部分，因此应该使零件在除油槽内旋转或翻动，以使其表面上各个部位都能得到超声波的辐照，得到较好的除油效果。另外超声波除油溶液的浓度和温度要比相应的化学除油和电化学除油溶液的低，以免影响超声波的传播，也可减少金属材料表面的腐蚀。

【参考文献】

[1] 杨述武，赵立竹，沈国土. 普通物理实验[M]. 4版. 北京：高等教育出版社，2007

[2] 吴泳华，霍剑青，浦其荣. 大学物理实验（第1册）[M]. 2版. 北京：高等教育出版社，2005

[3] 江南大学理学院物理实验组. 大学物理实验[M]. 无锡：江南大学出版社，2006

[4] 曾贻伟，龚德纯，王书颖. 普通物理实验教程[M]. 北京：北京师范大学出版社，1989

[5] 李寿松，苏平，王晓耕，等. 物理实验教程[M]. 北京：高等教育出版社，1997

[6] 周殿清. 大学物理实验[M]. 武汉：武汉大学出版社，2002

[7] 赵家凤. 大学物理实验[M]. 北京：科学出版社. 2004：161-166

[8] 潘人培. 物理实验[M]. 南京：东南大学出版社. 1990：234-242

实验十九　　多普勒效应的研究及声速的多途径测量

多普勒效应是波源（机械波、声波、光波和电磁波）和观察者有相对运动时，观察者接收到波的频率与波源发出的频率不相同的现象。多普勒效应在核物理，天文学、工程技术，交通管理，医疗诊断等方面有十分广泛的应用，如用于卫星测速、光谱仪、多普勒雷达、多普勒彩色超声诊断仪等。

【实验目的】

1．加深对多普勒效应的理解。

2．掌握多普勒效应测量声速的原理。

3．测量空气中声音的传播速度及物体的运动速度。

【实验仪器】

多普勒效应及声速实验仪、智能运动控制系统及测试架、示波器。

【实验原理】

1．声波的多普勒效应

设声源在原点，其振动频率为 f，接收点在 x 处，振动和传播都在 x 方向。对于三维情况，处理稍复杂一点，其结果相似。声源、接收器和传播介质不动时，在 x 方向传播的声波的数学表达式为

$$p = p_0 \cos\left(\omega t - \frac{\omega}{c_0} x\right) \tag{1}$$

① 声源运动速度为 V_s，介质和接收点不动。设声速为 c_0，在时刻 t，声源移动的距离为

$$V_s(t - x/c_0)$$

因而声源实际的距离为

$$x = x_0 - V_s(t - x/c_0)$$

所以 　　　　　　　　　$$x = (x_0 - V_s t) / (1 - M_s) \tag{2}$$

其中，$M_s = V_s / c_0$ 为声源运动的马赫数，声源向接收点运动时 V_s（或 M_s）为正，反之为负，将式（2）代入式（1），有

$$p = p_0 \cos\left\{\frac{\omega}{1 - M_s}\left(t - \frac{x_0}{c_0}\right)\right\}$$

可见接收器接收到的频率变为原来的 $\dfrac{1}{1 - M_s}$，即

$$f_S = \frac{f}{1 - M_S} \qquad (3)$$

② 声源、介质不动，接收器运动速度为 V_r，同理可得接收器接收到的频率：

$$f_r = (1 + M_r)f = \left(1 + \frac{V_r}{c_0}\right)f \qquad (4)$$

其中，$M_r = \dfrac{V_r}{c_0}$ 为接收器运动的马赫数，接收点向着声源运动时 V_r（或 M_r）为正，反之为负。

③ 介质不动，声源运动速度为 V_S，接收器运动速度为 V_r，可得接收器接收到的频率：

$$f_{rs} = \frac{1 + M_r}{1 - M_S} f \qquad (5)$$

④ 介质运动，设介质运动速度为 V_m，得

$$x = x_0 - V_m t$$

根据式（1）可得：

$$p = p_0 \cos\left\{(1 + M_m)\omega t - \frac{\omega}{c_0} x_0\right\} \qquad (6)$$

其中，$M_m = V_m / c_0$ 为介质运动的马赫数。介质向着接收点运动时 V_m（或 M_m）为正，反之为负。

可见若声源和接收器不动，则接收器接收到的频率：

$$f_m = (1 + M_m)f \qquad (7)$$

可以看出，若声源和介质一起运动，则频率不变。

为了简单起见，本实验只研究第 2 种情况：声源、介质不动，接收器运动速度为 V_r。根据式（4）可知，改变 V_r 就可得到不同的 f_r 以及不同的 $\Delta f = f_r - f$，从而验证了多普勒效应。另外，若已知 V_r、f，并测出 f_r，则可算出声速 c_0，可将用多普勒频移测得的声速值与用时差法、驻波法测得的声速比较。若将仪器的超声换能器用作速度传感器，就可用多普勒效应来研究物体的运动状态。空气中温度与声速关系式为 $c_0 = 331.45\sqrt{1 + t / 273.16}$。

2. 声速的几种测量原理

（1）时差法测量原理

连续波经脉冲调制后由发射器发射至被测介质中，声波在介质中传播，如图 1 所示。经过时间 t 后，到达距离 L 处的接收器。由运动定律可知，声波在介质中传播的速度可由以下公式求出：$V = L / t$。

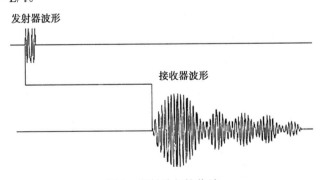

图 1　发射波与接收波

通过测量两个换能器发射接收平面之间的距离 L 和时间 t，就可以计算出当前介质下的声波传播速度。

（2）共振干涉法（驻波法）测量声速

假设在无限声场中，仅有一个点声源换能器 S_1（发射器）和一个接收平面 S_2（接收器）。当点声源发出声波后，在此声场中只有一个反射面（即接收器平面），并且只产生一次反射。

在上述假设条件下，发射波 $\xi_1=A_1\cos(\omega t+2\pi x/\lambda)$。在 S_2 处产生反射，反射波 $\xi_2=A_2\cos(\omega t-2\pi x/\lambda)$，信号相位与 ξ_1 相反，幅度 $A_2<A_1$。ξ_1 与 ξ_2 在反射平面相交叠加，合成波束 ξ_3，有

$$\xi_3=\xi_1+\xi_2=A_1\cos(\omega t+2\pi x/\lambda) + A_2\cos(\omega t-2\pi x/\lambda)$$
$$= A_1\cos(\omega t+2\pi x/\lambda) +A_1\cos(\omega t-2\pi x/\lambda)+(A_2-A_1)\cos(\omega t-2\pi x/\lambda)$$
$$=2A_1\cos(2\pi x/\lambda)\cos\omega t+(A_2-A_1)\cos(\omega t-2\pi x/\lambda)$$

由此可见，合成后的波束 ξ_3，在幅度上具有随 $\cos(2\pi x/\lambda)$ 呈周期性变化的特性，在相位上，具有随 $(2\pi x/\lambda)$ 呈周期性变化的特性。另外，由于反射波幅度小于发射波，合成波的幅度即使在波节处也不为 0，而是按 $(A_2-A_1)\cos(\omega t-2\pi x/\lambda)$ 变化。如图 2 所示，波形显示了叠加后的声波幅度，随距离按 $\cos(2\pi x/\lambda)$ 变化的特征。

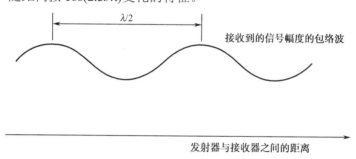

图 2　换能器间距与合成幅度

实验装置如图 3 所示，图中 1 和 2 为压电陶瓷换能器。其测量方法参见实验十八中的共振干涉法（驻波法）。

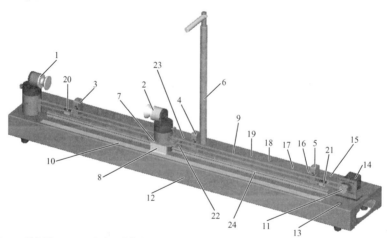

1—发射器；2—接收器；3、5—左右限位保护光电门；4—测速光电门；6—接收线支撑杆；7—小车；8—游标；9—同步带；10—标尺；11—滚花帽；12—底座；13—复位开关；14—步进电机；15—电机开关；16—电机控制；17—限位；18—光电门Ⅱ；19—光电门Ⅰ；20—左行程开关；21—右行程开关；22—行程撞块；23—挡光板；24—运动导轨

图 3　运动系统结构示意图

（3）相位法测量原理

它的测量原理和方法参见实验十八中的相位比较法。

【实验内容】

本实验采用 DH-DPL-1 多普勒效应实验仪，该装置超声发射器固定于导轨一端，接收器安装在由步进电机控制的小车上，可以在接收与发射器连线方向上做匀速直线运动。运动速度最高可达 47 cm/s。在靠近导轨两端处有限位开关，用于防止小车运动时出现过冲。在导轨中段有一光电门，可用于检测固定在小车上的 U 型挡光片的速度，从而与利用超声多普勒方法测到的小车运动速度对比，验证多普勒效应公式。

1. 验证多普勒效应

（1）调节并设置源频率，将系统设置为"瞬时测量"状态，确保小车在两限位光电门之间后，开启智能运动控制系统电源，设置匀速运动的速度，使小车运动，测量完毕后，可得到过光电门时的信号频率、多普勒频移及小车运动速度。

（2）改变小车速度，反复多次测量，可画出 $\bar{f}-\bar{v}$ 或 $\Delta\bar{f}-\bar{v}$ 关系曲线。改变小车的运动方向，再改变小车速度，反复多次测量，画出 $\bar{f}-\bar{v}$ 或 $\Delta\bar{f}-\bar{v}$ 关系曲线。

（3）将系统设置为"动态测量"状态，记下不同速度时换能器的接收频率变化值。改变小车速度，反复多次测量，可画出 $\bar{f}-\bar{v}$ 或 $\Delta\bar{f}-\bar{v}$ 关系曲线。改变小车的运动方向，再改变小车速度，反复多次测量，画出 $\bar{f}-\bar{v}$ 或 $\Delta\bar{f}-\bar{v}$ 关系曲线。

注意：动态测量可更直观地验证多普勒效应，但仅限于小车运动速度较低时。

2. 研究物体的运动状态

将超声换能器用作速度传感器，可进行匀速直线运动、匀加（减）速直线运动、简谐振动等实验。这时应进入"变速运动实验"，设置好采样点数、采样步距后，选择"开始测量"，测量完后显示出结果。

注意：除了用智能运动系统控制的小车，还可换用手动小车，这时注意应该推动小车系统的底部使小车运动，并且不能用力过大、过猛。

3. 用多普勒效应测声速

测量步骤和 1 相同，只是选择"动态测量"或"瞬时测量"，小车运动速度由智能运动控制系统确定，频率由"动态测量"或"瞬时测量"确定，因而可由式（1）～式（4）求出声速 c_0。进行多次测量后，求出声速的平均值，并与由时差法测出的声速比较。

4. 用时差法测量空气中的声速

进入"时差法测声速"界面，这时超声发射器发出 75 μs 宽（填充 3 个脉冲），周期为 30 ms 的脉冲波。在直射方式下，接收器接收直达波，这时显示一个 Δt 值 Δt_1；用步进电机或用手移动小车（注意：手动移动小车时，最好通过转动步进电机上的鼓轮使小车缓慢移动，以减小实验误差），或改变反射面的位置，再得到一个 Δt 值 Δt_2，从而算出声速值 c_0，其中 $\triangle x$ 为小车移动的距离（可以直接从标尺上读出或参考控制器中显示的距离）。

5. 用驻波法、相位法测量空气中的声速

进入"多普勒效应实验"界面，设置源频率，同时用示波器观察波形，使接收波幅达到最大值。通过转动步进电机上的鼓轮使小车缓慢移动来改变换能器的位置。用驻波法及相位法测量声速，并与其他方法测得的声速对比。

6. 设计性实验：用多普勒效应测量运动物体的未知速度

设计一个用多普勒效应测量运动物体的未知速度的实验方案，给出原理、步骤和结果等。

实验二十　*RLC* 串联电路的暂态过程研究

【实验目的】

1. 观察 *RC*、*RL* 和 *RLC* 电路的暂态过程，加深对电容、电感特性的认识。
2. 加深对时间常数 RC、L/R 及 $2L/R$ 的理解，进一步巩固对阻尼振动规律的认识。
3. 熟悉存储示波器的使用方法。

【实验仪器及器材】

电感、电容箱、电阻箱、函数信号发生器、数字存储示波器、导线等。

【实验原理】

RC、*RL* 和 *RLC* 电路在接通或断开电源的短暂时间内，从一个平衡态转变到另一个平衡态，这个转变过程称为暂态过程。暂态过程一般很短，但在其过程中出现的某些现象有时却非常重要；在电子电路中，暂态过程有很多重要应用。

1. *RC* 电路的暂态过程

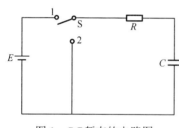

图 1　*RC* 暂态的电路图

电路如图 1 所示，电键 S 合向"2"时，电路已处于稳态。将电键 S 从"2"合向"1"时，直流电源 E 通过电阻 R 向电容 C 充电。电路方程为

$$RC\frac{\mathrm{d}u_C}{\mathrm{d}t}+u_C=E \qquad (1)$$

初始条件为 $t=0$ 时，$u_C=0$。满足初始条件的方程（1）的解为

$$\begin{cases} u_C = E(1-\mathrm{e}^{-t/RC}) \\ u_R = E\mathrm{e}^{-t/RC} \\ i = \dfrac{E}{R}\mathrm{e}^{-t/RC} \end{cases} \qquad (2)$$

电容充电的电路处于稳态后，将电键 S 从"1"合向"2"，电容 C 通过电阻 R 放电。电路方程为

$$RC\frac{\mathrm{d}u_C}{\mathrm{d}t}+u_C=0 \qquad (3)$$

其初始条件为 $t=0$ 时，$u_C=E$。满足这一初始条件的方程（3）的解为

$$\begin{cases} u_C = E\mathrm{e}^{-t/RC} \\ u_R = -E\mathrm{e}^{-t/RC} \\ i = -\dfrac{E}{R}\mathrm{e}^{-t/RC} \end{cases} \qquad (4)$$

由式（2）、式（4）两式可以看出，充电过程中，*RC* 电路中电容 C 所储存的电荷量不

能突变，因而电容两端的电压 u_C 也不能突变，而是按指数规律逐渐上升；电阻两端的电压 u_R 和电流 i 可以突变，它们按指数规律下降；而在放电过程中，u_C 和 $|i|$ 都按指数规律减小，i 的负号表示放电电流与充电电流方向相反。实验过程中，由于 u_R 和 i 是成正比的，因而可以通过 u_R 来观察 i 的变化。图 2 和图 3 分别表示在充放电过程中 u_C 和 u_R 随时间变化的曲线。

图 2　RC 电路充放电时 u_C 的变化

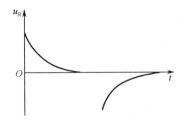

图 3　RC 电路充放电时 u_R 的变化

$\tau = RC$ 称为 RC 电路的时间常数，单位为秒，RC 越大，电容的充电和放电过程越缓慢。当 $t = \tau = RC$ 时，充电时 $u_C = E(1 - \mathrm{e}^{-1}) = 0.632E$，放电时 $u_C = E\mathrm{e}^{-1} = 0.368E$。根据这一特性，由 u_C 的变化测得 τ，如果已知电阻 R，就可以测出电容 C。当放电时 u_C 由 E 减小到 $E/2$，相应的时间称为半衰期 $\dfrac{T}{2}$，$\dfrac{T}{2} = RC\ln 2 = 0.693RC$。

2. RL 电路的暂态过程

电路如图 4 所示，当电键 S 合向"1"时，电路中将有电流流过，但由于电路中有电感 L，使得电流不能产生突变；而电感两端的电压能够突变。电流 i 的增长会有一个过程。同样，当电键 S 从"1"扳向"2"时，电流 i 也不会突然降到零，而只能逐渐消失。在电流增长过程中，电路方程为

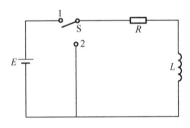

图 4　RC 暂态的电路图

$$L\frac{\mathrm{d}i}{\mathrm{d}t} + iR = E \qquad (5)$$

初始条件为：当 $t = 0$ 时，$i = 0$。满足这一初始条件的方程（5）的解为

$$\begin{cases} u_L = E\mathrm{e}^{-Rt/L} \\ i = \dfrac{E}{R}(1 - \mathrm{e}^{-Rt/L}) \\ u_R = E(1 - \mathrm{e}^{-Rt/L}) \end{cases} \qquad (6)$$

在电流消失过程中，电路方程为

$$L\frac{\mathrm{d}i}{\mathrm{d}t} + iR = 0 \qquad (7)$$

其初始条件为：当 $t = 0$ 时，$i = \dfrac{E}{R}$。满足这一初始条件的方程（7）的解为

$$\begin{cases} u_L = -E\mathrm{e}^{-Rt/L} \\ i = \dfrac{E}{R}\mathrm{e}^{-Rt/L} \\ u_R = E\mathrm{e}^{-Rt/L} \end{cases} \qquad (8)$$

式中，$\dfrac{L}{R}=\tau$ 称为 RL 电路的时间常数，L 越大，R 越小，则时间常数越大。电流或电压的变化快慢与 τ 值有关。电流增长过程中，当 $t=\tau$ 时，$i(\tau)=\dfrac{E}{R}(1-\mathrm{e}^{-1})$，$\tau$ 等于从 0 增加到稳定值的 63.2% 所需要的时间。其中 u_L 为电感上的电压，u_R 为电阻上的电压。RL 电路在阶跃电压作用下，电流不能突变，电流滞后一段时间才趋于稳定值，滞后的时间与时间常数 τ 有关。和 RC 电路相似，当电流增长过程中，u_R 由 E 减小到 $E/2$ 时，相应的时间称为半衰期 $\dfrac{T}{2}$，$\dfrac{T}{2}=\dfrac{L}{R}\ln 2=0.693\dfrac{L}{R}$。

3. RLC 串联电路的暂态过程

电路如图 5 所示，电键合到"1"为充电情况，合到"2"为放电情况。放电时的电路方程为

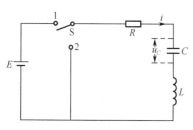

$$L\frac{\mathrm{d}i}{\mathrm{d}t}+Ri+u_C=0$$

将 $i=C\dfrac{\mathrm{d}u_C}{\mathrm{d}t}$ 代入，整理得出

$$\frac{\mathrm{d}^2u_C}{\mathrm{d}t^2}+\frac{R}{L}\frac{\mathrm{d}u_C}{\mathrm{d}t}+\frac{1}{LC}u_C=0 \tag{9}$$

图 5　RLC 暂态电路

放电过程的初始条件为：当 $t=0$ 时，$u_C=E$，$\dfrac{\mathrm{d}u_C}{\mathrm{d}t}=0$。

方程的解可分为以下三种情况：

① 当 $R^2<\dfrac{4L}{C}$ 时，即阻尼较小时，方程的解为

$$u_C=\sqrt{\frac{4L}{4L-R^2C}}E\mathrm{e}^{-\frac{t}{\tau}}\cos(\omega t+\varphi) \tag{10}$$

式（10）表明 u_C 的振幅按指数规律衰减；其中 $\tau=\dfrac{2L}{R}$ 为阻尼振荡的时间常数，它决定了振幅衰减的快慢；它是振荡振幅衰减到起始振幅的 $\dfrac{1}{\mathrm{e}}$ 所经过的时间；R 越大，τ 越小，振荡衰减越快。衰减振动的圆频率为

$$\omega=\frac{1}{\sqrt{LC}}\sqrt{1-\frac{R^2C}{4L}} \tag{11}$$

u_C 随时间阻尼振荡的情况如图 6 曲线 1 所示，振动的振幅按指数规律衰减。

令 $A=\sqrt{\dfrac{4L}{4L-R^2C}}E$，放电过程中电容两端的电压可由式（10）简化为

$$u_C=A\mathrm{e}^{-\frac{t}{\tau}}\cos(\omega t+\varphi) \tag{12}$$

当 $\cos(\omega t+\varphi)=\pm 1$ 时，即 $\omega t+\varphi=n\pi$（n 是整数）时，式（12）可写为

$$u_C=A\mathrm{e}^{-\frac{t}{\tau}}$$

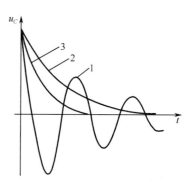

1—阻尼振荡状态；2—过阻尼状态；3—临界阻尼状态

图 6　放电过程三种阻尼状态的波形

两端取自然对数得
$$\ln u_C = \ln A + \left(-\frac{1}{\tau}\right)t \tag{13}$$

测出 6～10 组 (t, u_C) 的值，可由线性回归的方法求出 $\ln u_C - t$ 直线的斜率和截距，得出时间常数 τ 的值，与理论值 $\tau = \dfrac{2L}{R}$ 进行比较。

如果电阻为零，就会发生 LC 电路的自由振荡。当 $R^2 \ll \dfrac{4L}{C}$ 时，由式（11）可得阻尼振荡的周期为

$$T \approx T_0 = 2\pi\sqrt{LC} \tag{14}$$

其中，T_0 为 $R = 0$ 时，LC 回路的固有周期。

当电键 S 合在位置"2"电路已达到稳态时，回路电流为零，线圈的磁能 $W_L = \dfrac{1}{2}Li^2 = 0$，而电容电压充到最高，电容内所储电能 $W_C = \dfrac{1}{2}Cu_C^2 = \dfrac{1}{2}CE^2$。当 S 从"1"合到"2"时，暂态过程开始，在 $t = 0 \sim \dfrac{T}{4}$ 的时间间隔内（其中 T 为振荡周期），电容放电形成电流，u_C 逐渐降低，i 逐渐加大，直至 u_C 为零，i 达到最大，电容所储的电能全部转化为磁能。在 $\dfrac{T}{4} \sim \dfrac{T}{2}$ 时间间隔内，由于线圈的电流不能突变，电流维持原来的方向给电容反向充电，i 逐渐减小直到零，直至 u_C 达到负最大。然后电容又开始放电，电流方向与原来相反。

因为电路中有电阻，在能量转换中会有一定的损失，因而振荡发生衰减，直到电磁能完全消耗掉，振荡停止。电阻 R 越大，衰减就越快；电阻大到一定程度，电容放电后就不会再向相反方向充电，u_C 会单调下降，使振荡完全停止。

② 当 $R^2 = \dfrac{4L}{C}$ 时，对应于临界阻尼状态，方程的解为

$$u_C = E\left(1 + \frac{t}{\tau}\right)e^{-\frac{t}{\tau}} \tag{15}$$

它是从阻尼振荡到过阻尼的分界点，是阻尼振荡刚刚不出现振荡的过渡状态。如图 6 中的曲线 3 所示。

③ 当 $R^2 > \dfrac{4L}{C}$ 时，对应过阻尼状态，方程的解为

$$u_C = \sqrt{\frac{4L}{R^2C - 4L}}Ee^{-\frac{t}{\tau}}\sinh(\beta t + \varphi) \tag{16}$$

其中，$\beta = \dfrac{1}{\sqrt{LC}}\sqrt{\dfrac{R^2C}{4L} - 1}$；$u_C$ 按指数规律，以时间常数 τ 衰减到零。这时的电阻 R 大于临界状态的电阻，电路不产生振荡。R 越大放电电流越小，因而衰减到零的过程越缓慢。如图 6 中的曲线 2 所示。

对于充电过程，即待电容放电完毕后，将电键 S 扳向位置"1"，电源 E 将对电容充电，电路方程变为

$$\frac{\mathrm{d}^2 u_C}{\mathrm{d}t^2} + \frac{R}{L}\frac{\mathrm{d}u_C}{\mathrm{d}t} + \frac{1}{LC}u_C = \frac{E}{LC} \tag{17}$$

初始条件为：当 $t = 0$ 时，$u_C = 0$，$\dfrac{\mathrm{d}u_C}{\mathrm{d}t} = 0$。与放电过程相似，它的解也有三种状态

$$\text{当 } R^2 < \frac{4L}{C} \text{ 时，} \quad u_C = E\left[1 - \sqrt{\frac{4L}{4L - R^2 C}}\, e^{-\frac{t}{\tau}}\cos(\omega t + \varphi)\right];$$

$$\text{当 } R^2 = \frac{4L}{C} \text{ 时，} \quad u_C = E\left[1 - \left(1 + \frac{t}{\tau}\right)e^{-\frac{t}{\tau}}\right];$$

$$\text{当 } R^2 > \frac{4L}{C} \text{ 时，} \quad u_C = E\left[1 - \sqrt{\frac{4L}{R^2 C - 4L}}\, e^{-\frac{t}{\tau}}\sinh(\beta t + \varphi)\right]。$$

不难看出，充电过程和放电过程很相似，只是最后趋向的平衡位置不同，其他结论都相同。

【实验内容】

1. 学习使用数字存储示波器

参看本实验的阅读材料和实验室提供的有关数字存储示波器的资料，先了解各旋钮和按键的功能，再用数字存储示波器观察函数发生器产生的不同频率、不同电压的正弦、方波、三角波波形。

2. RC 电路暂态过程的观测

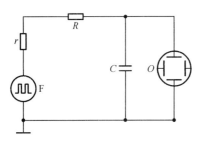

图 7　RC 暂态过程的电路

参照图 7 的电路，F 为函数发生器，用来产生方波（r 为函数发生器的内阻）；O 为示波器。在方波的一个周期内，在高电平的半个周期中相当于图 1 中电键 S 合向"1"端，以恒定电压 E 加在 RC 电路两端，这时电容充电；在低电平的半个周期内，输出电压降到零，相当于 S 合向"2"端，这时电容 C 经过电阻 R 放电。当产生的方波电压连续加到 RC 电路时，电路中将周期性地发生充放电过程。

（1）观测电容上的电压波形：方波信号频率取 500 Hz，使用示波器的一个通道观察函数发生器输出的方波波形，另一通道观察电容上的电压 u_C 的波形变化？注意两个通道的公共接地点要和函数发生器的接地点连在一起，以满足"共地"的要求。取不同的时间常数，描绘荧光屏上的波形，分析波形的差别。

（2）测量电容数值。调节方波的频率，使得其半周期远大于 RC 电路的时间常数 τ，根据当 $t = \tau = RC$ 时，充电时 $u_C = E(1 - e^{-1}) = 0.632E$，放电时 $u_C = E e^{-1} = 0.368E$ 的公式，由 u_C 测量时间常数 τ，电阻 R 作为已知（有时需要考虑函数发生器内阻），测定电容 C 的值。

（3）观察电流波形：观察并描绘不同的 R 和 C 值时的电流 i 的波形。此时可将图 7 中 R 和 C 的位置交换一下，测出的 u_R 的波形即电流波形。

3. RL 电路暂态过程的观测

电路可参照图 7 改接，将图中的电容换成电感。电感 $L = 10$ mH（自己从电感标牌上读取并记下电感的直流电阻 R_L）。观察并描绘不同 R 值时的电流波形。

4. RLC 电路暂态过程的观测

参照图 8 接线，用示波器观测电容 C 两端的电压。

（1）方波信号的频率调到 400 Hz，电容取 0.005 μF，调整电阻箱到适当的值，观测欠

阻尼状态，选一个欠阻尼振动的波形，用示波器的光标测量不少于 10 个周期的时间值，求出周期 T。

测出欠阻尼振荡放电过程，满足 $\cos(\omega t + \varphi) = 1$（或 -1）时的 u_C 值和对应的 t 值，利用式（13）计算时间常数，并与理论值比较（注意电阻的值中应考虑电感的直流电阻 R_L 和函数发生器的内阻）。测量中应注意找准 t 轴的位置。

（2）观测临界阻尼和过阻尼状态，保持方波频率和电容 C 的值不变，将电阻的值由小变大过程中，会从欠阻尼振荡过渡到临界阻尼状态，继续增大电阻，便出现过阻尼状态。记下临界阻尼时的电阻值。

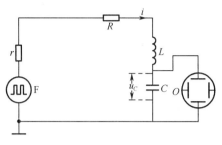

图 8　RLC 暂态过程电路

【阅读材料】

数字存储示波器简介

数字存储示波器（简称数字示波器或示波器）由于能够对波形进行数字化测量、采集，因而它很容易实现对信号的存储。数字示波器要改善带宽只需要提高 A/D 转换器的性能，所以它的带宽很容易超过模拟示波器。数字示波器容易实现各种智能化测量，又使测量精度大大提高，测量功能和内容得到拓展。因而数字示波器的发展受到广大使用者的欢迎。

数字示波器由信号放大电路、高速 A/D 转换电路、微处理器、存储器和液晶显示器组成。

下面简要介绍 Tektronix 公司 TDS1002 型数字存储示波器的屏幕显示和主要面板按键、旋钮的功能。

1. 屏幕说明

TDS1002 数字存储示波器的显示屏信息如图 9 所示，可以分为显示区、状态行、菜单-信息栏和选择键四部分。

显示区：在屏幕框线内的部分，垂直±4 格（Div），水平±5 格（Div）；

菜单-信息栏：在屏幕框线右侧，为一列，指示菜单项目及有关信号信息；

选择键：在屏幕右侧之外，一列共有五个选择键，用于选择菜单和测量内容；

状态行：在屏幕框线的上部和下部。

状态行中各个图形和数字的含义分别说明如下（下面括号中的序号与图上的序号相对照）：

（1）用图标显示采集模式。

为取样模式；为峰值检测模式；为平均模式。

（2）触发状态显示。

已配备，示波器正在采集与触发数据。在这一状态下，忽略其他触发信号。

准备就绪，示波器已采集所有预触发数据，并准备接受触发。

已触发，示波器正在采集触发后的数据。

停止。示波器已停止采集波形数据。

采集完成。示波器已完成一个单脉冲的采集。

自动。示波器处于自动模式，并在无触发状态下采集数据。

□扫描。示波器在扫描模式下，连续采集并显示波形。

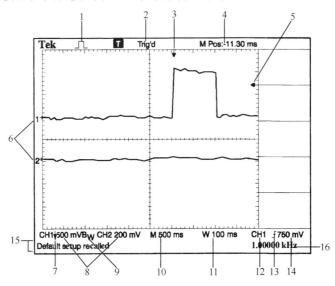

图 9　TDS1002 数字存储示波器显示屏信息

（3）利用这一箭头标记显示水平触发位置。旋转"水平位置"旋钮可以调整这一标记的位置。

（4）这一读数显示中心刻度的时间（以触发时间作为时间的零点）。

（5）用这一水平方向的箭头显示触发电平。

（6）用这两个水平箭头分别显示"1""2"两个通道的接地电位。

（7）这一向下的箭头表示"1"通道的信号是反向的。

（8）用数字显示该通道的竖直偏转因数（图中的 CH1 为 500 mV/div，CH2 为 200 mV/div）。

（9）BW 图标表示该通道是限制带宽的。

（10）以读数显示扫描速率（如图中所示为 500 ms/div）。

（11）以读数显示扩展窗口的扫描时间。

（12）显示正在使用的触发源。

（13）利用图标显示类型：⌐表示上升沿触发，⌐表示下降沿触发。

（14）用读数显示触发电平。

（15）显示有用的信息，有些信息仅显示三秒钟。

（16）用读数显示触发频率。

2. 面板上的按键、旋钮和它们的主要功能

TDS1002 数字存储示波器的面板如图 10 所示。面板上旋钮的功能和用法与模拟示波器类似。与模拟示波器不同的是，它有两种按键，一种是菜单键，按一下，弹出菜单，显示于屏幕右侧菜单栏中；与之相配合的还有菜单选择键（图 10 中的 33、34、35、36、37 键）；另一种是即时作用键，按一下，就产生动作，不用与菜单键配合使用。下面对各主要按键和旋钮的功能和使用方法进行简单介绍，小括号中的序号与图 10 中的序号对应。

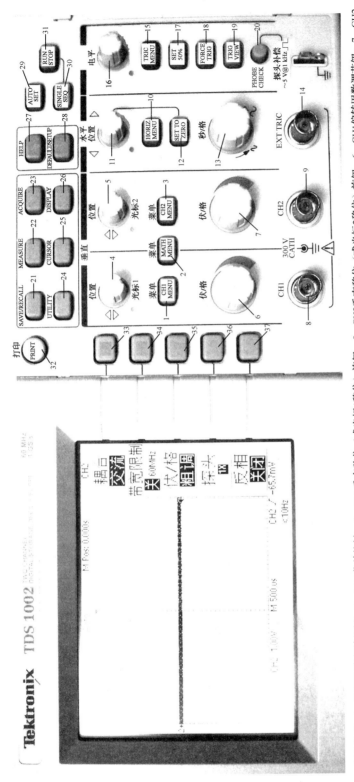

图10 TDS1002示波器面板图

1—CH1菜单按键；2—数字计算菜单按键；3—CH2菜单按键；4—CH1垂直移位（或光标1移位）旋钮；5—CH2垂直移位（或光标2移位）旋钮；6—CH1偏转因数调节组；7—CH2偏转因数调节组；8—CH1输入端；9—CH2输入端；10—水平方向菜单按键；11—水平移位按键；12—设置为零按键；13—扫描速率调节组；14—外触发输入端；15—触发菜单按键；16—触发电平调节组；17—设置为50%按键；18—强制触发按键；19—触发视图按键；20—探头调出菜单；21—存储调出菜单；22—测量菜单；23—采集菜单；24—辅助功能菜单；25—光标菜单；26—显示菜单；27—帮助菜单；28—默认设置；29—自动设置；30—单次序列；31—运行/停止；32—打印；33、34、35、36、37—菜单选择键（共五个）

1）垂直控制

（1）、（3）[CH1 MENU]、[CH2 MENU]分别为通道 1 和通道 2 的菜单按键。按下通道 1（或通道 2）菜单按键，弹出通道 1（或通道 2）的菜单，用选择键设置通道模式或参数：①耦合，直流/交流/接地（循环显示，用选择键选定）；②带宽限制，开 20MHz/关 60MHz；③偏转因数——伏/格，粗调/细调（选中粗调时旋转"伏/格"旋钮，只能进行粗调；选中细调时该旋钮只能进行细调）；④探头，衰减比率有四种，1×/10×/100×/1000×，所用探头衰减开关设置为"1×"时，将示波器带宽设置为 6 MHz，要使用 60 MHz 带宽时，应将开关设定为 10×；⑤反相，关闭/开启。

（2）[MATH MENU]为数学计算菜单按键。按下该按键。弹出数学计算菜单：可执行的操作为 FFT（快速傅里叶变换），CH1-CH2，CH2-CH1，CH1+CH2 等运算。

（4）、（5）为垂直移位旋钮。CH1 和 CH2 各有一个位置旋钮，分别旋转每一旋钮，可使 CH1 或 CH2 的扫迹垂直移位；当显示和使用光标时，相应的 LED 灯变亮，用光标手动测量时，用这两个旋钮来移动光标 1、光标 2 的位置。

（6）、（7）为偏转因数调节旋钮。用来对 CH1 或 CH2 的偏转因数（伏/格）进行粗调或微调（由[CH1 MENU]、[CH2 MENU]菜单的选项确定）。

（8）、（9）为 CH1、CH2 的输入端。

2）水平控制

（10）[HORIZ MENU]为水平方向菜单按键。按下该键，弹出水平菜单，用选择键设定时基模式，如主时基、视窗设定、视窗扩展、触发钮等。

（11）为水平位置旋钮，可调整所有通道和波形的水平位置。

（12）[SET TO ZERO]为设置为零按键。按下该键，将水平位置设置为零。

（13）为秒/格（扫描速率）调节钮，改变主时基或窗口时基的每格扫描时间。如"视窗"被激活时，旋转该调节钮可以改变窗口宽度。

3）触发控制

（14）EXT TRIG 为外触发输入端。

（15）[TRIG MENU]为触发菜单按键。按下该键，弹出触发菜单，用选择键可设触发类型：边沿/视频/脉冲，其中"边沿"类型最常用，选中"边沿"时，其他选项分别为：触发源，CH1/CH2/Ext/$\frac{1}{5}$Ext/市电，用选择键选择；斜率，上升/下降；触发方式，自动/正常；耦合方式，交流/直流/噪声抑制/高频抑制/低频抑制。

（16）触发电平调节钮，用来设置触发电平的高低，一般触发源信号的电平应高于触发电平才能触发。

（17）[SET 50%]为设为 50%按键。按下该键，自动将触发电平设置为触发信号峰值的 50%。

（18）[FORCE TRIG]为强制触发按键。不管触发信号是否适当，按下此键都能完成波形采集。对于"单个序列"采集和"正常"触发模式，此按键很有用。

（19）[TRIG VIEW]为触发视图按键。按住该键，可以使示波器显示经调节的触发信号，而不显示通道信号。

（20）PROBE CHECK 为探头检查按键，按下此键，可以验证探头连接和补偿是否正确，如补偿正确屏幕上显示规范的方波波形。

4）监测控制

（21）SAVE/RECALL 为存储/调出按键，按下该键，弹出相应的菜单，用选择键可以储存或调出示波器设置或波形。

（22）MEASURE 为测量菜单按键，按下此键，弹出测量菜单，利用选择键，可以选定通道 CH1 或 CH2，选择测量类型，如频率、周期、平均值、峰峰值、均方根值、最小值、最大值、上升时间、下降时间、正频宽、负频宽等。

（23）ACQUIRE 为采集菜单按键，按下此键，弹出采集菜单，用选择键设定采集模式或参数，如取样、峰值检测、平均值以及平均次数。

（24）UTILITY 为辅助功能菜单按键，按下此键，弹出辅助功能菜单：①可以查阅系统状态，如水平、垂直、触发、其他等；②选择/显示格式，显示格式包括一般和反相（反相时使原来屏幕上的黑线条变为白色，原来的白背景变为黑色）；③自校正；④故障记录；⑤设置语言（有 10 种语言可供选择）。

（25）CURSOR 为光标菜单按键，按下此键，显示光标和光标菜单：①测量类型：包括电压、时间和关闭三个选项；②信号源：CH1、CH2、Math 关闭等。旋转光标 1（位置 4）旋钮或光标 2（位置 5）旋钮，使光标移动到测量点时，在菜单下面显示出测量值。

（26）DISPLAY 为显示菜单按键，按下此键，弹出显示菜单。①类型：矢量/点。矢量设置将填充相邻取样点间的空白，点设置只显示取样点；②持续时间；③格式：YT 格式，横轴为时间轴；XY 格式，由 CH1 的电压确定 X 轴坐标，由 CH2 的电压确定 Y 轴坐标；④对比度增加；⑤对比度减少。

（27）HELP 为帮助菜单按键，按下此键，弹出帮助菜单，其主题涵盖了示波器的所有菜单选项和示波器的所有功能。

（28）DEFAULT/SETUP 为默认设置按键，按下此键，调出厂家的选项和默认设置，其中包括显示 YT 格式，水平方向为 500 微秒/格，测量信号源为 CH1 等。但并不是所有的设置都能恢复默认。

（29）AUTO SET 为自动设置按键，按下该键，自动设置示波器控制状态，使输入信号自动以最佳状态显示出来。

（30）SINGLE SEQ 为单次序列按键，按下该键，采集单个波形，然后停止。

（31）RUN STOP 为运行/停止按键，按下该键，连续采集并显示波形；再次按下该键，就停止采集，最后一组采集的数据波形显示停留在屏幕上。

（32）PRINT 为打印按键，按下该键，开始打印操作（需要有适当的附件）。

（33）、（34）、（35）、（36）和（37）均为菜单选择键，共五个，需与各菜单键配合使用，用以选择功能和参数。

数字示波器的功能很强大，需要设置的参数也很多。当然最简单的是用"AUTO SET"键进行自动设置，先显示出波形，再根据需要进行调整，改变参数设置，直到得到满意的波形。

【注意事项】

1．使用数字存储示波器时，注意和以前用过的模拟示波器进行比较，便于较快掌握使用方法和要领。例如，如何选用某一通道；怎样改变这一通道输入信号的耦合方式；怎样改变偏转因数（伏/格）的粗调和细调；怎样改变触发源、触发的耦合方式、上升沿和下降沿的选择，触发电平的调整和显示；如何利用光标进行测量等。

2．同时使用示波器的两个通道输入信号时，要注意接法，保持与信号源共"地"。

【思考题】

1．时间常数 τ 的物理意义是什么？写出 RC、RL 和 RLC 串联电路中 τ 的表达式。

2．在 RLC 串联电路的欠阻尼振荡时，分别改变 L 和 C 的值，对 u_C 的波形有什么影响？试解释其原因。

3．在 RLC 串联电路中，若信号源是直流电源，电动势为 E，问电容两端的电压 u_C 有无可能大于 E？为什么？

【参考文献】

[1] 吕斯骅，段家忯. 新编基础物理实验[M]. 北京：高等教育出版社，2006

[2] 周殿清. 大学物理实验[M]. 武汉：武汉大学出版社，2002

[3] 杨述武，赵立竹，沈国土. 普通物理实验[M]. 4 版. 北京：高等教育出版社，2009

[4] 方建兴，江美福，魏品良. 物理实验[M]. 苏州：苏州大学出版社，2002

[5] 曾贻伟，龚德纯，王书颖，等. 普通物理实验教程[M]. 北京：北京师范大学出版社，1989

[6] 林抒，龚镇雄. 普通物理实验[M]. 北京：人民教育出版社，1981

[7] 赵凯华. 电磁学[M]. 2 版. 北京：高等教育出版社，1985

[8] 梁灿彬，秦光戎，梁竹健. 电磁学[M]. 北京：高等教育出版社，1980

[9] Tektronix 公司. TDS1000 和 TDS2000 系列数字存储示波器用户手册[S]. 上海：Tektronix 公司

实验二十一　薄透镜焦距的测定

【实验目的】

1．学习透镜成像的基本原理和基本规律及薄透镜焦距的几种测量方法。

2．掌握简单光学系统的分析和调整原则及调整方法。

【实验仪器及器材】

光具座、凸透镜、凹透镜、物屏、光源灯、平面镜、毛玻璃、手电、长/短针、光阑等。

【实验原理】

透镜的厚度远比其球面半径小得多的透镜称为薄透镜。这时，可将它的两个主点视为与透镜的中心相重合。薄透镜是光学仪器中最基本的元件，焦距是反映透镜特性的一个重要参数。因此，掌握薄透镜的成像规律，学会分析光路的基本方法，能够准确测定薄透镜焦距是很重要的。

设薄透镜的主焦距为 f，物距为 u，对应的像距为 v，则透镜成像公式为

$$\frac{1}{v} - \frac{1}{u} = \frac{1}{f} \tag{1}$$

由此可得
$$f = \frac{uv}{u-v} \qquad (2)$$

在应用上式时，必须注意选择各物理量所适用的符号法则，我们采用这样的规定：光线自左向右传播，距离自原点（薄透镜光心）量起，向左为负，向右为正。已知量运算时，需添加符号，未知量则根据符号判断其物理意义。

测量透镜的焦距可以用以下几种方法。

1. 用物距像距法测量凸透镜的焦距

如图 1 所示，因为凸透镜可以得到实像，所以我们可以利用测定物距与像距直接由式（1）计算出 f，假如物体放在无限远处，对应的像距就是凸透镜的焦距，即此时 $v=f$。

2. 用自准直法测量凸透镜的焦距

根据光的可逆性原理测凸透镜焦距（平面镜法）。如图 2 所示，当物体 AB 放在凸透镜 L 的焦平面上时，物体上每一点发出的光线，经凸透镜折射后成为方向各不相同的平行光；如果在凸透镜后面放一个与凸透镜主轴垂直的平面反射镜 M，则光线经 M 反射后经过凸透镜，将形成一个与原物等大的倒立的实像 A′B′，且成像在凸透镜 L 的焦平面上。物体 AB 所在的平面与凸透镜 L 之间的距离，就是凸透镜 L 的焦距 f，这个方法利用调节实验装置本身使之产生平行光来达到调焦距的目的，所以称为自准直法。自准直法在光学仪器的调节中经常用到，如在分光计实验中对望远镜的调节时就会用到。

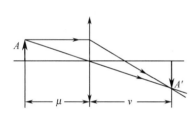

图 1　物距像距法测凸透镜焦距

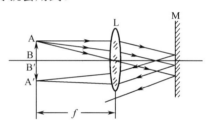

图 2　自准直法测凸透镜焦距

3. 位移法（共轭法）测量凸透镜的焦距

假如将物屏与像屏的相对位置保持不变，且使其距离 l 大于 $4f$，让凸透镜在物屏与像屏之间移动，总可以找到两个位置，在这两个位置，像屏上都可以得到清晰的像。

如图 3 所示，在位置 I，物体经凸透镜成倒立、放大的实像；而在位置 II，则成倒立、缩小的实像。物屏与像屏的距离为 L，凸透镜的两个位置 I 与 II 之间的距离为 l，凸透镜在位置 II 处与像屏之间的距离为 v_2，对于位置 I 而言，有 $u_1 = -(L-l-v_2)$，且 $v_1 = l+v_2$，将两者代入式（2），得

$$f = \frac{-(L-l-v_2) \cdot (l+v_2)}{-L} \qquad (3)$$

而对于位置 II 而言，有 $u_2 = -(L-v_2)$，则

$$f = \frac{-(L-v_2) \cdot v_2}{-L} \qquad (4)$$

由以上两式可以解出 $v_2 = \dfrac{L-l}{2}$，代入式（3）或式（4），可以得到

$$f = \frac{L^2 - l^2}{4L} \qquad (5)$$

量出 L 和 l，即可算出 f，这个方法的优点在于并不需要测出物距、像距，只要找出凸透镜两次成像的位置和物与像之间的距离，就可以算出 f。这种方法也称为两次成像法，或称为贝塞尔法。同时可以看出，因为凸透镜光心的位置不一定与其支座的读数标志线的位置重合，而位移法中所测的是凸透镜两次位置的相对位移。因此，用这种方法测出的焦距一般较为准确。

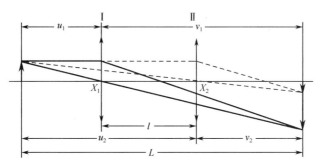

图 3　共轭法测凸透镜焦距

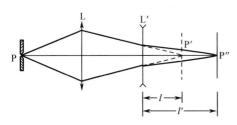

图 4　辅助透镜成像法测凹透镜焦距

4. 由辅助透镜成像法测量凹透镜的焦距

设物体 P 发出的光经辅助透镜 L 后成实像 P′，当加上待测焦距的发散透镜 L′后成实像 P″，则 P′和 P″相对于 L 来说是虚物体和实像，则 P′和 P″相对于待测发散透镜 L′来说是一对物像共轭点，分别量出 L′到 P′和 P″的距离，根据式（2）即可算出待测发散透镜 L′的焦距 f′，如图 4 所示。

5. 由焦平面到凹透镜的距离直接测定焦距

如图 5 所示，利用辅助凸透镜 L_1，使狭缝光源 S 发出的光，经 L_1 后成平行光线。而后平行光线投射于待测焦距的凹透镜 L 上，经折射后成虚像于焦点 F′上。若在 L 的后面放一辅助凸透镜 L_2，则又将成实像于 P 处。其结果和在凹透镜 L 的焦平面置一"实物"，经辅助透镜 L_2 所成的实像完全一样。依此原理，可从实验中定出 F′的位置，而 F′与 L 间的距离即为待测凹透镜 L 的焦距。

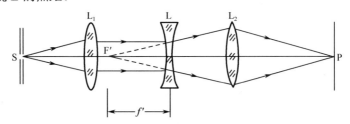

图 5　双辅助透镜成像法测凹透镜焦距

6. 视差法

"实物"通过凹透镜只能成虚像。为了测量其焦距，需要设法测出物距和虚像的像距，就可由式（2）算出焦距。

物距可由光具座上的数值读出，而虚像的位置难以确定。对着凹透镜观察时，只能看到虚像，但不知其确切位置，为此，我们采用视差法。先说说什么叫视差：假如有远近两个物体 B 和 A（如图 6 所示），我们在 A、B 连线的左边一点 O_1 观察时，看见 B 在 A 的左方，在右边一点 O_2 观察时，看见 B 又在 A 的右方了。就是说，离眼睛近的那个物体总是和眼睛移动的方向相反。这种物体位置的像位差异现象叫作位视差。当 A、B 重合时，无论从哪个角度都无视差，根据这点可知有无视差是检验两个物体（特别是物体与像）是否重合的好办法。例如，在凹透镜前插一根短针，测它所造成的虚像时，只要用另外一根长针插在凹透镜后面，首先使从凹透镜的边缘上看到长针与短针的像在同一直线上，然后眼睛略向左右两侧移动，假使看见长针也在像的左右移动，那么长针的位置与像不重合，移动长针前后的位置，直到看不见长针和像做相对的移动为止，这时，长针所标的位置就是短针的像的位置了，由此像距也就可以量出来了。

图 7 为用视差法测凹透镜焦距的光路图。

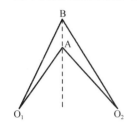

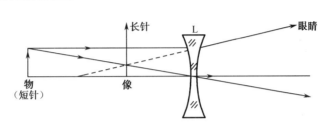

图 6　说明视差的示意图　　　　　图 7　用视差法测凹透镜焦距的光路图

7. 球面镜焦距的测量

球面反射镜（球面镜）是球面的一部分，其参数主要由曲率半径决定。沿着光轴从球中心到镜面顶点的距离称为曲率半径 R，焦点 F 位于光轴上距顶点的 $\dfrac{R}{2}$ 处，即 $f' = \dfrac{R}{2}$。

若反射面在球的内表面，称为凹面镜；凸面镜的反射面则为球的外表面。

球面镜不存在色差，在某些场合用来代替透镜更为方便。汽车的后视镜一般为凸面镜，平面镜也可视为 $R \to \infty$ 的球面镜：大口径的天文望远镜一般用反射镜而不用透镜。北京天文台的 2.16 m 望远镜的物镜就是一个重 2.2 t 的凹面镜。

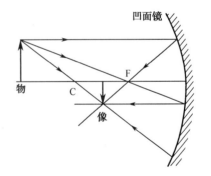

沿用前面提到的符号法则，面镜成像公式可写为

$$\frac{1}{f} = \frac{1}{u} + \frac{1}{v} \tag{6}$$

其中，u、v 分别为物距和像距，f 为焦距，如图 8 所示为凹面镜成缩小实像的情况。实验中可用物距和像距求焦距。

图 8　凹面镜成缩小实像的光路图

【实验内容】

1. 光具座上各元件的共轴调节

由于应用薄透镜成像公式时，需要满足近轴光线条件，因此必须使各光学元件调节到同轴，并使该轴与光具座的导轨平行，"共轴等高"调节分两步完成。

（1）目测粗调。把光源、物屏、凸透镜和像屏依次装好，先将它们靠拢，使各元件中心大致等高，并使物屏、凸透镜、像屏的平面互相平行。

（2）细调。利用共轭法调整，如图 9 所示，固定物屏和像屏的位置，使 $D > 4f$，在物屏与像屏间移动凸透镜，可得一大一小两次成像。若两个像的中心重合，即表示已经共轴；若不重合，可先在小像中心做一记号，调节凸透镜的高度使大像的中心与小像的中心重合。如此反复调节凸透镜高度，使大像的中心趋向小像中心（大像追小像），直至完全重合。

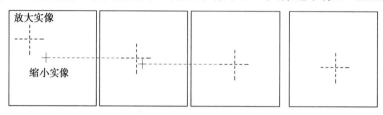

图 9　共轴调节示意图

2. 用物距像距法测量凸透镜的焦距

（1）在光具座上按图 1 依次放好光源、物屏、凸透镜和像屏。接通光源电源照亮物屏，调节使之共轴。

（2）调节物屏和凸透镜的位置，保证物距 $u>2f$，固定物屏和凸透镜，记录物屏和透镜的位置。

（3）移动像屏直到像屏获得清晰缩小的实像，记录像屏的位置。

（4）根据物屏、凸透镜和像屏的位置计算出物距、像距，填入表格。

（5）重复步骤（2）、（3）、（4），代入公式（2），求出凸透镜焦距的平均值和平均值的标准误差，写出测量结果。

3. 用自准直法测量凸透镜的焦距

（1）在光具座上按图 2 放置光源、物屏、凸透镜和平面镜，使各元件平面相互平行且与导轨垂直，打开光源照亮物屏。

（2）调整各元件的位置和高度使之共轴。

（3）沿导轨移动凸透镜直至物屏上出现一个等大的倒立的清晰实像。记录凸透镜和物屏的位置，计算出凸透镜的焦距 $f = X_2 - X_1$。

（4）重复步骤（1）、（3），测量五次，将数据记入表。

4. 位移法（共轭法）测量凸透镜的焦距

当物体与白屏的距离 L 大于 $4f$ 时，保持其相对位置不变，则凸透镜置于物体与像屏之间，可以找到两个位置，在像屏上都能看到清晰的像。

（1）用物屏代替平面镜，使各元件共轴。取物屏和像屏之间的距离 $L>4f$。固定和记录物屏和像屏位置，计算出 f 的数值。

（2）沿导轨移动凸透镜，使像屏上先后获得放大和缩小的清晰实像，读取先后两次成像时凸透镜的位置，计算出数值。

（3）将 L 和 l 的数值代入公式（5）中，计算出凸透镜的焦距 f。

（4）改变物屏和像屏之间的距离，重复上述步骤 5 次，将数据记入表格中，求出凸透镜焦距的平均值。

5. 由辅助透镜成像法测量凹透镜的焦距

（1）在光具座上按图 4 依次放置好光源、物屏、凸透镜、滑座（待装凹透镜）和像屏。

（2）打开光源照亮物屏，调整各元件共轴。

（3）调节物屏和凸透镜的位置，使其距离大于 $2f$，固定凸透镜和物屏，记录下他们的位置。

（4）移动像屏直至在像屏上出现清晰缩小的实像，记录此时像屏的位置。

（5）保持物屏和凸透镜位置不动。在凸透镜和像屏之间放入待测的凹透镜。调节其光轴位置使其与原系统共轴。

（6）移动像屏直至在像屏上获得清晰的实像。记下凹透镜和像屏的位置，算出物距和像距，代入公式 $f = \dfrac{l \cdot l'}{l - l'}$ 中计算出凹透镜的焦距。

（7）改变物屏和凸透镜之间的距离，重复步骤（3）、（4）、（5）、（6），测量 5 次，将数据记入表格中，求出凹透镜焦距的平均值。

6. 由焦平面到凹透镜的距离直接测定焦距

按图 5 所示，置物屏于辅助凸透镜 L_1 的焦点上，使由物屏发出的光线经透镜 L_1 后成平行光，再放入待测凹透镜 L，辅助凸透镜 L_2 及像屏 P，并注意调节使之共轴；然后改变 L、L_2 及 P 的位置，使屏上得到 S 的清晰像，记下 L 的位置，移开 L 及 L_1，只剩下透镜 L_2，将物屏 S 移到某一位置 F 时，屏上再度得到 S 的像，记下 F′的位置，F′与 L 之间的距离即为待测发散透镜 L 的焦距。

7. 视差法

图 7 为用视差法测凹透镜焦距的光路图。

（1）先用凹透镜使短针成一个虚像。

（2）在虚像附近（在物和凹透镜之间），插入一根长针，但应使长针和短针的像在一条直线上。

（3）前后移动长针，使之与短针的像重合（注意观察时应从发散透镜上方直接看长针，而短针的像要从凹透镜里看，使两者无视差）。

（4）记下透镜、物和像的位置，由物距、像距算出焦距。

8. 测凹面镜的焦距并观察其成像规律

（1）粗测：手持凹面镜对准远处的明亮物体，将一小纸片放在镜前，调整凹面的角度及其与纸片的距离，使之成清晰像于纸上，凹面顶点到纸片的距离即可近似视为焦距。

（2）用物距与像距求焦距：用透镜夹夹住凹面镜，在光具座上调整光路，使物屏与凹面镜的距离在两倍焦距之外，则可在一倍到两倍焦距之间得到一清晰实像；记录物、像、镜三者的位置，以计算物距和像距。调节物距，使凹面镜成一个放大约 2～3 倍的实像，并记录有关位置以计算 f。

（3）改变物体到凹面镜之间的距离，并用一纸屏在物体旁边接收，直到像清晰地成在物所在的平面上；记录数据进行计算，并说明其与凸透镜的自准直法有何异同点。继续改变物体到凹面镜之间的距离，观察其成像规律，还可手持凹面镜观察自己眼睛的放大的虚像。

【注意事项】

1. 光具座已调好水平，切勿随意拧动光具座的调水平螺母。

2. 在装拆透镜时，手只能拿透镜四周，若镜面不干净，只能用擦镜纸擦，以保护透镜，严防碰伤和摔坏。

3. 在实验中，要反复确定像的清晰位置，即对像距要进行多次测量，以减小由于像的清晰位置判断不准而造成的误差。

4. 测凹透镜焦距时，为减小误差，凹透镜物距取 5～7 cm，像距取 10～25 cm 较好。

5．在用物距像距法测量凹透镜焦距时，往往会出现 5 个计算结果相差很大的情况，在做这个实验时要注意以下三点，来避免出现上述错误：

（1）首先让凸透镜成一个缩小实像，因为成缩小实像时，像的位置容易确定，对于凹透镜来说，就是物的位置变化小，这样物距引起的误差就小。

（2）凹透镜离凸透镜成像的位置要尽量近一些，这样最终所成的像的位置也就近一些，并且成像也相对清晰。

（3）通过对公式的分析得知：物距越大，像距越大。因此在移动凹透镜时，尽量让凹透镜沿一个方向移动，则测量像距时有规律可循。

6．实验完毕，归整仪器。

7．在计算时要判断出物距、像距的符号。

【思考题】

1．辅助透镜成像法测量凹透镜的焦距时，对第一次凸透镜成像有什么要求？

2．为什么在测量透镜焦距的实验中要使用单色光源？

3．能否用自准直法测量凹透镜的焦距？画图验证你的观点。

4．讨论透镜成像规律：

（1）凸透镜成像时，当：①物距大于两倍焦距时；②物距等于两倍焦距时；③物距在一倍焦距与两倍焦距之间时；④物距小于焦距时；成像的结果分别是什么？

（2）凹透镜成像时：①实物成什么像，像在透镜的哪侧？②虚物如何获得，虚物的成像规律是什么？

5．如凸透镜的焦距大于光具座的长度，试设计一个实验，在光具座上能测出它的焦距。

6．为什么实物经凸透镜两次成像时，必须使物屏与像屏之间的距离 l 大于透镜焦距 f' 的 4 倍？（用公式证明）

7．借助于一个凸透镜，你能在光具座上用平面镜法测出凹透镜的焦距吗？试画出实验光路图。

8．试说明如何粗测凸透镜的焦距？

9．实验中为什么用毛玻璃（或白屏）观察实像？

图 10　冰透镜

10．试说明磨镜者公式 $f' = \dfrac{1}{(n_L - 1)\left(\dfrac{1}{r_1} - \dfrac{1}{r_2}\right)}$ 中各个物理

量的意义。

【阅读材料】

关于冰透镜（见图 10），早在我国西汉（公元前 206—23 年）《淮南万毕术》中就有记载："削冰令圆，举以向日，以艾承其影，则火生。"其后，西晋张华的《博物志》中也有类似记载。

冰遇阳光会熔化，冰透镜对着太阳却能聚光使艾绒着火，令人怀疑。清代科学家郑复光（1780—？）根据《淮南万毕术》的记载，亲自动手做过一些实验，完全证实冰透镜可以取火。他在"镜镜冷痴"中写道：将一只底部微凹的锡壶，内装沸水，用壶在冰面上旋转，可制成光滑的冰透镜，利用它聚集日光，可使纸点燃。

欧洲有关透镜的文字记载，最早出现在古希腊，在阿里斯托芬的戏剧云彩（公元前424年）中就提到了烧玻璃（一种凸透镜，可以汇聚太阳光来点火）。以《自然史》一书留名后世的古罗马作家、科学家普林尼（1923—1979年）的文字叙述中也表示罗马帝国知道烧玻璃，他与小普林尼和小瑟内卡（Seneca the Younger，公元前3—65年）都描述了充满了水的玻璃球有放大的功能。阿拉伯的数学家 Ibn Sahl 使用所知的史奈尔定律计算透镜的形状；Ibn al-Haitham（965—1038年）撰写了第一篇光学的论文，描述了透镜如何在人眼睛的视网膜上成像。最古老的人工制品是在美索不达米亚的尼尼微被挖掘出来的石英透镜，大约出现在公元前640年。

中国战国时期的《墨子》一书，叙述了透镜成像规律。《墨子·经下》及《墨子·经说下》的第二四、二五条，便分别叙述了凹透镜和凸透镜的成像规律。

最近在维京人的港口小镇 Fröjel，瑞典的哥特兰进行的挖掘工作，显示在11—12世纪已经能够制造水晶透镜，而且检视其品质可以与20世纪50年代的消球差透镜相比较，维京透镜可以聚集太阳光点燃火种。

眼镜大约在1280年的意大利被发明，之后透镜才被普遍利用。尼古拉斯·库沙则被认为是第一位将凹透镜用于治疗近视的人，时间是1451年。

恩斯特·阿贝1860年提出的阿贝正弦条件，描述了透镜或其他光学系统要能在离开光轴的区域上产生如同在光轴上一样清晰的影像所必须的条件。他改革了光学仪器，例如显微镜的设计，主导了光学仪器的研究与发展。

【参考文献】

[1] 杨述武，赵立竹，沈国土. 普通物理实验[M]. 4版. 北京：高等教育出版社，2009

[2] 吴泳华，霍剑青，浦其荣. 大学物理实验（第1册）[M]. 2版. 北京：高等教育出版社，2005

[3] 江南大学理学院物理实验组. 大学物理实验[M]. 无锡：江南大学出版社，2006

[4] 曾贻伟，龚德纯，王书颖. 普通物理实验教程[M]. 北京：北京师范大学出版社，1989

[5] 李寿松，苏平，王晓耕，等. 物理实验教程[M]. 北京：高等教育出版社，1997

[6] 周殿清. 大学物理实验[M]. 武汉：武汉大学出版社，2002

[7] 赵家凤. 大学物理实验[M]. 北京：科学出版社. 2004: 161-166

[8] 潘人培. 物理实验[M]. 南京：东南大学出版社. 1990: 234-242

[9] 毛英泰. 误差理论与精度分析[M]. 北京：国际工业出版社，1982

[10] 贺德麟. 物理学实验[M]. 北京：中国医药科技出版社，1999

实验二十二　分光计的调节及棱镜折射率的测定

分光计是精确测定光线偏转角的仪器，也称测角仪。使用分光计时必须经过一系列精细的调节才能得到准确的结果，它的调节技术是光学实验中的基本技术之一，必须正确掌握。

【实验目的】

1. 了解分光计的结构、作用和工作原理。
2. 学会正确使用和调节分光计。
3. 掌握测量棱镜角的方法。
4. 掌握测最小偏向角的方法，及测定棱镜对某波长的折射率的方法。

【实验仪器及器材】

分光计，三棱镜，低压汞灯，平面反射镜。

【实验原理与实验内容】

1. 分光计的调节

图 1 是本实验所用分光计的结构图。它主要由底座、望远镜、载物台、平行光管和读数圆盘五个部分组成。

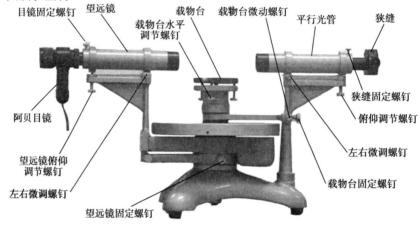

图 1 分光计结构图

测量前应调节分光计，达到以下要求：

（1）望远镜聚焦到无穷远，望远镜的光轴对准仪器的中心转轴并与中心转轴垂直。

（2）平行光管出射平行光，且光轴与望远镜的光轴共轴。

（3）待测光学元件的表面与中心转轴平行。

1）目测粗调

（1）平行光管水平对准汞灯，按图 2 方式放置仪器；

（2）仪器尽量靠外，靠近桌沿处；

（3）调节"望远镜俯仰调节螺钉"，目测望远镜水平；

（4）调节"载物台水平调节螺钉"，目测载物台水平；

（5）标记游标盘。

2）用自准直法调节望远镜聚焦无穷远

（1）如图 3 所示，点亮照明小灯，调节目镜与分划板间的距离，看清分划板上的黑色叉丝细线和带有绿色的小"十"字窗口（目镜 1 对分划板调焦）。

152

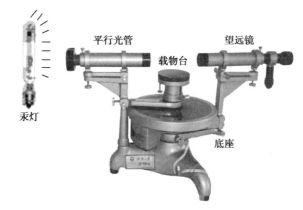

图 2　分光计基本构造图

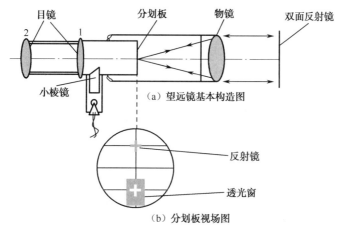

图 3　望远镜构造及分划板视场

（2）将双面反射镜按图 4 放在载物台上，使双面镜的两反射面与望远镜大致垂直（注意放置方位，如图 4 放置则主要由一个螺钉 b_2 或 b_3 控制反射面的倾斜）。

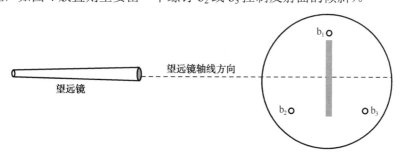

图 4　双面镜放置方位图

（3）从望远镜的目镜中观察到绿色反射"十"字像，前后移动目镜对望远镜调焦，使反射像清晰且与叉丝无视差。此时分划板平面、目镜 1 焦平面、物镜焦平面重合在一起，望远镜已聚焦于无穷远（即平行光经物镜聚焦于分划板平面上），能接收平行光了。

3）用各半调节法调节望远镜光轴与仪器主轴相垂直

判断望远镜光轴与仪器主轴垂直的依据是：由反射镜两个面反射的"十"字反射像在分划板的上十字叉丝上（如图 3（b）所示位置）。

（1）转动载物台 180°，使另一镜面对准望远镜，左右慢慢转动平台，看到反射的"十"

字反射像。

注意：时常发现从平面镜的第一面见到了绿色"十"字反射像，而在第二面则找不到，这可能是粗调不细致，这时要重新粗调——载物台水平、望远镜俯仰调节，使望远镜轴及平台无明显倾斜。

如果还是找不到平面镜另一侧的绿色叉丝，可调节望远镜将叉丝调至视场最上方或是最下方，再去另一侧找。

（2）采用"减半逐步逼近法"调节，使"十"字反射像与分划板的上十字叉丝相重合，如图5所示。

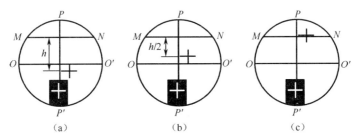

（a）　　　　　（b）　　　　　（c）

图5　"减半逐步逼近法"望远镜视场中看到的情况

这一步调整的目标是：平面镜转动180°前后，"十"字反射像都能准确地落在图5所示的 MN 线上。采用"减半逐步逼近法"，若开始时看到的情况如图5（a）所示，即先调载物台下的两个调平螺钉（如 b_2, b_3），把"十"字反射像到 MN 线的距离移近一半（如图5（b）所示）；再调节望远镜的俯仰调节螺钉，使 "十"字反射像落到 MN 线上。平面镜转动180°后，再照上面的方法调节。反复多次，逐渐逼近，直到平面镜转动180°前后，"十"字反射像都能准确地落在 MN 线上，如图5（c）所示。这时，平面镜平行于仪器转轴，望远镜也已垂直于仪器转轴。

注意：望远镜调节水平后，几个调节螺丝千万不能再转动，否则需重新调节。

（3）将平面镜旋转90°，载物台转动90°，使镜面对准望远镜，此时千万不要调节望远镜和螺丝 b_2, b_3。仅调节 b_1，使"十"字反射像与分划板的上十字叉丝相重合。

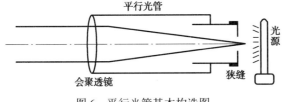

图6　平行光管基本构造图

4）调节平行光管

平行光管由狭缝和准直透镜组成，如图6所示。

（1）目测粗调平行光管光轴大致与望远镜光轴相一致。

（2）打开狭缝，从望远镜中观察，同时调节平行光管狭缝与透镜间的距离，直到看见清晰的狭缝像为止，半拧紧"锁紧螺丝"，然后调节缝宽使望远镜视场中的缝宽约为 1 mm。

（3）将狭缝像调成水平，调节平行光管的倾斜度，使狭缝像与上十字叉丝的中心交点重合。这时平行光管与望远镜的光轴在同一水平面内，并与分光计中心轴垂直。

（4）将狭缝像调成竖直，拧紧"锁紧螺丝"，微微改变平行光管的狭缝与会聚透镜的相对位置，使狭缝像与上十字叉丝的中线重合。这时平行光管与望远镜的光轴在同一直线内。

5）消除偏心差

用两个游标的目的是消除偏心差，在测量转角时应由两边游标分别读数，然后取平均值，其原理如图 7 所示。

图 7 中，大圆表示刻度盘，其轴心为 O_1。小圆表示游标盘，其轴心为 O_2。若游标盘绕它本身的轴（O_2 轴）转过一角度 ϕ，则

$$\phi = (\phi_1 + \phi_2)/2 = \left(\left| \theta_1' - \theta_1 \right| + \left| \theta_2' - \theta_2 \right| \right)/2$$

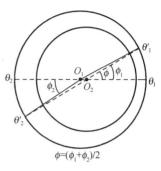

式中，$\phi_1 = \theta_1 - \theta_1'$，$\phi_2 = \theta_2 - \theta_2'$，是同一游标两次读数的差，由此可见，由于刻度盘不共轴，因而游标盘的转角 ϕ 是两个游标读数差的平均值，而不是一个游标的两次读数差。所以实验时一定要同时记下两个游标的读数，而不能只记一个游标的读数。

图 7　偏心差

分光计中除平行光管相对于分光计中心轴固定外，望远镜及载物台均可绕轴转动。当入射光线经载物台上的光学元件改变方向时，可利用望远镜转动以接收出射光线。望远镜转过的角度可由游标刻度盘读出。

刻度盘分为 360°，上面刻有 720 条等分刻线，故利用刻度盘本身可读到半度。在相对为 180° 处设有两个游标读数装置，每一游标上分划 30 个格，与刻度盘上的 29 个格相等。利用游标原理可知在如图 8 所示的位置上，总的读数应为 116°12′。

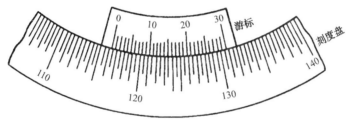

图 8　游标刻度盘

2. 棱镜折射率的测定

1）测量三棱镜的顶角

（1）用自准直法测量三棱镜顶角

① 将棱镜如图 9 所示放置在载物平台上，使折射面 AB 与调节螺钉 b_1，b_3 的连线相垂直，这时调节螺钉 b_1 或 b_3，能改变 AB 面相对于主轴的倾斜度，而调节螺钉 b_2 对 AB 面的倾斜度不产生影响。

② 细调螺钉 b_1 或 b_3，使 AB 面反射回来的"十"字反射像与分划板的上十字叉丝完全重合。

③ 再将棱镜的 AC 面对准望远镜，微调螺钉 b_2，采用各半调节法，使 AC 面反射回来的"十"字反射像与分划板上的调节叉丝完全重合。

④ 如图 10（a）转动望远镜，分别使 AB、AC 面反射回来的"十"字反射像与分划板的上十字叉丝完全重合，对应记下分度盘两个游标的读数值（θ_1、θ_2）和（θ_1'、θ_2'）。由公式

$$A = 180° - \varphi = 180 - \frac{1}{2} \left(\left| \theta_1' - \theta_1 \right| + \left| \theta_2' - \theta_2 \right| \right)$$

求出顶角 A。

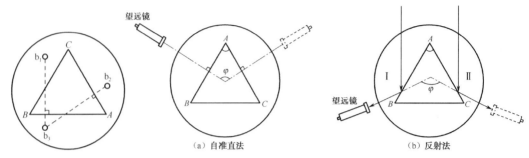

图 9　三棱镜放置方位图　　　　　　图 10　三棱镜顶角的测量

⑤ 重复步骤②、③、④，测量三次，求 A 的平均值。记入下表：

次　数	θ_1	θ_1'	θ_2	θ_2'	顶角 A	A 的平均值
1						
2						
3						

（2）用反射法测量三棱镜顶角

① 将三棱镜放置在载物台上，如图 10（b）所示，测出反射光线 Ⅰ，Ⅱ 对应的角位置（θ_1、θ_2），（θ_1'、θ_2'），两反射光线的夹角为 φ，则三棱镜的顶角 A 可由公式 $A = \dfrac{\varphi}{2} = \dfrac{1}{4}\left(\left|\theta_1' - \theta_1\right| + \left|\theta_2' - \theta_2\right|\right)$ 求出。

② 每次测完，稍微移动三棱镜（可将三棱镜拿起再放下）在载物台上的位置，重复测量，共测 3 次；计算不确定度，给出测量结果。（分光计仪器误差取 1'=0.017°=0.0003 弧度）

2）用最小偏向角法测三棱镜的折射率

① 如图 11 所示放置三棱镜，单色平行光由 AB 面入射，转动望远镜在视野中找到亮狭缝经棱镜折射后的彩色光谱线。

注意：入射光线应射在 AB 面中间位置，一开始的入射角尽量大一点。

② 轻轻转动载物台（改变入射角），同时望远镜跟踪光谱线转动，直到棱镜继续转动，而谱线开始反向移动（即偏向角反而变大）为止。这个反向移动的转折位置，就是光线以最小偏向角射出的方向，如图 12 所示。

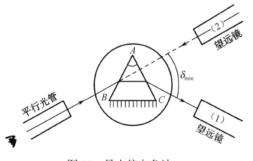

图 11　最小偏向角法

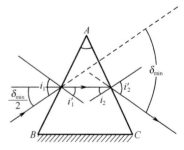

图 12　最小偏向角

③ 固定载物台，再使望远镜微动，使其分划板上的中心竖线对准其中的那条绿谱线（546.1 mm），记下此时两游标处的读数（θ_1、θ_2）；取下三棱镜，转动望远镜对准平行光管，再记下两游标处的读数（θ_1'、θ_2'）。最小偏转角为 $\delta_{min} = \dfrac{1}{2}\left(\left|\theta_1' - \theta_1\right| + \left|\theta_2' - \theta_2\right|\right)$。可以证明，棱镜玻璃的折射率 n 与棱镜角 A、最小偏向角有如下关系

$$n = \frac{\sin\dfrac{\delta_{min} + A}{2}}{\sin\dfrac{A}{2}}$$

④ 按上述步骤重复三次，求出 δ_{min} 的平均值，将数据记入下表，代入上式，求出棱镜的折射率。并计算出相对误差。

次　　数	θ_1	θ_1'	θ_2	θ_2'	最小偏向角 δ_{min}	δ_{min} 的平均值
1						
2						
3						

【注意事项】

1．平面镜表面镀有铝膜，不得用手触及镜面。棱镜的 AB、AC 面为光学表面，要特别注意爱护。操作时手不要摸读数圆盘上的刻度，以免刻度磨损。

2．使用游标盘或望远镜的微调机构时，需先将游标盘或望远镜的固定螺钉拧紧，再做微调。因此使用它们的微调机构后，若需转动载物台或望远镜，必须先将相应的固定螺钉松开，方可转动，以免损坏仪器。做完实验整理仪器时应将这两个固定螺钉松开。

3．调节过程中，每一步调节好后，在调节下一步的时候，不能再破坏原来的调节。

【思考题】

1．借助平面镜调节望远镜光轴与仪器主轴垂直时，为什么要旋转载物台180°使平面镜两面的"十"字反射像均与分划板上的上十字叉丝完全重合？只调一面行吗？

2．分光计既然已调好，测顶角 A 时，为什么还要调节三棱镜的主截面使之垂直于仪器主轴？

3．在目镜中能看清楚分划板上的上十字叉丝，而看不清"十"字反射像，说明哪一部分未调好？应怎样调节？

4．同一块三棱镜，对不同颜色的谱线，测出的最小偏向角是否相同？为什么？

5．对同一条光谱线，用不同材料制作的三棱镜测出的最小偏向角是否相同？为什么？

6．分光计的读数系统，为什么要对称地设置两个角游标？

7．设计一种不测最小偏向角而能测棱镜玻璃折射率的方案（使用分光计去测）。

【分光计的应用：观察性实验】

（1）激光照射下三棱镜的最小偏向角。先将 He-Ne 激光束直接照到远处的墙上，记下此时的位置，将放在升降台上的玻璃三棱镜置于光路中，缓缓转动三棱镜，可以看出到某一位置时，光斑开始反向运动，此位置对应最小偏向角，且可明显看出，光线向三

角形截面的底边方向偏折，换用折射率不同的三棱镜可看出折射率大者对应的最小偏向角大。

（2）空心三棱镜的最小偏向角。在细激光束中放入特制的空心三棱镜，则光斑的位置几乎不变。向空心三棱镜内注入适量的水，慢慢转动空心三棱镜，找到的最小偏向角较玻璃三棱镜小，可见水的折射率小于玻璃的折射率。

（3）浸在水中的空气三棱镜的最小偏向角。使 He-Ne 激光束沿径向入射到一装有适量清水的圆筒形玻璃缸，在其中心部位放入一内装空气的空心三棱镜，转动三棱镜，也可以找到最小偏向角方向，但此时出射光线不是偏向底边，而恰好向背离底边的方向偏折。此时再向空气三棱镜中注入适量的二硫化碳，由于其折射率比水大，故出射光线又向底边偏折。

（4）玻璃三棱镜在水中的偏向角。仍用激光束沿径向照到装有清水的圆筒玻璃缸上，将玻璃三棱镜放入水中光路中。转动三棱镜，仍使激光以最小偏向角出射，可以看出此时的偏向角比三棱镜在空气中时小得多。

（5）三棱镜的色散。在黑纸上刻一宽约 1 mm，长约 20 mm 的狭缝，装入幻灯片框作成特制幻灯片。将此幻灯片装入小型幻灯机，调焦使屏幕上的狭缝像清晰。在光路中放入特制的装有清水的空心三棱镜，并适当改变光的入射及出射角，使经色散后形成的红橙黄绿青蓝紫的彩带清晰。改用大折射率的玻璃三棱镜，则色散更明显。

【阅读材料】

最早的分光计是由夫琅禾费（Fraunhofer J，1787—1826）设计和使用的，他最先由测量最小偏向角和三棱镜顶角测定了光学玻璃的折射率。夫琅禾费的父亲是一位玻璃工匠。夫琅禾费受过一点初等教育，就到父亲所在的车间干活，12 岁成为孤儿后，跟一个制镜师傅当学徒；他坚持参加徒工学校的学习，在专业上自学成才。20 岁时到了慕尼黑光学工厂，22 岁时成为加工技术部经理。1823 年国王任命他为教授、科学院的物理部主管。

为了给透镜设计提供参数和检验大块光学玻璃的均匀性，他将一台经纬仪改装成第一台精密的分光计，其刻度盘的圆周较大，度盘以 10′的间隔画线，望远镜的角游标精度为10″；他的分光计上只有望远镜而没有平行光管。为了得到单色光源，他最初用六个火焰排成一排灯，每个火焰前装一单独的竖直狭缝，其结构如图 13 所示。距离灯约 4 m 处放一竖直狭缝和玻璃三棱镜，六束色散光由距离其 210 m 远的另一建筑物内的分光计接收。分光计平台上方有待测的三棱镜。由于所对的远距离光源狭缝的夹角很小，观察者通过分光计望远镜看到每个狭缝发出一束"单色"光。虽然这样得到的光源单色性还不够理想，但对于测量同一块光学玻璃上切下的经磨制而成的棱镜折射率的均匀性来说，已经可以满足要求了。这使得夫琅禾费能够用测量棱镜的顶角和最小偏向角的方法，确定不同材料（如火石玻璃和冕玻璃）的折射率和色散本领。为了改善折射率测量精度，他后来又改用太阳光谱中的暗线作为测量标志，使其精度提高了两个数量级。他制作的第二台分光计载物台下的角游标可读到 10″，望远镜可读到 4″。

夫琅禾费就衍射问题发表过两篇论文，描述了大量实验和衍射花样的特点，他以太阳光作为光源，由于入射光来自相当远的距离，故到达衍射屏时可视为平行光。他记述了单缝衍射花样的特点，也研究了多缝和光栅的衍射。

夫琅禾费用他的分光计观察太阳光谱时，注意到光源狭缝必须很窄，以便看出更多的暗线；他将最清楚的一些暗线标以大写字母（A，B，C，D，…I），画出了靠近红端的 B 和靠近紫端的 H 之间的光谱中的 574 条暗线，现在仍称之为夫琅禾费线。夫琅禾费的透镜系统是在精密的实验数据基础上进行计算得到的，他还设计了一个复杂的透镜抛光机，因而将制造透镜由手工方式变为科学方式；他对折射率的精确测定，为透镜系统的设计奠定了基础。

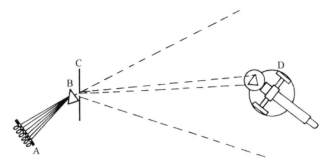

A—在具有竖直狭缝的灯罩内的 6 个火焰的灯；B—距灯 13 英尺远的棱镜；C—竖直光源狭缝；

D—分光计，其平台上放有待测量的三棱镜（距 C 约 210 m 远）

图 13　夫琅禾费所用的实验装置

【参考文献】

[1] 杨述武，赵立竹，沈国土. 普通物理实验[M]. 4 版. 北京：高等教育出版社，2009

[2] 吴泳华，霍剑青，浦其荣. 大学物理实验（第 1 册）[M]. 2 版. 北京：高等教育出版社，2005

[3] 江南大学理学院物理实验组. 大学物理实验[M]. 无锡：江南大学出版社，2006

[4] 曾贻伟，龚德纯，王书颖. 普通物理实验教程[M]. 北京：北京师范大学出版社，1989

[5] 李寿松，苏平，王晓耕，等. 物理实验教程[M]. 北京：高等教育出版社，1997

[6] 周殿清. 大学物理实验[M]. 武汉：武汉大学出版社，2002

[7] 赵家凤. 大学物理实验[M]. 北京：科学出版社. 2004

[8] 潘人培. 物理实验[M]. 南京：东南大学出版社. 1990

[9] 毛英泰. 误差理论与精度分析[M]. 北京：国际工业出版社，1982

[10] 贺德麟. 物理学实验[M]. 北京：中国医药科技出版社，1999

[11] 浙江光学仪器制造有限公司. 1JJ Y 型分光计使用说明书[S]. 杭州：浙江光学仪器制造有限公司，[年份不详]

[12] 朱华盛. 分光计快速进入 1/2 调节的方法[J]. 物理通报，1994，12：20-23

[13] 王德法. 关于分光计是如何消除偏心差的讨论 [J]. 烟台师范学院学报：自然科学版，2004，20(3): 207-209

[14] 郭奕玲，沈慧君. 近代物理实验史及其启示[M]. 北京：人民教育出版社，1986

[15] 刘战存. 从普物光学实验看夫琅禾费的贡献[J]. 物理实验，1999，19（3）：39-41

实验二十三　生物显微镜

【实验目的】

1. 熟悉显微镜的构造及原理。
2. 学会显微镜的调节和使用，以及测量微小长度的方法。
3. 理解数值孔径与显微镜分辨本领的含义，验证显微镜分辨本领与物镜数值孔径的关系。

【实验仪器及器材】

生物显微镜、测微尺、测微目镜、被测物（透射光栅及生物切片）、2 号鉴别率板、光阑及其支架。

【实验原理】

显微镜是用来观察和研究微小物体的助视仪器。显微镜已广泛地应用于现代科学技术和生产等各个领域，没有显微镜的发明和发展，现代科学的许多领域就不可能有发展。

1. 显微镜的基本光路

显微镜的最主要部分是物镜和目镜。为了简单起见，可以把构造复杂的物镜和目镜都当作一单独的薄凸透镜。其光路见图 1。物镜 L_O 的焦距 f_O 很短，待观察物体 PQ 放在它前面距离略大于 f_O 的地方（设物距为 s_O）使 PQ 经 L_O 后成一放大实像 $P'Q'$（设象距为 s'_O）。然后再用目镜 L_E 作为放大镜来观察这个中间像。中间像 $P'Q'$ 应放在目镜 L_E 的第一焦点 F_E 以内（设物距为 s_E），经过目镜后在明视距离（$s''=25$ cm）处成一放大虚像 $P''Q''$。因为

$$s'_E = -s'' \tag{1}$$

$$\frac{1}{s'_E} - \frac{1}{s_E} = \frac{1}{f'_E} \tag{2}$$

$$s'_O - s_E = f'_O + f'_E + \varDelta \tag{3}$$

$$\frac{1}{s'_O} - \frac{1}{s_O} = \frac{1}{f'_O} \tag{4}$$

式中，s'_E 代表目镜与显微镜最后成的像 $P''Q''$ 的距离，$\varDelta$ 代表物镜的第二焦点 F'_O 到目镜的第一焦点 F_E 的距离，即光学间隔。所以在 s''、f'_O、f'_E、$\varDelta$ 给定不变的情况下，s_O 是一个确定的数值，其大小略大于 f'_O，s_O 只有等于这个数值时我们才能通过目镜在明视距离处看到清晰的像 $P''Q''$。从显微镜中能看到物体的清晰图像时，物镜前表面到被观察物体的距离叫作显微镜的工作距离，它近似等于 $-s_O$。

为了得到清晰图像而调节 s_O 大小的工作叫调焦。s_O 增大一点或减小一点仍然可以看清物体的图像。这个 s_O 允许增大及减小的最大范围叫焦深。

2. 显微镜的放大本领

物镜的横向放大率为 $\beta_O = \dfrac{P'Q'}{PQ}$，目镜的横向放大率为 $\beta_E = \dfrac{P''Q''}{P'Q'}$，而显微镜的横向放大率 β 定义为 $P''Q''$ 的长度与物体 PQ 长度之比，即 $\beta = \dfrac{P''Q''}{PQ}$，由此可得放大倍数的关系式为

$$\beta = \beta_O \cdot \beta_E \tag{5}$$

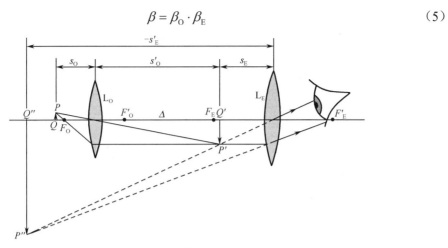

图 1　显微镜的光路图

物镜的横向放大率 β_O 近似地等于物镜和目镜的光学间隔 Δ（F'_O 到 F_E 的距离）除以物镜的第二焦距，即

$$\beta_O = -\frac{\Delta}{f'_O} \tag{6}$$

由式（6）可以看出物镜的放大率并不是物镜本身固有的特征，除了与物镜自身的焦距有关，还与物镜、目镜之间的光学间隔有关。

而目镜的横向放大率可近似为

$$\beta_E = \frac{s''}{f'_E} \tag{7}$$

故显微镜的横向放大率为 $M = -\dfrac{\Delta}{f'_O} \cdot \dfrac{s''}{f'_E}$ 。

当 $P''Q''$ 成像在明视距离 s'' 时，显微镜的视觉放大率与横向放大率数值相等，此时有

$$M = -\frac{\Delta}{f'_O} \cdot \frac{25}{f'_E} \tag{8}$$

3. 显微镜的分辨本领

一个点光源经透镜成像后，在普通对比度下，呈现为一个亮点，然而增强对比度后，会发现物像不是一个点，而是一个衍射花样，中央是明亮的圆斑，周围有一组较弱的明暗相间的同心环状条纹，把其中以第一暗环为界限的中央亮斑称作艾里斑，如图 2 所示。艾里斑是以英国皇家天文学家乔治·比德尔·艾里的名字命名的，因为他在 1835 年的论文中第一次给出了这个现象的理论解释。

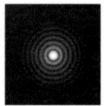

普通对比度　　　增强对比度

图 2　艾里斑

两个点光源所成的像将是两个艾里斑。如果这两个点光源（两个物点）相距很近，而他们形成的衍射圆斑又比较大，以至两个圆斑绝大部分互相重叠，那就分辨不出是两个物点了。如果一个点光源的衍射图样的中心刚好与另一个点光源的衍射图样的第一级暗纹相重合，一般人的眼睛就能刚好分辨出这是两个光点的像。这时，我们说这两个点光源恰好为这一光学仪器所分辨，这一恰能分辨的条件称为瑞利（Rayleigh）准则。

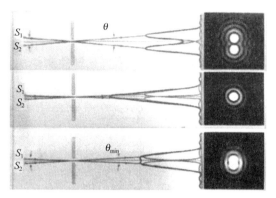

图 3 能够分辨、不能分辨、恰能分辨 3 种情况比较

图 3 所示为光学系统能够分辨、不能分辨和恰能分辨三种情况的比较。

根据瑞利准则，光学系统的最小分辨角就是艾里斑的角半径。对于直径为 D 的物镜，这一角半径可以表示为

$$\theta_R = 1.22 \frac{\lambda}{D} \qquad (9)$$

根据显微镜的性能，它的分辨本领不用最小分辨角而用最小分辨距离来衡量。从式（9）出发，再结合阿贝正弦条件可以导出显微镜的最小分辨距离：

$$\delta_y = \frac{0.61\lambda}{n \cdot \sin \alpha} = \frac{0.61\lambda}{NA} \qquad (10)$$

其中，n 为物方的折射率，α 为孔径对物点的半张角，$n \sin \alpha$ 称为显微镜的数值孔径，用 NA 表示，并将其具体数值标在显微镜的物镜上。在波长一定的情况下，数值孔径越大，显微镜的分辨率也就越高。图 4 所示为低、中、高三种数值孔径的情况。

图 5 显示了不同数值孔径的物镜的成像效果。对于高数值孔径的情况，可以清晰分辨出各个小球，而对于中数值孔径物镜成的像，分辨起来就比较困难，在低数值孔径的情况下，所有小球的像重叠在一起，根本无法分辨出单个小球。

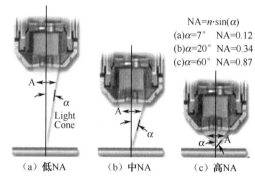

NA=$n \cdot \sin(\alpha)$
(a)α=7° NA=0.12
(b)α=20° NA=0.34
(c)α=60° NA=0.87

（a）低NA （b）中NA （c）高NA

图 4 低、中、高三种数值孔径

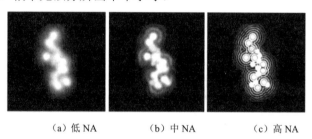

（a）低 NA 　　　（b）中 NA 　　　（c）高 NA

图 5 不同数值孔径的物镜的成像效果

【仪器介绍】

1. 显微镜的构造

实际使用中的显微镜种类很多，构造也比较复杂。实验中将要使用的生物显微镜的构造如图 6 所示。老式显微镜多采用直筒镜台，其镜筒是直的，但为了以比较舒适的姿势进行观察，可以借助于镜座附近的倾斜关节向前倾斜镜筒。这种类型的显微镜的光源就安装在镜座内，镜筒通过棱镜系统向观察者倾斜一定的角度，而载物台呈水平位置，它的聚焦可以通过移动载物台进行，因此镜筒是完全固定的，这就使得在镜筒上可以装置照相机、投影屏、光度计等各种较重的附件，大大开拓了显微镜的用途。实验中用的生物显微镜配

有 10×、40×、100× 的物镜和 5×、10×、16× 的目镜各一套，将它们相互组合可以得到不同的放大倍数。不同放大倍数的物镜和目镜，其焦距和孔径是不同的。放大倍数越大，焦距就越短，孔径就越小。在使用高倍镜头时因有焦深小、视场小、工作距离短及视场暗等特点，给调节带来一定困难，使用中要格外小心。这种显微镜在使用人工光源时，可以先开启电源开关，亮度调节钮可以改变灯泡发光亮度以获得最佳照明；使用自然光源时，将集光镜逆时针旋转到位后拿下，换上反射镜，调节反射镜可获得明亮的视场。

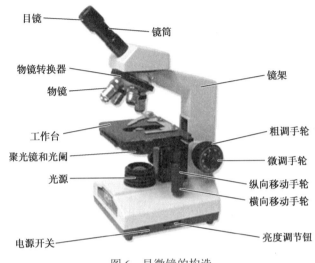

图 6　显微镜的构造

物镜是显微镜最重要的元件，是装在一个镜头内部的一组透镜，其中最前面的一块称为"前透镜"，是唯一起放大作用的透镜，其余透镜因只用来消除前透镜的像差，故称为修正透镜。

转动粗调手轮可使工作台较快地升高或降低，调节微调手轮可看到清晰的像。转动工作台上纵向移动手轮使工作台同标本前后移动，转动横向移动手轮可使标本左右移动。

2．测微目镜

测微目镜是带测微装置的目镜，由目镜、可动分划板、读数鼓轮与连接装置等组成，其结构如图 7 所示。目镜把叉丝和被观测的像同时放大，其放大倍数不影响测量数据的大小。旋转读数鼓轮，刻有十字叉丝的可动分划板就可以左右移动，它的位置可以在外面直接读出。测量时，应先调节目镜，看清楚叉丝，然后转动读数鼓轮，使基准线与被测物的像一端重合，便可得到一个读数。再转动读数鼓轮使基准线与被测物像的另一端重合，又可得到一个读数。两读数之差，即被测物的尺寸。

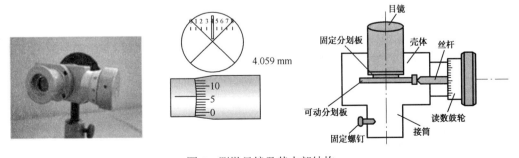

图 7　测微目镜及其内部结构

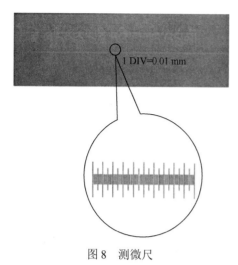

图 8　测微尺

其读数方法和螺旋测微器差不多，测量时，整数位在视野中读取（即双基准线对应的刻线读数），小数位在读数鼓轮上读取。读数鼓轮每旋转一周，叉丝移动 1 mm，读数鼓轮上有 100 个分格，故每一格对应的读数为 0.01 mm，再估读一位。

注意事项：

（1）测量时，读数鼓轮应沿同一方向旋转，不得中途反向，以避免产生空程误差。

（2）被测物的线度方向必须与基准线方向平行，否则会引入系统误差。

（3）被测物的像与基准线重合，不能存在视差。

（4）虽然测微目镜测量范围为 0～10 mm，但一般测量应尽量控制在 1～9 mm 范围内进行，以保护测微装置的准确度，切忌读出负值。

（5）零点修正值的存在，注意整数位的读法。

3. 测微尺

测微尺为一特制的玻片，中央圆圈内有一个 1 毫米（mm）长分为 100 个等距离小格的刻线，每一个小格即为 10 微米（μm）（见图 8）。

4. 分辨率板

分辨率板的结构如图 9 所示。常用的分辨率板有两种，每板上面都有 25 个单元图案，每个单元有四个方向，每个方向都是由一些平行的刻线所组成的。2 号板从第 1 单元到 25 单元，条纹宽度从 20 μm 递减到 5 μm；3 号板则从 40 μm 递减到 10 μm。

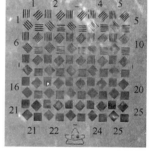

图 9　分辨率板结构

【实验内容】

1. 显微镜的调节和使用

（1）装上目镜和物镜，物镜可装 10× 及 40× 两种。先用低倍物镜，转动物镜转换器，听到"咔"的响声后，说明物镜已对准了目镜。

（2）接通照明电源并拨动亮度调节钮，使视场内亮度适当。

（3）将被观察的样品放在载物台上，先用低倍物镜寻找被观察的部位。旋动粗调手轮及微调手轮，直到看见清晰的像，将被观察部分利用工作台的纵向及横向移动手轮调到视场中心。如果要用高倍物镜时，可转动物镜换上高倍物镜，然后稍微调节微调手轮，就可以清晰聚焦了（注意：生物显微镜由低倍换高倍这个办法是有条件的，即物与物镜之间不能有物体，或者只有厚度小于 0.17 mm 的盖玻片，否则换高倍镜头时，镜头会碰到样品（被观察物）造成损坏）。

（4）由于高倍物镜的工作距离很短，如我们这次用的生物显微镜的工作距离为：10×，6.3 mm；40×，0.5 mm；100×，0.1 mm。调焦时一不小心就可能使物镜与样品挤压而造成物镜或样品的损坏。为了避免这种事故，规定此种显微镜的调焦操作规程如下：先调整旋钮使工作台慢慢升高，使被观察物慢慢靠近物镜而不接触。进行这一步时眼睛必须在旁边监视，千万不要让样品与物镜相接触！然后眼睛通过目镜观察视场，这时只允许工作台下降使样品与物镜之间的距离增大。这个规定无论使用多大放大倍数的物镜都必须严格遵守。

2. 物镜放大倍数的测定、微小物体的长度测量

（1）用测微目镜代替显微镜的目镜，调节照明亮度，把测微尺放在显微镜载物台上，然后调焦。测量测微尺的某一段长度（尽量取大些，以减小误差）经物镜放大后的中间像长（注意使测微目镜中刻度尺的方向与测微尺像的方向一致）。从而计算出物镜的放大倍数，与物镜上所标的数值进行比较，说明两者不同的原因。

（2）将测微尺换成全息光栅，调焦，测出光栅条纹间距经物镜放大后的中间像长，由此得出未知长度（可测量若干条条纹间距再除以条数得到），算出光栅的空间频率。

3. 显微镜分辨本领的测定

（1）仍用 10× 目镜代替测微目镜，将移测显微镜上用的 3× 物镜装在生物显微镜的物镜转换器上。转动物镜转换器，使 3× 物镜对准镜筒。

（2）把装在特制套筒里的鉴别率板放在载物平台上，调显微镜的照明并调焦，使 2 号鉴别率板从显微镜中看上去最清楚，并转动工作台的纵向和横向移动手轮，使鉴别率板的图像在视野正中。

（3）将带有小圆孔的特制圆罩盖在鉴别率板套筒上，小圆孔与物镜的距离很近。重新调整载物台的纵向及横向移动手轮，使圆孔与显微镜共轴。

（4）从显微镜中看到的鉴别率板有 25 组方块，每组方块中有四组平行条纹，其中单元号码小的平行条纹间距大，号码大的条纹间距小。号码大到一定程度方块中会显得模糊，看不出条纹。记住那个临界的刚刚能看出有条纹的方块号码（每一组中有四个方块，只要一个方块中看出有条纹就算这一组有条纹）。

（5）从本实验的附表中查出 2 号鉴别率板相应单元号码的条纹宽度，这个便是加了圆孔光阑的被测显微镜实际的最小分辨距离。这是实验测得的 δ_y 数据（记作 $\delta_{y实}$）。

（6）测量物镜的数值孔径
将光阑与鉴别率板之间的距离 d 以及光阑的孔径 φ 代入

$$\text{NA} = n\sin\alpha \approx \frac{\varphi}{2d} \qquad (11)$$

算出数值孔径。其中 φ、d 的值由测量显微镜测出。将 NA 值代入式（10），即可算出 $\delta_{y理}$（理论）值（其中 λ 按 550 nm 计算）。将 $\delta_{y实}$ 与 $\delta_{y理}$ 进行比较。

注意：鉴别率板上覆盖有一层较厚的玻璃片，因此不得用高倍物镜去观察它，否则会损坏仪器。用低倍物镜已足够清楚。

【数据记录】

1. 物镜放大率的测量
将测量结果填入表 1。

表 1 物镜放大率

次　数	测微尺格数 n	起始 x_1	终止 x_2	$ny' = x_2 - x_1$	y'
平均值					

$$\beta_0 = \frac{y'}{y} = \underline{\hspace{3cm}} 。$$

2. 光栅条纹间距的测量

将测量结果填入表 2。

表 2　光栅条纹间距

次　　数	条纹格数 n	起始 x_1	终止 x_2	$ny' = x_2 - x_1$	y'	$y = \dfrac{y'}{\beta_0}$
平均值						

光栅空间周期 $\dfrac{1}{y} = \underline{\hspace{3cm}}$ 。

3. 显微镜分辨本领

将测量结果填入表 3～表 5。

表 3　分辨率实验值

光阑直径 φ /mm	刚能分辨的单元号码	条纹宽度 w/μm	分辨率实验值 $\delta_{y实} = 2w$/μm

表 4　物镜数值孔径的测量

光阑直径 φ /mm	光阑与鉴别率板之间的距离 d/mm	数值孔径 NA $= \dfrac{\varphi}{2d}$

表 5　分辨率实验值和理论值的对比

光阑直径 φ /mm	分辨率理论值 $\delta_{y理} = \dfrac{0.61\lambda}{\text{NA}}$ /μm	分辨率实验值 $\delta_{y实}$ /μm

分辨率板条纹宽度及分辨率角值见表6。

表6　分辨率板条纹宽度及分辨率角值

分辨率板号		2　号		3　号	
单元号码	单元中每组条纹数	条纹宽度/μm	f为名义值时分辨率角值/秒	条纹宽度/μm	f为名义值时分辨率角值/秒
1	4	20.0	15.00	40.0	30.00
2	4	18.9	14.18	37.8	28.35
3	4	17.8	13.35	35.6	26.7
4	5	16.8	12.60	33.6	25.20
5	5	15.9	11.93	31.7	23.78
6	5	15.0	11.25	30.0	22.50
7	6	14.1	10.58	28.3	21.23
8	6	13.3	9.98	26.7	20.03
9	6	12.6	9.45	25.2	18.90
10	7	11.9	8.93	23.8	17.85
11	7	11.2	8.40	22.5	16.88
12	8	10.6	7.95	21.2	15.90
13	8	10.0	7.50	20.0	15.00
14	9	9.4	7.05	18.9	14.18
15	9	8.9	6.68	17.8	13.35
16	10	8.4	6.30	16.8	12.60
17	11	7.9	5.93	15.9	11.93
18	11	7.5	5.63	15.0	11.25
19	12	7.1	5.33	14.1	10.58
20	13	6.7	5.03	13.3	9.98
21	14	6.3	4.73	12.6	9.45
22	14	5.9	4.43	11.9	8.93
23	15	5.6	4.20	11.2	8.40
24	16	5.3	3.98	10.6	7.95
25	17	5.0	3.75	10.0	7.50

【思考题】

1．在实验中测出的物镜放大倍数经常比标称值大很多，比如测得$\beta_0=46.85$，而标称值才40，这是为什么？

2．一张全息照片的干涉条纹最密的是2500 lin/mm，即干涉条纹的空间周期为0.4 μm，如欲在生物显微镜下观察，试问不用油镜头行不行？为什么？（注：生物显微镜的100×物镜使用时要在物和物镜间加油，以便增大 NA 值，所以把这个镜头叫作油镜头。）已知油镜头（物镜）的放大倍数为100×，数值孔径为1.25，而放大倍数仅次于它的物镜为40×，数值孔径为0.65，照明光波长以550 nm 计算。（要有计算过程）

光学显微镜如何变成纳米显微镜

2014 年 10 月 9 日瑞典皇家科学院宣布把 2014 年诺贝尔化学奖授予埃里克·贝齐格、斯特凡·黑尔和威廉·莫纳，如图 10 所示，以表彰他们在超分辨率荧光显微技术领域取得的突破性成就。

埃克里·贝齐格　　　　　　斯特凡·黑尔　　　　　　威廉·莫纳

图 10　2014 年诺贝尔化学奖获得者

血红细胞、细菌、酵母菌以及游动的精子，当 17 世纪的科学家们第一次在光学显微镜下看到这些活生生的生物时，一个崭新的世界在他们的眼前打开了。这就是光学显微成像技术的诞生。自那以后，光学显微镜已经成为生物学研究领域最重要的工具之一。

然而，长期以来，光学显微成像技术的发展却一直受制于一个物理极限值的约束。1873 年，显微技术专家阿贝提出了传统显微成像技术的物理极限值：这种技术的分辨率将永远不能超过 0.2 μm。这一预言导致在 20 世纪的绝大多数时间里，科学家们都相信光学显微成像技术将永远无法让他们突破到更细微的尺度上（见图 11）。一些细胞内部的细胞器，如为细胞活动提供能量的线粒体，它们的轮廓是可以看到的。但要想进一步观察更小的对象，如细胞内部单个分子之间的相互作用则是根本不可能做到的。

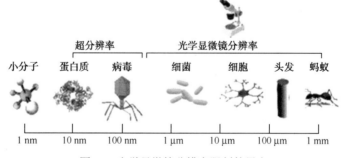

图 11　光学显微镜分辨率限制的界定

然而阿贝提出的这一物理极限由于 2014 年的诺贝尔化学奖获奖人的工作被突破了。从理论上说，现在再也没有任何障碍阻止科学家们对更小尺度的物体进行观察了。于是，显微成像变成了纳米显微成像。借助于纳米显微镜，科学家们可以看到活细胞内单个分子走过的路径，可以看见大脑内分子是如何在神经细胞之间创立连接的；他们可以追踪受精卵分裂成胚胎过程中的单个蛋白质。

超越阿贝极限的途径不是单一的，此次化学奖表彰的就有两种方法。一种是由斯特凡·黑尔发展的受激辐射耗尽显微技术。此项技术采用两束激光，一束负责激发荧光分子发光，另外一束抵消大部分荧光，只留下一块纳米大小的荧光区域。用这样的光斑一纳米一纳米地扫描样品，就可以实现纳米级的分辨率。

埃里克·贝齐格和威廉·莫纳分别独立研究单分子显微技术。这种方法依赖于开关单个分子荧光的可能性。科学家对同一区域进行了多次"绘图"，每次仅仅让很少量的分散分子发光。将这些图像叠加起来产生了密集的纳米尺寸超分辨率图像。

今天，纳米显微技术被世界广泛采用，新知识源源不断地产生，造福着人类。

【参考文献】

[1] 吕斯骅. 新编基础物理实验[M]. 北京：高等教育出版社，2006

[2] 陈怀琳，邵义全. 普通物理实验指导[M]. 北京：北京大学出版社，1990

[3] 赵凯华. 光学[M]. 北京：高等教育出版社，2004

[4] 纪伟，徐涛，刘贝. 光学超分辨荧光显微成像——2014 年诺贝尔化学奖解析[J]. 自然杂志，2014，06：404-408

[5] 本刊编辑部. 光学显微镜如何变成纳米显微镜——2014 年诺贝尔化学奖介绍[J]. 化学通报，2014，77（11）：1024-1028

实验二十四 牛顿环与劈尖干涉

【实验目的】

1. 通过对牛顿环图像的观察和测量，加深对等厚干涉的理解。
2. 学习通过牛顿环法测量透镜曲率半径的方法。
3. 掌握用劈尖干涉测定细丝直径（或薄片厚度）的方法。
4. 学习使用测量显微镜。

【实验仪器及器材】

牛顿环仪、钠光灯、测量显微镜、光学平面玻璃（两块）和细丝（或薄片）等。

【实验原理】

等厚干涉：平行光照射到薄介质上，介质上、下表面反射的光会在膜表面处发生干涉。介质厚度相等处的两束反射光有相同的相位差，也就具有相同的干涉光强度，这就是等厚干涉。

1. 牛顿环

牛顿环属于用分振幅的方法产生的干涉现象，也是典型的等厚干涉条纹。

牛顿环仪（图 1）是在一块平面玻璃上安放一焦距很大的平凸透镜，使其凸面与平面相接触，在接触点附近就形成一层空气膜。当用一平行的准单色光垂直照射时，在空气膜上表面反射的光束和下表面反射的光束在膜上表面相遇相干，形成以接触点为圆心的明暗相间的环状干涉图样，称为牛顿环，其光路示意图如图 2 所示。

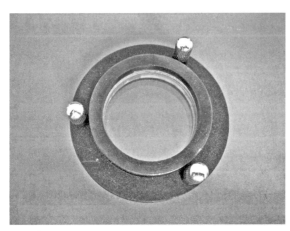

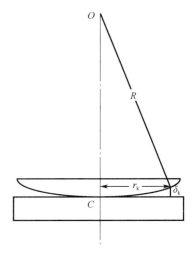

图 1　牛顿环仪　　　　　　　　　　　　图 2　牛顿环光路示意图

设入射光是波长为 λ 的单色光，与 C 距离为 r_k 处的空气间隙厚度为 δ_k，则空气间隙上下缘面所反射的光的光程差 Δ（空气的折射率近似为 1）为

$$\Delta = 2\delta_k + \frac{\lambda}{2} \tag{1}$$

其中，$\frac{\lambda}{2}$ 一项是由于光从光疏介质到光密介质的交界面上反射时，发生半波损失所引起的。

由图 2 的几何关系可知

$$\frac{\delta_k}{r_k} = \frac{r_k}{2R - \delta_k} \tag{2}$$

式中，R 是球面半径，因 R 一般在数十厘米甚至数米，而 δ_k 最大也就几毫米，故在式（2）中可以近似地认为 $2R-\delta_k=2R$，故得

$$\delta_k = \frac{r_k^2}{2R} \tag{3}$$

当光程差为半波长的奇数倍时，发生相消的干涉，也就是产生暗条纹，由式（1）有

$$2\delta_k + \frac{\lambda}{2} = (2k+1)\frac{\lambda}{2} \quad (k=0,\ 1,\ 2,\ 3,\ \cdots) \tag{4}$$

将式（3）代入式（4）便得 $r_k = \sqrt{kR\lambda}$，由此可见，r_k 与 k 和 R 的平方根成正比。故随着级次的增大，圆环越来越密，而且越来越细，同理，亮环的半径为

$$r_k = \sqrt{(2k-1)R \cdot \frac{\lambda}{2}} \tag{5}$$

从上面的讨论可知，设法测得圆环的半径 r_k，知道了 λ，就可以算出 R 了，但实际上由于玻璃的弹性形变（因接触压力引起形变），以及接触处不干净等都会引起附加程差，因而平凸透镜与平面玻璃不可能很理想地只有一点接触，所以中心的干涉斑就不是一点，而是一个不很规则的圆片，在测量 r_k 时就不易测得很准确，也使得从中心数出的暗纹数 k 是不可靠的。设第 m 级暗纹和第 n 级暗纹的半径为 r_m 及 r_n，则由式（5）得

$$R = \frac{r_m^2 - r_n^2}{\lambda(m-n)} \tag{6}$$

若以 d_m、d_n 分别表示第 m 级暗纹和第 n 级暗纹的直径（见图 3），则上式变为

$$R = \frac{d_m^2 - d_n^2}{4\lambda(m-n)} \qquad (7)$$

由此可见，为计算 R，只需知道所数过的圆环数目 $m-n$ 就行了，m 或 n 的真正数值不必知道。

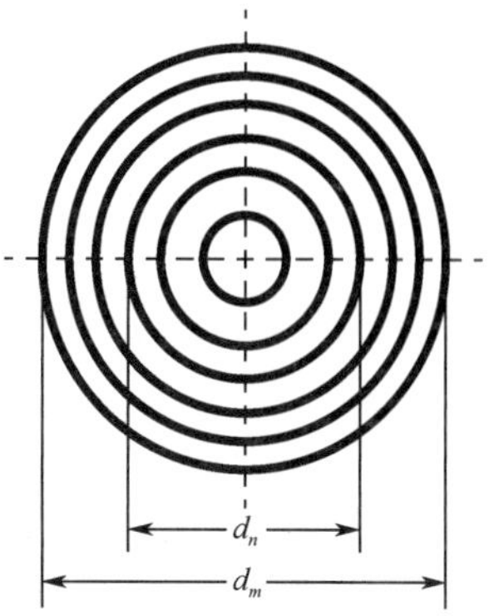

在牛顿环装置中，接触点 $\delta_k = 0$，由式（1）可知，$\Delta = \frac{\lambda}{2}$，故干涉圆环系统有黑暗的中心。

设由于接触压力或接触点有尘埃引起的空气间隙附加厚度为 α，则

$$\Delta = 2(\delta_k + \alpha) + \frac{\lambda}{2} = (2k+1)\frac{\lambda}{2} \qquad (8)$$

即 $\delta_k = k \cdot \frac{\lambda}{2} - \alpha$，代入式（3），结果为

$$r_k^2 = Rk\lambda - 2R\alpha \qquad (9)$$

由式（9）可以看出，r_k^2 与 k 成性关系，其斜率为 $R\lambda$，截距为 $2R\alpha$。故由式（9）可以用最小二乘法拟合回归方程及回归曲线，从斜率 b_0 中计算出透镜曲率半径 R。实际计算时代入圆环直径，即

$$d_k^2 = 4RK\lambda - 8R\alpha \qquad (10)$$

图 3　牛顿环

2. 劈尖

将两块玻璃板叠在一起，一端夹入细丝，则玻璃板间形成一空气劈尖，当单色光垂直入射时，和牛顿环干涉一样，劈尖薄膜上、下表面的反射光形成等厚干涉。其干涉条纹是一组平行于玻璃板交棱的明暗相间且等间距的直条纹，如图 4 所示。

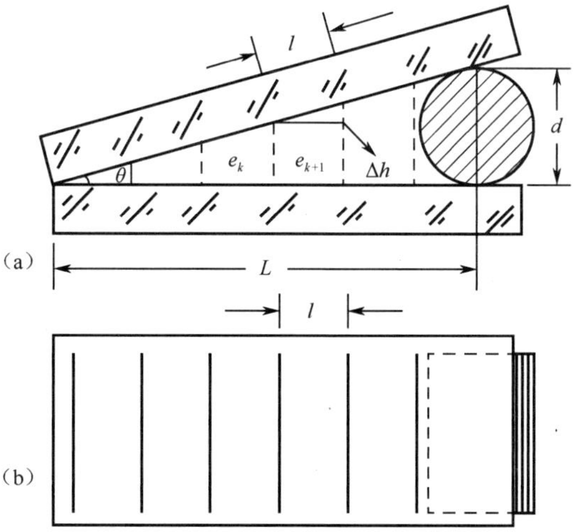

当 $\Delta = 2e_k + \frac{\lambda}{2} = (2k+1)\frac{\lambda}{2}$ 时，为暗条纹，e_k 为第 k 级条纹对应的空气层厚度。

设每相邻两级暗纹（或亮纹）的条纹间距为 l，则其对应的空气层厚度差 $\Delta h = \frac{\lambda}{2}$。由图可知

$$\tan\theta = \frac{\Delta h}{l} = \frac{\lambda}{2l}$$

若劈尖棱边到细丝处的长度为 L，细丝直径为 d，则 $\tan\theta = \frac{d}{L}$。

图 4　劈尖干涉

由 $\frac{d}{L} = \frac{\lambda}{2l}$ 得

$$d = \frac{L\lambda}{2l} \qquad (11)$$

【仪器介绍】

1. 测量显微镜的结构

测量显微镜如图 5 所示。它是一个低倍数（25～100 倍）显微镜，目镜与物镜之间装有测量用的叉丝，载物台可由测微手轮控制的丝杠进行微小移动。

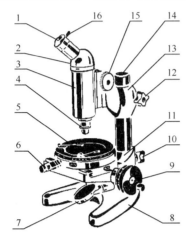

1—目镜；2—棱镜座；3—镜筒；4—物镜；

5—测量工作台；6—Y 轴方向测微手轮；7—反光镜；

8—底座；9—X 轴方向测微手轮；10—螺旋；

11—平台；12—螺旋；13—支架；14—立柱；

15—调焦手轮；16—止动螺钉

图 5　测量显微镜

目镜 1 安插在棱镜座 2 的目镜套筒内，止动螺钉 16 可以固定目镜的位置，棱镜座能够转动；物镜 4 直接旋在镜筒 3 上，组合成显微镜，转动调焦手轮 15 使显微镜上下升降调焦，支架 13 借螺旋 12 紧固在立柱 14 的适当位置上。

此测量显微镜可在 X-Y 轴直角坐标系中进行测量，旋转 X 轴方向测微手轮 9 时测量工作台 5 沿 X 轴的方向移动；测微手轮边上刻线为 100 等分，每格相当于移动量 0.01 mm，即 X 轴方向测微鼓轮 9 旋转一周，测量工作台 5 沿 X 轴方向移动 1 mm，Y 轴方向测微手轮 6 边上的刻线将圆周 50 等分，每格相当于移动量 0.01 mm。本实验中，因测量的是沿 X 轴方向上两切点间的距离，所以只需计 X 轴方向测微手轮的读数即可（Y 轴方向测微手轮不必读数）。X 轴移动测量范围为 50 mm，Y 轴移动测量范围为 13 mm。

测量工作台圆周上刻有角度值，绕垂直轴旋转后由游标读数，格值为 6′，测量工作台装配在平台 11 上，平台与立柱 14 可由螺旋 10 制紧，反光镜 7 装在底座 8 上，根据光源方向可以四面转动，而求得明亮的视场。在本实验中为得到更清晰的牛顿环图样，不用反光镜 7，而用牛顿环透镜上方的平玻璃反光镜。此外，多种不同型号的读数显微镜也可用于测牛顿环直径，这些显微镜有的是利用读数手轮通过测微螺旋带动镜筒移动，也有的是移动镜筒采用游标读数。

2. 测量显微镜的使用

（1）使用测量显微镜，必须遵守操作规程：转动调焦手轮使镜筒下降时，眼睛必须同时注视物镜和待测物的距离（要求眼睛从旁边监视，而不要从目镜中看！以免物镜与待测物接触挤压，造成损坏），直到物镜快要接触待测物为止。然后，用眼睛在显微镜视野中寻找待测物，这时镜筒只准往上，不许往下，缓慢调节，直到物像达到最清晰。

（2）测量显微镜的调节要领如下：①改变目镜和叉丝间的距离，使目镜中能清晰地看到叉丝；②调节显微镜筒的高低，即改变待测物和显微镜物镜之间的距离，使待测物通过物镜所成的像恰好位于叉丝平面上，此时从目镜中必能同时清晰地看到叉丝和待测物的像。

在使用测量显微镜时，需要注意消除视差的影响。

（3）测量：转动 X 轴方向测微手轮，使十字叉丝对准待测物一端记下此时读数，继续沿同方向转动鼓轮，使十字叉丝对准待测物另一端，记下此时的读数，两次读数差即为待测物两端的距离，为消除螺纹间隙误差，在测量过程中，先倒退几圈，然后保持不变的方向，先后使十字叉丝通过待测物两端，如果行进途中发生问题（如十字叉丝越过了待测暗环一点儿），就必须完全退回重测，而不能在中途往返移动，否则会使所得数据完全失去意义。

（4）注意事项：

① 转动 X 轴方向测微手轮时应平稳，不可用力过猛；

② 测量开始时，应将测量工作台 5 移到中央，以免测量到另一端时超过测量范围；

③ 转动测微手轮进行测量时，应朝同一方向运动，以免由于螺纹间隙影响测量精度。

【实验内容】

1. 调整测量装置

按光学实验常用仪器的读数显微镜使用说明进行调整。调整时注意：

（1）调节 45° 玻片，使显微镜视场中亮度最大，这时，基本上满足入射光垂直于透镜的要求（下部反光镜不要让反射光到上面去）。

（2）因反射光干涉条纹产生在空气薄膜的上表面，显微镜应对上表面调焦才能找到清晰的干涉图像。

（3）调焦时，显微镜筒应自下而上缓慢地上升，直到看清楚干涉条纹为止，往下移动显微镜筒时，眼睛一定要离开目镜侧视，防止镜筒压坏牛顿环。

（4）牛顿环三个压紧螺钉不能压得很紧，两个表面要用擦镜纸擦拭干净。

2. 牛顿环的测量

1）观察牛顿环的干涉图样

（1）调整牛顿环仪的三个调节螺钉，在自然光照射下能观察到牛顿环的干涉图样，并将干涉条纹的中心移到牛顿环仪的中心附近。调节螺钉不能太紧，以免中心暗斑太大，甚至损坏牛顿环仪。

（2）把牛顿环仪置于显微镜的正下方，使单色光源与读数显微镜上 45° 角的反射透明玻璃片等高，旋转反射透明玻璃片，直至从目镜中能看到明亮均匀的光照。

（3）调节读数显微镜的目镜，使十字叉丝清晰；自下而上调节物镜直至观察到清晰的干涉图样。移动牛顿环仪，使中心暗斑（或亮斑）位于视域中心，调节目镜系统，使十字叉丝横丝与读数显微镜的标尺平行，消除视差。平移读数显微镜，观察待测的各环左右是否都在读数显微镜的读数范围之内。

2）测量牛顿环的直径

（1）选取要测量的 m 和 n（各 5 环），如取 m 为 55，50，45，40，35，n 为 30，25，20，15，10。

（2）转动测微手轮。先使镜筒向左移动，顺序数到 55 环，再向右转到 50 环，使十字叉丝尽量对准干涉条纹的中心，记录读数。然后继续转动测微手轮，使十字叉丝依次与 45，40，35，30，25，20，15，10，环对准，顺次记下读数；再继续转动测微手轮，使十字叉丝依次与圆心右 10，15，20，25，30，35，40，45，50，55 环对准，也顺次记下各环的读数。注意在一次测量过程中，测微手轮应沿一个方向旋转，中途不得反转，以免引起回程差。

可用下表记录实验数据。

环数/m	X_L	X_R	d_m	环数/n	X_L	X_R	d_n	$d_m^2 - d_n^2$	$\overline{d_m^2 - d_n^2}$	R
55				30						
50				25						
45				20						
40				15						
35				10						

3）算出各级牛顿环直径的平方值后，用最小二乘法处理所得数据，求出 $d_m^2 - d_n^2$ 的平均值

直径平方差的平均值代入公式求出透镜的曲率半径，并算出误差。 .

注意：

（1）近中心的圆环的宽度变化很大，不易测准，故从 k=10 左右开始比较好。

（2）m−n 应取大一些，如取 m−n=25 左右，每间隔 5 条读一个数。

（3）应从 0 数到最大一圈，再多数 5 圈后退回 5 圈，开始读第一个数据。

（4）因为暗纹容易对准，所以对准暗纹较合适。

（5）圈纹中心对准十字叉丝或刻度尺的中心，并且当测距显微镜移动时，十字叉丝或刻度尺的某根线与圈纹相切（都切圈纹的右边或左边）。

4）取 m−n=15，重复步骤 2），3）的过程

3. 劈尖干涉的测量

自拟实验步骤及表格，用劈尖测出细丝的直径。

4. 选作：用白光干涉观察牛顿环

【注意事项】

1. 接通钠光灯电源后，预热 10 min，不要用力移动。

2. 镜筒调节自下而上。

3. 读数显微镜的读法类似于千分尺。

4. 在每次测量时，测微手轮应沿同一个方向转，中途严禁倒转。

5. 要求采用最小二乘法处理所得数据。

6. 计算不确定度。

【思考题】

1. 牛顿环条纹各级宽窄不同的原因是什么？若中心是亮斑，是何原因？试想透射牛顿环与反射牛顿环有何不同？

2. 如果在纵向叉丝沿主尺移动时，与横向叉丝相切的某环不再与之相切，这对测量结果有何影响，怎样消除？

3. 如何利用牛顿环装置测气体或液体的折射率？

4. 实验中使用的是单色光，如果用白光源会是什么结果？

5. 牛顿环实验中，如果平板玻璃上有微小的凸起，将导致牛顿环条纹发生畸变。试问该处的牛顿环将局部内凹还是局部外凸？

【阅读材料】

牛顿环，又称"牛顿圈"（见图 6）。在光学上，牛顿环是一个薄膜干涉现象，是光的一种干涉图样，是一些明暗相间的同心圆环。例如用一个曲率半径很大的凸透镜的凸面和一平面玻璃接触，在日光下或用白光照射时，可以看到接触点为一暗点，其周围为一些明暗相间的彩色圆环；而用单色光照射时，则表现为一些明暗相间的单色圆圈。这些圆圈的距离不等，随离中心点的距离的增加而逐渐变窄。它们是由球面上和平面上反射的光线相互干涉而形成的干涉条纹。在加工光学元件时，广泛采用牛顿环的原理来检查平面或曲面的面型准确度。

牛顿环是牛顿（见图7）在 1675 年首先观察到的。按理说，牛顿环乃是光的波动性的最好证明之一，可牛顿却不从实际出发，而是从他所信奉的微粒说出发来解释牛顿环的形成。他认为光是一束通过窨高速运动的粒子流，因此为了解释牛顿环的出现，他提出了一个"一阵容易反射，一阵容易透射"的复杂理论。根据这一理论，他认为"每条光线在通过任何折射面时都要进入某种短暂的状态，这种状态在光线的行进过程中每隔一段时间又复原，并在每次复原时倾向于使光线容易透过下一个折射面，在两次复原之间，则容易被下一个折射面反射"。他还把每次返回和下一次返回之间所经过的距离称为"阵发的间隔"。实际上，牛顿在这里所说的"阵发的间隔"就是波动中所说的"波长"。为什么会这样呢？牛顿却含糊地说："至于这是什么作用或倾向，它是光线的圆圈运动或振动，还是介质或别的什么东西的圆圈运动或振动，我在这里就不去探讨了。"

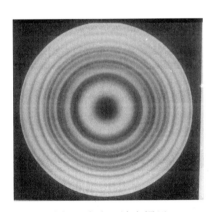 

图 6　白光干涉牛顿环　　　　　　　图 7　牛顿

牛顿虽然发现了牛顿环，并做了精确的定量测定，可以说已经走到了光的波动说的边缘，但由于过分偏爱他的微粒说，以致始终无法正确解释这个现象。事实上，这个实验倒可以成为光的波动说的有力证据之一。直到 19 世纪初，英国科学家托马斯·杨才用光的波动说圆满地解释了牛顿环实验。

牛顿在光学中的一项重要发现就是牛顿环。

【参考文献】

[1] 杨述武，赵立竹，沈国土. 普通物理实验[M]. 4 版. 北京：高等教育出版社，2009

[2] 吴泳华，霍剑青，浦其荣. 大学物理实验（第 1 册）[M]. 2 版. 北京：高等教育出版社，2005

[3] 江南大学理学院物理实验组. 大学物理实验[M]. 无锡：江南大学出版社，2006

[4] 曾贻伟，龚德纯，王书颖. 普通物理实验教程[M]. 北京：北京师范大学出版社，1989

[5] 李寿松，苏平，王晓耕，等. 物理实验教程[M]. 北京：高等教育出版社，1997

[6] 周殿清. 大学物理实验[M]. 武汉：武汉大学出版社，2002

[7] 赵家凤. 大学物理实验[M]. 北京：科学出版社. 2004

[8] 潘人培. 物理实验[M]. 南京：东南大学出版社. 1990

[9] 母国光，战之令. 光学 [M]. 北京：人民教育出版社，1979

[10] 李志超. 大学物理实验 [M]. 北京：高等教育出版社，2001

实验二十五　　用透射光栅测量光波波长

光栅实际上是一组数量极大的平行排列的，等宽、等距狭缝。应用透射光工作的光栅称为透射光栅，应用反射光工作的光栅称为反射光栅。本实验主要采用透射光栅来进行测量。

【实验目的】

1．加深对光栅分光原理的理解。

2．使用透射光栅测定光栅常量、光波波长和光栅角色散。

3．进一步练习分光计的调节和使用，并了解在测量中影响测量精度的因素。

【实验仪器及器材】

分光计、平面透射光栅、汞灯。

【实验原理】

衍射光栅是重要的分光元件。由于衍射光栅得到的条纹狭窄细锐，衍射花样的强度强，分辨本领高，所以广泛应用在单色仪、摄谱仪等光学仪器中。光栅衍射原理也是 X 射线结构分析、近代频谱分析和光学信息处理的基础。

本实验用的是平面透射光栅，如图 1（a）所示。

当一束平行单色光垂直入射到光栅上，透过光栅的每条狭缝的光都产生衍射，而通过光栅不同狭缝的光还要发生干涉，因此光栅的衍射条纹实质应是衍射和干涉的总效果。设光栅的刻痕宽度为 a，透明狭缝宽度为 b，相邻两缝间的距离 $d=a+b$，称为光栅常量，它是光栅的重要参数之一。

如图 1（b）所示，光栅常量为 d 的光栅，当单色平行光束与光栅法线成角度 i 入射于光栅平面上，光栅出射的衍射光束经过透镜会聚于焦平面上，就产生一组明暗相间的衍射条纹。设衍射光线 AD 与光栅法线所成的夹角（即衍射角）为 θ，从 B 点作 BC 垂直于入射线 CA，作 BD 垂直于衍射线 AD，则相邻透光狭缝对应位置两光线的光程差为

$$AC + AD = d(\sin\theta + \sin i) \tag{1}$$

当此光程差等于入射光波长的整数倍时，多光束干涉使光振动加强而在 F 处产生一个明条纹。因而，光栅衍射明条纹的条件为

$$d(\sin\theta_k + \sin i) = k\lambda \quad (k = 0, \pm 1, \pm 2, \cdots) \tag{2}$$

式中，λ 为单色光波长，k 是亮条纹级次，θ_k 为 k 级谱线的衍射角，i 为光线的入射角。式（2）称为光栅方程，它是研究光栅衍射的重要公式。

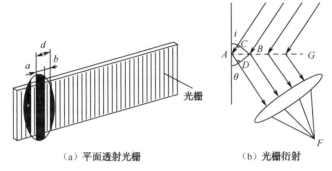

（a）平面透射光栅　　　（b）光栅衍射

图 1　平面透射光栅及衍射图

本实验研究的是光线垂直入射时形成的衍射，此时，入射角 $i=0$，则光栅方程变为

$$d\sin\theta_k = k\lambda \tag{3}$$

上式称为光栅方程，式中 θ 为衍射角，λ 为光波波长，k 是光谱级数（$k = 0, \pm 1, \pm 2\cdots$），$d$ 称为光栅常量。衍射亮条纹实际上是光源狭缝的衍射象，是一条条锐细的亮线。

当 $k=0$ 时，在 $\theta=0$ 的方向上，各种波长的亮线重叠在一起，形成中央明纹，称为 0 级谱线。

在 0 级谱线的两侧对称分布着 $k = \pm 1, \pm 2, \cdots$ 级谱线，且同一级谱线按不同波长，依次从短波向长波散开，即衍射角逐渐增大，形成光栅光谱。因此，在透镜焦平面上将出现按短波向长波的次序自中央零级向两侧依次分开排列的彩色谱线。这种由光栅分光产生的光谱称为光栅光谱。

图 2 是汞灯光波射入光栅时所得的光谱示意图。平行光垂直照射于光栅平面上，平行光通过光栅狭缝时产生衍射，凡与光栅法线成 θ 角的衍射光经透镜后，会聚于像方焦平面，形成一系列被相当宽的暗区隔开的、间距不同的明条纹（称光谱线）。中央亮线是零级主极大。在它的左右两侧各分布着 $k=\pm 1$ 的可见光四色六波长的衍射谱线，称为第一级的光栅光谱。向外侧还有第二级，第三级谱线。由此可见，光栅具有将入射光分成按波长排列的光谱的功能。

本实验所使用的实验装置是分光计，光源为汞灯（它发出的是波长不连续的可见光，其光谱是线状光谱）。如图 2 所示，光进入平行光管后垂直入射到光栅上，通过望远镜可观察到光栅光谱。对应于某一级光谱线的角可以精确地在刻度盘上读出。根据光栅公式，若汞灯绿色谱线波长已知，则可根

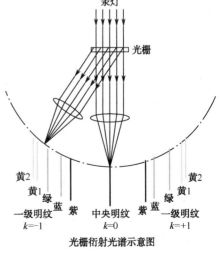

图 2　光栅衍射光谱示意图

据式（3）求得光栅常量 d 的值。再由该值及衍射角求得各谱线对应的光波波长。

由光栅方程（3）对 λ 微分，可以得到光栅的角色散

$$D = \frac{\mathrm{d}\theta}{\mathrm{d}\lambda} = \frac{k}{d\cos\theta} \tag{4}$$

角色散是光栅、棱镜等分光元件的重要参数，它表示分光元件将单位波长间隔的两单色谱线分开的角间距。由式（4）可知，光栅常量 d 越小，角色散 D 就越大，即光栅能够将不同波长的光分开的角度越大；此外，角色散还随光谱级次的增大而增大；如果衍射角较小，则 $\cos\theta$ 可近似不变，光谱的角色散也就几乎与波长无关了，此时的光谱随波长的变化，分布就比较均匀，这和棱镜的不均匀色散有明显的不同。

分辨本领是光栅的又一重要参数，它表征光栅分辨光谱细节的能力。设 λ 和 $\lambda + \mathrm{d}\lambda$ 是两种不同光波的波长，经光栅衍射后，形成两条刚刚能被分开的谱线，则光栅的分辨本领 R 为

$$R = \frac{\lambda}{\mathrm{d}\lambda} \tag{5}$$

根据瑞利判据，当一条谱线强度的最大值和另一条谱线强度的第一极小值重合时，则可认为两谱线刚能被分辨。由此可以推出

$$R = kN \tag{6}$$

式中，k 为光栅衍射级数，N 为光栅刻线的总数，以上推导基于光的干涉和衍射理论。

例：某光栅每毫米刻有 1000 条刻痕，若其总宽度为 5 cm，则由公式（6）可知，在它产生的第一级光栅光谱中，光栅的分辨本领为 50 000。由此可以计算，对第一级光谱波长在 500 nm 附近，光栅刚能分辨的两谱线的波长差 $\Delta\lambda = \lambda / R = 0.01$ nm。

【实验内容】

1. 分光计的调节。
2. 光栅位置调整。

光栅的调整要求是：光栅面垂直于平行光管和望远镜的光轴。

光栅位置的调整步骤：

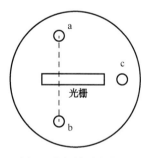

图 3　光栅放置方位图

（1）将分光计调整到可工作状态，参照图 3 放置光栅，左右转动载物平台，看到反射的"绿色十字"，调节载物平台下面的螺钉 a 或 b 使"绿色十字"和目镜中的十字叉丝重合，并将光栅面旋转 180° 直到望远镜中从光栅反射回来的绿色十字像与目镜中的十字叉丝重合。这时光栅面已与入射光垂直。

（2）用汞灯照亮准直管的狭缝，转动望远镜观察光谱，如果左右两侧的光谱线相对于目镜中叉丝的水平线高低不等，这说明光栅的衍射面和观察面不平行，此时可以调节载物台下的螺钉 c，使它们一致。

【数据与结果】

1. 测光栅常量 d

（1）根据式（3），只要测出第 k 级光谱中波长 λ 已知谱线的衍射角 θ，就可以求出 d 值。已知波长可以用汞灯光谱中的绿线（$\lambda = 546.07$ nm），光谱衍射级数 k 通常用一级。

（2）转动望远镜到光栅的一侧，使叉丝的十字线对准已知波长的谱线，记录两个游标

值。然后将望远镜转到光栅另一侧，同样对准与前一谱线对称的谱线，记录两个游标值，同一游标的两次读数之差就是衍射角 θ 的二倍。

（3）重复测量几次，计算 d 值的平均值，记下表1。计算不确定度。

表 1　测量结果 1

光波	次数	左侧位置		右侧位置		$\theta_1' - \theta_1$	$\theta_2' - \theta_2$	$\theta_0 = \dfrac{1}{4}\left[\left(\theta_1' - \theta_1\right) + \left(\theta_2' - \theta_2\right)\right]$	平均值
		θ_1	θ_2	θ_1'	θ_2'				
已知谱线	1								
	2								$\overline{\theta_0} =$
	3								
因为已知光波波长 $\lambda_0 = 546.07 \text{ nm}$，故光栅常量 $d = \lambda_0 / \sin\overline{\theta_0} = $ _____。									

2. 未知光波波长的测量

选择汞灯光谱中紫光谱线进行测量，测出 $k = \pm 1$ 级的衍射角，记入表 2。将测出的光栅常量 d 代入公式计算波长。计算不确定度。

表 2　测量结果 2

光波	次数	左侧位置		右侧位置		$\theta_1' - \theta_1$	$\theta_2' - \theta_2$	$\theta_0 = \dfrac{1}{4}\left[\left(\theta_1' - \theta_1\right) + \left(\theta_2' - \theta_2\right)\right]$	平均值
		θ_1	θ_2	θ_1'	θ_2'				
紫线	1								
	2								$\overline{\theta_{01}} =$
	3								
因为光栅常量 $d = $ _____，故 $\lambda_1 = d\sin\overline{\theta_{01}} = $ _____。									

3. 测量光谱的角色散

仍用汞灯为光源，测其 1 级光谱中二黄线的衍射角，记入表 3。二黄线波长间的差 $\Delta\lambda$ 为 2.06 nm，结合测得的衍射角之差 $\Delta\theta = \theta_1 - \theta_2$，由公式（4）求角色散 D。

计算出二黄线的波长，求不确定度。

表 3　测量结果 3

光波	次数	左侧位置		右侧位置		$\theta_1' - \theta_1$	$\theta_2' - \theta_2$	$\theta_0 = \dfrac{1}{4}\left[\left(\theta_1' - \theta_1\right) + \left(\theta_2' - \theta_2\right)\right]$	平均值
		θ_1	θ_2	θ_1'	θ_2'				
谱线一	1								
	2								$\overline{\theta_{01}} =$
	3								
谱线二	1								
	2								$\overline{\theta_{02}} =$
	3								

【注意事项】

1. 放置或移动光栅时，不要用手接触光栅表面，以免损坏镀膜。

2．从光栅平面反射回来的绿色十字像亮度较弱，应细心观察。

【思考题】

1．比较三棱镜和光栅分光的主要区别。试比较用光栅分光和用三棱镜分光得出的光谱各自的特点。

2．分析光栅面和入射平行光不严格垂直时对实验的影响。

3．若平行光束垂直地入射到光栅上，光栅常数 $d=0.001$ mm，所用光波长 635 nm，则最多能看到 k 为多少的衍射？为什么？

4．若用钠光垂直入射到 1 cm 内有 5 000 条刻痕的平面透射光栅上，试问最多能看到第几级谱线？

5．实验中应注意哪些问题？提出一些减小实验误差的建议。

6．请设计一二项基于光栅衍射或分光计应用的实验项目。

【阅读材料】

光栅也称衍射光栅，是利用多缝衍射原理使光发生色散（分解为光谱）的光学元件。它是一块刻有大量平行等宽、等距狭缝（刻线）的平面玻璃或金属片。光栅的狭缝数量很大，一般每毫米几十至几千条。单色平行光通过光栅每个缝的衍射和各缝间的干涉，形成

图 4 夫琅禾费

暗条纹很宽、明条纹很窄的图样，这些锐细而明亮的条纹称作谱线。谱线的位置随波长而异，当复色光通过光栅后，不同波长的谱线在不同的位置出现而形成光谱。光通过光栅形成光谱是单缝衍射和多缝干涉的共同结果。[1]

最早的光栅是 1821 年由德国科学家夫琅禾费（见图 4）用细金属丝密排绕在两个平行细螺丝上制成的。因形如栅栏，故名为"光栅"。现代光栅是用精密的刻划机在玻璃或金属片上刻划而成的。光栅是光栅摄谱仪的核心组成部分，其种类很多。按所用光是透射还是反射分为透射光栅、反射光栅。反射光栅使用较为广泛；按其形状又分为平面光栅和凹面光栅。此外还有全息光栅、正交光栅、相光栅、闪耀光栅、阶梯光栅等。

孔雀的羽毛为什么如此美丽？

据了解，自然界产生颜色的主要途径是色素，但有些动物经过进化却选择了结构颜色，即依靠自然光与波长尺度相似的微结构的相互作用而产生颜色。许多鸟类包括孔雀的羽毛中存在有规律的周期结构，非常类似于光栅结构。

资剑教授和刘晓晗博士的研究发现，孔雀羽毛的颜色策略非常精妙（见图 5），小羽枝表皮下面的周期结构是羽毛结构颜色的起因。实验和理论模拟显示二维周期结构沿表皮方向对某一波段的光有很强的反射，形成颜色。其调控方式有两种：一种是调控周期长度，另一种是调控周期数目。不同颜色

图 5 孔雀羽毛

是由于表皮下的周期结构的周期长度不同，蓝色、绿色、黄色、棕色小羽枝对应的周期长度依次增大。棕色羽毛还利用了Fabry－Perot干涉效应，其周期数目最小，由F－P效应造成额外的蓝色，形成混合色而呈棕色。这项基础研究阐明了自然界调控色彩产生的巧妙机制，同时也启发人类在控制色彩方面的新思路，如增加视觉或产生视觉干扰，甚至可能在未来的显示技术方面探索一条新路子。

【参考文献】

[1] 杨述武，赵立竹，沈国土. 普通物理实验[M]. 4版. 北京：高等教育出版社，2009

[2] 吴泳华，霍剑青，浦其荣. 大学物理实验（第1册）[M]. 北京：高等教育出版社，2005

[3] 江南大学理学院物理实验组. 大学物理实验[M]. 无锡：江南大学出版社，2006

[4] 曾贻伟，龚德纯，王书颖. 普通物理实验教程[M]. 北京：北京师范大学出版社，1989

[5] 李寿松，苏平，王晓耕，等. 物理实验教程[M]. 北京：高等教育出版社，1997

[6] 周殿清. 大学物理实验[M]. 武汉：武汉大学出版社，2002

[7] 赵家凤. 大学物理实验[M]. 北京：科学出版社，2004

[8] 潘人培. 物理实验[M]. 南京：东南大学出版社，1990

[9] 毛英泰. 误差理论与精度分析[M]. 北京：国际工业出版社，1982

[10] 贺德麟. 物理学实验[M]. 北京：中国医药科技出版社，1999

[11] 浙江光学仪器制造有限公司. 1JJ Y型分光计使用说明书[S]. 杭州：浙江光学仪器制造有限公司，[年份不详]

[12] 朱华盛. 分光计快速进入1/2调节的方法[J]. 物理通报，1994，12:20-23

[13] 王德法. 关于分光计是如何消除偏心差的讨论[J]. 烟台师范学院学报：自然科学版，2004，20（3）：207-209

[14] 郭奕玲，沈慧君. 近代物理实验史及其启示[M]. 北京：人民教育出版社，1986

[15] 刘莉. 光栅应用发展现状[J]. 长沙大学学报，2009，9（23），5

[16] 石顺祥，王学恩，刘劲松. 物理光学与应用光学[M]. 西安：西安电子科技大学出版社，2006

[17] 赵凯华，钟锡华. 光学[M]. 北京：北京大学出版社，2008

实验二十六　迈克耳孙干涉仪的调节和使用

迈克耳孙干涉仪是美国实验物理学家迈克耳孙和莫雷合作，为研究"以太"漂移而设计制造出来的精密光学仪器。用该仪器所做的实验否定了"以太"的存在，为现代物理理论的建立铺平了道路。为此，迈克耳孙荣获了1907年的诺贝尔物理学奖。

迈克耳孙干涉仪设计精巧，原理简明，极大地促进了测量技术的发展。对于光速的测量，其准确度大大优于同时代其他装置。此外，它对于实验科学的发展，对于现代光学技术的进步，也起到了很大的推动作用。今天，通过学习它的结构原理、调节方法，对于启迪思维，提高实验技能，很有帮助。

【实验目的】

1. 了解迈克耳孙干涉仪的构造，学习它的原理和使用方法。

2. 观察等倾干涉和等厚干涉现象，加深对光的干涉现象的理解，测量 He-Ne 激光器的光波长。

3. 应用迈克耳孙干涉仪测定钠光双线的平均波长及波长差。

【实验原理】

1. 光路原理

迈克耳孙干涉仪是用分振幅法获得双光束干涉的装置，其光路原理如图 1 所示。光源 S 发出的光，入射到与水平成 45° 夹角的 G_1（分光板）上，分成光振幅近似相等的两束。

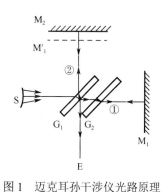

光束①透过 G_1 板投向 M_1 镜，经反射回到 G_1，再由 G_1 反射到达 E；光束②经 G_1 反射到达 M_2，再反射回 G_1，透射后到达 E，①②两光束相遇形成干涉。G_1 与补偿板 G_2 平行且厚度相等，其作用是使两光束在玻璃板中的光程相等。

根据平面镜成像原理，光束①的传播路径等效于从 G_1 到 M_1'（M_1 镜对 G_1 的像），经 M_1' 反射后，透过 G_1 传向 E 方向。因此，入射光在 G_1 分束，也等效于从 G_1 反射向 M_2，在 M_1' 和 M_2 之间的空气膜的下表面分束。故迈克耳孙干涉，实质上是薄膜干涉。跟通常薄膜干涉规律的不同之处为：光束在 M_1' 和

图 1　迈克耳孙干涉仪光路原理

M_2 上反射都有半波损失；光在薄膜中的折射角跟入射角相等；M_1' 和 M_2 可以相交。

2. 非定域干涉与定域干涉

点光源（如激光光源）发出的球面波照射迈克耳孙干涉仪，经 G 分束，两列分光束最终在观察屏 E 上相遇。其效果完全等效于由虚点光源 S_1' 和 S_2 所发出的两列球面波之间的干涉（见图 2），它们是处处相干的。所以屏放在光场中的任意位置，都可接收到干涉条纹，这种干涉称为非定域干涉。

非定域干涉条纹的形状与 S_1'、S_2、观察屏 E 的相对位置有关。当 S_1' 和 S_2 连线的延长线与观察屏 E 垂直时，屏上形成圆条纹；当 S_1' 和 S_2 连线的中垂线与观察屏 E 垂直时，屏上形成直条纹。其他情况将形成椭圆形或双曲线形条纹。

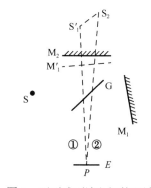

图 2　两列球面波之间的干涉

当使用扩展光源（如面光源）照明时，所产生的干涉条纹只能在某些特定的位置观察到，这种干涉称为定域干涉。

3. 定域干涉条纹特征

定域干涉又可分为等倾干涉与等厚干涉，下面对其形成原理进行详细分析。

1）等倾干涉

当 M_1、M_2 完全垂直时（相当于 M_1 镜关于 G_1 的像 M_1' 与 M_2 完全平行），所得干涉即为等倾干涉。干涉条纹的形状为同心圆，下面分析等倾干涉条纹的特征。

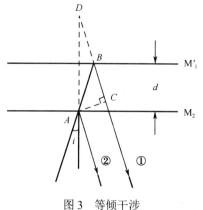

图 3　等倾干涉

由图 3 可见，等倾干涉的光程差 δ 为

$$\delta = AB + BC$$
$$= AD\cos i = 2d\cos i \qquad (1)$$

其中，d 为 M_1' 与 M_2 的距离，i 为入射角。

两路平行的反射光在无穷远处相遇而发生干涉，条纹定域于无穷远。用凸透镜可将平行光会聚在焦平面上，得到干涉条纹。亦可将眼睛平行远视，当沿着①和②观察时，视网膜上呈现的就是等倾干涉条纹。条纹方程如下：

$$2d\cos i = \begin{cases} k\lambda \\ (2k+1)\dfrac{\lambda}{2} \end{cases} \qquad (k = 0, \pm 1, \pm 2, \cdots) \qquad (2)$$

当 d 一定时，k 取决于入射角 i，中心（$i = 0$）条纹级数 $k_{中心}$ 高于外环 $k_{外环}$ 值。

由式（2）得

$$2d\cos i_{k+1} = (k+1)\lambda$$
$$2d\cos i_k = k\lambda$$

两式相减，得

$$-2d\sin\frac{i_{k+1}+i_k}{2}\cdot\sin\frac{i_{k+1}-i_k}{2} = \lambda$$

因 $i_{k+1} \approx i_k$，$i_{k+1}-i_k = -\Delta i$，所以有

$$d\sin i_k \Delta i = \lambda$$

即

$$\Delta i = \frac{\lambda}{d\sin i_k} \qquad (3)$$

由式（3）可知，d 一定时，相邻条纹角间隔 Δi 随着 i 增大而减小，各级条纹由圆心向外，分布由粗疏变为细密，如图 4 所示。

此外，由式（2）可知，对干涉图像中的某一级条纹，随着 d 变大，i 也随之变大，条纹向外扩张，整幅干涉图上的条纹变得越来越细密；反之，条纹向中心收缩，干涉图上的条纹变得越来越粗疏。随着 d 的增大或减小，条纹从中心"冒出"或向中心"缩进"。设 M_2 移动 Δd 时，k 的变化量为 N，由式（2）得

$$\Delta d = N\frac{\lambda}{2} \qquad (4)$$

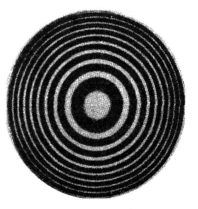

图 4　等倾干涉

可见，当 d 改变一个 $\dfrac{\lambda}{2}$ 时，就有一个条纹"涌出"或"陷入"，所以在实验时只要数出"涌出"或"陷入"的条纹个数 N，读出 d 的改变量 Δd 就可以计算出波长 λ 的值，反之，从波长 λ 也可标定 Δd。

2）等厚干涉

当 M_1' 与 M_2 不完全平行时，干涉条纹定域于薄膜表面附近，如图 5 所示。

由于迈克耳孙干涉仪的观察范围有限，即 i 很小，故光程差公式可进行如下变换：

$$\delta = 2d\cos i \approx 2d(1 - i^2/2) = 2d - di^2 \qquad (5)$$

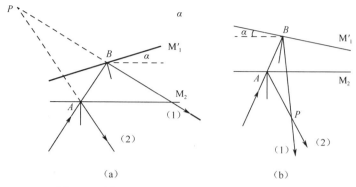

图 5　M_1' 与 M_2 不完全平行时，等厚干涉示意图

当平面镜 M_1' 和 M_2 相交时，在交线附近的 d 也很小，所以式（5）中的 di^2 可以略去，δ 的变化主要取决于 d 的变化。因此在楔形空气膜厚度相同的地方，光程差也相同，将出现一组平行于两镜面交线的疏密相同、明暗相间的直条纹（见图 6（b）），即在两镜面交线附近出现等厚干涉现象。在远离交线的地方，膜厚 d 较大，这时，di^2 项对光程差的贡献已不能忽略，光程差 δ 与 d 和 i 同时相关。由式（5）可见，当 i 增大时（$\cos i$ 减小），要保持相同的光程差 δ（即同一条纹），d 必须增大，所以条纹两端逐渐向膜厚增加的方向弯曲，如图 6（a）、（c）所示。

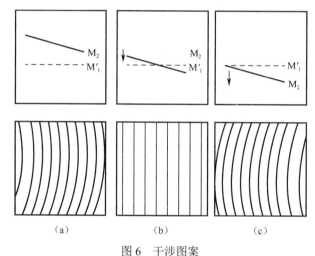

图 6　干涉图案

等厚干涉条纹的疏密与镜面交角 α、M_2 与 M_1' 间距 d 的大小有关，α 越大，d 越大，条纹越细密；反之条纹稀疏。d 很大时，等厚条纹由直变弯，这是使用了扩展光源的缘故。

在 M_1' 和 M_2 相交时，如果用白光照射，可以在交线（$d=0$）附近看到几个彩虹条纹，这是由于白光中不同波长的光各自干涉的结果，离交线稍远处，不同波长、不同级数的衍射光产生的干涉条纹明暗交叠，彩虹将不再出现。

4. 测定钠光双线的波长差的原理

当 M_1' 和 M_2 相互平行时，得到明暗相间的圆形干涉条纹。如果光源是单色光，则当 M_1 镜缓慢地移动时，虽然视场中条纹不断"冒出"或"缩进"，但条纹的对比度应当不变。

设亮条纹光强为 I_1，相邻暗条纹光强为 I_2，则对比度 V 可表示为 $(I_1-I_2)/(I_1+I_2)$，以此描述条纹清晰的程度。

如果光源中包含有波长 λ_1 和 λ_2 相近的两种光波，则每一列光波均不是绝对单色光。以钠黄光为例，由波长 $\lambda_1 = 5895.92$ Å 和 $\lambda_2 = 5889.95$ Å 两种光强近似相等的单色光组成（$\lambda_1 \approx \lambda_2$），钠光干涉条纹实际上是两种光各自干涉条纹重叠后的图样。利用迈克耳孙干涉仪可以测出钠光双线的波长差 $\Delta\lambda$。为简单起见，仅考虑入射角 $i=0$、光程差 $\delta = 2d$、M_1' 和 M_2 平行的情况。由于 λ_1 和 λ_2 非常接近，两组干涉条纹的错位也很小。当 d 为某一值时，两种光恰好同时满足干涉相长（或相消）的条件，两组条纹明纹与明纹重合，暗纹与暗纹重合，叠加后的条纹明暗清晰，反差大（称对比度为1），当 d 为另一值时，一种光的明纹恰好落在另一种光的暗纹处，叠加后条纹清晰度最差，甚至看不到条纹（称对比度为零）。随着 d 的连续变化，条纹清晰度最好和最差的情况交替地周期性出现。

设 M_1' 和 M_2 的距离为 d 时，λ_1 光的明纹和 λ_2 光的暗纹重叠，出现一次对比度为零，如 $\lambda_1 > \lambda_2$，它们满足的干涉条件为

$$d_2 - d_1 = k\frac{\lambda_1}{2} = (k+1/2)\frac{\lambda_2}{2} \tag{6}$$

即，可表示为

$$d_2 - d_1 = k\frac{\lambda_1}{2}$$
$$k\frac{\lambda_1}{2} = (k+1/2)\frac{\lambda_2}{2} \tag{7}$$

因为 $\lambda_1 > \lambda_2$，所以 λ_2 光将比 λ_1 光多移动一个条纹。由于两种光之间相应条纹的间距相差很小，出现两次对比度为零的过程条纹需移动近千条（或从各自中心涌出近千条）。消去 k，由式（7）可得

$$\Delta\lambda = \lambda_1 - \lambda_2 = \frac{\lambda_1 \cdot \lambda_2}{2\Delta d} = \frac{\overline{\lambda}^2}{2\Delta d} \tag{8}$$

$\overline{\lambda}$ 取 λ_1、λ_2 的平均值，测得 Δd 或数出 n，就可求得 $\Delta\lambda$。

【实验仪器及器材】

迈克耳孙干涉仪、He-Ne 激光器、钠光灯、白炽灯。

迈克耳孙干涉仪如图 7 所示。其中 G_1、G_2 为材料相同、厚度相等的平行平面玻璃板，镜面与导轨中线成 45° 角。在 G_1 对着 G_2 的表面上镀有半透明的铝膜，可让光的一部分透射，另一部分反射，称为分光板。G_2 为补偿板，它的作用是使两个分光束在玻璃中的光程相同。M_1 和 M_2 是两个相互垂直放置的平面反射镜，它们都与 G_1 和 G_2 成 45° 角。两者可分别通过其背面的三个螺丝及上边和下边的两个拉簧（水平、垂直拉簧螺旋）进行

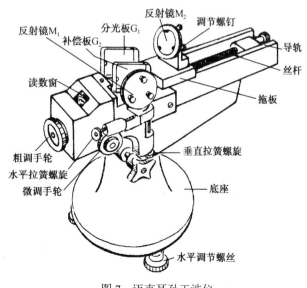

图 7　迈克耳孙干涉仪

调整。M_1 固定不动，M_2 可通过调节粗调手轮或微调手轮沿导轨前后移动，以改变两光束的光程差。

M_2 的位置和移动的距离由 M_2 镜座旁标尺上的读数、粗调手轮上方读数窗口中的读数和微调手轮上的读数依次相加得到。粗调手轮每转一周，M_2 在导轨上移动 1 mm，粗调手轮的圆周等分成 100 分度，则每个分度值为 0.01 mm。微调手轮每旋转一周，M_2 在导轨上移动 0.01 mm（即粗调手轮转过一个分度）。微调手轮的圆周也等分成 100 分度，则每个分度值为 10^{-5} mm。在微调手轮上还可估读一位数，因此，干涉仪的读数可达 10^{-5} mm。

所以有三个读数装置：

（1）主尺——在导轨侧面，最小刻度为毫米；（2）读数窗——可读到 0.01 mm；（3）带刻度盘的微调手轮，可读到 0.0001 mm，估读到 10^{-5} mm。

【实验内容】

1. 观察非定域干涉现象

（1）使 He-Ne 激光束大致垂直于 M_1，调节激光器高低左右，使反射回来的光束按原路返回。

（2）拿掉观察屏，可看到分别由 M_1 和 M_2 反射到屏的两排光点，每排四个光点，中间两个较亮，旁边两个较暗。调节 M_2 背面的三个螺钉，使两排中的两个最亮的光点大致重合，此时 M_1 和 M_2 大致垂直。这时观察屏上就会出现干涉条纹。

（3）调节 M_2 镜座下两个拉簧，直至看到位置适中、清晰的圆环状非定域干涉条纹。

（4）轻轻转动微调手轮，使 M_2 前后平移，可看到条纹的"冒出"或"缩进"，观察并解释条纹的粗细、密度与 d 的关系。

2. 测量 He-Ne 激光的波长

（1）读数刻度基准线零点的调整。将微调手轮沿某一方向旋至零，然后以同一方向转动手轮使之对齐某一刻度，以后测量时使用微调手轮须以同一方向转动。值得注意的是微调手轮有反向空程差，实验中如需反向转动，要重新调整零点。

（2）慢慢转动微调手轮，可观察到条纹一个一个地"冒出"或"缩进"，待操作熟练后开始测量。记下粗调手轮和微调手轮上的初始读数 d_0，每当"冒出"或"缩进" $N=50$ 个圆环时记下 d_i，连续测量 9 次，记下 9 个 d_i 值，每测一次算出相应的 $\Delta d = |d_{i+1} - d_i|$，以检验实验的可靠性。

3. 定域干涉条纹的观测

（1）点燃钠光灯，预热 5 min。

（2）转动粗调手轮，将 M_2 定位在 34 mm 左右位置，水平、垂直拉簧螺旋各旋至中间部位（保证实验中进退自如）。

（3）移动钠光灯，使光源中心与硫酸纸（代替毛玻璃）上的十字划痕、分光板 G_1、补偿板 G_2 及反射镜 M_1 中部在一条直线上。

（4）交替调节（动作要轻）M_1、M_2 背后的三个调节螺钉，使最清晰的两个十字划痕像重合，此时可看到干涉条纹出现。

（5）等倾干涉条纹的获得。

轻调水平、垂直拉簧螺旋，使条纹变粗疏，直到圆心出现在视场中。再微调水平、垂直拉簧螺旋，配合视线水平、上下移动，直到只见条纹随视线平移而无张缩收冒现象，这时得到是等倾干涉条纹。继续调节粗调手轮与微调手轮，仔细观察等倾干涉条纹，总结等倾干涉现象的特点。

（6）等厚干涉条纹的获得。

在上述基础上，轻调粗调手轮，使条纹尽量收进圆心，在条纹很粗时，轻调水平或垂直拉簧螺旋，使条纹中心偏向一边。再朝着使条纹变粗疏的方向慢旋手轮，条纹逐渐由弯变直，直至出现完全平行的直条纹，这就是等厚干涉条纹。

4. 测定钠光的平均波长

旋转微调手轮，缓慢移动 M_2，观察圆心处条纹缩进（或冒出）的情况。首先记下 M_2 位置的初始读数，然后每缩进（或冒出）50 个条纹记录一次 M_2 位置，共数 250 条。用逐差法计算出 M_2 的移动距离 Δd，由 $\lambda = 2\Delta d / N$ 求出钠光的平均波长。测量中防止微调手轮倒转引起空程差，手轮只能向一个方向转动，且当条纹已经开始移动后，再记录 M_2 的初始位置，否则无意义。

5. 测钠光双线波长差

（1）用粗调手轮移动 M_2，观察对比度变化情况。

（2）朝一个方向转动微调手轮，依次读 10 次对比度为零时 M_2 的位置，检查这些数据是否近似成等差级数，然后用首尾两个读数计算 Δd 值：

$$\Delta d = (x_{10} - x_0)/10$$

将 Δd 值代入式（8），计算 $\Delta \lambda = \dfrac{\overline{\lambda}^2}{2\Delta d}$。

6*. 白光彩色条纹的形成

用白炽灯照明毛玻璃作为光源。由于白光的相干长度很短，所以必须首先仔细调节迈克耳孙干涉仪使两臂相等。判断两臂相等的方法是：利用等厚条纹观察方法，当移动 M_2 时，仔细找出干涉条纹的弯曲反转点。在反转点的大致位置，将等倾条纹或等厚条纹调至十分粗疏，以白炽灯与钠光灯一起照亮视场，同时用微调手轮沿原来的旋转方向（使其发生反转的方向）继续调节，使 M_2 缓慢移动，直到出现彩色条纹。仔细观察彩色条纹的中央条纹颜色，条纹排列，弯曲情况并进行解释。

【注意事项】

1. 在调节和测量过程中，一定要非常细心和耐心，转动手轮时要缓慢、均匀。

2. 迈克耳孙干涉仪系精密光学仪器，使用时应注意防尘、防震；不要对着仪器说话、咳嗽等；测量时动作要轻、要缓，尽量使身体部位离开实验台面，以防震动。分光板 G_1，补偿板 G_2，反射镜 M_1、M_2 都是精密的光学器件，其表面不允许触碰，实验前应先洗手。

3. G_1、G_2 的方位已调好，不要移动；反射镜 M_1、M_2 的螺钉不要旋得过紧，以防镜片变形；实验前，水平、垂直拉簧螺旋先置中间位置，调节时动作要轻。

4. 读数时注意防止手轮回转引起空程差。转动手轮，待干涉条纹的变化稳定后才能进行测量。测量一旦开始，手轮的转动方向不能中途改变。

【预习题】

1. 简述实验主要注意事项。

2. 薄膜的等倾干涉与等厚干涉有何不同？

3. 简述用迈克耳孙干涉仪测钠光波长的原理。

4. 什么是视见度为零？如果光源换用 He-Ne 激光器，能否观察到视见度为零的现象？为什么？

5. 简述本实验所用干涉仪的读数方法。

【思考题】

1. 条纹非常细密的原因是什么？如何把条纹调得又粗又稀？

2. 怎样判断和寻找 $d = 0$（即 M_1' 与 M_2 重合）的位置？

3. 观察视场中的同心圆环时，若视线左移，中心有条纹冒出；右移时，条纹缩进，根据此现象，对 M_1' 与 M_2 的相对位置可做出什么判断？调整哪个部件可以获得严格的等倾条纹？

【阅读材料】

迈克耳孙（Albert Abraham Michelson，1852—1931 年）生于当时属于普鲁士的波兰人口居住区 Strelno，两岁时随父母移居美国。1873 年毕业于海军学院，两年后任海军学院的物理学和化学讲师。在为学生演示傅科光速测定方法后，做了一系列光速测定实验，1882 年得到的光速值，在 45 年内一直被作为全世界的公认值。1882 年任凯斯应用科学学院物理学教授。1890 年到克拉克大学工作；1893—1929 年任芝加哥大学物理系教授。

为了进行以太漂移实验，迈克耳孙在贾民干涉仪的基础上发明了以他的名字命名的干涉仪。贾民干涉仪是在与一束入射光束成一定夹角的平行平板玻璃上进行分振幅得到两束

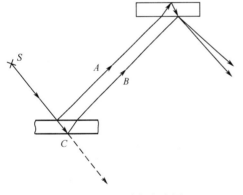

图 8　贾民干涉仪光路图

光，而在厚度与第一块严格相等、方向近似与之平行的第二块平板玻璃处重新相遇产生干涉（其光路见图 8）。尽管贾民干涉仪是用分振幅的方法产生两束相干光的，干涉条纹的亮度和对比度都比较高，但由于两相干光束 A 和 B 分开的间隔与平行玻璃板厚度有关，所以这一间隔通常比较小，限制了一些可能的实验。迈克耳孙考虑到，如果能利用贾民干涉仪的第一块平板玻璃的第二个表面分出的两束相干光 B 和 C，并用两面反射镜将它们从相距较远处反射回来，使之重新汇合就可以产生干涉条纹。与贾民干涉仪相比，迈克耳孙方法的好处是光束 B 和 C 可以分隔开很远，因而可在每一束光路中容纳多种形式的装置。原则上这两束光可沿任意方向传播，但一般是使两束光互成 90°角。他用自己的干涉仪多次做了以太漂移实验。其中最著名的是与莫雷（Morley）一起做的，干涉仪安装在大石板上，石板靠木制环形浮子漂浮在水银槽上，可以自由地旋转，每一光路经 15 次反射，光程长达 11 m，利用望远镜观察白光干涉条纹的移动，得到的仍是零结果。后来迈克耳孙又多次重复他的实验，得到的也都是零结果，揭示了以太学说不可克服的矛盾。

他用干涉仪测定了国际米原器的长度为红色镉谱线波长的 1 553 163.5 倍；研究了 20 多种元素谱线的精细结构，研制了阶梯光栅和精密的光栅刻划机。他因"光学精密仪器以及用这些精密仪器进行的精确计量和光谱学的研究"获 1907 年的诺贝尔物理学奖。

【参考文献】

[1] 杨述武，赵立竹，沈国土. 普通物理实验[M]. 4 版. 北京：高等教育出版社，2009

[2] 任敦亮，王丰，丁伟红. 大学物理[M]. 北京：机械工业出版社，2009

[3] 贺秀良. 大学基础实验[M]. 北京：国防工业出版社，2005：240-245

[4] 赵凯华，钟锡华. 光学[M]. 北京：北京大学出版社，1982：310

[5] 刁训刚，赵莹，蔡向华，等. 迈克耳孙干涉仪实验的等倾干涉与等厚干涉[J]. 大学物理实验，2003（3）：33-35

[6] 姜辉. 迈克耳孙干涉仪的调节和测量技巧[J]. 大学物理实验，2003（2）：39-41

实验二十七　全息照相

全息照相是 20 世纪 60 年代发展起来的一门立体摄影与再现的新技术，由于全息照相能够把物体表面上发出的光波的全部信息（即光波的振幅和位相）记录下来，并能完全再现被摄物的全部信息，因此它在精密计量、无损检验、信息存储和处理、遥感技术和生物医学等方面有着广泛的应用。

本实验将通过静态光学全息照片的拍摄和再现观察，了解光学全息照相的基本原理、主要特征以及操作要领。

【实验目的】

1．了解光学全息照相的基本原理及其主要特点。

2．学习拍摄静态全息照片的有关技术和再现观察方法。

3．了解全息照相技术的主要特点。

【实验原理】

全息术最初是由英国科学家丹尼斯·伽柏（Dennis Gabor）于 1948 年提出来的，伽柏因此在 1971 年获得了诺贝尔物理学奖，当初的目的是想利用全息术提高电子显微镜的分辨率，伽柏当初使用汞灯作为光源，但是汞灯作为光源还不是很理想，这种技术由于要求高度的相干性及高强度的光源而一度发展缓慢。1960 年，梅曼（Maiman）研制成功了红宝石激光器，1961 年，贾范（Javan）等研制成了 He-Ne 激光器。从此，一种前所未有的优质相干光源诞生了。1962 年，美国科学家利思（E.N.Leith）和乌帕特尼克斯（J.Upatnieks）用激光器对伽柏的技术做了划时代的改进，全息术的研究从此获得了突飞猛进的发展，60多年来，全息技术的研究日趋广泛深入，光干涉测量、光存储、防伪标志，逐渐开辟了全息应用的新领域，成为近代光学的一个重要分支。

普通照相机底片上所记录的图像只反映了物体上各点发光（辐射光或反射光）的强弱变化，也就是只记录了物光的振幅信息，于是，在照相纸上显示的只是物体的二维平面像，丧失了物体的三维特征。全息照相则不同，它借助于相干的参考光束和物光束相互干涉来记录物光振幅和相位的全部信息。

全息照相包含两个过程：第一，把物体光波的全部信息记录在感光材料上，称为记录过程；第二，照明已被记录下来的全部信息的感光材料，使其再现原始物体的光波，称为再现过程。

全息照相的基本原理是以波的干涉为基础的。所以除光波外，对其他的波动过程如声波、超声波等也都适用。

1. 全息成像基本原理

（1）相干平行光与点光源的干涉形成同心圆条纹光栅

根据对称性，相干的平行光（相当于参考光）与点光源光束（相当于物光）同时照射全息干板时，干涉将形成同心圆条纹光栅，见图1（a）、图1（b）。

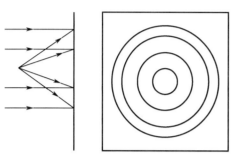 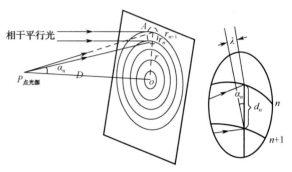

（a）平行光与点光源的相干干涉形成同心圆条纹　　　　　（b）条纹间距计算图

图1　同心圆条纹的形成及间距计算

设第 n 级明纹处，平行光与点光源的相干子波光程差为 $n\lambda$，则对 $n+1$ 环明纹，两列子波光程差为 $(n+1)\lambda$，A_n 级明纹与 A_{n+1} 级明纹相比，光程差相差 λ。

如图1（b）所示，有

$$\tan\alpha_n = \frac{r_n}{D}$$

$$d_n\sin\alpha_n = \lambda \tag{1}$$

所以
$$d_n = \frac{\lambda}{\sin\alpha_n} = \frac{\lambda\sqrt{r_n^2 + D^2}}{r_n} = \lambda\sqrt{1+\left(\frac{D}{r_n}\right)^2} \tag{2}$$

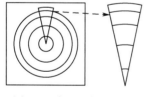

图2　圆条纹光栅分析图

式（2）中，$d_n = r_{n+1} - r_n$。

（2）相干平行光照射时的再现过程

如果用一束完全相同的激光垂直照射已经记录了明暗感光条纹的感光板，将在全息图的后面透射出一系列的衍射光波。为了方便，可以先把圆条纹光栅分解成无数个扇形微光栅（见图2），再分成两步进行分析。

① 证明微光栅的-1级衍射光会聚在原来物点 P 的对称位置；+1级衍射光成虚像反向会聚在 P 点（见图3）。

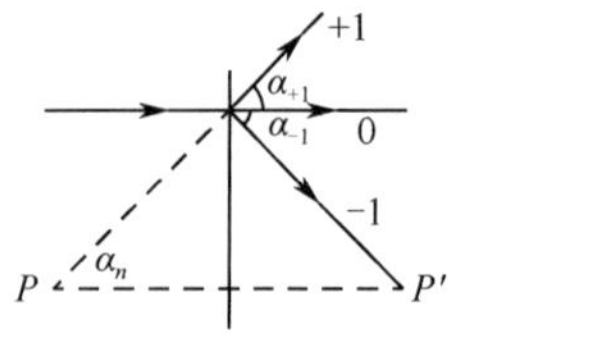

考虑全息干板上第 n 条、第 $n+1$ 条通光狭缝的相干光干涉（见图3），根据衍射的相干加强条件得

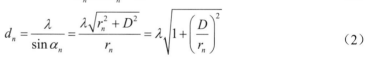

$$d_n\sin\alpha_k = k\lambda$$

图3　对称微光栅衍射分布示意图

对 $k=0$，$\alpha_0=0$，子波平行出射，这是0级衍射光。

重点讨论±1相干加强的情形（高级数的相干条纹光强很弱，这里不予讨论）。

对+1 级衍射，有

$$d_n \sin \alpha_{+1} = \lambda \tag{3}$$

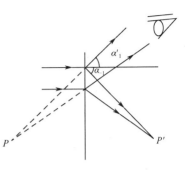

式（3）竟与式（1）相同，于是 $\alpha_{+1} = \alpha_n$（1 级相干子波可视为一条光线）。这说明+1 级相干加强的子波与原来 P 点干涉成像时，点光源射向 d_n 的相干子波在同一直线上。

同理，对-1 级相干加强，有

$$d_n \sin \alpha_{-1} = \lambda \tag{4}$$

式（4）也与式（1）相同，于是 $\alpha_{-1} = \alpha_n$。这说明，原来成像点 d_n 处的子光波与该处再现光的一级相干子波对称。

同样，$n-1$ 环，$n-2$ 环……其+1 级相干子波反向会聚于 P 点，-1 级相干子波会聚于 P' 点。

图 4　平面全息图再现原理

② 根据对称性，整个圆条纹光栅上的所有微光栅都是关于圆心对称的，其相干加强的衍射子波也全部对称于圆心，如图 4 所示，全部-1 级衍射波将会聚到对称的 P' 点，全部+1 级衍射波则在 P 点（原物点）处反向会聚，形成虚像。此时，+1 级相干加强等价于凹透镜成像，-1 级相干加强等价于凸透镜成像。

即使挡住圆条纹光栅的一部分，其余的光将仍然会聚到 P' 点，只是暗一些。这就是为什么全息照片的任一部分都可以单独复现原像的原因。

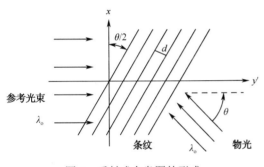

图 5　反射式全息图的形成

至于反射式全息图的形成机制，可通过图 5 得到解释。

2. 全息像的特点

（1）全息照片所再现出的被摄物形象是完全逼真的三维立体形象，它具有显著的视差特性。

（2）全息照片具有可分割的特性，即它一旦被弄碎（或被掩盖，或玷污了一部分），任一碎片仍能再现出完整的被摄物形象。

（3）全息照片所再现出的被摄物像的亮度可调。因为再现光波是入射光的一部分，故入射光越强，再现物像就越亮。实验表明，亮暗的调节可达 10^3 倍。

（4）同一张全息感光板可进行多次重复曝光记录，一般在每次拍摄曝光前稍微改变全息感光板的方位（如转动一个小角度），或改变参考光束的入射方向，或改变物体在空间的位置，就可在同一感光板上重叠记录，并能互不干扰地再现各个不同的图像。若物体在外力作用下产生微小的位移或形变，并在变化前后重复曝光，则再现时物光波将形成反映物体形态变化特征的干涉条纹。这就是全息干涉计量的基础。

（5）全息照片的再现像可放大和缩小。用不同波长的激光照射全息照片，由于与拍摄时所用激光的波长不同，再现的物像就会发生放大或缩小。由于这些固有的特点，使全息照相技术得到了广泛的应用，并受到许多科研和技术应用部门的重视。

【实验仪器及器材】

防震全息台、He-Ne 激光器、扩束镜、分束镜（或分束板）、平面镜、毛玻璃屏、调节支架、米尺、计时器、记录介质（全息干板）、照相冲洗设备等。

全息照相包括拍摄全息图和再现物像两个过程。要成功地拍摄一张精细条纹的全息照片，除要求相干性较好的光源外，还需采用高分辨率的全息感光材料，采用机械稳定性良好的光学元件装置和一个抗震性能良好的工作台。

1. 光源

拍摄全息照片必须用相干光源。He-Ne 激光的相干长度较大，故小型 He-Ne 激光器（功率约 1～3 mW）常用来拍摄较小的漫射对象（漫射物），并可获得较好的全息图。显然，激光的功率大些更好，可使拍摄时曝光的时间缩短，减少干扰。此外，氩离子激光，红宝石激光等也常用作全息照相的光源。

2. 记录介质（光敏聚合物）

（1）记录全息图，应当采用性能（主要指分辨率、灵敏度和其他感光化学特性）良好的感光材料。一般全息干涉条纹的间距很小，故要采用分辨率>1000 条/毫米的感光材料（普通照相感光片的分辨率约 100 条/毫米）。

（2）感光材料分辨率的提高导致感光速度下降，其曝光时间远较普通照相长，一般需几秒甚至几十分钟。具体时间由激光光强、被摄物大小和反射性能决定。

（3）曝光后，将全息干板依次置于蒸馏水、40%异丙醇、60%异丙醇、80%异丙醇及100%异丙醇溶液中 10 s、60 s、60 s、15 s 及 180 s。具体程序和要求，详见实验室规定。

（4）除以上光敏聚合物材料外，还有铌酸埋、铌酸锶钡晶体、硫砷玻璃半导体薄膜、光电热塑薄膜等也可作全息照相的记录介质。

3. 光路系统

需特别注意将光学元件（包括全息干板）装夹牢固。因为光路中光学元件之间任何一点微小的移动或振动，对产生干涉的影响很大，甚至会破坏全息图，使拍摄失败。

4. 全息实验台

拍摄全息照片要保证光学系统中各元件有良好的机械稳定性。全息实验台的防振效果可用放在台上的干涉仪来检查。若在所需的曝光时间内干涉条纹稳定不动，表明满足了要求。

【实验内容】

实验之前，先熟悉实验室布局、冲洗设备及药液的放置位置，然后了解感光板的装夹方法和各光学元件支架的调整方法。

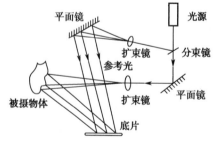

图 6　全息照片拍摄光路示意图

1. 漫反射全息照片的拍摄

根据被摄物体的具体情形，选择光路图，并按图 6 布置光学元件，拍摄所给物体的全息照片。拍摄时，应按下列工作程序操作。

（1）光路的调整

按光路布置各元器件，并进行如下调整：

① 使各元件中心等高，使光线与桌面平行；各光学元件装夹牢固；

② 被摄物及全息感光板是被均匀照明的。使参考光均匀照亮胶片夹上的白纸屏，使入射光均匀地照明被摄物体，而且漫反射光能照射到白纸屏上，调节两束光的夹角约为 30°；

③ 使物光和参考光的光程大致相等，在 60～80 cm，光程差控制在 1 cm 以内；

④ 物光和参考光均匀地照射在全息干板上，在感光板处物光和参考光的光强比为 1∶2～1∶6；

⑤ 被照物体与感光板的垂直距离小于 10 cm。

（2）曝光、拍摄

① 根据物光和参考光的总光强确定曝光时间：曝光量=总光强×曝光时间；

② 在可见光条件下，轻轻地将全息干板装上（先取下夹上的白纸屏），并注意感光乳胶面应向着激光束，稍等片刻；

③ 打开激光光源进行自动定时曝光，然后关闭激光光源，取下全息底片。

（3）全息照片的冲洗

曝光后，将全息干板依次置于水、40%异丙醇、60%异丙醇、80%异丙醇及 100%异丙醇溶液中 10 s、60 s、60 s、15 s 及 180 s。然后，冷风干燥。在白炽灯下观看时，若有干涉条纹，说明拍摄冲洗成功。

（4）全息照片再现像的观察

再现的方法是将全息干板放在原光路中，拿走物体，向着全息干板后原物体所在的方向看去就可以看到与原物体相似的明亮的像。按图 6 光路观察再现的虚像（真像）。观察时，注意比较再现虚像的大小、位置与原物的情况，体会全息照相的体视性。再通过小孔观察再现虚像，并改变小孔覆盖在全息照片上的位置，体会全息照相的可分割性。详细记录观察结果。

如果冲洗出来的全息干板看不到再现像，最大的可能是曝光过程中有振动或位移。假如再现像中能看到载物台，但看不到被摄物体，表明被摄物体未固定好。

*2. 拍摄全息光栅

当物光和参考光均为平行光时，它们干涉的结果是一组平行的条纹——光栅，由于是用全息照相方法获得的，故称为全息光栅。它制作方便，尺寸较大，杂散光干扰小，故应用较广。拍摄步骤为：

（1）按图 7 布置光路。

（2）调整光路，使由分束镜分离的两束光投射于全息干板处。两光束在全息干板处的夹角为 15°～20°，光强比 B～1∶1，光程近似相等（即由分束镜到全息干板两束光的路程差 ΔL <0.5 cm）。

（3）测量片夹处的总光强值。参考实验室所给数据，选择曝光时间。

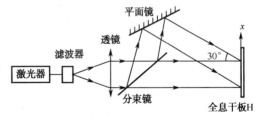

图 7　全息光栅制作示意图

（4）用遮光板遮掉激光，安装全息干板，注意乳胶面应向着激光束。

（5）移去遮光板曝光。经显影、定影、漂白处理后，漂洗晾干。

（6）用经过扩束的激光垂直照射所摄全息光栅，观测它的衍射图样。

【注意事项】

1. 保持各光学元件清洁，否则将影响全息图的质量。如果光学表面有灰尘，应按实验室规定的方法处理，切勿用手、手帕或纸片擦拭。

2．曝光过程中切勿触及全息实验台，人员也不宜随意走动，以免引起振动，影响全息图质量。

3．绝对不能用眼睛直视（直接朝向）未扩束的激光束，以免造成视网膜永久损伤（但经过透镜扩大光束截面后的激光束除外）。

4．全息照片及观察屏均为玻璃片基，易碎，使用时应小心轻放，以免损坏。

【思考题】

1．为什么要求光路中物光和参考光的光程尽量相等？

2．为什么个别光学元件安置不牢靠将导致拍摄失败？

3．如何推算全息光栅的光栅常量？

【阅读材料】

伽博（Gabor D，1900—1979 年）由于发明和发展了全息学方法获得了 1971 年的诺贝尔物理学奖。伽博生于布达佩斯，15 岁时对物理学产生了强烈的兴趣。1924 年毕业于柏林高等技术学校，1927 年取得电力工程博士学位后在德国西门子公司实验室工作。1933—1948 年在英国汤姆斯—豪斯顿公司工作。1949 年到伦敦帝国科技学院任教。他研究兴趣广泛，发表论文 100 多篇，取得了 100 多项专利。

1947 年，伽博对电子显微镜产生了很大的兴趣，当时能达到的分辨本领已比最好的光学显微镜强了 100 多倍，但还不能分辨晶格。电子透镜的球差将电子显微镜的分辨本领限制在 0.5 nm 左右，而校正物镜非常困难。伽博对这个问题想了很久，有一天突然闪现出一个念头：“为什么不拍摄一张坏的电子照片，但它包含着全部信息，再用光学的方法去矫正它呢？”于是他用高压汞灯经过滤光片，用得到的单一波长的单色光代替电子束，照到直径 3 μm 的针孔上，物为直径 1 mm 的写有惠更斯、杨氏、菲涅尔名字的显微照片，做出了直径约 1 cm 左右的全息图。由于光源的相干长度仅有 0.1 mm，大约相当于 200 个条纹，迫使他把所有元件布置在一条轴线上。实验得到的再现像虽然有些缺陷，如字母有畸变，得到的全息图还很小，只能靠显微镜或短焦距目镜才能看到，但他毕竟开创了光的全部信息的记录和再现的历史。伽博说：“在进行这项研究时，我是站在两个伟大的物理学家的肩膀上，他们是布拉格（Bragg W L）和策尼克（Zernike F）。”他参考了布拉格的 X 射线显微镜和策尼克的相衬原理。1963 年，利思（E.N. Leith）和乌帕特尼克斯（J. Upatnieks）发表了第一张激光全息图后，全息术才以惊人的速度发展起来。

【参考文献】

[1] 杨述武，赵立竹，沈国土．普通物理实验[M]．4 版．北京：高等教育出版社，2009

[2] 章鹤龄，光学基础专业实验[M]．北京：自编教材，2008：73

[3] 任敦亮，王丰，丁伟红．大学物理[M]．北京：机械工业出版社，2009

[4] 赵凯华，钟锡华．光学[M]．北京：北京大学出版社，1982：310

[5] 谭佐军，桂容，曹炜，等．对全息照相实验的研究与改进[J]．大学物理实验，2007，（20）：6

[6] 刘战存，徐桂姝．站在“巨人”肩膀上的创新——伽博对全息术的发明[J]．物理实验，2000，20（1）：39-40，42

实验二十八　彩虹全息

彩虹全息和像全息一样，也可以用白光照明下再现。不同的是，像全息的记录要求成像光束的像面与全息干板的距离非常小，而彩虹全息没有这种限制。彩虹全息是利用记录时在光路的适当位置加狭缝，再现时同时再现狭缝像，观察再现像时将受到狭缝再现像的限制。当用白光照明再现时，对不同颜色的光，狭缝和物体的再现像位置都不同，在不同位置将看到不同颜色的像，颜色的排列顺序与波长顺序相同，犹如彩虹一样，因此这种全息技术称为彩虹全息。1969 年，本顿（Benton）发明了二步彩虹全息术，掀起了以白光显示为特征的全息三维显示的新高潮。1978 年，杨振寰等人发明了一步彩虹全息摄影技术。拍摄一步彩虹全息图时在物和全息干板之间加一个狭缝，并且透镜成的实像可以离开全息干板一段距离，所以再现立体效果比面全息图更强。

【实验目的】

1．了解像全息白光再现的原理及一步彩虹全息和面全息的原理。
2．掌握一步彩虹全息图的制作方法。
3．了解面全息的实验方法。

【实验原理】

离轴全息图不能用白光再现的原因是因为色模糊造成的，为了在像面全息图的基础上进一步减小像全息图的色模糊，人们发展出了彩虹全息图。所谓彩虹全息图实际上是在同一张全息干板上，同时拍摄记录下了两个物体的全息图，其一是物体的像面全息图，另一个是一条距全息干板为明视距离的矩形狭缝的离轴全息图，如图 1 所示。彩虹全息的出现开创了全息显示技术，用白光再现的全息图主要用来显示物体的三维形象，故叫作显示全息，它是别的显示方法不能代替的。

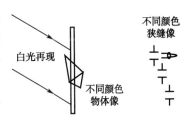

图 1　白光再现彩虹全息图

彩虹全息再现时，物体的实像浮在全息干板上，狭缝的实像呈现在全息干板前。观察时人眼只有通过狭缝实像，才能看到物体的像，狭缝实像起了一个限制观察视角的作用（信息通道作用）。由于是用白光再现，所以每一个波长的光都能再现出一个物像和狭缝实像，它们具有不同颜色，并且一一对应，通过某一颜色的狭缝，只能看到同一颜色的物体。由于狭缝在全息干板前的位置较远，所以错开的位置也较大（即色散较大），这样更易把不同颜色的狭缝实像分离，避免重合，也就达到了把物像也分开的目的，这样就在更大程度上消除了色模糊，实现了白光再现。由于可以看到由红到紫的物体图像，就似彩虹一样，这就是彩虹全息的由来。因为要成像于全息干板上，按成像方法的不同可分为一步法和二步法。

【实验内容】

1．用二步法拍摄彩虹全息图

用二步法拍摄彩虹全息图，应先用银盐干板拍摄一张物体的普通离轴全息图，用它作为母全息图 H_1。拍摄时用共轭参考光（简称参考光）再现物体图像，在 H_1 前面放置一条

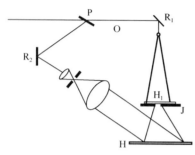

图 2 二步法拍摄彩虹全息图

状狭缝，这样把二维图像记录到全息干板 H 上，这就是物光 O，另用一束平行光 R 作参考光，所构建拍摄光路如图 2 所示。

若再现光与共轭参考光相差太大，则再现实像的波像差较大（这可以和用透镜成像进行比较而察觉）。故在设计拍摄光路时一定要特别注意，应尽可能地让再现光接近共轭参考光，才能减少再现像的波像差。二步法还有一个缺点，就是它的噪声总比透镜成像法大，故在某些要求有较高成像质量时，此法不可取。

二步法的优点是拍摄时它的光能利用率较一步成像法高，不需要太大功率的激光器，也不需要大口径的成像透镜，故所需条件较小。

实验步骤如下：

（1）在构建拍摄光路前应对光学平台的防震性能进行检查，并测量激光器的输出功率，检查输出光斑图样。

（2）在构建光路时，尽可能做到让参考光和物光的光程相同。

（3）光路构建好后，应再次检查所有支架的紧固螺钉是否锁紧。

（4）遮住参考光检查母全息图成像的情况，并调整之使其达到要求（清晰度、位置等）。

（5）用照度计测物光照度，遮住物光测参考光照度，调整物光或参考光强使参物比接近 3∶1（对于散射物体采用较强的参考光，有利于弱散斑的信息放大）。

（6）依全息干板特性曲线（即测定衍射效率曝光量曲线），选择恰当的曝光强度（光敏聚合物，曝光强度为 40 mW）。测量总照度，依曝光量确曝光时间 60 s。

（7）设置并试用曝光定时器，遮住激光束，安装全息干板，静台 1 min。

（8）打开激光束按曝光时间进行曝光。

（9）曝光结束后用暗盒装好全息干板，在教师指导下进行化学处理，选择恰当的显影时间（80～100 s）。不适宜用延长曝光时间来增加黑度，这对减小噪声有利）。

（10）用白点光源或太阳光对彩虹全息图再现，对再现像做出评价（噪声、观察视角、色彩等）。

【注意事项】

1．狭缝大小和方向的选择：狭缝大小的选取对彩虹全息来说越窄越好。狭缝越窄色彩越纯，但太窄则物的光强太弱，不便观察，也不容易拍照。至于狭缝方向，水平放置与垂直放置均可，只是观察时的移动方向不同，可依习惯而定。

2．制作彩虹全息图时，参考光与物光光强比约为 3∶1，且参考光与物光夹角不宜过大，以免影响衍射效率。

3．观察彩虹全息图的再现像时应注意再现条件：白光方向必须是 R_1^* 的方向，再者人眼应应好置于狭缝原位置。

4．母全息图的制备可参考全息照相实验，为了便于再现实像和制作彩虹全息图，制作母全息图时物光与参考光的夹角不能太小。例如，应在 60° 以上，物与全息干板的距离也应适当选择。

2. 用一步法拍摄彩虹全息图

一步法彩虹全息图的记录光路是在三维照相的光路中，在全息干板与物体之间插入一个成像透镜和一个水平狭缝，把物体和狭缝的像一次记录下来，由于狭缝放置的位置不同，一步法彩虹全息图的记录光路有两种：一种是赝像的记录光路，一种是真像记录光路，如图3所示。成像透镜对物体和狭缝均成实像，它们分别在全息干板的前、后。再现时只需以原参考光方向照明即可在全息图与观察者之间形成狭缝的实像。由全息图的成像特性可知，当照明光与记录光

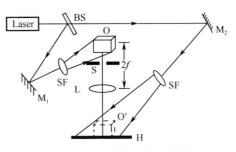

图3 一步法彩虹全息光路图

的波长相等时，再现像点与记录物点位置重合，再现狭缝实像的位置。原狭缝与像位置重合，若用白光照明彩虹全息图，由于波长连续变化，每一波长都在不同的位置上形成它自己的再现像点和狭缝像，因而再现像点弥散成一线段，狭缝像弥散成一个六面体，在固定的观察位置上，因人眼的瞳孔线度 D 有限，观察者只能看到一个准单色（$\lambda+\Delta\lambda$）的再现像点。不难证明，再现像的单色性 $|\Delta\lambda/\lambda|$ 可由下式表征：

$$\left|\frac{\Delta\lambda}{\lambda}\right|=\frac{D+a}{z\cdot\sin\theta} \tag{1}$$

式中，D 为瞳孔线度，a 为狭缝像的宽度，z 为观察者到全息图平面的距离，θ 为参考光与全息图平面法线的夹角。在彩虹全息图中，希望 $\Delta\lambda$ 越小越好。

1）色模糊

当照明光的范围从 λ 到 λ'（$=\lambda+\Delta\lambda$），在 $\Delta\lambda$ 范围内，物点的再现像点变为一段弧线 $\overset{\frown}{I_\lambda I_{\lambda'}}$，用人眼观察时，这段弧线的视长度为 ΔI，叫色模糊。由图4可知，ΔI 可近似表示为

$$\Delta I = (z_s+z_0)\Delta\alpha \approx (z_s+z_0)\frac{\Delta H}{z_s}=\frac{z_0 a}{z_s} \tag{2}$$

式中，z_0 为物到全息图平面的距离，z_s 为狭缝像到全息图平面的距离。

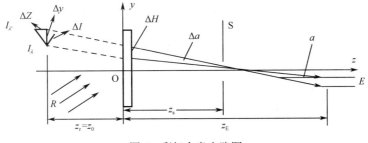

图4 彩虹全息光路图

由上式可知，当 $z_0 \to 0$ 时，色模糊为零。当 $z_0 \neq 0$ 时，则要求 $|z_0|$ 小。但是，狭缝窄会使记录激光散斑的影响增大，同时，狭缝的衍射效应引起的像模糊也将增大。

2）狭缝的选择

狭缝的衍射效应造成再现像模糊可表示为

$$\delta_D=\lambda_0(z_0 - z_s)/a \tag{3}$$

当 $\lambda_0=632.8$ nm 时，$z_s=400$ mm，$z_0=-50$ mm，如果色模糊 ΔI 与 δ_D 相等时，则狭缝宽度 a 为

$$a=[\lambda_0 z_S (z_0 - z_s)/z_0]^{1/2} \approx 1 \ \text{mm} \tag{4}$$

由此可见，狭缝宽度为 1 mm 时，衍射造成的模糊与色模糊大致相等。实际上，当物像距全息干板不远，要求不太严格时，狭缝宽度的选择有相当的随意范围，一般取 1 cm 左右。

实验步骤如下：

（1）按图 3 调整光路。

（2）选定物体 O 的位置，用毛玻璃找到 O 的实像 I_0，I_0 的大小可这样确定，即面对成像透镜 L 看实像 I_0 使其完整无缺为止，在 I_0 像面后约 3 cm 处放置干板架。

（3）在物体 O 的后面加入狭缝 S，在干板架的后面用毛玻璃找到狭缝的像 I_S，调整 S，使 I_S 到 H 的距离为 40 cm 左右，然后，透过 I_S 观察 I_0 是否完整，若 I_0 的左右仍不全，可加大狭缝宽度，但不要超过 1 cm；若 I_0 左右仍不全，只好换更小的物体 O。

（4）调节分束板 BS 和其他元件，使参考光与物光的强度比约为 3∶1，光程差趋近于零。

（5）关上快门 S，安置全息干板，稳定约 1 min。打开快门曝光适当时间，再关上快门 S，取下干板，将全息干板依次置于水、40%异丙醇、60%异丙醇、80%异丙醇及100%异丙醇溶液中 10 s、60 s、60 s、15 s 及 180 s。然后，冷风干燥。在白炽灯下观看时，若有干涉条纹，说明拍摄冲洗成功。

（6）用白光光源照明全息图，注意观察彩虹全息像，平行于狭缝方向的视差保留下来，而沿垂直于狭缝方向改变观察位置，就能看到红、绿和蓝的彩色全息图。

【参考文献】

[1] 杨述武，赵立竹，沈国土. 普通物理实验（光学部分）[M]. 北京：高等教育出版社，2007：124

[2] 陈建龙. 全视差二步彩虹全息[J]. 光学技术，2000：275

[3] 任敦亮，王丰，丁伟红. 大学物理[M]. 北京：机械工业出版社，2009

[4] 赵凯华，钟锡华. 光学[M]. 北京：北京大学出版社，1982：310

[5] 丁美文. 光全息学及信息处理[M]. 北京：国防工业出版社，1984

实验二十九　偏振现象的观察与分析

光的干涉和衍射实验证明了光的波动性质。本实验将进一步说明光是横波而不是纵波，即其 **E** 和 **H** 的振动方向是垂直于光的传播方向的。光的偏振性证明了光是横波，人们通过对光的偏振性质的研究，更深刻地认识了光的传播规律和光与物质的相互作用规律。目前偏振光的应用已遍及于工农业、医学、国防等部门。利用偏振光装置的各种精密仪器，已为科研、工程设计、生产技术的检验等，提供了极有价值的方法。

在拍摄立体电影时，用两个摄影机，两个摄影机的镜头相当于人的两只眼睛，它们同时分别拍下同一物体的两个画像，放映时把两个画像同时映在银幕上。如果设法使观众的一只眼睛只能看到其中一个画面，就可以使观众得到立体感。为此，在放映时，两个放像机的镜头上各放一个偏振片，两个偏振片的偏振化方向相互垂直，观众戴上用偏振片做成的眼镜，左眼偏振片的偏振化方向与左面放映机上的偏振化方向相同，右眼偏振片的偏振化方向与右面放映机上的偏振化方向相同，这样，银幕上的两个画面分别通过两只眼睛观察，在人的脑海中就形成立体化的影像了。

人的眼睛对光的偏振状态是不能分辨的，但某些昆虫的眼睛对偏振却很敏感。比如蜜蜂有五只眼、三只单眼、两只复眼，每只复眼都包含 6300 个小眼，这些小眼能根据太阳的偏振光确定太阳的方位，然后以太阳为定向标来判断方向，所以蜜蜂可以准确无误地把它的同类引到它找到的花丛中。再如在沙漠中，如果不带罗盘，人是会迷路的，但是沙漠中有一种蚂蚁，它能利用天空中的紫外偏振光导航，因而不会迷路。

【实验目的】

1. 观察光的偏振现象，加深偏振的基本概念。
2. 了解偏振光的产生和检验方法。
3. 观测布儒斯特角并测定玻璃折射率。
4. 观测椭圆偏振光和圆偏振光。

【实验仪器及器材】

8 个光具座、高压汞灯光源、低压钠灯光源、线偏振片（起偏器、检偏器）、1/4 波片、1/2 波片、观测布儒斯特角装置，如图 1 所示。

图 1　实验仪器实物图

【实验原理】

1. 偏振光的基本概念

按照光的电磁理论，光波就是电磁波，它的电矢量 E 和磁矢量 H 相互垂直，两者均垂直于光的传播方向。从视觉和感光材料的特性上看，引起视觉和化学反应的是光的电矢量，通常用电矢量 E 代表光的振动方向，并将电矢量 E 和光的传播方向所构成的平面称为光振动面。

在传播过程中，光的振动方向始终在某一确定方位的光称为平面偏振光或线偏振光，如图 2（a）所示。光源发射的光是由大量原子或分子辐射构成的。由于热运动和辐射的随机性，大量原子或分子发射的光的振动面出现在各个方向的概率是相同的。一般来说，在 10^{-6} s 内各个方向电矢量的时间平均值相等，故出现如图 2（b）所示的所谓自然光。有些光的振动面在某个特定方向出现的概率大于其他方向，即在较长时间内电矢量在某一方向较强，这就是如图 2（c）所示的所谓部分偏振光。还有一些光，其振动面的取向和电矢量的大小随时间做有规则的变化，其电矢量末端在垂直于传播方向的平面上的移动轨迹呈椭圆（或圆形），这样的光称为椭圆偏振光（或圆偏振光），如图 2（d）所示。

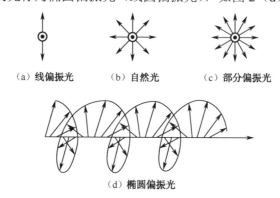

（a）线偏振光　　（b）自然光　　（c）部分偏振光

（d）椭圆偏振光

图 2　光波按偏振的分类

2. 获得偏振光的常用方法

（1）非金属镜面的反射

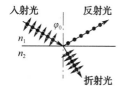

"·" "↔" 均表示电矢量 E，图中反射光是振动面
与入射面垂直的完全偏振光，折射光是部分偏振光

图 3　布儒斯特定律图示

通常自然光在两种介质的界面上反射和折射时，反射光和折射光都将成为部分偏振光。并且当入射角增大到某一特定值 φ_0 时，镜面反射光成为完全偏振光，其振动面垂直于入射面，如图 3 所示，这时入射角 φ_0 称为布儒斯特角，也称为起偏角。

由布儒斯特定律得

$$\tan \varphi_0 = \frac{n_2}{n_1} = n$$

其中，n_1、n_2 分别为两种介质的折射率，n 为相对折射率。

如果自然光从空气入射到玻璃表面而反射时，对于各种不同材料的玻璃，已知其相对折射率 n 的变化范围为 $1.50\sim1.77$，则可得布儒斯特角 φ_0 为 $56°\sim60°$。此方法可用来测定物质的折射率。

（2）多层玻璃片的折射

当自然光以布儒斯特角 φ_0 入射到由多层平行玻璃片重叠在一起构成的玻璃片堆上时，由于在各个界面上的反射光都是振动面垂直入射面的线偏振光，故经过多次反射后，透出来的透射光也就接近于振动方向平行于入射面的线偏振光。

（3）利用偏振片的二向色性起偏

将非偏振光变成偏振光的过程称为起偏。

某些有机化合物晶体具有二向色性，它往往吸收某一振动方向的入射光，而与此方向垂直振动的光则能透过，从而可获得线偏振光。利用这类材料制成的偏振片可获得较大截面积的偏振光束，但由于吸收不完全，所得的偏振光只能达到一定的偏振度。

（4）利用晶体的双折射起偏

自然光通过各向异性的晶体时将发生双折射现象，双折射产生的寻常光（o 光）和非常光（e 光）均为线偏振光。o 光光矢量的振动方向垂直于自己的主截面；e 光光矢量的振动方向在自己的主截面内。方解石是典型的天然双折射晶体，常用它制成特殊的棱镜以产生线偏振光。利用方解石制成的沃拉斯顿棱镜能产生振动面互相垂直的两束线偏振光；用方解石胶合成的尼科耳棱镜能给出一个有固定振动面的线偏振光。

3. 偏振片、波片及其作用

（1）偏振片

偏振片是利用某些有机化合物晶体的二向色性，将其渗入透明塑料薄膜中，经定向拉制而成的。它能吸收某一方向振动的光，而透过与此垂直方向振动的光，由于在应用时起的作用不同，用来产生偏振光的偏振片叫作起偏器；用来检验偏振光的偏振片，叫作检偏器。

按照马吕斯定律，强度为 I_0 的线偏振光通过检偏器后，透射光的强度为

$$I = I_0 \cos^2 \theta$$

式中，θ 为入射偏振光的偏振方向与检偏器偏振轴之间的夹角，显然当以光线传播方向为轴转动检偏器时，透射光强度 I 将发生周期性变化。当 $\theta = 0°$ 时，透射光强最大；当 $\theta = 90°$ 时，透射光强为极小值（消光状态），当 $0° < \theta < 90°$ 时，透射光强介于最大和最小值之间，图 4 表示了自然光通过起偏器与检偏器的变化。

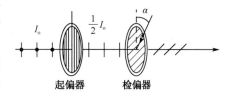

图 4　光波的起偏和检偏

根据透射光强度变化的情况，可以区别线偏振光、自然光和部分偏振光。

（2）波片

波片是用单轴晶体切成的表面平行于光轴的薄片。

当线偏振光垂直射到厚度为 L，表面平行于自身光轴的单轴晶片时，会产生双折射现象，寻常光（o 光）和非常光（e 光）沿同一方向前进，但传播的速度不同。这两种偏振光通过晶片后，它们的相位差为

$$\Delta \varphi = \frac{2\pi}{\lambda}(n_o - n_e)L$$

式中，λ 为入射偏振光在真空中的波长，n_o 和 n_e 分别为晶片对 o 光和 e 光的折射率，L 为晶片的厚度。

我们知道，两个互相垂直的、频率相同且有固定相位差的简谐振动，可用下列方程表示（如通过晶片后光和光的振动）：

$$\begin{cases} x = A_e \cos \omega t \\ y = A_o \cos(\omega t + \varphi) \end{cases}$$

从两式中消去 t，经三角运算后得到合振动的方程式为

$$\frac{x^2}{A_e^2} + \frac{y^2}{A_o^2} - \frac{2xy}{A_e A_o} \cos \varphi = \sin^2 \varphi$$

由上式可知：

① 当 $\varphi = k\pi (k = 0, 1, 2, \cdots)$ 时，$y = \pm \frac{A_o}{A_e} x$，为线偏振光。

② 当 $\varphi = (2k+1)\frac{\pi}{2}(k = 0, 1, 2, \cdots)$ 时，$\frac{x^2}{A_e^2} + \frac{y^2}{A_o^2} = 1$，为正椭圆偏振光。在 $A_o = A_e$ 时，为圆偏振光。

③ 当 φ 为其他值时，为椭圆偏振光。

在某一波长的线偏振光垂直入射到晶片的情况下，能使 o 光和 e 光产生相位差

$\Delta\varphi = (2k+1)\pi$（相当于光程差为 $\dfrac{\lambda}{2}$ 的奇数倍）的晶片，称为对应于该单色光的二分之一波片（1/2 波片）或 $\dfrac{\lambda}{2}$ 波片；与此相似，能使 o 光和 e 光产生相位差 $\Delta\varphi = \left(2k+\dfrac{1}{2}\right)\pi$（相当于光程差为 $\dfrac{\lambda}{4}$ 的奇数倍）的晶片，称为四分之一波片（1/4 波片）或 $\dfrac{\lambda}{4}$ 波片。本实验中所用波片 $\left(\dfrac{\lambda}{4}\right)$ 是对 $6328\,\mathring{A}$（$\mathrm{H_e}$ - $\mathrm{N_e}$ 激光）而言的。

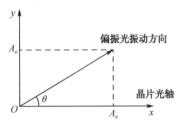

图 5　偏振光振动方向分解

如图 5 所示，当振幅为 A 的线偏振光垂直入射到 1/4 波片上，振动方向与波片光轴成 θ 角时，由于 o 光和 e 光的振幅分别为 $A\sin\theta$ 和 $A\cos\theta$，所以通过 1/4 波片合成的偏振状态也随角度 θ 的变化而不同。

① 当 $\theta = 0°$ 时，获得振动方向平行于光轴的线偏振光（e 光）。

② 当 $\theta = \pi/4$ 时，$A_e = A_o$ 获得圆偏振光。

③ 当 $\theta = \pi/2$ 时，获得振动方向垂直于光轴的线偏振光（o 光）。

④ 当 θ 为其他值时，经过 1/4 波片后为椭圆偏振光。

所以，可以用 1/4 波片获得椭圆偏振光和圆偏振光。

【实验内容】

1. 起偏与检偏鉴别自然光与偏振光

（1）在光源至光屏的光路上插入起偏器 P_1，旋转 P_1，观察光屏上光斑强度的变化情况。

（2）在起偏器 P_1 后面再插入检偏器 P_2。固定 P_1 的方位，旋转 P_2，旋转 360°，观察光屏上光斑强度的变化情况，特别注意有几个消光方位。

（3）分析上述现象的原因。

2. 观测布儒斯特角并测定玻璃折射率

（1）在起偏器 P_1 后，插入测布儒斯特角的装置，再在 P_1 和装置之间插入一个带小孔的光屏。调节玻璃平板，使反射的光束与入射光束重合。在表 1 中记下初始角 φ_1。

（2）一面转动玻璃平板，一面同时转动起偏器 P_1，使其透过方向在入射面内。反复调节直到反射光消失为止，此时在表 1 中记下玻璃平板的角度 φ_2，重复测量三次，求平均值。算出布儒斯特角 $\varphi_0 = \varphi_2 - \varphi_1$。

表 1　布儒斯特角度测量记录表

次数	玻璃平板的角位置		布儒斯特角		玻璃折射率 $n=\tan\overline{\varphi}_0$
	光垂直入射时 φ_1	反射光消光时 φ_2	$\varphi_0 = \varphi_2 - \varphi_1$	$\overline{\varphi}_0$	
1					
2					
3					

（3）把玻璃平板固定在布儒斯特角的位置上，去掉起偏器 P_1，在反射光束中插入检偏器 P_2，转动 P_2，观察反射光的偏振状态。

3．观察椭圆偏振光和圆偏振光

（1）先使起偏器 P_1 和检偏器 P_2 的偏振轴垂直（即检偏器 P_2 后的光屏上处于消光状态），在起偏器 P_1 和检偏器 P_2 之间插入 1/4 波片，转动波片使 P_2 后的光屏上仍处于消光状态（此时 $\theta=0°$）。

（2）从 $\theta=0°$ 的位置开始，使检偏器 P_2 转动，从屏上光强的变化判断经过 1/4 波片后的光的偏振态。

（3）取 $\theta=90°$，使检偏器 P_2 转动，从屏上光强的变化判断经过 1/4 波片后的光的偏振态。

（4）取 θ 为除 $0°$ 和 $90°$ 外的其他值：$30°$，$45°$，$60°$，$75°$，观察转动 P_2 时屏上光强的变化，判断经过 1/4 波片后的光的偏振态。特别是当 $\theta=45°$ 时，观察 P_2 转动时屏上光强的变化，以及此时光的偏振态变化。

（5）请从理论上解释（2）（3）（4）观察到的现象的原因。

4．考察平面偏振光通过 1/2 波片时的现象

（1）在光具座上依次放置起偏器和检偏器，使起偏器的振动面为垂直于水平面，检偏器的振动面为与水平面平行。此时应观察到消光现象。

（2）在起偏器与检偏器之间插入 1/2 波片，转动 1/2 波片 $360°$，能看到几次消光？请解释这一现象。能看到几次最亮的情况？请解释这一现象。

（3）将 1/2 波片转动任意角度，这时消光现象被破坏，把检偏器转动 $360°$，可观察到什么现象？由此说明通过 1/2 波片后，光变为怎样的偏振状态？请解释这一现象。

（4）仍使起偏器与检偏器处于正交状态，插入 1/2 波片，使其消光。再将 1/2 波片转动 $15°$，破坏其消光。转动检偏器至消光位置，并在表 2 中记录检偏器所转动的角度。

（5）继续将 1/2 波片转动 $15°$（即总转动角为 $30°$），记录检偏器达到消光所转的总角度，依次使 1/2 波片总转角为 $45°$、$60°$、$75°$、$90°$，在表 2 中记录检偏器消光时所转的总角度。从上面实验结果得出什么规律？请解释这一规律。

表 2　检偏器转动角度记录表

1/2 波片转动角度	检偏器转动角度
$15°$	
$30°$	
$45°$	
$60°$	
$75°$	
$90°$	

为了区分椭圆偏振光和部分偏振光、圆偏振光和自然光，需要在检偏器前再加一个 1/4 波片观测，请说明如何摆放 1/4 波片的位置，如何观测？记录对应的现象并解释原因。

【思考题】

1．偏振光的获得方法有哪些？

2．通过起偏和检偏的观测，怎样判别自然光和偏振光？

3．本实验如果需要验证马吕斯定律，还需要什么实验器材，如何操作？

4. 玻璃平板在布儒斯特角的位置上时，反射光束是什么偏振光？它的振动是在平行于入射面内还是在垂直于入射面内？

【参考文献】

[1] 吴泳华,霍剑青,熊永红. 大学物理实验(第二册)[M]. 北京:高等教育出版社. 2001
[2] 钟锡华. 现代光学基础[M]. 北京：北京大学出版社. 2003

实验三十　微波的布拉格衍射

【实验目的】

1. 掌握布拉格衍射原理，了解微波的光学性质。
2. 通过模拟晶体验证布拉格公式。

【实验仪器及器材】

微波分光仪、模拟晶体。

【实验原理】

微波是种特定波段的电磁波，其波长范围一般为 1 mm～1 m。与普通电磁波一样，微波也存在反射、折射、干涉、衍射和偏振等现象。但因为其波长、频率和能量具有特殊的量值，微波表现出一系列既不同于普通无线电波，又不同于光波的特点。

微波的波长比普通的电磁波要短得多，因此，其发生、辐射、传播与接收器件都有自己的特殊性。微波通常由能够使电子产生高频集体振荡的器件（如速调管或固态微波信号发生器）产生，微波的检测可用检波二极管将微波信号转变为直流信号并直接由电表指示。由于微波的波长与测量、传输设备的线度有相同的数量级，传统的电阻、电容、电感等元件由于辐射效应和趋肤效应都不再适用，必须用专门的微波元件如波导管、波导元件等来代替。这些专门设计的波导器件用来传输和储存微波。

本实验是观察微波照射到人工制作的晶体模型时的衍射现象，用来模拟 X 射线在真实晶体上的衍射现象，并验证布拉格衍射公式。

1. 晶体结构

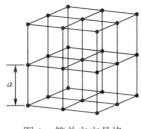

图 1　简单立方晶格

晶体中原子按一定规律形成高度规则的空间排列，称为晶格。最简单的晶格可以是所谓的简单立方晶格，它由沿三个方向 x, y, z 等距排列的格点所组成。间距 a 称为晶格常数，如图 1 所示。

组成晶体的原子可以看成分别处在一系列相互平行而且间距一定的平面族上。这些平面称为晶面。晶面的取法有许多种，其中以三种晶面比较常用，分别是（100）面、（110）面和（111）面，如图 2 所示。圆括号中的数字称为晶面指数。这三种晶面相邻晶面的面间距分别是 $a, \dfrac{a}{\sqrt{2}}, \dfrac{a}{\sqrt{3}}$。一般而言，对于简单立方晶格，晶面指数为（h, k, l）的晶面面间距可以表示为 $d = \dfrac{a}{\sqrt{h^2 + k^2 + l^2}}$。

  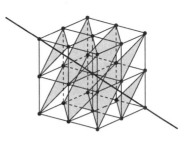

（a）（100）面，面间距为a　　（b）（110）面，面间距$\dfrac{a}{\sqrt{2}}$　　（c）（111）面，面间距$\dfrac{a}{\sqrt{3}}$

图 2　三种常见的晶面

2．布拉格衍射

X 射线的波长和晶体的晶格常数属于同一数量级，都是10^{-10} m，因此当 X 射线穿过晶体时，就会发生衍射现象。历史上第一个 X 射线衍射实验是由劳厄等人在 1912 年完成的，图 3（a）是实验装置的示意图，图 3（b）是 X 射线穿过石英晶体时观察到的衍射图样。X 射线衍射过程可以分两步进行：首先 X 射线入射到晶体中的原子上，振荡的电场引起原子中的电子做受迫振动，从而发射同频率的散射波；其次，晶体中高度规则排列的各个原子发射的散射波互相叠加发生干涉，在某些方向发生相长干涉，在某些方向发生相消干涉，形成衍射花样。晶体的作用如同一个三维光栅，因此，发生相长干涉的方向可以通过三个光栅方程计算出来，这是劳厄等人采用的方法。威廉·劳伦斯·布拉格把 X 射线衍射归为原子面对 X 射线的镜面反射，发展了更为直观、简捷的方法，即用他名字命名的"布拉格定律"。布拉格定律规定了相长干涉发生的条件，有两方面的内容：第一，入射波、散射波方向和晶面构成镜面反射关系，即入射角等于反射角（见图 4）；第二，从间距为d的相邻两个镜面反射的两束波的光程差为入射波波长的整数倍，即

$$2d\sin\theta = n\lambda \tag{1}$$

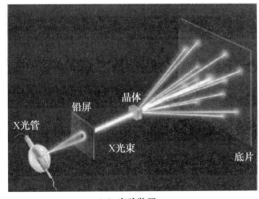 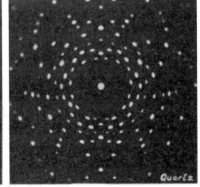

（a）实验装置　　　　　　　　（b）X射线穿过石英晶体时形成
　　　　　　　　　　　　　　　　　的衍射花样（劳厄斑）

图 3　X 射线衍射实验

式中，θ 角为入射波和晶面的夹角。如果改用入射波和晶面法线的夹角来表示，上式改写为

$$2d\cos\beta = n\lambda \tag{2}$$

从实验测得衍射极大的方向角β，如果知道波长λ，就可以根据布拉格定律，算出晶面面间距d。测出若干不同取向的晶面的面间距，就可以推知晶体中原子的排列，即晶体结构。

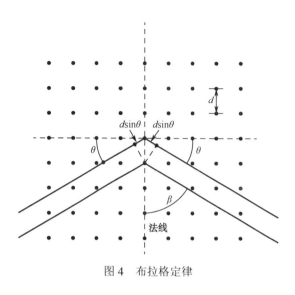

图 4　布拉格定律

为了观测到尽可能多的衍射极大方向，得到尽可能多的关于晶体结构的信息，在实际实验工作中，常采用的方法有：旋转晶体，采用多晶或粉末样品代替单晶，使用包括波长连续变化的 X 射线代替波长单一的 X 射线。

由于 X 射线仪价格昂贵，实际晶体衍射结果的分析处理也比较复杂，因此本实验采用比较简单而且直观的晶体模型代替结构复杂的实际晶体，用比较便宜的微波分光仪代替昂贵的 X 射线衍射仪模拟晶体对 X 射线的衍射，学习 X 射线衍射的原理和方法。

【仪器介绍】

模拟晶体由穿在尼龙绳上的小铝球组成，晶格常数为 4 cm。微波分光仪由微波发射、接收装置和刻有角度的分度转台组成，如图 5 所示。微波发射装置由一个 3 cm 固态微波振荡器、可变衰减器和发射喇叭组成。其中振荡器放置在微波腔内，波长为 3 cm 左右（其准确数值根据各台仪器上标出的振荡器频率 f，利用公式 $\lambda = c/f$ 求出，光速 $c = 299\,792\,458\,\text{m/s}$）。振荡器可工作在等幅状态，也可以工作在方波调制状态，本实验采用等幅工作状态；可变衰减器用来改变微波信号幅度的大小，衰减器的刻度盘指示越大，对微波信号的衰减也越大。微波接收器由接收喇叭和晶体检波器组成。晶体检波器可将微波信号变成直流信号或低频信号（当微波信号幅度用低频信号调制时）。直流信号的大小由微安表直接指示。

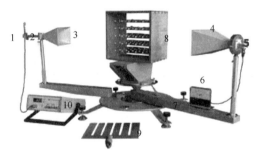

1—固态振荡器；2—可变衰减器；3—发射喇叭；4—接收喇叭；5—晶体检波器；6—检波指示器（微安表）；

7—分度转台；8—模拟晶体；9—模片；10—电源

图 5　微波分光仪

【实验内容】

首先根据仪器号确定固态微波振荡器的位置和对应频率，并计算微波的准确波长。根据公式（2）计算（100）面和（110）面衍射极大的入射角 β 的理论值。

然后测量并画出衍射强度随入射角 β 变化的实验曲线，定出衍射极大的入射角并与理论值比较。实验前，应该用间距均匀的模片从上到下逐层检查晶格位置上的模拟铝球，使球进入叉槽中，形成方形点阵。将晶体模型装到载物台上，安装时注意尽量使晶体模型的中心落在载物台转动的轴线上。使（100）面或（110）面的法线对准载物台读数圆盘的 0° 刻线，然后用弹簧压片将晶体模型底座压紧，以免转动中位置错动。此时发射臂指针所指的角度读数即入射角 β，而接收臂指针所指的角度即衍射角。

转动载物台，改变入射角 β，然后转动接收臂，使接收臂的方向指针指在刻度盘 0° 的另外一侧，且示数与 β 相等的刻度，这样就可以使衍射角等于入射角 β。电表指示的示数即代表这个方向的衍射强度。在电表示数较小的情况下，β 每隔 5° 测一个点，在衍射极大附近每隔 2° 或 1° 记录一个点。注意事先调节好衰减器不要使电表指示超过满刻度，根据测量结果画出 $\beta - I$ 曲线并确定极大值所对应的角度。

【阅读材料】

布拉格定律的发现

威廉·劳伦斯·布拉格 1912 年提出布拉格定律时，年仅 22 岁，而 3 年后他便和父亲威廉·亨利·布拉格一起由于"用 X 射线对晶体结构研究的贡献"分享了 1915 年的诺贝尔物理学奖。威廉·劳伦斯·布拉格成为"最年轻的获奖者"；从得到成果到获奖所经时间之短，在历史上也是不多见的。

那么威廉·劳伦斯·布拉格是怎样发现著名的"布拉格定律"的呢？这要从劳厄发现 X 射线衍射现象说起。1912 年，劳厄在与埃瓦尔德的讨论中了解到晶格的平移周期与 X 射线的波长属于同一量级，因此想到在二维光栅的两个衍射方程组中再加一个类似的方程，就可以描述 X 射线在三维晶体中的衍射。在此假设的指导下，Friedrich W 和 Knipping P 在 1912 年 4 月开始用 $CuSO_4$ 后来用闪锌矿进行实验，很快就得到 X 射线衍射的证据。劳厄还进一步标定了 ZnS 的四重对称衍射图中的衍射斑点的指数。不过，按照劳厄的衍射理论，很多本该出现的衍射斑点在照片上没有出现，劳厄认为实验所用 X 射线只由 5 种波长组成，而他们实际上用的是连续 X 射线谱（白光），这个错误正是威廉·劳伦斯·布拉格所要解决的。

劳厄的研究结果发表后不到一个月，便引起了布拉格父子的关注。当时，老布拉格（W.H. Bragg，1862—1942，"布拉格之父"）已是英国利兹大学的物理学教授，而布拉格则刚从剑桥大学毕业，在卡文迪许实验室开始其科学研究的生涯。这年暑假，当布拉格一家在约克郡的海滨度假时，父子俩便围绕着劳厄的论文讨论了起来。布拉格注意到了劳厄对闪锌矿晶体衍射照片所做的定量分析中存在的问题，即按照劳厄确定的 5 种波长本来应该形成的某些衍射斑实际上并未在照片上出现。经过长时间的苦思冥想，灵感出现了，他终于摆脱了劳厄的特定波长的束缚，进而提出了关于 X 射线晶体衍射的一种新颖、简捷的解释。

布拉格的灵感来自一个他重复劳厄实验时发现的现象和他本身的知识背景。他在做 X 射线照射 ZnS 晶体的实验时，发现当底片从 P_1 移到 P_2（见图 6）也就是与晶体的距离增大时，斑点形状从圆变成了椭圆，椭圆短轴在垂直方向，长轴在水平方向。一旦把 X 射线衍射看作原子面对 X 射线的反射，这种衍射斑的形状变化就

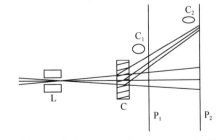

L—铅管；C—晶体；P_1，P_2—底片；C_1，C_2—斑点形状

图 6　劳厄图中衍射斑点形状的变化

变得显而易见了。因而，这个实验对布拉格提出原子面反射解释具有重要的启发作用。

而其当时已具有以下三方面的知识背景：①威尔逊关于白光的光栅衍射理论，该理论指出，当白光照射光栅时，既可看作复合光由光栅分解为光谱，也可看作一系列不规则脉冲在不同的衍射角度由光栅转变成具有不同周期的波列而形成光谱；②汤姆孙关于 X 射线是一种波长甚短的不定形电磁辐射脉冲的理论；③剑桥大学的化学教授波普（Pope）及巴洛（Barlow）关于晶体中原子呈球状密排的晶体结构理论。布拉格据此得出了晶体中的原子是排列在一系列平行平面上的正确而有用的结论。综合上述实验事实和背景知识，布拉格猛然意识到，劳厄照片上的斑点是来自晶体中原子面对 X 射线脉冲的反射。

图 7 是布拉格用来解释他的反射思想的示意图。当一个 X 射线脉冲入射一单层原子面时，原子面上的各个原子所散射的子波就形成一个反射波，这由光学中的惠更斯原理便可得出。对于实际的晶体来说，其中包含了大量的原子面，每一原子面反射一小部分入射脉冲，这样便有一脉冲波列被反射出来。晶体的作用是把脉冲变成若干单色波列（可称晶体的致周期性作用）。 换句话说，我们可以把脉冲看成具有一系列混合波长的 X 射线，晶体的作用就是将基波及其谐波从中分离出来进行反射。这里，基波的波长就是反射波列中相邻两脉冲的程差，其值为 $2d\sin\theta$，（θ 为入射 X 射线照射到晶体面上的掠射角，d 为晶体中原子面的间距），谐波的波长分别为 $2d\sin\theta/2, 2d\sin\theta/3, \cdots$ 因此，各级波长将由下式给出：

$$n\lambda = 2d\sin\theta$$

其中，n 是整数。这个关系式便是后来所称的"布拉格定律"。

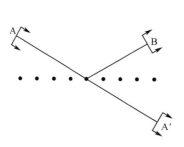 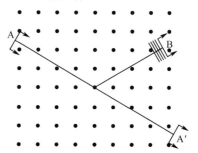

（a）单原子面对一个X射线脉冲的反射。脉冲A的大部分穿过了原子面成为脉冲A′，一部分则被反射成一弱脉冲B

（b）一系列原子面对一个X射线脉冲的反射。每个面都将反射该脉冲，于是产生了一脉冲波B，相邻两脉冲的程差为 $2d\sin\theta$

图 7　原子面对 X 射线脉冲的反射

综上所述，布拉格定律是布拉格于 1912 年 11 月提出的；与通常认为的"相长干涉"法推导不同，布拉格当初是用晶体的"致周期性作用"加上谐波分析的方法导出这个定律的。

【参考文献】

[1] 张志东，展永，魏怀鹏，等. 大学物理实验[M]. 北京：科学出版社，2010

[2] 吕斯骅. 新编基础物理实验[M]. 北京：高等教育出版社，2006

[3] 王建安. 布拉格定律来源考辨[J]. 自然科学史研究，1992，11（3）：245-250

[4] 刘战存. 布拉格父子对 X 射线晶体衍射的研究及其启示[J]. 首都师范大学学报：自然科学版，2006，27（1）：32-36

[5] 郭可信. X 射线衍射的发现[J]. 物理，2003，32（7）：427-433

第三章　综合设计实验

实验一　金属线膨胀系数的测量

在外界压力恒定、物体温度升高时，分子的热运动将加剧，它们彼此排斥，出现占有更大空间的趋势。因此绝大多数物质都具有热胀冷缩的宏观特性。

热胀冷缩是一种重要的物理现象，在我国古代对它已有所研究和利用。据《华阳国志》记载，李冰父子带领四川人民修建都江堰时，采用"积薪烧之"的方法，使岩石由于热胀冷缩不均匀而自行崩裂，从而降低施工难度。这种施工经验在我国历代水利工程中不断为人们采用。

热膨胀虽然不是很大，却可以产生很大的应力。在道路、桥梁、建筑等工程设计，精密仪器仪表设计，机械制造，材料的焊接、加工等各个领域，都必须对物质的膨胀特性予以充分的考虑，否则将影响结构的稳定性和仪表的精度。例如，焊接在灯泡内玻璃中的金属线的热膨胀程度必须与玻璃的热膨胀程度相同，这样金属线才不会由于温度改变而与玻璃松脱或把玻璃胀碎。在钢筋混凝土建筑物中，钢筋和混凝土的热膨胀程度也要相同。搪瓷烧锅在火上烧，搪瓷不会脱落，就是因为搪瓷烧锅所选用的金属材料和搪瓷的热膨胀程度相同的缘故。

绝大多数物质由于温度影响，其体积具有热胀冷缩性质。但也有少数物质，如水、锑、铋、液态铁等，在某种条件下其体积为热缩冷胀，这种现象为反常膨胀。实验证明，对 0 ℃的水加热到 4 ℃时，其体积不但不增大，反而缩小。当水的温度高于 4 ℃时，它的体积才会随着温度的升高而膨胀。因此，水在 4 ℃时的体积最小，密度最大。水的反常膨胀现象的主要原因是氢键的作用。在 4 ℃时，两个水分子由氢键相连形成的双分子缔合水分子的比例最大，水分子的间距最小，水的密度最大。0 ℃的冰和 4 ℃的水相比，体积大约胀大了 11%。水结冰时的反常膨胀会使水缸冻裂，流入岩石缝隙的水结冰时甚至会使岩石崩裂。严冬季节，湖泊、河流表层的水冻结了，但深处的水却不结冰，依然保持在 4 ℃左右，鱼、虾等水生生物便在那里过冬。以前印刷用的铅字里面就有锑、铋合金，因为如果不加的话，正常凝固后体积缩小，铅字和模具就有差别，所以必须加入反常膨胀的锑、铋合金。液态的铁水在凝固时体积膨胀，这样浇铸的工件便能与模型紧密吻合。我国古代的铸工就利用铁水的反常膨胀，在巨大的钟体上铸出凸起的经文。

不同材质的物体膨胀的程度不一样，而这种胀缩也是全方位的。例如，当一根圆柱形金属棒的温度发生变化时，不但它的轴向尺寸会变，径向尺寸也会变化。一般情况下，人们更关心其轴向即长度的变化。在一维情况下，固体受热后长度的增加称为线膨胀。在相同条件下，不同材料的固体，其线膨胀的程度各不相同，这里引入线膨胀系数来表征物质的膨胀特性。线膨胀系数是物质的基本物理参数之一，利用本实验提供的 SGR-I 型热膨胀实验测量仪，能对固体的线膨胀系数予以准确测量。

【实验目的】

1. 掌握用光的干涉的方法测定金属线膨胀系数的方法。
2. 测量金属在某一温度区域内的平均线膨胀系数。

【实验仪器及器材】

SGR-I 型热膨胀实验测量仪（由 He-Ne 激光器、数显温控仪、电热炉、分束器、反射镜和扩束器、硬铝、黄铜和钢试样等部分构成）、游标卡尺、电风扇等。

【实验原理】

经验表明，在一定的温度范围内，原长为 L_0 的物体，受热后其伸长量 ΔL 与其温度的增加量 Δt 近似成正比，与原长 L_0 亦成正比，即

$$\Delta L = \alpha L_0 \Delta t \tag{1}$$

式中的比例系数 α 为固体的线膨胀系数。大量实验表明，不同材料的线膨胀系数不同，塑料的线膨胀系数最大，金属次之，殷钢、熔凝石英的线膨胀系数最小。殷钢和石英的这一特性在精密测量仪器中有较多的应用。

实验还发现，同一材料在不同温度区域，其线膨胀系数不一定相同。某些合金，在金相组织发生变化的温度附近，同时会出现线膨胀量的突变。因此，测定线膨胀系数也是了解材料特性的一种手段。但是，在温度变化不大的范围内，线膨胀系数仍可认为是一常量。

为了测量线膨胀系数，将材料做成条状或杆状。由式（1）可知材料的线膨胀系数 α 为

$$\alpha = \frac{\Delta L}{L_0 \Delta t} \tag{2}$$

多数金属的线膨胀系数 α 在 $(0.8 \sim 2.5) \times 10^{-5}/{}^\circ\mathrm{C}$ 之间。表 1 列出了常用材料的线膨胀系数（0～100 ℃）。由此表可以估算这些材料的伸长量大小，应选用什么仪器来测量它们呢？本实验中采用光干涉法测量金属的线膨胀系数，图 1 为金属线膨胀实验仪示意图。请根据相关原理分析需要测量哪些物理量，怎么测？

表 1 常用材料的线膨胀系数

材料	锌	铅	铝	黄铜	铜	金	铁	碳钢	铂	玻璃	熔凝石英
$\alpha/10^{-6}\,{}^\circ\mathrm{C}^{-1}$	32	29.2	23.8	19	17.1	14.3	12.2	12	9.1	8.0	0.6

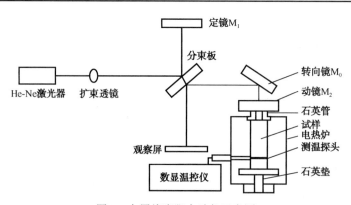

图 1 金属线膨胀实验仪示意图

【实验内容】

1．安装试样。

思考：（1）安装试样前需要测量哪个物理量？

（2）如何避免不必要的热传导？

（3）安装时应注意什么？

2．调整仪器，并获得迈克耳孙干涉条纹。

思考：（1）调整仪器哪些部件可以改变光的传播方向？

（2）如何保证条纹的稳定？

3．改变试样温度，记录干涉条纹的变化情况，并计算试样的线膨胀系数。

思考：（1）如何给试样加热并测量其温度？

（2）实验中应采用以下哪种方法测量条纹变化数目：①固定条纹变化数目，测量温度变化；②固定温度变化。为什么？

（3）如何保证在预设的温度范围内能持续给试样加热？

4．更换试样，测量温度的变化和相应的干涉环变化数目，计算其线膨胀系数。

思考：（1）更换好试样后，未给试样加热却测到试样温度在变化，这是为什么？

（2）何时可以开始新试样的测量？

（3）影响实验精度的主要误差来源是什么？

5．数据处理。

实验只要求简单计算金属线膨胀系数 α，并与表 1 中的参数相比较。

思考：若要求用逐差法、最小二乘法处理数据计算金属线膨胀系数 α，在实验时应如何测量数据？

【思考题】

1．什么是金属线膨胀系数？在本实验中为了获得该物理量，需要测哪些量，如何测量？

2．迈克耳孙干涉测量伸长量的原理是什么？

3．光路的调整方法是什么？

4．试样的安装方法是什么？加热系统的使用方法是什么？

5．该实验的误差来源主要有哪些？

6．为什么不同材料的线膨胀系数不同？

【阅读材料】

1．相关知识和原理

长度为 L_0 的待测固体试样被电热炉加热，当温度从 t_0 上升到 t 时，试样因线膨胀，伸长到 L，同时推动迈克耳孙干涉的动镜，使干涉条纹发生 N 个环的变化，则

$$L - L_0 = \Delta L = N \frac{\lambda}{2} \tag{3}$$

而固体的线膨胀系数

$$\alpha = \frac{\Delta L}{L_0 \Delta t} = \frac{N \cdot \frac{\lambda}{2}}{L_0 (t - t_0)} \tag{4}$$

所以只要用实验方法测出某一温度范围的固体试样的伸长量和加热前的长度，就可以测出该固体材料的线膨胀系数。

2. 仪器简介

（1）SGR-I 型热膨胀实验测量仪实物（见图 2）。

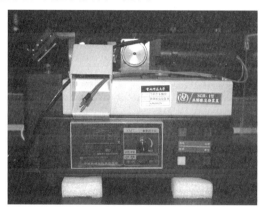

图 2　SGR-I 型热膨胀实验测量仪实物

（2）数显温控仪

数显温控仪的测温探头通过铂热电阻，取得代表温度信号的阻值，经电桥放大器和非线性补偿器转换成与被测温度成正比的信号；而温度设定值使用"设定旋钮"调节，两个信号经选择开关和 A/D 转换器，可在数码管上分别显示测量温度和设定温度，如图 3 所示。仪器加热接近设定温度，通过继电器自动断开加热电路；在测量状态，显示当前探测到的温度。

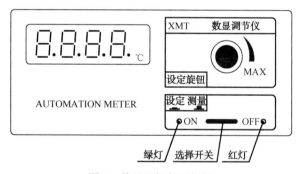

图 3　数显温控仪面板图

在准备自动控制加热温度时，还应考虑到，在测量范围内通常比设定温度大约低 2.8 ℃时，加热电炉被切断，所以可进行如下估算：

设定温度=基础温度+温升+2.8 ℃

设定温度后，将选择开关置于"测量"，记录试样初始温度 t_0，看准干涉图样中心的形状，按"加热"键，同时仔细默数环的变化量。待达到预定数（如 50 环或 100 环）时，记录温度显示值 t。当接近和达到设定温度时，红灯亮（绿灯闪灭），加热电炉自动切断。一种样品测试完毕后，直接按"暂停"键，手控停止加热最便捷。

当室温低于试样的线性变化温度范围时，可加热至所需温度，再开始实验测量。不用自动控制时，应将设定温度定在 60 ℃以上，否则达到设定温度后，会自动停止加热。此时设定温度过低，则无法完成实验。

3．注意事项

（1）装在样品上的动镜，是粘在石英管上的，这部分连接不能承受很大的扭力和拉力，因此旋紧和旋松动镜时，动作要轻，用力要小，以免损坏动镜。更不要手持动镜来移动样品。

（2）注意所有的光学面都不能用手接触，要保护好所有的光学面。

（3）实验时不要随意按"加热"开关，以免为恢复加热前温度而延误实验时间，或因短时间内温度忽升忽降而影响实验测量的准确度。实验中，每次加热前都需要静置一段时间观察温度显示，耐心等待试样入炉后的热平衡状态。

（4）为了避免体温传热时对炉体内外热平衡扰动的影响，不要用手碰待测试样品。

（5）实验过程中使用 He-Ne 激光器时，要注意保护眼睛，不要让激光束直射到眼睛，以防损伤视网膜。

【参考资料】

[1] 孙晶华，梁艺军，关春颖，等. 操纵物理仪器 获取实验方法（——物理实验教程）[M]. 北京：国防工业出版社，2010

[2] 葛松华，唐亚明. 大学物理实验[M]. 北京：化学工业出版社，2012

[3] 袁敏，梁霄，刘强，等. 大学物理实验[M]. 北京：科学出版社，2014

[4] 陈子栋，潘伟珍，金国娟，等. 大学物理实验[M]. 北京：机械工业出版社，2013

[5] 吴建宝，张朝民，刘烈，等. 大学物理实验教程[M]. 北京：清华大学出版社，2013

[6] 胡承忠，杨兆华，封百涛，等. 物理实验指导[M]. 济南：山东大学出版社，2009

实验二　双光栅测量微弱振动位移量

精密测量在自动化控制的领域里一直扮演着重要的角色，其中光电测量因为有较好的精密性与准确性，加上轻巧、无噪声等优点，在测量中常被采用。例如，原子力显微镜就是利用光电测量精确测量探针在样品表面的微弱位移从而得到样品表面形貌信息。其基本原理是：将一个对微弱力极敏感的微悬臂一端固定，另一端有一微小的针尖，针尖与样品表面轻轻接触，由于针尖尖端原子与样品表面原子间存在极微弱的排斥力，通过在扫描时控制这种力的恒定，带有针尖的微悬臂将对应于针尖与样品表面原子间作用力的等位面而在垂直于样品的表面方向起伏运动。利用光学检测法或隧道电流检测法，可测得微悬臂对应于扫描各点的位置变化，从而可以获得样品表面形貌的信息。此外，科研上利用磁共振磁力显微镜达到 1 pm 的测量精度，从而实现单电子自旋产生的磁力测量。作为一种把机械位移信号转化为光电信号的手段，光栅式位移测量技术在长度与角度的数字化测量、运动比较测量、数控机床、应力分析等领域得到了广泛的应用。

多普勒频移物理特性的应用也非常广泛，如医学上的超声诊断仪、测量海水各深度层的海流速度和方向、卫星导航定位系统、乐器的调音等。

本实验通过双光栅微弱振动测量仪调节产生光拍，分析力学中音叉振动的特点，测量微弱振幅（位移），研究音叉振动的谐振特性。

【实验目的】

1．熟悉一种利用光的多普勒效应形成光拍的原理。

2．学会利用光拍精确测量微弱振动位移的方法。

3．应用双光栅微弱振动实验仪测量音叉振动的谐振曲线。

【实验仪器及器材】

VM99-I 型光拍法微弱振动测量仪、双踪示波器、同轴电缆。

【实验原理】

1．音叉的振动

我们知道，常见的振动分为简谐振动、阻尼振动、受迫振动。本实验中的音叉振动幅度为 10^{-2} mm 量级，用刻度尺测量精度肯定不够。那用游标卡尺、千分尺可以测吗？答案也是否定的。这里介绍一种光电测量的方法。激光常在光电测量中使用，但我们知道激光的频率非常高（如本实验中激光的波长为 635 nm），用仪器很难直接测到。怎么办呢？大家肯定会想到降低频率。这里介绍一种降低频率的方法——光拍法。"拍"大家在力学中学习振动合成时肯定接触过。

2．光拍的形成

频率相差很小且同方向共线传播的两列光波叠加即形成光拍。光拍波的频率为叠加后两列简谐波的频差。实验中如何满足形成光拍的条件呢？简单地说，让激光先后通过一静一动完全平行且紧贴的两个光栅。其中动光栅贴在音叉上，随音叉一起往复振动。移动的光栅相对于静止的光栅有一个多普勒频移。激光通过双光栅后形成的衍射光，即为两种以上不同频率光束的平行叠加。改变两个光栅的间距，可以控制到达光电探测器中的仅为两个频率的光的叠加。若音叉的速度为 v，光栅常量为 d，根据光栅方程和多普勒频移，可知光拍的圆频率为

$$\omega_d = 2\pi \frac{v}{d}$$

则光拍的频率（拍频）为

$$F_{拍} = \frac{\omega_d}{2\pi} = \frac{v}{d} = v n_0 \tag{1}$$

式中，$n_0 = \frac{1}{d}$ 为光栅密度，本实验 n_0 为 100 条/毫米。由式（1）可以看出，音叉的速度 v 与光拍的频率 $F_{拍}$ 之间存在一定的联系。而且若要形成光拍，音叉必须有速度，即音叉必须振动起来。

3．微弱振动位移量的测量

音叉振动时，其振幅 A 为

$$A = \frac{1}{2} \int_0^{T/2} v(t)\mathrm{d}t$$

将式（1）代入上式，得

$$A = \frac{1}{2n_0} \int_0^{T/2} F_{拍}(t)\mathrm{d}t \tag{2}$$

式（2）中，T 为音叉振动周期；而 $\int_0^{T/2} F_{拍}(t)\mathrm{d}t$ 即半个音叉周期内拍频波的波形个数，实验时从示波器上读出。因此，只要测出光拍波的波形个数，就可得到微弱振动的位移振幅。图 1 给出了示波器上观察到的音叉驱动信号（稀疏正弦曲线）和光拍波信号（密集

曲线）。可以看出，波形个数由完整波形数、波的首数和波的尾数三部分组成。根据示波器上显示的波形计算，波形的分数部分是一个不完整波形的首数和尾数，需在波群的两端，按反正弦函数折算为波形的分数部分，即

波形个数=整数波形数+波的首数和尾数中满 1/4 或 1/2 或 3/4 个波形分数部分+

$$\frac{\arcsin a}{360^\circ} + \frac{\arcsin b}{360^\circ}$$

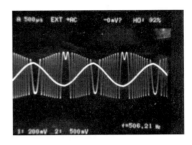

图 1　示波器上观察到的音叉驱动信号和光拍波信号

式中，a、b 为波群的首、尾幅度和该处完整波形的振幅之比。波群指音叉 $T/2$ 内的光拍波的波形，分数波形数若满1/4个波形为0.25，满1/2个波形为0.5，满3/4个波形为0.75。

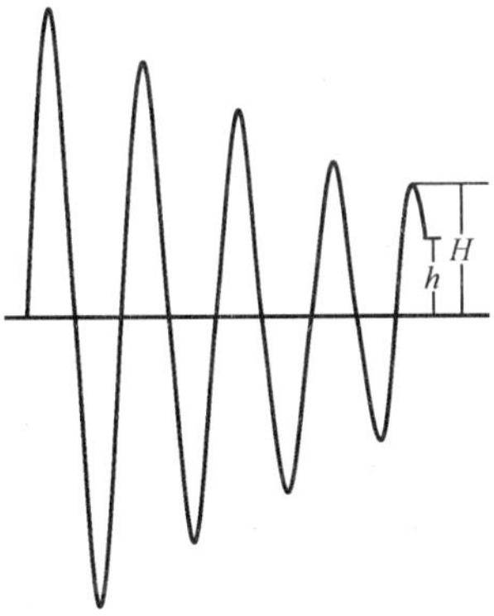

例如，如图 2 所示，在 $T/2$ 内，整数波形数为 4，尾数分数部分已满1/4但不满1/2波形，所以

$$\text{波形个数} = 4 + 0.25 + \frac{\arcsin(h/H)}{360^\circ} = 4.25 + \frac{\arcsin(0.6)}{360^\circ}$$

$$= 4.25 + \frac{36.8^\circ}{360^\circ} = 4.25 + 0.10 = 4.35$$

对应的振动位移为

$$A = \frac{1}{2n_0} \int_0^{T/2} F_{拍}(t)\mathrm{d}t = \frac{1}{2 \times 100} \times 4.35 = 2.18 \times 10^{-2} (\mathrm{mm})$$

图 2　光拍波形记数示意

【实验内容】

1．调整光路，得到强的光拍波。

思考：（1）初始音叉驱动频率应设在什么范围？

（2）两光栅如何调整？其衍射图样分别是怎样的？两衍射图样应该怎样形成强的光拍？

（3）激光的强度和方位如何调整？

（4）出射光与光电探测器之间如何建立联系？

（5）若示波器上光拍波波形太密甚至密得无法分辨，应如何处理？

2．研究外力驱动音叉时的谐振曲线。

思考：（1）音叉振动的特征点，即共振点有何特点？实验时如何准确找到？

（2）在实验完成音叉的谐振曲线时，应固定哪个物理量？实验点应如何选取？

3．改变音叉的有效质量，研究谐振曲线的变化规律。

思考：（1）如何改变音叉的有效质量？

（2）音叉的有效质量改变后，谐振曲线有何变化？为什么？

4．数据处理。

根据实验数据计算音叉振动的振幅，做出音叉的谐振曲线。

【思考题】

1．微弱振动的振幅是如何获得的？

2．本实验中是如何得到光拍波的？其拍频大小由什么决定？

3．激光器射出的激光波长为 635 nm，由此可知其频率为多少？能直接探测吗？若不能，怎么解决？

4．为什么要使用光拍？形成光拍的条件是什么（理论上）？

5．如何判断动光栅与静光栅的刻痕已平行？

6．做外力驱动音叉谐振曲线时，为什么要固定信号功率？测量时首先要找到音叉的什么频率？如何找？

【阅读材料】

1．相关知识和原理

（1）静光栅

由大量等宽等间距的平行狭缝构成的光学器件称为光栅。一般常用的光栅是在玻璃片上刻出大量平行刻痕制成的，刻痕为不透光部分，两刻痕之间的光滑部分可以透光，相当于一个狭缝。精制的光栅，在 1 cm 宽度内刻有几千条乃至上万条刻痕。这种利用透射光衍射的光栅称为透射光栅（本实验中所用的即为这种光栅），还有利用两个刻痕间的反射光衍射的光栅，如在镀有金属层的表面上刻出许多平行刻痕，两刻痕间的光滑金属面可以反射光，这种光栅称为反射光栅。

光垂直入射时满足光栅方程

$$d \sin \theta = k\lambda \tag{3}$$

式中，d 为光栅常量；θ 为衍射角；λ 为光波波长；k 为光谱级数，k=0，1，…。

若光斜入射到平面光栅上时，则光栅方程为

$$d(\sin \theta + \sin i) = k\lambda$$

式中，i 为入射角。

（2）光的多普勒频移

当光栅以速度 v 沿光的传播方向运动时，出射波阵面也以速度 v 沿同一方向移动，因而经历时间 t 时，它的位移量记作 vt。相应于光波位相发生变化 $\Delta\varphi(t)$，即

$$\Delta\varphi(t) = \frac{2\pi}{\lambda} vt \tag{4}$$

（3）光拍的获得与检测

双光栅微弱振动仪的光路简图如图 3 所示。本实验采用两片完全相同的光栅平行紧贴。B 光栅静止只起衍射作用，A 光栅不但起衍射作用，并以速度 v 相对光栅 B 运动起到频移作用。由于 A 光栅的运动方向与其衍射光方向成 θ 角，由式（4）可知，造成衍射后的相位变化为

$$\Delta\varphi(t) = \frac{2\pi}{\lambda} v\sin\theta \cdot t$$

将式（3）代入上式，得

$$\Delta\varphi(t) = 2\pi k \frac{v}{d} t = k\omega_d t$$

其中，$\omega_d = 2\pi \frac{v}{d}$。所以若激光从一静止的光栅出射时，光波电矢量大小可以表示为 $E = E_0 \cos\omega_0 t$，而激光从相应移动光栅出射时，光波电矢量大小则为

$$E = E_0 \cos[(\omega_0 t + \Delta\varphi(t)] = E_0 \cos[(\omega_0 + k\omega_d)]t \tag{5}$$

显然，移动的位相光栅 k 级衍射光波，相对于静止的位相光栅有一个多普勒频移，频移量为 $k\omega_d$。如图 3 所示，激光通过 A、B 两光栅后，将近乎同方向的圆频率分别为 ω_0 和 ω_d 的两列光波叠加形成光拍。实验如何实现呢？由于双光栅紧贴，激光束具有一定宽度，故出射光束能平行叠加，并仔细调节两光栅间距，可控制只有两个不同频率的光进入探测器中，形成很好的光拍。

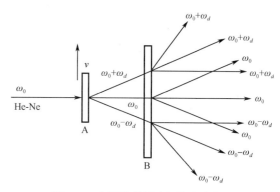

图 3　双光栅微弱振动仪的光路简图

激光经过双光栅所形成的衍射光叠加形成光拍信号。光拍信号进入光电检测器后，其输出电流可由下述关系求得。

光束 1：

$$E_1 = E_{10}\cos(\omega_0 t + \varphi_1)$$

光束 2：

$$E_2 = E_{20}\cos[(\omega_0 + \omega_d)t + \varphi_2] \qquad （取 k=1） \qquad （6）$$

光电流：

$$
\begin{aligned}
I &= \xi(E_1 + E_2)^2 \\
&= \xi\Big\{E_{10}^2\cos^2(\omega_0 t + \varphi_1) + E_{20}^2\cos^2\big[(\omega_0 + \omega_d)t + \varphi_2\big] + \\
&\quad E_{10}E_{20}\cos\big[(\omega_0 + \omega_d - \omega_0)t + (\varphi_2 - \varphi_1)\big] + \\
&\quad E_{10}E_{20}\cos\big[(\omega_0 + \omega_d + \omega_0)t + (\varphi_2 + \varphi_1)\big]\Big\}
\end{aligned}
\qquad （7）
$$

其中，ξ 为光电转换常数。因光波频率 ω_0 甚高，在式（7）第一、二、四项中，光电检测器无法响应，式（7）第三项即为拍频信号，因为频率较低，光电检测器能做出相应的响应。其光电流为

$$
\begin{aligned}
i_{\mathrm{S}} &= \xi\big\{E_{10}E_{20}\cos\big[(\omega_0 + \omega_d - \omega_0)t + (\varphi_2 - \varphi_1)\big]\big\} \\
&= \xi\big\{E_{10}E_{20}\cos\big[\omega_d t + (\varphi_2 - \varphi_1)\big]\big\}
\end{aligned}
$$

显然，拍频 $F_{拍}$ 为

$$F_{拍} = \frac{\omega_d}{2\pi} = \frac{v}{d} = v n_0$$

此即实验原理部分中的式（1）。

2. 仪器简介

VM99-Ⅰ型光拍法微弱振动测量仪如图 4 所示。

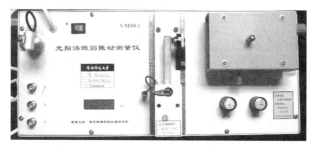

图 4　VM99-Ⅰ型光拍法微弱振动测量仪

3．注意事项

（1）避免激光直射人眼。

（2）调整几何光路时应十分小心，取下静光栅架时应注意不要使光栅擦伤或损坏；光栅的表面切勿用手摸，以防弄脏后使衍射效率降低。

（3）仔细调整激光器、双光栅、光电池、几何光路、音叉频率和功率等以获得清晰无重叠的拍频波。

【参考资料】

[1] 陈子栋，潘伟珍，金国娟，等. 大学物理实验[M]. 北京：机械工业出版社，2013

[2] 张晓宏，阎占元，黄明强，等. 大学物理实验[M]. 北京：科学出版社，2013

[3] 南京浪博科教仪器研究所. VM99 型双光栅微弱振动测量仪说明书[S]. 南京：南京浪博科教仪器研究所

[4] 郑发农，郝霞，华沙咪. 大学物理实验教程[M]. 合肥：中国科学技术大学出版社，2009

实验三　PN 结的物理特性及其参数的测定

半导体 PN 结的物理特性是半导体器件工作的重要基础，用它做成的热敏、光敏传感器以及各种电子线路元件在日常生活和科技领域有着广泛的应用，例如，本书综合设计实验"硅光电池的性能研究"中的硅光电池就是以 PN 结为基本单元的。同时 PN 结的物理特性也是半导体物理学和电子学教学的重要内容。PN 结的主要特性可以通过流经它的电流的变化反映出来，而其扩散电流 I_0 一般在 $10^{-6} \sim 10^{-8}$ A 量级，本实验采用运算放大器组成的电流-电压变换器（$I\text{-}V$ 变换器），可以实现对这种弱电流的准确测量，进而获得 PN 结的伏安特性和温度特性，求取玻尔兹曼常量和 PN 结的温度变化系数。

【实验目的】

1．进一步了解 PN 结的物理特性。
2．了解运算放大器的基本特性和主要功能。
3．掌握借助电流-电压变换器，实现弱电流检测的工作原理。
4．巩固基于最小二乘法的数据处理方法。

【实验仪器及器材】

FD-PN-C 型 PN 结物理特性测试实验仪。

【实验原理】

1．PN 结的物理特性

根据半导体物理学中有关 PN 结的研究，以及本书实验"伏安法测二极管的特性"的测试结果，可以知道 PN 结的正向伏安特性关系满足下式：

$$I = I_0 \left[\exp\left(\frac{eU}{kT} \right) - 1 \right] \qquad （1）$$

式中，I 是通过 PN 结的正向电流，I_0 是反向饱和电流，T 是热力学温度，e 是电子电量，U

为 PN 结正向压降。由于常温（300K）下，$kT/e=0.026$ V，而正向压降为十分之几伏，则有

$$I = I_0 \exp\left(\frac{eU}{kT}\right) \tag{2}$$

即 PN 结的正向伏安特性不仅是指数形式，而且它和 PN 结温度有关。若在一定 PN 结温度下，测得 PN 结的 I–U 关系，则可根据式（2），得到玻尔兹曼常量 k。

根据 PN 结的物理特性公式（2），可以得到其电流温度系数 I_t：

$$I_t = \frac{\mathrm{d}I}{I\mathrm{d}t} = -\frac{eU}{kT^2} \tag{3}$$

从上式可以看出，在 PN 端电压一定时，随着温度的增加，电流的相对变化减小。由此可以做成 PN 温度传感器或补偿电路温度效应的元件。

2. **弱电流检测**

随着集成电路和数字化显示技术的普及，高输入阻抗运算放大器（运放）的应用越来越广泛，该器件具有性能稳定、价格低等特点，用它组成的电流–电压变换器（I–V 变换器）测量弱电流信号，具有设计制作简单、抗干扰能力强、电流灵敏度高、线性好和温漂小等优势，因而在测量中被广泛使用。

LF356 是一个常用的集成运算放大器，用它组成的 I–V 变换器的基本电路如图 1 所示。作为一个理想的运放，它具有三个特点：输入阻抗 Z_i 很高、输出阻抗 Z_0 很小和开环电压增益 K_0 很大。它的基本功能用公式可以表示为

$$U_o = -K_o U_i \tag{4}$$

式中，U_o 为运放的输出电压，U_i 为其输入电压。

由于运放高输入阻抗的特点，I–V 变换器中的输入电流 I 进入运放的部分几乎为 0，即输入电流 I 近似等于反馈回路的电流 I_f，因而有

$$I \approx I_f = \frac{U_o - U_i}{R_f} = -\frac{(1+K_o)}{R_f}U_i \tag{5}$$

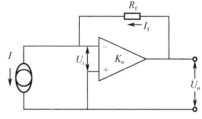

图 1　I–V 变换器基本电路

因为运放高开环增益的特点，有 $K_o \gg 1$，并且考虑运放的基本功能公式（4），式（5）变为

$$I \approx -K_o U_i / R_f = U_o / R_f \tag{6}$$

由式（6）可知，在已知 R_f 的情况下，只要测量出输出电压 U_o 即可求出 I。

对于运放 LF356，有开环增益 $K_o = 2 \times 10^5$，反馈电阻 R_f 为 1.00 MΩ。若选用测量精度为四位半，满量程 200 mV 的数字表头（参见预备实验"数字万用表的工作原理和使用"），它的分别率为 0.01 mV，此时 I–V 变换器能够测量的最小电流为

$$I_{min} = 0.01\,\mathrm{mV}/1.00 \times 10^6\,\Omega = 1 \times 10^{-11}\,\mathrm{A}$$

即实现了弱电流检测。

根据式（2）和式（6），有运放输出电压 U_o 与 PN 结正向电压 U 之间的关系为

$$U_o = -I_o R_f \exp\left(\frac{eU}{kT}\right) \tag{7}$$

实验中测量的就是一定温度 T 下，运放输出电压 U_o 与 PN 结正向电压 U 之间的关系。

根据式（7）得到的测试系统相对电压温度系数 U_t 公式为

$$U_t = \frac{\mathrm{d}U_o}{U_o\mathrm{d}t} = -\frac{eU}{KT^2} \tag{8}$$

可以发现，相对电压温度系数与 PN 结的相对电流温度系数的数学形式相同，并且仍然有随着温度的上升，输出（电压）的相对变化非线性减小的关系。

3．PN 结的结电压 U_{be} 与热力学温度 T 的关系测量

当 PN 结通过恒定小电流（一般为 1 mA），根据半导体理论有 U_{be} 与 T 的关系为

$$U_{be}=ST+U_{go} \tag{9}$$

式中，S 为 PN 结温度传感器的灵敏度。由 U_{go} 可求出温度为 0K 时半导体材料的近似禁带宽度 E_{go}，有 $E_{go}=qU_{go}$。实验中所用半导体三极管的材料为硅。

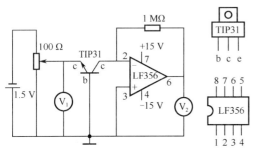

图 2　不同温度下的伏安特性的实验电路图

为了提高测量的正确性，常用半导体三极管的集电极 c 和基极 b 通过近短接（共基极）的方式来代替对 PN 结的测量，实验电路如图 2 所示。电路中部分导线已经连好，没有连接的部分有：1.5 V 电源、三极管和运放。其中三极管需要放入恒温井中。两个电压表 V_1 和 V_2 均为精度为四位的数字电压表，满量程分别约为 4 V 和 40 V。从实验电路图和运放引脚图中可以看出，LF356 的八个引脚中，只用到了 2、3、4、6 和 7 五个。待测三极管的三个电极 b、c 和 e 的引线颜色分别为黑、黄和红色。

对应实验电路中的符号，测量 PN 结伏安特性的公式变为

$$V_2 = -I_o R_f \exp\left(\frac{eV_1}{kT}\right) \tag{10}$$

【实验内容】

1．参考图 2 连接线路，之后旋转 1.5 V 电压源的灰色旋钮，判断电路是否工作正常。

2．选取三个不同的温度值，改变 PN 结正向电压 V_1，分别测量运放输出电压 V_2 与 PN 结正向偏压 V_1 之间的关系（测试点大于 10 个）。三次测试时，注意保持恒温井的温度稳定。基于最小二乘法，做出 V_2 与 V_1 的关系曲线，求取线性拟合、指数拟合和乘幂拟合公式及其各自的相关系数，比较确定 V_2 与 V_1 的数学关系，进而计算得到 e/k 和玻尔兹曼常量 k。

3．自己设计实验方法并选取工作条件，测量三极管的温度特性曲线，确定其温度系数关系。

【思考题】

1．集成运放的主要特点和基本功能是什么？

2．利用集成运放组成的 I-V 变换器的工作原理和电路形式是什么？对于实验中用到的数字表 V_2，能够测到的最小输入电流是多少？

3．在用基本函数进行曲线拟合求经验公式时，如何检验哪种函数式的拟合最符合实验规律？

4．做温度有关的实验时，应注意哪些问题？

5．对于不同的实验测试系统，PN 结温度特性的数学形式分别是什么？为什么？

【参考文献】

沈元华，陆申龙．基础物理实验[M]．北京：高等教育出版社，2003

实验四　示波器黑盒子

示波器黑盒子实验曾经是北京市奥林匹克物理竞赛实验比赛的测试内容。它是利用电阻、电容、电感元件的电流和电压矢量形式的不同，借助示波器分辨出封闭盒子中这些元件的性质，并测量其参数的实验。

【实验目的】

1．掌握电路基本元件（电阻、电容和电感）的阻抗特性及其参数的测量方法。
2．了解三种元件的实际频率特性。
3．巩固用示波器测量电压、频率和相位差的方法。

【实验仪器及器材】

双踪示波器 IWATSU SS-5802，函数发生器 GW INSTEK SFG-2004，待测电阻、电容和电感，ZX21 型电阻箱，屏蔽线和导线等。

【实验原理】

根据线性电阻、电容和电感三种元件电压电流关系的矢量形式，可知它们的电压电流关系均服从欧姆定律，有

$$V = Z_m I \tag{1}$$

式中，V 为黑盒子中某元件的端电压，Z_m 为元件阻抗 Z 的模（幅值），I 为流经元件的电流。对于电阻、电容和电感，理想的阻抗表达式分别为 $Z = R$，$Z = 1/j\omega C$ 和 $Z = j\omega L$。可以看出，三类元件阻抗特性不同，频率特性各异。通过实验，可以确定黑盒子中元件的电学特质，进而测量三个元件的电学参数 R_x，C_x 和 L_x。

【实验内容】

实验电路图如图 1 所示，其中示波器通道 1（CH1）端口监测黑盒子两端端电压 V，示波器 CH2 端口监测信号发生器的输出电压 V_m，R 为电阻箱。

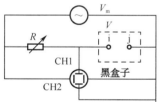

1．根据元件的阻抗关系，可以确定黑盒子中三个元件的电学性质（其中黑色接线柱为公共端），并简述其原理和方法。

2．调节电阻箱 R 的数值和信号源频率 f，通过公式（1）和元件阻抗公式，测量三个元件在不同频率条件下的电学参数 R_x，C_x 和 L_x（如 500 Hz 和 2 kHz 等）。

图 1　示波器黑盒子实验电路图

3．了解三种元件的频率特性。通过做前一个实验内容可以发现，由于电容、电感元件的频率特性不仅与元件自身的性质有关，而且与电路环境特性有关，因此借助阻抗公式中阻抗与频率的关系，研究和分析元件的实际频率特性。

【思考题】

1．可以用哪些方法判断黑盒子中元件的电学性质？如果黑盒子里面还有导线、发光二极管和电池等元器件，应如何利用所给仪器做出判断？

2．测量元件电学参数的具体公式是什么？不同频率条件下，测量的结果有什么特点？

3．三种元件的实际频率特性是怎样的？其原因是什么？

4．黑盒子中元件的不同连接方式，对判别方法有什么影响？

【参考文献】

[1] 吕秋捷，陈茵，周子平，等．用示波器检测电磁学黑盒子实验Ⅰ物理奥林匹克选拔赛考题之一[J]. 物理实验，2003，23（6）：27-29

[2] 胡翔骏．电路分析[M]. 北京：高等教育出版社，2001

[3] 陈亚爱，张卫平．基于 Agilent4395A+Impedance+Analyzer 的铝电解电容器阻抗频率特性测试与研究[J]. 2007 -中国电源学会全国电源技术年会（第 17 届）：711-714

[4] 韦春才，董海青．铝电解电容器频率特性研究[J]. 沈阳工业大学学报，2000,22（6）：506-508

[5] 王化祥，张淑英．传感器原理及应用[M]. 天津：天津大学出版社，2007

实验五　液体折射率的测定

液体折射率是一个反映液体光学性质的物理量。测定液体折射率是了解液体的光学性能、纯度、浓度等性质的重要依据，测量液体的折射率是近代光学分析方法之一。

【实验目的】

1．进一步熟悉分光计的使用方法，学会用掠入射法测定液体的折射率。

2．了解阿贝折射计的工作原理，学会使用阿贝折射计测液体的折射率。

【实验仪器及器材】

分光计、三棱镜两块（其中有一块的折射率在 1.5 左右，另一块在 1.6 以上）、单色光源（钠光灯）、待测液体（蒸馏水、酒精）、手电、阿贝折射计。

【实验原理】

在分光计的调整和使用的实验中，我们测定了固体（玻璃）的折射率，本实验中将掌握两种测定液体折射率的方法。

1．掠入射法

光线在两种不同介质的交界面发生折射现象，遵守折射定律：

$$N_1 \sin i = N_2 \sin r$$

图 1 中，N_1、N_2 分别为界面两侧介质的折射率，i 为入射角，r 为折射角，若光线从光密介质进入光疏介质，入射角小于折射角，将入射角改变到某一值时，可以使折射角为 90°，此时入射角称为临界角。当入射角大于临界角时，折射光线消失，光线全部反射。这种现象称为全反射。

如图 2 所示，将折射率为 n_x 的待测介质 I 放在已知折射率为 N 的三棱镜折射面 AB 上，且 $n_x < N$，AC 面外为空气，其折射率 $n_0 = 1$，按折射定律：

$$n_x \sin i = N \sin r \tag{1}$$

$$N \sin r' = \sin \varphi \tag{2}$$

将图中所示的几何关系

$$r' + r = A$$

代入式（1）、式（2），并消去 r' 和 r，可得出待测介质的折射率：

$$n_x = \frac{1}{\sin i}\left(\sin A\sqrt{N^2 - \sin^2\varphi} - \cos A \sin\varphi\right) \qquad (3)$$

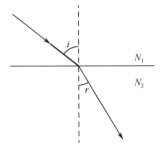

图 1　两种不同介质交界面上的折射

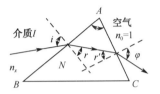

图 2　光线从介质 I 通过三棱镜到空气中的折射

这样只要设法用分光计测出 i、A、φ，即可算出 n_x。但这样要测的物理量很多，且入射角又不易直接测得，测量角度后换算成折射率又很麻烦，所以这种方法并不实用。

如果用平行光以 90° 角掠射入三棱镜，固然可以少测一个物理量，但使入射光的方向准确达到 90° 也不容易。

通常可以采用扩展光源，一般是在光源前加一块毛玻璃，使光向各方向漫射，成为扩展光源。只要调节扩展光源的位置使它大致在棱镜面 AB 的延长线上（见图 3），那么总可以得到以 90° 入射的光线，此光线的出射角最小，称为极限角 φ_0。当扩展光源的光线从各个方向射向 AB 面时，凡入射角小于 90° 的光线，其出射角必大于极限角 φ_0；大于 90° 的光线不能进入棱镜。这样，将在 AC 面一侧看到由 $i < 90°$ 入射产生的各种方向的出射光，为一亮视场；由 $i > 90°$ 的光被挡住而形成了暗视场，如图 4 所示。显然，明暗视场的分界线就是 $i = 90°$ 的掠入射引起的极限角方向。

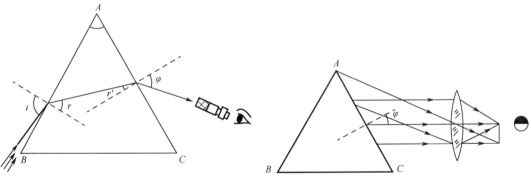

图 3　掠入射法观察极限角的光路　　　　图 4　明暗视场分界线的形成

实际测量时，由于不应进入的杂散光的影响，暗视场常常不是全都很暗。转动望远镜，使叉丝交点对准明暗分界线，便可以测定出射的极限方向，再测出棱镜面的法线方向，求出这两方向之间的夹角便可求得极限角。这种方法称为掠入射法，或折射极限法。

用这种方法测液体折射率时，在折射率和顶角都已知的棱镜面上，涂上一薄层待测液体，上面再加一个棱镜，将待测液体夹住（见图 5）。扩展光源发出的光通过左面的棱镜，经过液体进入右面的棱镜，其中一部分光线在通过液体时，传播方向平行于液体与棱镜的交界面。设待测液体的折射率为 n_x，则

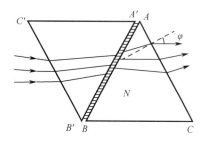

图 5　用两个三棱镜夹住液体形成薄膜

$$n_x \sin 90^\circ = N \sin r$$

$$n_x = N \sin r$$

又

$$N \sin r' = \sin \varphi$$

其中，r，r'，i 均见图 3。

再由几何关系 $r' \pm r = A$（出射光线在法线左边，如图 5 所示，则本式取正号，式（4）取负号；如在右边，则本式取负号，式（4）取正号；或由出射光线相对法线的位置判断。即若出射光线比法线更靠近棱镜底边，本式取正号，式（4）取负号；若出射光线比法线更靠近棱镜顶角，本式取负号，式（4）取正号）得

$$n_x = \sin A \sqrt{N^2 - \sin^2 \varphi} \mp \cos A \cdot \sin \varphi \tag{4}$$

因 N 和 A 为已知，所以只需测出 φ 就可以算出 n_x。如果用直角棱镜来做这个实验（A 等于 90°），则

$$n_x = \sqrt{N^2 - \sin^2 \varphi} \tag{5}$$

2. 阿贝折射计原理及仪器简介

阿贝折射计测定透明液体或固体的折射率所依据的工作原理，就是前面所讲的掠入射法，是基于全反射的原理构成的。阿贝折射计中所用的两个三棱镜都是直角棱镜，其中有一块的一个面 $A'B'$ 是磨砂的。测量时将待测液体滴在进光棱镜 $A'B'C'$ 和折射棱镜 ABC 之间，进光棱镜磨砂面的主要作用是产生漫射，使液层内有各种不同角度的入射光。图 6 是利用透射光时的情况，当用反射光时，式（5）同样成立。阿贝折射计是以望远镜组为观察部分，以角度测量为基础的一种直读光学仪器，

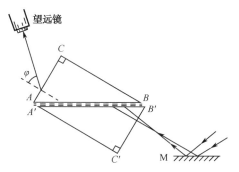

图 6　利用投射光时阿贝折射计的进光光路

仪器中直接给出了 φ 角所对应的折射率数值，因此，在测量时不需任何计算，直接就可读出折射率数值。2WA 型阿贝折射计的测量折射率范围是 $1.300 \sim 1.700$，精度为 0.0003。

阿贝折射计的光学系统如图 7 所示，由望远系统与读数系统两部分构成。在望远系统中，光线由反射镜 1 进入进光棱镜 2 及折射棱镜 3，待测液体放置在 2、3 之间，经色散棱镜组 4 以便抵消由折射棱镜与待测物质所产生的色散，通过物镜 5 将明暗分界线成像于分划板 6 上，经目镜 7、8 放大后成像于观察者眼中。

在读数系统中，光线由小反光镜 14 经过毛玻璃 13 照明刻度盘 12，经转向棱镜 11 及物镜 10 将刻度成像于分划板 9 上，经目镜 7、8 放大后成像于观察者眼中。

2WA 型阿贝折射计外形如图 8 所示，图中 13 为棱镜组，下面的棱镜为进光棱镜，斜面为磨砂面，上面的棱镜为折射棱镜，斜面十分光滑，它们整个连接在一个可以旋转的臂上，当旋转棱镜转动手轮 2 时，棱镜组同时旋转，可使明暗分界线位于视场中央，调节时使它对准叉丝交点。

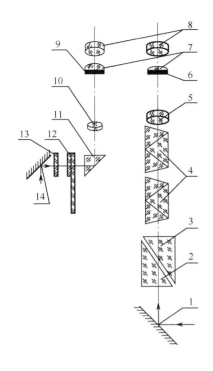

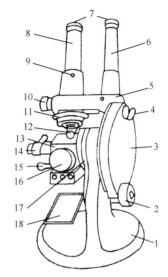

1—底座；2—棱镜转动手轮；3—圆盘组（内有刻度盘）；4—小反光镜；

5—支架；6—读数据镜筒；7—目镜；8—望远镜筒；9—示值调节螺钉；

10—色散棱镜手轮；11—色散刻度圈；12—棱镜锁紧手柄；13—棱镜组；

14—温度计座；15—恒温器接头；16—保护罩；17—主轴；18—反光镜

图 7　2WA 型阿贝折射计的光学系统　　　　图 8　2WA 型阿贝折射计外形图

在望远镜前面，装有光补偿器（色散棱镜组），阿米西（A mice）消色差棱镜组由两个完全相同的直视棱镜组成，每一个直视棱镜又由三个分光棱镜复合而成。棱镜Ⅲ和Ⅰ都是由折射率较低的冕牌玻璃制成，与用折射率较高的火石玻璃制成的棱镜Ⅱ（见图 9）互相倒置，并使钠黄

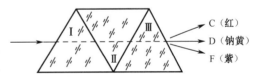

图 9　阿米西消色差棱镜的主截面

光（D 线）能无偏向地通过，但对波长较长的红光（C 线）、波长较短的紫光（F 线），因复合棱镜的色散，将产生相应的偏折。消色差棱镜组通过一个公用的旋钮调节，使之绕望远镜的光轴沿相反方向同时转动，转动的角度可从读数盘上读出。在平行于阿贝折射棱镜的主截面内，产生一个随转动角度改变的色散，色散的方向和数值的大小均可变化，以抵消由于折射棱镜和待测样品产生的色散。测量时无须用钠光灯，只要用白光（日光或普通灯光）作为光源，旋转补偿器即可使色散为零，各种波长的光的极限方向都与钠黄光的极限方向重合，所以视场出现半边黑色，半边白色。黑白的分界线就是钠黄光的极限方向。根据仪器所备的色散表，由 n_D 查得 A 和 B 值，并由色散棱镜转过的角度（仪器上以与转角成正比的色散棱镜位置读数 Z 表示），查出 σ 值，代入下式，即可求出材料的色散值：

$$n_F - n_C = A + B\sigma$$

式中，n_F、n_C 分别表示夫琅禾费线系中波长为 $\lambda_F =468.1\ nm$、$\lambda_C =656.3\ nm$ 的折射率，$n_F - n_C$ 为平均色散；A、B、σ 是根据仪器所附的色散表查得的常数值。

【实验内容】

1. 掠入射法

（1）按照分光计的调整和实验中的要求将分光计调节好。

（2）按图 5 所示，取待测液体一二滴滴在折射（先任选一块）棱镜的 AB 面上，并用另一辅助棱镜（进光棱镜）A'B'C'的磨砂面与它相合（液体不可过多，以免沾到分光计上），使液体在两棱镜面间形成一层薄膜，然后置于分光计的载物平台上。（这里进光棱镜的作用是让较多的光线能投射到液膜和 AB 面上，使观察到的分界线更清楚。）

（3）点燃钠光灯，并使它基本上对正进光棱镜的 B'C'面，使较多光线能沿 BA 面掠入射（注意：使光源与棱镜高度大致相同）。这时，把眼睛靠近 AC 面观察出射光即可发现半明半暗的视场，然后旋转望远镜，找出经棱镜折射后出射光中明暗半影视场分界线的确切位置，并以叉丝对准，记下两游标的读数（a_1，a_2），重复三次，取三次测量结果的平均值。

（4）固定转台，转动望远镜，利用望远镜测出 AC 面的法线方向（使望远镜的光轴垂直于 AC 面），记下两游标读数（b_1，b_2），同样重复三次，取其平均值，即可得

$$\varphi = \frac{1}{2}[(b_1 - a_1) + (b_2 - a_2)]$$

（5）以 φ 值代入式（4），其中 A 值和 N 值由实验室给出。注意当出射线在法线左边时，取负号，反之取正号，由此计算出待测液体的折射率 n_x。

（6）交换两棱镜的作用，即用刚才作折射棱镜的棱镜改为进光棱镜，刚才起进光作用的棱镜改为折射棱镜，重新测出 φ 值，判断哪块棱镜的折射率更大些。

2. 用阿贝折射计测定液体折射率

1）校准

在开始测定前必须先校对读数，将标准玻璃块的抛光面上加一滴溴代萘（其折射率 n_D =1.66），贴在折射棱镜的抛光面上，标准玻璃块抛光的一端应向上（注意轻轻扶住小玻璃块以免掉落），以接收光线（见图 10）。当读数镜内指示于标准块上的刻值时，望远镜内明暗分界线应在十字线中间，若有偏差，则用附件方孔调节扳手转动示值调节螺钉（图 8 中的9），使明暗分界调整到中央，在以后测量过程中示值调节螺钉（9）不允许再动。

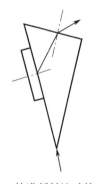

图 10　校准折射计时的光路

2）测量

（1）转动棱镜锁紧手柄（图 8 中的 12），打开棱镜用脱脂棉沾一些无水酒精将棱镜面轻轻擦洗干净。滴上二三滴待测液体在进光棱镜的磨砂面上，旋紧棱镜锁紧手柄，要求被测液体均匀，无气泡，并充满视场。

（2）调节两个反光镜（图 8 中的 4 和 18）使镜筒视场明亮。

（3）旋转棱镜转动手轮（图 8 中的 2）使棱镜组（图 8 中的 13）转动，在望远镜中可观察到明暗分界线上下移动，同时旋转色散棱镜手轮（图 8 中的 10）使视场中除黑白两色外无其他颜色，当视场中无色且分界线在叉丝中心时（见图 10），观察读数镜视场右边所指示的刻度值，即测出 n_x。读数时注意有效数字位数（同时若从补偿器刻度盘上读出 Z 值，根据仪器附带的卡片可计算出色散率）。

（4）若测量糖溶液内含糖量浓度时，操作与测液体折射率相同，糖溶液含糖浓度百分数可以由读数镜视场左边所指示的值读出。

【注意事项】

任何物质的折射率 n 的大小与测量时使用的光波波长和温度有关。本仪器在消除色散的情况下测得的折射率，其对应光波波长为钠黄光（$\lambda=589.3$ nm）。如不需测量不同温度时的折射率，可在室温下进行。

若需测量在不同温度时的折射率，将温度计旋入温度计座内，接上恒温器，将恒温器的温度调节到所需测量的温度，等温度稳定 10 min 后，即可测量。

【思考题】

1. 若待测液体的折射率 n 大于折射棱镜的折射率 N，能不能用掠入射法或阿贝折射计来测定，为什么？阿贝折射计测量折射率的范围与其折射棱镜的折射率有何关系？

2. 掠入射法对光源有什么具体要求？应该用平行光源还是扩展光源？

3. 为什么用掠入射法测折射率需用望远镜观察？

4. 使用阿贝折射计测量固体的折射率时，为什么要滴入接触液？为什么要求接触液的折射率大于待测固体的折射率？

【阅读材料】

阿贝（Abbe E，1840—1905），德国光学家。1857 年进入耶拿大学物理系，后来转到哥廷根大学，21 岁时获博士学位。23 岁时受聘为耶拿大学讲师，1866 年开始与蔡司公司合作，取得了很多重要的成果。1876 年蔡司邀请他作为合股人，1877 年又兼任了耶拿大学天文台台长，1879 年成为耶拿大学教授。1889 年蔡司逝世后，他建立了蔡司基金会，捐赠了价值一百万马克的财产并放弃厂长职务，而只担任管委会的一名委员。1905 年在耶拿逝世。

在改进显微镜成像质量的研究中，经过多次实验，阿贝发现那些尺寸可以和光的波长相比的样品，其衍射角很大，光线实际上充满了整个暗区，由此发展了他的成像理论。阿贝成像原理认为物是一系列不同空间频率信息的集合，相干光成像分两步完成：第一步是入射光经物平面发生夫琅禾费衍射，在透镜后焦面上形成一系列衍射斑；第二步是干涉，即各衍射斑发出的球面次波在像平面上相干叠加，像就是干涉场。他还用精彩的实验十分明确地验证了该原理，这一原理为信息光学的发展提供了理论基础。策尼克（Zernike F，1888—1966）就是由阿贝成像原理提供的空间滤波概念，在 1934 年提出了相衬法以改善透明物体的反衬度，从而获得了 1953 年的诺贝尔物理学奖。

阿贝引入了制造光学元件的新工艺，研制了一系列测量光学元件参数的仪器，1867 年制成了用来测量物镜或透镜焦距的焦距仪；1869 年制成了利用全反射极限法测量折射率的阿贝折射计；1869 年为显微镜制作了照明装置，现在称为阿贝聚光镜；1870 年制成了数值孔径计，用以测定显微镜的数值孔径；他还研制发明了球径仪、比长仪以及厚度、高度测量仪等。这些仪器专用性强、简便快捷、精密可靠，借助它们可有效控制光学元件误差。阿贝发现，要使显微镜物镜的所有环带对所成的像大小相等，对于一对共轭点来说，两角的正弦之比必须在整个孔径内保持恒定，才能保证该光学系统的轴上物点成像没有球差，且垂直于光轴上的小面成像时没有彗差。这一条件称为阿贝正弦条件。阿贝对光学的理论与应用技术的发展做出了卓越的贡献。

【参考文献】

[1] 林抒，龚镇雄. 普通物理实验[M].北京：人民教育出版社，1981

[2] 杨述武，赵立竹，沈国土. 普通物理实验[M]. 4 版. 北京：高等教育出版社，2009

[3] 朱俊孔，张山彪，高铁军，等. 普通物理实验[M]. 济南：山东大学出版社，2001

[4] 熊永红. 大学物理实验[M]. 武汉：华中科技大学出版社，2004

[5] 王希义. 大学物理实验[M]. 西安：陕西科技出版社，2001

[6] 邓金祥，刘国庆. 大学物理实验[M]. 北京：北京工业大学出版社，2005

[7] 曾贻伟，龚德纯，王叔颖，等. 普通物理实验教程[M]. 北京：北京师范大学出版社，1989

[8] 黄建群，胡险峰，雍志华，等. 大学物理实验[M]. 成都：四川大学出版社，2005

[9] 刘战存. 阿贝及其对光学发展的贡献[J]. 物理实验, 1998，18(6): 49-50

实验六　阿贝成像原理和空间滤波

光学信息处理是在 20 世纪中叶发展起来的一门新兴学科，1948 年首次提出全息术，1955 年建立光学传递函数的概念，1960 年诞生了强相干光——激光，这是近代光学发展历史上的三件大事。而光学信息处理的起源，可以追溯到阿贝的二次成像理论的提出和空间滤波技术的兴起。空间滤波的目的是通过有意识地改变像的频谱，使像产生所希望的变换。光学信息处理则是一个更为广阔的领域，主要是用光学方法实现对输入信息的各种变换或处理。阿贝于 1893 年、波特于 1906 年为验证这一理论所做的实验，说明了成像质量与系统传递的空间频谱之间的关系。

在现代应用方面，飞秒激光器的出现给激光光学的发展注入了新的活力，并带动了相关研究领域的发展。由于飞秒激光具有极短脉冲宽度、极高脉冲强度、极宽光谱带宽等特点，因而在一些相关研究领域和方向表现出非常优越的性能，从而得到广泛应用。随着飞秒激光的广泛应用，一系列基于飞秒激光的技术也随之发展起来，飞秒激光脉冲整形技术就是其中一项十分重要的技术。飞秒激光脉冲整形的基本原理就是通过对飞秒激光脉冲幅度、相位以及偏振方向的控制来产生所需的光波脉冲形状。这一技术目前已经被广泛应用于分子动力学、非线性光谱学、飞秒化学、高速光通信、生物医学成像以及量子运算等诸多领域。目前，在脉冲整形中使用最为广泛的是基于傅里叶光学原理的脉冲整形技术。1873 年阿贝等提出的相干成像的理论，1906 年波特等进行的以验证阿贝的显微镜成像理论的实验，奠定了傅里叶光学的基础。傅里叶光学能方便地实现对光频谱的调控，这正是脉冲整形所需的，于是傅里叶光学与飞秒激光的结合推动了飞秒激光脉冲整形技术的迅速发展。目前，飞秒激光脉冲整形技术主要利用 4F 系统通过傅里叶变换对激光脉冲实现整形。

【实验目的】

1．了解透镜孔径对成像的影响和简单的空间滤波。

2．掌握在相干光条件下调节多透镜系统的共轴。

3．验证和演示阿贝成像原理，加深对傅里叶光学中空间频率、空间频谱和空间滤波概念的理解。

4．初步了解简单的空间滤波在光信息处理中的实际应用。

【理论知识】

1．二维傅里叶变换

设有一个空间二维函数 $g(x,y)$，其二维傅里叶变换为

$$G(f_x, f_y) = F[g(x,y)] = \iint g(x,y)\exp[-i2\pi(f_x x + f_y y)]dxdy \qquad (1)$$

式中，f_x, f_y 分别为 x,y 方向的空间频率，其量纲为 L^{-1}，而 $g(x,y)$ 又是 $G(f_x, f_y)$ 的逆傅里叶变换，即

$$g(x,y) = F^{-1}[G(f_x, f_y)] = \iint G(f_x, f_y)\exp[i2\pi(f_x x + f_y y)]df_x df_y \qquad (2)$$

式（2）表示任意一个空间函数 $g(x,y)$，可以表示为无穷多个基元函数 $\exp[i2\pi(f_x x + f_y y)]$ 的线性叠加，$G(f_x, f_y)\,df_x df_y$ 是相应于空间频率为 f_x, f_y 的基元函数的权重，$G(f_x, f_y)$ 称为 $g(x,y)$ 的空间频率。

当 $g(x,y)$ 是一个空间周期性函数时，其空间频率是不连续的离散函数。

2．光学傅里叶变换

光学理论证明，如果在焦距为 F 的会聚透镜 L 的前焦面上放一振幅透过率为 $g(x,y)$ 的图像作为物，并以波长为 λ 的单色平面波垂直照明图像，则在透镜后焦面（x', y'）上的振幅分布就是 $g(x,y)$ 的傅里叶变换 $G(f_x, f_y)$，其中 f_x, f_y 与坐标 x', y' 的关系为

$$f_x = \frac{x'}{\lambda F}, f_y = \frac{y'}{\lambda F} \qquad (3)$$

故 x'-y' 面称为频谱面（或傅氏面），如图1所示。由此可见，复杂的二维傅里叶变换可以用一个透镜来实现，称为光学傅里叶变换，频谱面上的光强分布则为 $|G(f_x, f_y)|^2$，称为频谱，也就是物的夫琅禾费衍射图。

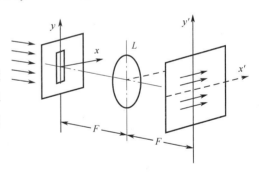

图 1　光学傅里叶变换

【实验原理】

1．阿贝成像原理

1873 年，阿贝在研究显微镜成像原理时提出了一个相干成像的新原理：在相干的光照明下，显微镜的成像可分为两个步骤，即：第一步是通过物的衍射光在物镜后焦面上形成一个衍射图，第二步则为物镜后焦面上的衍射图复合为（中间）像，这个像可以通过目镜观察到。这个原理为当今正在兴起的光学信息处理奠定了基础。

如图 2 所示，用一束平行光照射物体，按照传统的成像原理，物体上任一点都成了一次波源，辐射球面波，经透镜的会聚作用，各个发散的球面波转变为会聚的球面波，球面波的中心就是物体上某一点的像。一个复杂的物体可以看成是无数个亮度不同的点构成的，所有这些点经透镜的作用在像平面上形成像点，像点重新叠加构成物体的像。这种传统的成像原理着眼于点的对应，物像之间是点点对应关系。

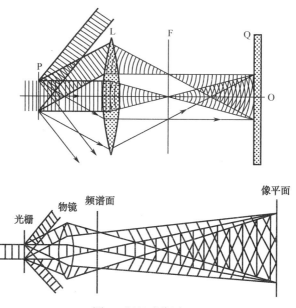

图 2　阿贝成像原理

阿贝成像原理认为，透镜的成像过程可以分成两步：第一步是通过物的衍射光在透镜后焦面（频谱面）上形成空间频谱，这是衍射所引起的"分频"作用；第二步是代表不同空间频率的各光束在像平面上相干叠加而形成物体的像，这是干涉所引起的"合成"作用。成像过程的这两步本质上就是两次傅里叶变换。如果这两次傅里叶变换是完全理想的，即信息没有任何损失，则像和物应完全相似。如果在频谱面上设置各种空间滤波器，挡去频谱某一些空间频率成分，则将会使像发生变化。空间滤波就是在光学系统的频谱面上放置各种空间滤波器，去掉（或选择通过）某些空间频率或者改变它们的振幅和相位，使二维物体像按照要求得到改善。这也是相干光学处理的实质所在。

以图 2 为例，在 P 位置的平面物体的图像可由一个二维函数 $g(x,y)$ 描述，则其空间频谱 $G(f_x, f_y)$（位于 F 位置）即 $g(x, y)$ 的傅里叶变换为

$$G(f_x, f_y) = \iint_{-\infty}^{\infty} g(x,y)e^{-i2\pi(f_x x, f_y y)}dxdy \qquad (4)$$

设 (ξ, η) 为透镜后焦面 F 上任一点的位置坐标，则式中 f_x, f_y 为

$$f_x = \frac{\xi}{F\lambda}, f_y = \frac{\eta}{F\lambda} \qquad (5)$$

傅氏面上 x 与 y 方向的空间频率，量纲为 L^{-1}；F 为透镜焦距，λ 为入射平行光波波长。再进行一次傅里叶变换，将 $G(f_x, f_y)$ 从频谱分布又还原到空间分布 $g'(x', y')$（位于 Q 位置）。

为了简便直观地说明，假设物是一个一维光栅，光栅常数为 d，其空间频率为 $f_0(f_0=1/d)$。平行光照在光栅上，透射光经衍射分解为沿不同方向传播的很多束平行光，经过物镜分别聚焦在后焦面上形成点阵。我们知道这一点阵就是光栅的夫琅禾费衍射图，光轴上一点是 0 级衍射，其他依次为 ±1, ±2, …级衍射。从傅里叶光学来看，这些光点正好相应于光栅的各傅里叶分量。0 级为"直流"分量，这个分量在像平面上产生一个均匀的照度。±1 级称为基频分量，这两个分量产生一个相当于空间频率为 f_0 光栅的像。±2 级称为倍频分量，在像平面上产生一个空间频率为 $2f_0$ 的光栅像，其他依次类推。更高级的傅里叶分量将在像平面上产生更精细的光栅条纹。因此物镜后焦面的振幅分布就反映了光栅（物）的空间频谱，

这一后焦面也称频谱面。在成像的第二步骤中，这些代表不同空间频率的光束在像平面上又重新叠加而形成了像。只要物的所有衍射分量都无阻碍地到达像平面，则像就和物完全一样。

但一般说来，像和物不可能完全一样，这是由于透镜的孔径是有限的，总有一部分衍射角度较大的高频信息不能进入物镜而被丢弃，所以像的信息总是比物的信息要少一些。高频信息主要反映物的细节。如果高频信息受到了孔径的阻挡而不能到达像平面，则无论显微镜有多大的放大倍数，也不可能在像平面上分辨出这些细节。这是显微镜分辨率受到限制的根本原因。特别是当物的结构非常精细（如很密的光栅），或物镜孔径非常小时，有可能只有 0 级衍射（空间频率为 0）能通过，则在像平面上虽有光照，但完全不能形成图像。

波特在 1906 年把一个细网格作物（相当于正交光栅），并在透镜的焦平面上设置一些孔式屏对焦平面上的衍射亮点（夫琅禾费衍射花样）进行阻挡或允许通过时，得到了许多不同的图像。设焦平面上坐标为 ξ，那么 ξ 与空间频率 $\dfrac{\sin\theta}{\lambda}$ 相应关系为

$$\frac{\sin\theta}{\lambda} = \frac{\xi}{\lambda f} \tag{6}$$

这适用于角度较小时 $\sin\theta \approx \tan\theta = \xi/f$，$f$ 为焦距。焦平面中央亮点对应的是物平面上总的亮度（称为直流分量），焦平面上离中央亮点较近（远）的光强反映物平面上频率较低（高）的光栅调制度（或可见度）。1934 年，译尼克在焦平面中央设置一块面积很小的相移板，使直流分量产生 π/2 位相变化，从而使生物标本中的透明物质不需染色变成明暗图像，因而可研究活的细胞，这种显微镜称为相衬显微镜。为此他在 1993 年获得诺贝尔奖。在 20 世纪 50 年代，通信理论中常用的傅里叶变换被引入光学中，20 世纪 60 年代激光出现后又提供了相干光源，一种新观点（傅里叶光学）与新技术（光学信息处理）就此发展起来。

综上所述，第一步是将物光场分布变换为空间频率分布，衍射图所在的后焦面称为频谱面（简称频谱面或者傅氏面）。第二步是将频谱面上的空间频率分布进行逆傅里叶变换还原成物的像（空间分布）。按照频谱分析理论，谱面上的每一点均有以下 4 点明确的物理意义。

（1）谱面上任一光点对应着物面上的一个空间频率分布。

（2）光点离谱面中心的距离标志着物面上该频率成分的高低，离中心远的点代表物面上的高频成分，反映物的细节部分。靠近中心的点，代表物面的低频成分，反映物的粗轮廓，中心亮点是 0 级衍射即零频，不包含任何物的信息，所以在像面上呈现均匀的光斑而不能成像。

（3）光点的方向可指出物平面上该频率成分的方向，如横向的谱点表示物面有纵向栅缝。

（4）光点的强弱则显示物面上该频率成分的幅度大小。

2. 光学空间滤波

上面我们看到在显微镜中物镜的有限孔径实际上起了高频滤波的作用。它挡住了高频信息，而只使低频信息通过。这就启示我们：如果在焦平面上人为地插上一些滤波器（吸收板或移相板）以改变焦平面上的光振幅和相位，就可以根据需要改变频谱以至像的结构，这就叫空间滤波。最简单的滤波器就是把一些特种形状的光阑插到焦平面上，使一个或几个频率分量能通过，而挡住其他的频率分量，从而使像平面上的图像只包括一种或几种频

率分量。对这些现象的观察能使我们对空间傅里叶变换和空间滤波有更明晰的概念。

阿贝成像原理和空间滤波预示了在频谱平面上设置滤波器可以改变图像的结构，这是无法用几何光学来解释的。前述相衬显微镜即是空间滤波的一个成功例子。除了下面实验中的低通滤波、方向滤波等较简单的滤波特例外，还可以进行特征识别、图像合成、模糊图像复原等较复杂的光学信息处理。因此透镜的傅里叶变换功能的含义比其成像功能更深刻、更广泛。

常用的滤波方法有如下几种。

（1）低通滤波

低通滤波的目的是滤去高频成分，保留低频成分，由于低频成分集中在谱面的光轴（中心）附近，高频成分落在远离中心的地方，所以，低通滤波器就是一个圆孔。图像的精细结构及突变部分主要由高频成分起作用，所以经过低通滤波器滤波后图像的精细结构将消失，黑白突变处也变得模糊。

（2）高通滤波

高通滤波的目的是滤去低频成分而让高频成分通过，滤波器的形状是一个圆屏。其结果正好与前面的低通滤波相反，是使物的细节及边缘清晰。

（3）方向滤波（波特实验）

方向滤波是只让某一方向（如横向）的频率成分通过，则像面上将突出物的纵向线条。这种滤波器呈狭缝状。

【实验仪器及器材】

光学平台，光具座若干，He-Ne 激光器，薄透镜 3 个（焦距分别为 15 mm，70 mm，225 mm），空间滤波器，可变狭缝光阑，光栅两个（一维黑白光栅、正交光栅），"光"字屏，黑屏，毛玻璃，直尺。

【实验内容】

1. 共轴光路调节

在光具座上将小圆孔光阑靠近激光管的输出端，上、下、左、右调节激光管，使激光束能穿过小孔；然后移远小孔，如光束偏离光阑，调节激光管的仰俯，再使激光束能穿过小孔，重新将光阑移近，反复调节，直至小孔光阑在光具座上平移时，激光束均能通过小孔光阑。记录下激光束在光屏上的照射点位置。

在做以后的实验时，都要用透镜，调平激光管后，激光束直接打在屏 Q 上的位置为 O，在加入透镜 L 后，如激光束正好射在 L 的光心上，则在屏 Q 上的光斑以 O 为中心，如果光斑不以 O 为中心，则需调节 L 的高低及左右，直到经过 L 的光束不改变方向（仍打在 O 上）为止；此时在激光束处再设带有圆孔 P 的光屏，从 L 前后两个表面反射回去的光束回到 P 上，若两个光斑套准并正好以 P 为中心，则说明 L 的光轴正好就在 P、O 连线上。不然就要调整 L 的取向。如光路中有几个透镜，先调离激光器最远的透镜，再逐个由远及近加入其他透镜，每次都保持两个反射光斑套准在 P 上，透射光斑以 O 为中心，则光路就一直保持共轴。

2. 阿贝成像原理实验

如图 3（a）所示，在物平面放上一维黑白光栅，用激光器发出的细锐光束垂直照射到光栅上，用一短焦距的薄透镜（焦距 f=70 mm）组装一个放大的成像系统。首先调节透镜位置（实验中可以让物平面与透镜之间的距离保持最小），使光栅清晰地成像在像平面屏上（像平面位于光学导轨的最外侧，距离激光器光源最远，实验中可以用一块黑屏放置在像平面位置处观察光栅像）。然后，在频谱面（傅氏面）（在本组实验中的频谱面为透镜的后焦面即距离透镜 70 mm 位置处）上放置一块毛玻璃或者移动黑屏到频谱面位置处，在屏上就会观察到 0, ±1, ±2, ±3, … 一排清晰的衍射光点，如图 3（b）中的（1）所示。

观察到图 3（b）中的（1）所示的图像后，测量 1、2、3 级衍射点与光轴（0 级衍射）的距离 ξ，由公式（5）中的 $f_x = \dfrac{\xi}{F\lambda}$（$\lambda = 632.8\,\mathrm{nm}$，$F = 70\,\mathrm{mm}$）求出这些衍射点的相应空间频率，见表 1 所示。

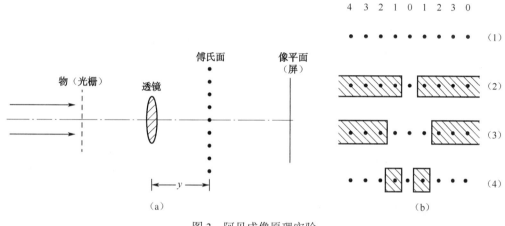

图 3　阿贝成像原理实验

表 1　各级衍射点的相应空间频率

	位置 ξ /mm	空间频率 f_x /mm^{-1}
一级衍射		
二级衍射		
三级衍射		

接下来，在傅氏面的位置放置光阑片（同时此位置处的观察屏撤去），调节光阑使得傅氏面上分别按图 3（b）中（2）、（3）、（4）所示，通过一定的空间频率成分，然后在像平面屏上放置黑屏观察光栅像的变化，按表 2 依次记录像平面上的条纹特点及条纹间距，特别注意观察图像之间的差异，并对图像变化做出适当的解释。

表 2　观察结果

	通过的衍射（频谱面位置处）	图像情况（像平面位置处）	图像解释
（1）	全部		
（2）	0 级		
（3）	0, ±1 级		
（4）	除±1 级外		

3. 阿贝-波特实验

（1）按图 4 所示，保留上一个实验的光路。在物平面上，换下物平面上的一维光栅，换上一个二维正交光栅，那么物体就换成了空间频率为每毫米几十条的二维的正交光栅。在像平面上放置黑屏使正交光栅在黑屏上成放大的像，则看到正交光栅的放大像，如图 4（a）所示。

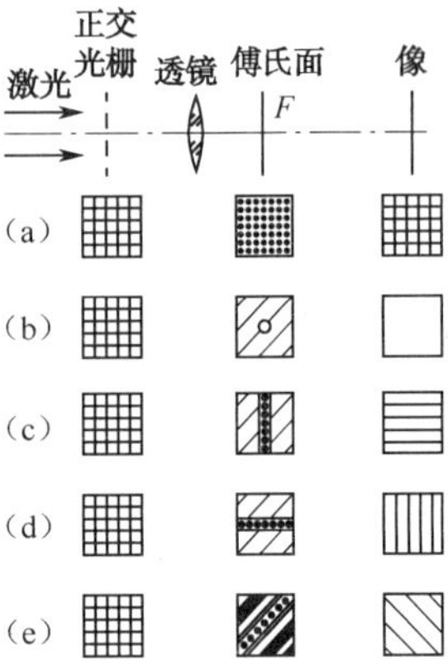

图 4 实验光路及图像

（2）调节光栅，使在像平面位置处的黑屏上的条纹分别处于垂直和水平的位置。这时在透镜后焦面即频谱面上放上毛玻璃就会观察到二维的分立光点阵，这就是正交光栅的夫琅禾费衍射（正交光栅的傅里叶频谱），如图 4（a）所示。

（3）如果在频谱面上放置一个小孔光阑，只让一个光点通过，则输出面上仅有一片光亮而无条纹，如图 4（b）所示。换句话说，零级相应于直流分量，也可理解为 δ 函数的傅里叶变换为 1。

（4）换用可变狭缝光阑作为空间滤波器放在频谱面上，狭缝处于竖直方位时，黑屏上的竖条纹全被滤去，只剩横条纹；当然横条纹也可看作几个竖直方向上的点源发出光波的干涉条纹，如图 4（c）、（d）所示。把狭缝转到水平方向观察像平面位置处的黑屏上条纹取向，并加以解释。

（5）再将可变狭缝光阑转 45° 角，如图 4（e）所示。此时观察到像平面上的条纹是怎样的? 条纹的宽度有什么变化?

改变频谱，就改变了黑屏上的图像的结构。尝试从光阑方向与通过的低频、高频之间的关系出发说明透镜后焦面上二维点阵的物理意义，并解释以上改变光阑所得出的实验结果。

4. 空间滤波实验

由无线电传真得到的照片是由许多有规律地排列的像元所组成的，如果用放大镜仔细观察，就可看到这些像元的结构，能否去掉这些分立的像元而获得原来的图像呢? 由于像元比像要小得多，它具有更高的空间频率，因而这就成为一个高频滤波的问题。下面的实验可以显示这样一种空间滤波的可能性。

前述实验中狭缝起的是方向滤波器的作用，可以滤去图像中某个方向的结构，而圆孔可作为低通滤波器，滤去图像中的高频成分，只让低频成分通过。

（1）按图 5 布置好光路。用短焦距的扩束透镜 L_1（焦距 15 mm 左右）和准直透镜 L_2（焦距 225 mm 左右）组成平行光系统（注意 L_1 与 L_2 共焦点）。以扩展后的平行激光束照射物体，以透镜 L（焦距 70 mm 左右）将此物成像于较远处的黑屏上。

先调节两个透镜共轴，其次改变 L_2 的位置用黑屏检查，直至不论黑屏移至何处，屏上光斑的大小没有变化，此时，从 L_2 输出的为平行光束。

（2）物平面上使用带有网格的网格字（中央透光的"光"字和细网格的叠加组成带光栅的"光"字），则在黑屏上出现清晰的放大像，能看清字及其网格结构（见图 6）。由于网格为周期性的空间函数，它们的频谱是有规律排列的分立的点阵，而字迹是一个非周期性的低频信号，它的频谱就是连续的。

（3）将一个可变圆孔光阑放在 L 的第二焦平面上，逐步缩小光阑，直到除了光轴上一个光点以外，其他分立光点均被挡住，此时像上不再有网格，但字迹仍然保留了下来。

试从空间滤波的概念上解释上述现象。

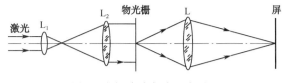

图 5　空间滤波实验光路图　　　　　　　　　　图 6　字的成像

5. θ 调制实验

在光学信息处理中，依据傅里叶逆变换公式，通过改变频谱函数，就可改变像函数。在频谱面上人为地放置一些滤波器，以改变频谱面所需位置上的光振幅或位相，便可得到所需要的像函数，这个改变频谱函数的过程就是空间滤波。最简单的滤波器就是一些特殊形状的光阑。θ 调制也属于空间滤波的一种形式，是阿贝原理的应用，它只是用不同取向的光栅对物平面的各个部分进行调制（编码），通过特殊滤波器控制像平面相应部位的灰度（用单色光照明）或色彩（用白光照明）的一种方法。第一步，入射光经物平面发生夫琅禾费衍射，在透镜的后焦面上形成一系列衍射斑（物的频谱），这一步称为"分频"。第二步，各衍射斑发出的球面波在像平面上相干叠加，像就是像平面上的干涉场，这一步称为"合频"，形成物的像。如果用白光光源照射光栅物片，就会在频谱上得到彩色频谱。每个彩色谱斑的原色分布都是从外向里按红、橙、黄、绿、蓝、靛、紫的顺序排列的，这是因为一维光栅的衍射角与入射光的波长有关。如果在频谱面上放置一个空间滤波器，让不同方向的谱斑通过不同的颜色，可以在像面上得到彩色像。这是利用不同方向的光栅对图像进行调制，因此称为 θ 调制法。又因为它将图像中的不同部位"编"上不同的颜色，故又称空间假彩色编码。

本实验是用白光照射透明物体，在输出平面上得到彩色图像的有趣实验，透明物体就是本实验中使用的调制光栅。在这个光栅上，房子、草地、天空分别由三个不同取向的光栅组成。拼图时利用光栅的不同取向把准备"着上"不同颜色的部位区分开来。实验步骤如下：

（1）把全部器件按图 6 的顺序摆放在平台上，调至共轴。

（2）将光源 S 放于准直镜 L_1 的物方焦点 F_1 处，并使从 L_1 出来的平行光垂直照射在 θ 调制板上。

（3）将屏置于离 θ 调制板 1 m 处，前后移动 L_2，使 θ 调制板的图像清晰地成在屏上。

（4）在傅氏面上加入 θ 调制频谱滤波器，在 θ 调制频谱滤波器上看到光栅的衍射图样。三行不同取向的衍射极大值是相对于不同取向的光栅，也就是分别对应于图像的天空、房子和草地，这些衍射极大值除了 0 级波没有色散以外，1 级、2 级……都有色散，由于波长短的光具有较小的衍射角，一级衍射中蓝光最靠近 0 级极大值，其次为绿光，而红光衍射角最大。

（5）调节 θ 调制频谱滤波器上滑块的过光的宽度和过光的位置（见图 7），使相应于草地的一级衍射图上的绿光能透过，用同样的方法，使相应于房子 1 级衍射的红光和相应于天空的 1 级衍射的蓝光能透过，这时候在屏幕上的像就会出现蓝色的天空，红色的房子和绿色的草地。

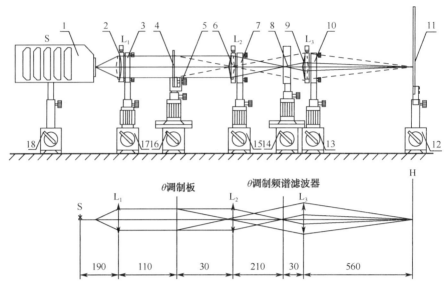

1—白光光源；2—准直镜 L_1；3、7、10—二维调整架；4—θ 调制板；5—干板架；6—傅里叶透镜 L_2；8—θ 调制频谱滤波器；

9—傅里叶透镜 L_3；11—白屏；12、18—通用底座；13、15、17—一维底座；14、16—二维底座

图 7 θ 调制实验装置

【思考题】

1．用文字描述阿贝成像原理、阿贝-波特实验和空间滤波实验中观察到的现象，并解释这些现象产生的原因。

2．阿贝关于"二次衍射成像"的物理思想是什么？

3．什么是空间频谱？通过怎样的实验方法来观察频谱分布对成像所产生的影响？

4．什么是空间滤波？空间滤波器应放在何处？如何确定频谱面的位置？

5．如何从阿贝成像原理来理解显微镜或望远镜的分辨率受限制的原因？能不能用增加放大率的办法来提高其分辨率？

【参考文献】

[1] 冈萨雷斯. 数字图像处理[M]. 2 版.阮秋琦，阮宇智，译. 北京：电子工业出版社，2007：118-137

[2] 吴强，郭光灿. 光学[M]. 合肥：中国科学技术大学出版社，1996：228-239

[3] 刘继芳. 现代光学[M]. 西安：西安电子科技大学出版社，2004：135-139

[4] 薛年喜. MATLAB 在数字信号处理中的应用[M]. 北京：清华大学出版社，2003：126-133

[5] 王家文，曹宇.MATLAB 6.5 图形图像处理[M]. 北京：国防工业出版社，2004

[6] 张德丰. MATLAB 语言高级编程[M]. 北京：机械工业出版社，2010

[7] 周明，李长虹，雷虎民. MATLAB 图形技术——绘图及图形用户接口[M]. 西安：西北工业大学出版社，1999

[8] 陈家壁，苏显渝. 光学信息技术原理及应用[M]. 北京：高等教育出版社，2002

[9] 苏显渝，李继陶. 信息光学[M]. 北京：科学出版社，1999

[10] 钟锡华. 现代光学基础[M]. 北京：北京大学出版社，2003

[11] 潘元胜，冯壁华，于瑶. 大学物理实验[M]. 南京：南京大学出版社，2004

实验七　硅光电池的性能研究

硅光电池是利用光生伏特效应将光能转变为电能的元件。由于它可以将太阳能变为电能，因此又称太阳能电池。根据所用材料的不同，光电池可以分为硒光电池和砷化镓光电池等，但是应用最广、最具发展潜力的是硅光电池。硅光电池价格便宜，寿命长，光电转换效率高，适合接收红外光。同时硅光电池也是重要的半导体光电检测元件之一，它在数码摄像、光通信和光纤传感等领域有着重要的应用，也被广泛用作太空和野外便携式仪器等的能源。

【实验目的】

1. 掌握 PN 结的形成原理及其工作机制。
2. 了解 LED（发光二极管）的驱动电流和输出光功率的关系。
3. 掌握硅光电池的工作原理及其工作特性。

【实验仪器及器材】

硅光电池特性实验仪 TKGD-1，数字万用表，示波器，导线等。

【实验原理】

1. 基础知识

硅光电池是半导体光电探测器的一个重要单元，深入理解硅光电池的工作原理及主要特性需要进一步了解半导体 PN 结的原理、光电效应理论和光伏电池产生的机理。

图 1 是半导体 PN 结在零偏、反偏和正偏下的耗尽区。当 P 型和 N 型半导体材料结合时，由于 P 型材料空穴多、电子少，而 N 型材料电子多、空穴少，因此 P 型材料中的空穴向 N 型材料扩散，N 型材料中的电子向 P 型材料扩散，扩散的结果使得结合区两侧的 P 型区出现负电荷，N 型区带正电荷，形成一个势垒，由此而产生的内电场将阻止扩散运动的继续进行，当两者达到平衡时，在 PN 结两侧形成一个耗尽区。耗尽区的特点是无自由载流子，呈现高阻抗。当 PN 结加反向偏压（反偏）时，外加电场与内电场方向一致，耗尽区在外电场作用下变宽，势垒加强；当 PN 结加正向偏压（正偏）时，外加电场与内电场方向相反，耗尽区在外电场作用下变窄，势垒削弱，使载流子扩散运动继续，形成电流，此即 PN 结的单向导电性，电流方向是从 P 区指向 N 区。

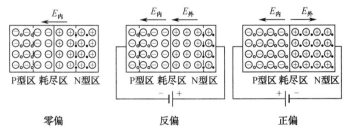

图 1　半导体 PN 结在零偏、反偏和正偏下的耗尽区

2. LED 的工作机制

当某些半导体材料形成的 PN 结加正向电压时，空穴与电子在 PN 结复合时将产生特定

波长 λ_p 的光，有

$$\lambda_p = hc/E_g \qquad (1)$$

可以看出发光波长与半导体材料的能级间隙 E_g 有关。式（1）中 h 为普朗克常数，c 为光速。在实际的半导体材料中，能级间隙 E_g 有一个宽度，因此发光二极管发出的波长不是单一的，其发光波长半宽度一般在 25～40 nm 之间，随半导体材料的不同而有差别。发光二极管输出光功率 P 与驱动电流 I 的关系由下式决定：

$$P = \eta E_p I / e \qquad (2)$$

在式（2）中，η 为发光效率，E_p 是光子能量，e 是电子电量。由上式可知，输出光功率与驱动电流呈线性关系。当电流较大时，由于 PN 结不能及时散热，输出光功率会趋向饱和。

3. 实验系统说明

本实验用一个驱动电流可调的红色超高亮度发光二极管作为实验用光源。系统采用的发光二极管驱动和调制系统框图如图 2 所示。光强度调节器用来调节流过 LED 的静态驱动电流 I，从而改变发光二极管的发射功率 P。设定的静态驱动电流调节范围为 0～20 mA，对应面板上的光发送强度驱动显示值为 0～2000 单位。正弦调制信号经电容、电阻网络及运放跟随隔离后，耦合到放大环节，与发光二极管静态驱动电流叠加后，使发光二极管发送随正弦波调制信号变化的光信号，如图 3 所示，变化的光信号可用于测定硅光电池的频率响应特性。

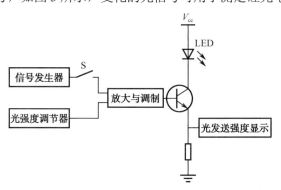

图 2　发光二极管驱动和调制系统框图

4. 硅光电池的工作原理和主要特性

硅光电池结构示意图如图 4 所示，一般上表面材料做得很薄，以便光可以到达结区。当半导体 PN 结处于零偏或反偏时，在它们的结合面耗尽区存在一个电场。当有光照时，入射光子将把处于价带中的束缚电子激发到导带，激发出的电子空穴对在内电场或内外合电场的作用下分别漂移到 N 型区和 P 型区，从而在结区两端产生电位差，即产生光生伏特效应。当在 PN 结两端加负载时，就有一光生电流流过负载。流过 PN 结两端的电流可由下式决定：

$$I = I_P - I_S\left(e^{\frac{eV}{kT}} - 1\right) \qquad (3)$$

式（3）中，I_S 为饱和电流，V 为 PN 结两端电压，T 为热力学温度，I_P 为产生的光电流。从式（3）中可以看到，当硅光电池处于零偏时，即 $V = 0$，流过 PN 结的电流 $I = I_P$；当硅光电池处于反偏时（本实验中 $V = -5$ V），流过 PN 结的电流 $I = I_P - I_S$。当硅光电池用作光电检测元件时，光电池必须处于零偏或反偏状态。

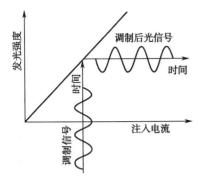

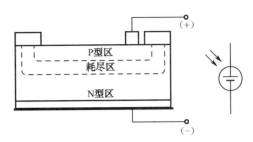

图3　LED 发光二极管的正弦信号调制原理　　　　图4　硅光电池结构示意图

硅光电池处于零偏或反偏状态时，产生的光电流 I_P 与输入功率 P_i 有以下关系：

$$I_P = RP_i \qquad (4)$$

可以看出，在一定条件下，光电流 I_P 与输入功率 P_i 呈线性关系，硅光电池的该特性被称为光电特性。式（4）中的 R 为响应率，R 值随入射光波长的不同而变化。对不同材料制作的光电池，R 值分别在短波长和长波长处存在截止波长。在长波长处要求入射光子的能量大于材料的能级间隙 E_g，以保证处于禁带中的束缚电子能得到足够多的能量而被激发到导带，以参加材料的导电过程，对于硅光电池，其长波截止波长为 $\lambda_r = 1.1~\mu m$。在短波长处也由于材料有较大吸收系数使 R 值很小。描述硅光电池这一特性的是光谱特性，曲线示意图如图 5 所示，其中相对灵敏度为实际产生的光电流与最大峰值光电流的比。

图 6 是光电信号接收端的工作原理框图。硅光电池将接收到的光信号转变为与之成正比的电流信号，两者的关系见公式（4）。再经电流电压转换器（其原理参见综合设计实验四"PN 结的物理特性及其参数的测定"）把光电流信号转换成与之成正比的电压信号。比较硅光电池零偏和反偏时的信号，就可以测定光电池的饱和电流 I_S。

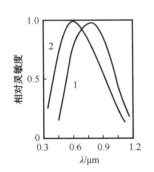

1—普通硅光电池；2—浅结硅光电池

图 5　硅光电池光谱特性曲线示意图

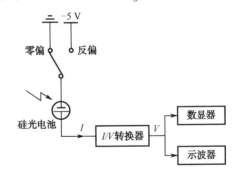

图 6　光电信号接收端的工作原理框图

当发送的光信号被正弦信号调制时，硅光电池的输出信号中将包含正弦信号，据此可通过示波器测定硅光电池的频率响应特性，即系统产生的输出电压 V 与不同的调制频率之间的关系。

5. 不同负载对硅光电池主要特性的影响

硅光电池作为电池使用时，其原理框图如图 7 所示。在电场作用下，入射光子由于内光电效应将处于价带中的束缚电子激发到导带，而产生光伏电压，在硅光电池两端加一个负载就会有电流流过。一般来说，负载电阻一定，光功率 P_i 低时，光电流 I_P 与 P_i 有良好的

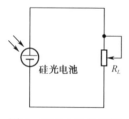

图 7 硅光电池负载特性测量原理框图

线性关系；在光功率 P_i 相同时，负载电阻小比负载电阻大的光电特性的线性关系好；在其他条件都相同的情况下，加反向偏压比不加反向偏压时，光电特性线性范围宽。负载电阻对光电特性的影响可以通过实验测量观察和验证。

不同的负载也会对硅光电池的频率特性造成影响，可以通过实验确定影响状况。

【实验内容】

硅光电池特性测量框图如图 8 所示。超高亮度 LED 在可调电流和调制信号驱动下发出的光照射到硅光电池表面，功能转换开关可分别拨到零偏、反偏或负载位置。

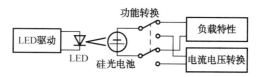

图 8 硅光电池特性测量框图

1. 硅光电池零偏和反偏时，光电流与输入光信号强度的关系，即光电特性的测定

打开仪器电源，调节发光二极管静态驱动电流，其调节范围为 0～20 mA（相应于发光强度指示 0～2000），将功能转换开关分别拨到零偏和反偏，硅光电池输出端连接到 I/V 转换模块的输入端，I/V 转换模块的输出端连接到数字电压表的相应输入端，分别测定硅光电池在零偏和反偏时输出光电流与输入光强度的关系。记录数据并在同一张坐标系下作图，比较硅光电池在零偏和反偏时两条曲线的关系，求出硅光电池的饱和电流 I_S。

2. 硅光电池输出连接不同负载时，测定产生的光伏电压与输入光信号强度的关系（光电特性）

将功能转换开关拨到"负载"处，将硅光电池输出端连接恒定负载（如取 10 kΩ）和数字电压表，从 0～20 mA（指示为 0～2000）调节发光二极管静态驱动电流，测定硅光电池的输出电压随输入光强度变化的关系曲线。

3. 测定硅光电池的负载特性

在硅光电池输入强度不变时，使负载在 0～100 kΩ 的范围内变化，测量硅光电池的输出电压随负载变化的关系曲线。

4. 测量硅光电池的频率响应特性

将功能转换开关分别拨到"零偏"和"反偏"处，将硅光电池的输出连接到 I/V 转换模块的输入端。令 LED 偏置电流一定，在信号输入端加正弦调制信号，使 LED 发送调制的光信号，保持输入正弦信号的幅度不变，调节信号发生器频率，用示波器观测并记录发送光信号的频率变化时，硅光电池输出信号幅度的相应变化，确定硅光电池在零偏和反偏条件下的幅频特性，计算其截止频率。比较硅光电池在零偏和反偏条件下的实验结果，分析原因。

【思考题】

1. 硅光电池在工作时，为什么要处于零偏或反偏状态？

2. 硅光电池用于线性光电探测时，对耗尽区的内部电场有何要求？

3．硅光电池对入射光的波长有何要求？

4．当单个硅光电池外加负载时，其两端产生的光伏电压为何不会超过 0.7 V？

5．如何获得高电压、大电流输出的硅光电池？

6．是否可以借助该系统，用实验方法测试和了解其他硅光电池的特性？

【参考文献】

[1] 杨述武，赵立竹，沈国土. 普通物理实验[M]. 4 版. 北京：高等教育出版社，2009
[2] 王化祥，张淑英. 传感器原理及其应用[M]. 天津：天津大学出版社，2007

实验八　密立根油滴实验

1907 年，美国物理学家密立根（Robert Andrews Millikan）开始了对电子电量的研究，经过数年的潜心研究，不断改进实验方案，巧妙地利用电场对带电油滴的操控测量了小油滴所带的电荷，并于 1913 年得到了电子的电量值为（4.774±0.009）×10^{-10} esu（esu 为静电系电量单位，约为 1.591×10^{-19}C）。密立根经过长期的实验研究获得了两项重要的成果：一是证明了电荷的不连续性，即电荷具有量子性，所有电荷都是基本电荷 e 的整数倍；二是测出了电子的电荷值，即基本电荷的电荷值。由于他用实验验证了电荷是由相同的单元组成的（电子带电量为单位电荷）以及对爱因斯坦光电效应方程的精确验证使他荣获了 1923 年诺贝尔物理学奖。

本实验就是采用密立根油滴实验这种比较简单巧妙的方法来测定电子的电荷值的。由于实验中产生的油滴非常微小（半径约为 10^{-6} m，质量约为 10^{-15} kg），进行本实验特别需要严谨的科学态度、严格的实验操作、准确的数据处理，才能得到较好的实验结果。

【实验目的】

1．通过对带电油滴在重力场和静电场中运动的测量，验证电荷的"量子化"，即电量不是连续变化的，测定电子的电荷值。

2．通过对仪器的调整练习，学会选择、跟踪油滴，并通过调整电压控制油滴平衡。

3．了解 CCD 图像传感器的原理并练习使用 CCD 系统进行测量。

【实验原理】

用油滴法测量电子的电荷，可以用静态（平衡）测量法或动态（非平衡）测量法，也可以通过改变油滴的带电量，用静态测量法或动态测量法测量油滴带电量的改变量。下面介绍静态测量法的原理。

用喷雾器将油滴喷入两块相距为 d 的水平放置的平行极板之间。由于油滴很小，喷射时的摩擦会使一般油滴带电。设油滴的质量为 m，所带电量为 q，两极板间的电压为 V，则油滴在平行极板间同时受到两个力的作用，一个是重力 mg，另一个是静电力 $qE=qV/d$（由于空气的密度比油的密度小得多，故空气的浮力可以忽略）。如图 1 所示，如果适当调节两极板间的电压 V，可以使这两个力达到平衡，于是有

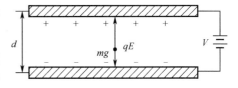

图 1　带电油滴在电场中的受力情况

$$mg = qE = q\frac{V_b}{d} \tag{1}$$

其中，平衡电压 V_b 和两极板间的距离 d 都不难测量，而油滴的质量 m 很小，约为 10^{-15} kg，需要用特殊的方法测量。

平行极板间未加电压时，油滴在重力作用下加速下降，由于空气的黏滞阻力对油滴的作用，油滴下降一段距离后达到某一速度 v_g，黏滞阻力 F_r 很快就会与油滴所受重力 mg 平衡，油滴将匀速下落。作用在油滴上的空气黏滞阻力可由英国数学和物理学家斯托克斯（G.G. Stokes）1851 年导出的著名斯托克斯公式得出：

$$F_r = 6\pi\eta a v_g = mg \tag{2}$$

式中，a 为球状油滴的半径（由于表面张力的作用，油滴总是成小球状），η 为空气的黏滞系数。设油的密度为 ρ，则油滴的质量为

$$m = \frac{4}{3}\pi a^3 \rho \tag{3}$$

由式（2）和式（3），得出油滴的半径为

$$a = \sqrt{\frac{9\eta v_g}{2\rho g}} \tag{4}$$

对于半径小到 10^{-6} m 的小球，油滴半径近似空气中的气隙大小，空气介质不能再认为是连续介质，空气的黏滞系数应修正为 $\eta' = \dfrac{\eta}{1+\dfrac{b}{pa}}$，因而斯托克斯定律应修正为 $F_r = \dfrac{6\pi a\eta v_g}{1+\dfrac{b}{pa}}$，

其中 b 为一修正常数，$b = 8.22\times10^{-3}$ m·Pa，p 为大气压强，单位为帕（Pa），于是式（4）变为

$$a = \sqrt{\frac{9\eta v_g}{2\rho g\left(1+\dfrac{b}{pa}\right)}} \tag{5}$$

上式根号中还包含油滴半径 a，但因它处于修正项中，可以不十分精确，因而根号中的 a 可用式（4）进行计算。将式（5）代入式（3），得到

$$m = \frac{4}{3}\pi\left[\frac{9\eta v_g}{2\rho g\left(1+\dfrac{b}{pa}\right)}\right]^{\frac{3}{2}}\rho \tag{6}$$

当两极板间的电压 $V = 0$ 时，若油滴匀速下降的距离为 l，时间为 t，则下落速度为

$$v_g = \frac{l}{t} \tag{7}$$

将式（7）代入式（6），式（6）代入式（1），可以得到

$$q = \frac{18\pi}{\sqrt{2\rho g}}\left[\frac{\eta l}{t\left(1+\dfrac{b}{pa}\right)}\right]^{\frac{3}{2}}\frac{d}{V_b} \tag{8}$$

其中，油的密度 ρ =981 kg/m³，重力加速度 g =9.80 m/s²，空气的黏滞系数 η =1.83×10⁻⁵ Pa·s，油滴下落的距离 l =2.00×10⁻³ m，修正常数 b =8.22×10⁻³ m·Pa，大气压强 p =1.013×10⁵ Pa，平行极板间的距离 d =5.00×10⁻³ m。将这些数据都代入式（8），得

$$q = \frac{1.43\times10^{-14}}{\left[t\left(1+0.02\sqrt{t}\right)\right]^{\frac{3}{2}}}\cdot\frac{1}{V_{\mathrm{b}}} \tag{9}$$

由于油的密度 ρ、空气的黏滞系数 η 都是温度的函数，大气压强、重力加速度又随实验地点和条件而发生变化，式（9）的计算是近似的；同时 l 和 d 是所用仪器的参数，应根据具体仪器进行具体计算。

实验中可以改变同一油滴所带的电量，那么使油滴达到平衡的电压也应当发生相应的改变。实验中会发现，能够使改变了电量的同一油滴达到平衡的电压 V_{b}，一定是某些特定的值，表明对应的电量是不连续的。对于不同的油滴，如果测得的电量有一最大公约数，那就证明了电荷的不连续性，并且存在最小的电荷值。

静态平衡测量法的原理简单明了，现象直观，但需要仔细调整平衡电压。动态法在原理和数据处理上要更复杂一些，但不需要调整平衡电压，可参看参考文献[1]。

【仪器介绍】

油滴仪的基本结构由油滴盒、油滴照明装置、调平系统、测量显微镜、计时器、供电电源、CCD 电子显示系统等部分构成。

油滴盒（见图 2）是用两块经过精磨的平行极板（上、下电极板）中间垫以绝缘环组成的。平行极板间的距离为 d，绝缘环上有照明用发光二极管的进光孔、显微镜观察孔和紫外线进光石英玻璃窗口。油滴盒装在有机玻璃防风罩中。移动油雾孔开关 2，使 2 上的小孔与油雾孔 3 对齐，将喷雾器的喷雾管插入喷雾口 1 中，喷出的油滴到达上电极中央直径为 0.4 mm 的小孔，油滴从油雾室经过这个小孔落入平行极板中，油滴由高亮度的发光二极管照明。

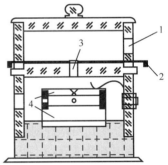

1—喷雾口；2—油雾孔开关；

3—油雾孔；4—上下极板

图 2　油滴盒装置图

油滴盒防风罩前装 CCD 光学成像系统。CCD 是一种目前常用的数字成像装置，如数码相机的感光部分。用 CCD 专用电源线将 CCD 上的电源插孔与油滴仪上的 CCD 电源插座相连接。CCD 的工作电源为直流，中心电极为正极。用 75 Ω视频电缆将 CCD 上的 VIDEO OUT 插座与监视器上的 VIDEO IN 插座相连接，此时监视器的阻抗开关应置于 75 Ω挡。将 CCD 固定在光学镜头的后套筒上，而光学镜头位于绝缘环上的观察孔外侧，通过旋转聚焦旋钮可前后移动光学镜头，就能在监视器上清楚地观察到油滴。监视器屏幕上有刻度，其竖直刻度的 1 格表示实际平行极板中的竖直距离 l 为 1 mm。值得注意的是 CCD 的固定方向要根据实际情况进行调整，即当油滴下落时，如果在监视器屏幕上看到油滴并非竖直下落，则需旋转 CCD，使看到的油滴像竖直下落后再固定在套筒上。油滴运动的时间，可由本仪器自带的数字计时器计时。

为使两个平行极板之间产生电场，可在极板间加上连续可调的直流电压，电压的大小可从数字表上读出，并受工作电压选择开关的控制。选择开关分三个挡，"平衡（Balance）"挡

在极板上加平衡电压，调节其大小使油滴平衡；"下落（Down）"挡在极板上不加任何电压，使油滴自由下落；"提升（Up）"挡是在平衡电压基础上增加了一个 200 V 左右的提升电压，将油滴从下端提升上来，供下次测量用。

CCD 是英文 Charge Coupled Device 的缩写，即电荷耦合器件，是一种以电荷量来反映光强大小，用耦合方式传输电荷量的器件。它具有自扫描、光谱范围宽、动态范围大、体积小、功耗低、寿命长、可靠性高等一系列优点。自 1970 年问世以来，发展迅速，应用广泛（如数码相机的感光部分）。CCD 的基本结构与 MOS（金属—氧化物—半导体）器件类似，衬底是硅半导体，硅表面有一层二氧化硅薄膜，再上面是一层作为电极的金属。用光学成像系统将物体的像成在 CCD 的像敏面上，像敏面被分成许多小单元（像素点），每个像敏单元将照在其上面的光强信号转变成少数载流子的密度信号，在驱动脉冲的作用下顺序移出器件，作为视频信号输入监视器，在荧光屏上把原来物体的图像显示出来。CCD 的作用是将二维平面光学图像信号转变为有规律的连续的一维输出的视频信号。

【实验内容】

1. 调整仪器

将仪器放平，调节底部的左、右两只调平螺丝，使位于防风罩内油滴盒附近的水准泡指示水平，此时平行极板处于水平位置。开机预热 10 min，利用预热时间调整测量显微镜，从监视器荧光屏上观察油滴的运动。如果油滴斜向运动，则可转动 CCD，使观察到的油滴沿竖直方向下落。

2. 练习测量

练习控制油滴：喷入油滴后，在平行极板上加上 250 V 左右的平衡电压，工作电压选择开关放在"平衡"挡，则不需要的大量油滴会被驱走，剩下几个缓慢运动的油滴。选中其中的某一个油滴，仔细调节平衡电压，直到使这个油滴静止不动。然后撤去平衡电压，油滴会自由下落；下落一段距离后再加上"提升"电压，使油滴上升。如此反复多次进行练习，以达到熟练控制和测量油滴的目的。

练习测量油滴的下落时间：任意选择几个运动速度快慢不同的油滴，用计时器测出它们下落一段距离所需的时间。反复多练几次，以熟练掌握测量油滴运动时间的方法。

练习选择油滴：做好本实验，很重要的一点是选择合适的油滴。选的油滴体积不能太大，太大的油滴一般需带很多电荷才能取得平衡。它的下落速度比较快，时间不易测准。太小的油滴的布朗运动明显，测量过程中容易丢失。通常可以选择平衡电压在 200 V 左右的，油滴匀速下落 2 mm 时间为 15～35 s 的油滴，其大小和电量都比较合适。

3. 正式测量

用平衡测量法实验时要测的量有两个，一个是平衡电压 V_b，另一个是油滴匀速下落一段距离 l 所需的时间 t，平衡电压必须经过仔细的调节，并将油滴置于分划板上某条横线附近，以便准确判断出这个油滴是否静止。

测量油滴匀速下落的时间 t 时，应先让它下降一段距离后再开始计时，这样才能保证油滴匀速下降。选定要测量的一段距离 l，应该在平行极板之间的中央部分，即视场中分划板的中央部分。如果太靠近上电极板，电场不均匀，小孔附近也会有气流的影响；如果太靠近下电极板，测量完时间 t 后，油滴容易丢失，影响继续测量。一般取 $l=0.200$ cm 比较适宜。

对同一油滴应进行 6～10 次测量,而且每次测量都要重新调整平衡电压。如果油滴逐渐变得模糊起来,要微微调整测量显微镜的聚焦,勿使油滴丢失。

【注意事项】

1. 喷油前将油雾孔挡板上的圆孔与油雾孔对齐,喷油后再把油雾孔挡板推开挡住油雾孔,以免空气流动而使油滴乱漂移。

2. 喷雾器内装入的油要适量,不要太多;喷油时,喷油嘴插入喷油口,用力要适度,喷油不要太多;喷雾器不用时要使其喷口朝上放进茶缸内,以防止油流到桌面上。

3. 切勿使 CCD 视频输出短路;禁止 CCD 正对太阳光、激光等强光源,防止 CCD 受潮或受到撞击。

4. 不要用手去触摸 CCD 前面的镜面玻璃,如有玷污,报告实验室老师处理。

5. 注意不要让所观测的油滴跑掉。

【思考题】

1. 在本实验中,有些参量很难测量,如油滴的质量,密立根是怎样巧妙地测量的?

2. 在实验中,油滴是怎样获得电荷的?油滴所带的电荷是同性吗?

3. 进行精确测量,应该选择什么样的油滴?选太小的油滴对测量有什么影响?选太大或带电太多的油滴又存在什么问题?

4. 为什么用油滴而不用水滴测定电子电荷?

5. 在控制某一油滴的过程中,发现其平衡电压突然变化很大,原因是什么?如果平衡电压逐渐减小,其原因又是什么?

6. 观察中发现油滴的像有时会变模糊,为什么?如何处理?

7. 在未知 $e=1.602\times10^{-19}$ C 时,怎样利用实验数据求出 e?

8. 请利用自己所测数据,计算某一油滴所受空气浮力大小,探讨它是否可以忽略。

【阅读材料】

在 19 世纪末和 20 世纪初,许多物理学家为测量电子的电荷量进行了大量的实验探索工作,1908 年密立根和贝济曼(L.Begeman)利用云室的方法,在间距为 5 mm 的两个极板之间加 1600～3000 V 的高压产生电场,分别测加高压前后水滴下落的时间,最后得出电子的电荷量为 4.03×10^{-10} 静电单位(1.34×10^{-19} C)。考虑到水很容易蒸发,后来改用了挥发性小的油滴,但实验发现 e 值随油滴的减小而增大,面对这一情况,密立根经过分析后认为导致这个谬误的原因在于实验中选用的油滴很小,对它来说,空气已不能看作连续介质,斯托克斯定律已不适用,因此他通过分析和实验对斯托克斯定律进行了修正,并于 1913 年发表了他认为比较合理的结果 $e=4.774\times10^{-10}$ 静电单位(1.591×10^{-19} C)。

密立根通过油滴实验,精确地测定基本电荷量 e 的过程,是一个不断发现问题并解决问题的过程。油滴实验中将微观量测量转化为宏观量测量的巧妙设想和精确构思,以及用比较简单的仪器,测得比较精确而稳定的结果等都是富有启发性的。

密立根油滴实验尽管如此巧妙,且被评为世界十大最美物理实验之一,但由于他用了一个不准确的空气黏滞系数数值,所测得的电子电量值偏小,这就导致在电子电量测量历史上发生了有趣的自我欺骗现象。伟大的物理学家费曼先生指出,如果把在密立根之后进行测量电子带电量所得到的数据整理一下，就会发现一些很有趣的现象：把这些数据跟时间画成坐标图，你会发现这个人得到的数值比密立根的数值大一点点，下一个人得到的数据又再大一点点，下一个又再大一点点，最后，到了一个更大的数值才稳定下来。为什么他们没有在一开始就发现新数值应该较高？这件事令许多相关的科学家惭愧脸红，因为显然很多人的做事方式是：当他们获得一个比密立根数值更高的结果时，他们以为一定哪里出了错，他们会拼命寻找，并且找到了实验有错误的原因。另一方面，当他们获得的结果跟密立根的相仿时，便不会那么用心去检查。因此，他们排除了所谓相差太大的数据，不予考虑。我们现在已经很清楚那些伎俩了，因此再也不会犯同样的毛病了。

关于密立根油滴实验相关的一些有趣历史和偏倚期盼现象可参见文献[3]。

【参考文献】

[1] 曹丽萍，杜淅霞，郑菲. 密立根油滴实验方法的比较[J]. 长春师范学院学报：自然科学版，2010，29：62

[2] R. 费曼. 别闹了，费曼先生[M]. 吴程远，译. 北京：生活•读书•新知三联书店，1997

[3] 卢德馨. 油滴实验和偏倚期盼现象[J]. 大学物理，2011，30：13

实验九　弗兰克-赫兹实验

1913 年，尼尔斯•玻尔（Niels Bohr，1885—1962）在卢瑟福的有核原子模型和光谱的基础上结合斯塔克有关价电子跃迁产生辐射的思想，提出了自己的原子理论，解释了氢光谱的频率规律，获得了 1922 年的诺贝尔物理学奖。

1914 年，弗兰克（James Franck，1882—1964）和赫兹（Gustav Ludwig Hertz，1887—1975）用电子轰击原子的实验，证明了原子内部的能量是量子化的，由此获得了 1925 年的诺贝尔物理学奖。这一实验通常称为弗兰克-赫兹实验。尽管弗兰克-赫兹实验并非是在玻尔理论提出后针对玻尔理论而设计的实验，但弗兰克-赫兹实验的真正价值，恰好为玻尔理论提供了光谱研究之外的另一种验证手段，使玻尔理论具有了坚实的实验基础。

【实验目的】

1．理解原子能量量子化，学习弗兰克和赫兹为证明原子内部能量量子化所做的巧妙设计和实验方法；测定汞原子的第一激发电位。

2．理解电子与原子碰撞过程和机理。

【实验原理】

玻尔认为，原子由原子核和核外电子组成，电子绕核做圆周运动，并硬性规定电子只能处于一些分离的轨道上，它只能在这些轨道上绕核转动且不产生电磁辐射，这称为玻尔的定态条件。玻尔还假定当电子从一个定态轨道 E_m 跃迁到另一个定态轨道 E_n 时会以电磁波的形式放出或吸收能量 $h\nu$ ，且满足：

$$h\nu = E_m - E_n \tag{1}$$

其中，普朗克常数 $h = 6.626 \times 10^{-34}$ J·s， ν 为所吸收或放出辐射的频率， E_m 和 E_n 分别为两个定态轨道的能级。这就是玻尔提出的频率条件或称为辐射条件。

处于基态（最低能量的状态）的原子状态改变时，其所需要的能量不能少于该原子由基态跃迁到第一激发态时所需要的能量。一般在两种情况下发生原子状态的改变：一是当原子本身放出或吸收电磁辐射时，二是当原子与其他粒子发生碰撞有能量交换时。用电子轰击原子，因电子的动能可通过加速电位的改变予以调节，而且电子的质量较原子的质量小得多，故电子可以把全部动能转给原子，因此是激发原子十分有效的手段。弗兰克与赫兹基于上述思想，设计了电子与原子碰撞的实验，其装置见图1。他们改进了勒纳（Lenard）的单栅三极式（阴极 K、栅极 G 和板极 A）碰撞管的结构，将管内的气体由氢分子改用汞蒸气。因为汞是单原子分子，结构简单，而且在常温下是液态，只要改变温度就能大幅度改变汞蒸气中的原子密度，同时还由于汞的原子量大，电子与其原子碰撞时，能量损失极小。

早期的充汞管的板极电流由电流计测出，弗兰克和赫兹所测得的板极电流 I 与 K 和 G 之间电压 V_{GK} 的关系见图2。实验现象表明，汞原子对外来的能量，不是"来者皆收"，而是当外来能量达到 4.9 eV 时它才吸收。就是说，穿过汞蒸气的电子在达到某一临界速度（这一速度相当于电子经过 4.9 V 电位差的加速所获得的速度）之前，只与分子进行弹性碰撞；碰撞中电子的能量损失很少。当 K、G 间的电压由零逐渐增加时，板极电流不断地上升、下降，出现了一系列的峰和谷；峰（或谷）间距离大致相等，均为 4.9 V，即 K、G 间的电压为 4.9 V 的整数倍时，电流突然下降。按照玻尔理论，4.9 eV 的能量损失应该等于原子终态与始态的能量差，因此汞原子至少应该具有这样两个定态，它们之间的能量相差 4.9 eV；当原子通过自发辐射退回基态时，应辐射出能量为 4.9 eV 的光量子，实验中的确观察到了波长为 253.7 nm 的谱线。

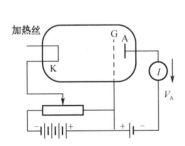

图 1 弗兰克-赫兹最初的实验装置

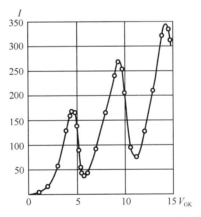

图 2 充汞管的板极电流随加速电压的变化

1920 年，弗兰克和爱因西朋（Einsporn）将原来的实验装置做了改进（见图3）：将直热式阴极改为旁热式加热，以使电子发射得更均匀。在靠近阴极处另加了一个栅极 G_1，以使 K、G_1 间的距离小于汞蒸气的平均自由程，目的是在这个区域只加速不碰撞；在 G_1 和原有的栅极 G_2 之间形成等电位区，使电子不加速只碰撞，且都以相同的电子速度进行碰撞。这样一来，从某一激发电位开始的非弹性碰撞就更明显。改进后的装置把加速和碰撞这两个区域分开，从而可以使电子在加速区获得相当高的能量。实验结果（见图 4）确实显示出汞原子内存在一系列的能级，包括亚稳能级，同时还观察到了相应的发射光谱。

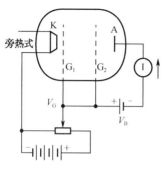

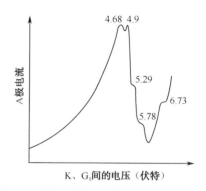

图 3　改进后的弗兰克-赫兹实验装置　　　图 4　改进后板极电流随加速电压的变化

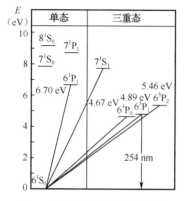

图 5　汞原子的能级及跃迁图

图 5 为汞原子的能级及跃迁图，从图中可以看出汞原子的基态 6 s 为单态 $^1S_0$，而最低的激发态 6p 分为三个：$^3P_0$、$^3P_1$ 和 $^3P_2$。原则上讲，汞原子的第一激发电位应为 4.67 V，但实验中常观察到的是 4.9 V，很难观察到 4.67 V，这主要是因为从 6^1S_0 跃迁到 6^3P_0 的激发截面相对较小[1]。

【仪器介绍】

本实验所用的弗兰克-赫兹实验仪主要由弗兰克-赫兹管（以下简称"F-H 管"）、为 F-H 管加热的加热炉和温控装置、F-H 管电源组、扫描电源和微电流放大器等几部分组成。

F-H 管的结构示意图如图 6 所示。灯丝给旁热式阴极 K 加热，K 上涂敷的特殊物质使其电子发射系数远大于直热式阴极，改变灯丝电压 V_F 可以改变灯丝和阴极的温度，从而控制发射电子的多少。第一个栅极 G_1 靠近阴极，两者之间的距离很小，在测量第一激发电位时，G_1 与 K 之者间加有一个小的正电压 V_{G_1K}，它的作用是控制管内电子流的大小，以抵消阴极附近电子云形成的负电位影响；第二栅极 G_2 与阴极 K 之间加上一个可调的正向电压 V_{G_2K}，它使电子获得能量和速度，在这个区域内和原子发生碰撞；加在第二栅极和板极之间的减速电压 V_{G_2P}，使得那些碰撞后沿电场方

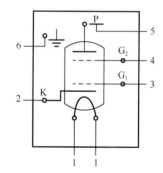

1—灯丝电极；2—阴极；3—第一栅极 G_1；4—第二栅极 G_2；5—极板 P（BNC 插座）；6—接地线

图 6　F-H 管的结构示意图

向的动能小于 $\left|eV_{G_2P}\right|$ 的电子不能到达板极 P，板极电流经微弱电流放大器放大后由表头读出。

弗兰克-赫兹（F-H）实验仪的整体连线如图 7 所示。F-H 管电源组提供 1～5 V 连续可调的直流电压作为灯丝电压 V_F，每支 F-H 管均有自己的参数，使用时按照实验室给出的参数进行调整，切勿调得过高，以免降低其寿命；F-H 管电源组还分别提供一个 0～5 V 和一个 0～15 V 直流连续可调电压，使用时可根据需要接入电路，一般情况下可将 0～5 V 的电压用作 V_{G_1K}，而 0～15 V 的电压用作 V_{G_2P}。扫描电源提供 0～90 V 的可调直流电压或慢扫描输出锯齿波电压，可作为 F-H 管的加速电压 V_{G_2K} 分别供手动测量和计算机数据采集接口自动测量；微电流放大器用来检测 F-H 管的板极电流，弗兰克-赫兹实验中到达板极的电流

很小，一般为 $10^{-8}\sim10^{-7}$ A，现在一般采用运算放大器（它具有高灵敏度低内阻的优点）进行放大后，再送到表头显示出来。

使用充汞的 F-H 管时需要加热控温（充惰性气体氩的 F-H 管不需要加热）。首先将 F-H 管加热炉和控温装置的电源插头插入插座，打开电源开关，指示灯亮，按动三位数字上方或下方的小按钮，设置所需要的温度（如 120 ℃，140 ℃，160 ℃等）。控温数字两侧的小发光二极管显示加热状态，绿灯亮时为正在加热，红灯亮时为停止加热；待加热炉升温 20 min 左右，如果达到了设定的温度，控温数字两侧的小发光二极管会自动发生跳变（绿灯灭、红灯亮），说明加热炉已达到设定的温度，可以开始实验。F-H 管中气体的密度对测量结果影响很大。充汞的 F-H 管在加热炉中，管内装有充足的汞，加热炉温度升高时，汞的饱和蒸气压就升高，蒸发的汞气体分子就多，即气体密度高，因而电子运动的自由程就小，电子与气体原子碰撞的概率大，于是曲线的起伏就比较明显。由于汞的原子量较大，和电子进行弹性碰撞时几乎不损失动能。且汞的第一激发能级只有 4.9 eV，因此只需几十伏的电压就能观察到多个峰值。

【实验内容】

1. 熟悉实验装置及各个控制电源的作用：按照图 7 连接电路；将各个电源的调节电位器沿逆时针方向旋到底，使各个电源输出的电压为最低；扫描选择"手动"方式，使用汞管时微电流放大器的量程可放在 10^{-7} A 挡。

2. 如采用充汞的 F-H 管进行实验，应先开启加热炉电源，将炉温设定为 165～180 ℃后开始加热。待指示加热炉工作情况的小发光二极管发生跳变（绿灯灭、红灯亮）后，再通电测量（用充氩的管子可跳过此步）。

3. 根据实验室提供的 F-H 管各工作电压的参考数据，分别调好灯丝电压 V_F，栅极 G_1 和阴极 K 之间的电压 V_{G_1K}，栅极 G_2 和板极之

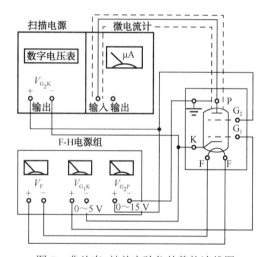

图 7　弗兰克-赫兹实验仪的整体连线图

间的反向拒斥电压 V_{G_2P}，预热 5 min 左右，用手动方法改变 V_{G_2K}，同时观察微安表上 I_P 的变化。当加速电压从 0 V 调到 50～60 V 的过程中，大约可出现 10 个峰；如发现电流计上读数迅速增加，表明 F-H 管发生击穿，应立即调低 V_{G_2K}，待降低灯丝电压（每次减小 0.1～0.2 V）或升高热炉温度后再试；若测量过程中电流表的偏转偏小，在同教师商量后可适当升高灯丝电压（0.1～0.2 V）。

4. 适当调节各参数，选择一组峰谷比大的条件，测量此时的 I_P-V_{G_2K} 曲线。

5. 画出 I_P-V_{G_2K} 曲线图，测出各峰值（或谷值）电压值，算出第一激发电位。

6. 本套仪器还提供了计算机数据采集接口，通过该接口可利用扫描电源提供的慢扫描输出锯齿波电压自动采集 I_P-V_{G_2K} 曲线。

【注意事项】

由于 F-H 管加热后温度较高，注意避免烫伤。在测量过程中，当加速电压加到较大时，

若发现电流表示数突然大幅度上升并很快过载，应立即将加速电压减小到零，然后检查灯丝电压是否偏大或加热炉温度是否过低；若灯丝电压偏大，可适当减小灯丝电压（每次减小 0.1～0.2 V 为宜）；若加热炉温度太低，可适当调高温度，并等到温控部分的指示灯跳变（绿灯跳变成红灯），即达到设定的温度后，再试着进行测量。

【思考题】

1. 为什么用充氩的 F-H 管做这个实验时不需要用加热炉给 F-H 管加热，而用充汞的 F-H 管做这个实验必须用加热炉给 F-H 管加热？

2. 加热炉加热的温度高低对实验有什么影响？比较不同温度下的 I_P-V_{G_2K} 曲线，说明为什么较低温度下的曲线峰数少而峰较高？

3. F-H 管内为什么要在板极和栅极之间加一个反向拒斥电压？

4. 一般情况下，在充汞 F-H 管的 I_P-V_{G_2K} 曲线中，其第一个峰位所对应的加速电压不是 4.9 V，为什么？

5. 在 I_P-V_{G_2K} 曲线中，谷底处的电流不为零，峰顶处的电流随 V_{G_2K} 增大而增高，为什么？（可参看参考文献[2]）

6. 电子与汞原子发生弹性碰撞的条件是什么？发生非弹性碰撞的条件是什么？

【阅读材料】

1. 历史背景

20 世纪初，许多科学家把注意力集中到气体放电上，目的是研究粒子包括电子、原子、分子和离子间的相互碰撞过程。勒纳（Lenard）于 1902 年用电子碰撞的方法研究了原子的电离，发现汞蒸气的电离电位约为 11 V，他没有确定是否所有气体的电离电位都相同。1913 年，弗兰克与赫兹研究气体放电中低能电子和原子间的相互作用情况时，设计了电子与原子碰撞的实验，他们改进了勒纳的单栅三极式碰撞管的结构（见图 1），将原来阴极 K 与栅极 G 间的距离由 5 mm 增加到 4 cm，栅极 G 与板极 A 间的距离则由 2.5 cm 改为 1～2 mm，同时减小了栅极 G 与板极 A 之间的减速电压（约 0.5 V），管内的气体则改用汞蒸气（勒纳用的是氢分子）。并于 1914 年发表了如图 2 所示的结果。弗兰克在其诺贝尔奖获奖演说中提到："能量传递的量子特征使我们想到应采用爱因斯坦在解释光电效应时创立的理论，在光电效应中，光能量可转变成电子的动能，在我们的实验中电子的动能是否转变成了光能？如果是这样，则在实验中应该能够观察到对应于能量为 4.9 eV 波长为 253.7 nm 的光谱线。"他们后来的实验的确观察到了该谱线。由于他们受当时科学知识的限制，误认为 4.9 V 是汞原子的电离势，所以对他们自己的结果无法解释。尽管在他们的实验结果发表之前，玻尔已发表了其原子结构理论，但由于战争带来的影响，在他们做这个实验时并不知道玻尔理论。在看到玻尔的论文之后一段时间内，他们并没有马上改变自己的看法，而是经过一番深入思考和研究，直到 1919 年，他们才同意了玻尔理论，发表了"由慢电子和气体分子之间的非弹性碰撞对肯定玻尔原子理论的研究"，他们彻底放弃了原来测出的是电离电位的观点，并运用玻尔理论解释有关现象。因此，弗兰克-赫兹实验为玻尔理论提供了一个有力的实验证据。有关弗兰克-赫兹实验的更详细历史资料请见参考文献[3]。

弗兰克和赫兹的创新精神值得我们学习。在他们的一系列研究中，处处体现出了他们强烈的创新精神。在实验装置上，他们从改进勒纳的装置入手，改变管子中电极间的距离，减小了板极与栅极间的拒斥电压，加大了碰撞空间，增加了电子与原子碰撞的机会；为了能够测到原子的更高能级，他们又在原来的管子中加入第二个栅极，并使第一栅极更靠近阴极，第二栅极靠近板极，两栅极之间等电位，使加速区和碰撞区分开。在实验的方法上，他们善于转换思路，对很难测出的给予单个原子的能量，他们巧妙地用加速电压的大小确定电子在加速电场中获得的能量，通过能否克服拒斥电压确定电子经过碰撞所剩余的能量，进而得到碰撞中传递给原子的能量。

2. 测量汞原子的高激发态

在测量汞的第一激发电位时,加热炉温度较高,汞的蒸气压大,原子密度大,电子与汞原子碰撞的概率大,往往使电子的动能刚刚达到 4.9 eV 就发生了非弹性碰撞,把能量传给了汞原子；而要测量更高的激发电位,必须使电子达到更高的动能。这就要求增大电子的自由程,减少与汞原子的碰撞概率；可以通过降低 F-H 管的温度,减小汞原子的密度来实现。具体的测量电路可参照图 3，即弗兰克和爱因西朋的方法，只在 K、G_1 之间加速，G_1G_2 连在一起（或只加一个 1 V 的小电压）形成碰撞区。实验时应调节各种参数，特别是 F-H 管的温度（约为 130 ℃），调节灯丝电压与减速电压，K、G_1 间的加速电压不要超过 25 V。由 I_P-V_{G_1K} 曲线即可观测汞原子的更高一些的激发电位。有兴趣的同学可以参看文献[4]和[5]。

3. 汞原子电离电位的测量

如图 8 所示，将 G_1 和 G_2 短接，阴极 K 和栅极 G_1 之间加上一个加速电压，电子只在 K、G_1 间加速，在等势区 G_1、G_2 之间发生碰撞，板极 P 对阴极 K 处于负电位，因此电子不能到达板极 P。当汞原子发生电离时，板极产生离子流，由此可测得汞原子的电离电位。

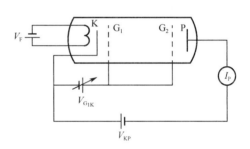

图 8　汞原子电离电位的测量原理图

测定汞原子的电离电位时，汞蒸气的密度要更低一些，一般在 F-H 管温度为 70～100 ℃情况下进行，加热灯丝的温度要比测量高激发电位时略高一些；加速电压只需十几伏即可，电离一旦发生，应迅速减小加速电压，以免过度电离而导致 F-H 管严重受损。

发生电离时的加速电压 V_{Ai} 还不是电离电位，应当扣除一个起始电位 V_{A0}，即电离能

$$E_i = e(V_{Ai} - V_{A0}) \tag{2}$$

因为起始电位 V_{A0} 与电子的热初速度、由阴极与板极间的接触电位、管内的电位分布等因素有关。在实验中，当测得 I_P-V_{G_1K} 曲线后，该曲线必有第一激发电位 4.9 V 的峰（第一个峰）和电离峰。假定第一激发电位峰所对应的加速电压为 V_1，则有

$$V_1 = 4.9 - V_{A0} \tag{3}$$

$$V_{A0} = 4.9 - V_1 \tag{4}$$

$$E_i = e(V_{Ai} - 4.9 + V_1) \tag{5}$$

由此可测得汞原子的电离电位 $V_i = E_i/e$。

【参考文献】

[1] 翁斯灏，郑锡霖，翁晓隽，等. 弗兰克-赫兹实验中电子与汞原子的碰撞机理[J]. 大学物理，1995，14：7

[2] 邱正明，郭玉刚，杨旭. 对弗兰克-赫兹实验屏流曲线的讨论[J]. 物理与工程，2011，21：22

[3] 刘战存，张国英. 弗兰克和赫兹对原子能级存在的实验研究[J]. 物理，2003，32：47

[4] 刘复汉. 汞原子较高激发能级测盆的研究. 物理实验[J]. 1985，5：209

[5] 何益鑫，张新夷. Franck-Hertz 实验的物理过程[J]. 物理实验，2011，31：33

实验十　利用虚拟仪器技术测量元件的伏安特性

【实验目的】

1. 了解虚拟仪器技术的基础知识。
2. 熟悉 LabVIEW 软件中函数、控件的使用方法。
3. 掌握数据采集卡中模拟输入和模拟输出通道的工作原理和使用方法。
4. 利用 myDAQ 数据采集设备点亮一只发光二极管。
5. 利用 myDAQ 数据采集设备完成电子元件伏安特性的测量。

【实验仪器及器材】

计算机，LabVIEW 软件，myDAQ 数据采集设备，面包板，导线，开关，电阻箱或标准电阻，待测电阻，发光二极管，其他用于测量的线性或非线性元件。

【实验背景】

"虚拟仪器技术"起源于 20 世纪 70 年代，是一种基于软件的仪器技术。它与传统仪器有相同的架构组件，但理念完全不同。虚拟仪器的功能是由用户定义的，而传统仪器的功能则是厂商定义的，是固定不变的。

虚拟仪器由硬件和软件两个部分组成。其中，硬件部分是指各种以计算机为基础的内置功能 PCI 插卡、串口、并口、USB 或 GPIB 等通用接口总线接口卡、VXI 总线仪器接口卡、PXI 总线仪器接口卡，或者是其他各种可程控的外置测试设备；软件部分包括设备驱动软件和虚拟控制面板，虚拟仪器通过底层设备驱动软件与真实的仪器系统进行通信，并以虚拟仪器面板的形式在计算机屏幕上显示与真实仪器面板操作元素相对应的各种控件。

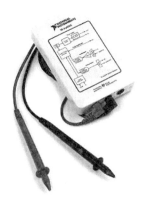

图 1　myDAQ

myDAQ（my Data Acquisition）是美国国家仪器公司（National Instruments，NI）推出的一款为学生量身定制的 DAQ 数据采集设备（见图 1），它集成了数字万用表、双通道示波器、函数发生器、波特图仪、频谱分析仪、任意信号发生器、数字输入与输出接口等基本仪器和 I/O 接口。基于 NI 公司的 LabVIEW 软件，myDAQ 的各种接口还可以被灵活组合调用，为不同的实践应用提供不同的解决方案。

myDAQ 的接口（见图 2）包括 USB 电源/总线通信接口、数字万用表接口、板载 5 V/±15 V 电源、音频输入/输出接口、2 个模拟输入（AI）接口、2 个模拟输出（AO）接口、8 个数字输入/输出或计数器（DIO）接口。

图 2　myDAQ 的接口

【实验原理】

电路中有各种电学元件，如碳膜电阻、晶体二极管和三极管、光敏和热敏元件等。对于一个电学元件，其电阻的特性可用该元件两端电压 U 与通过该元件的电流 I 之间的函数关系式 $I=f(U)$ 来表示，即用 $I-U$ 平面上的一条曲线来表征，这条曲线称为电阻元件的伏安特性曲线。如果这条曲线是直线，说明通过元件的电流与元件两端的电压成正比，则称该元件为线性元件（如碳膜电阻）；如果元件的伏安特性曲线不是直线，则说明这类元件在不同的电压作用下电阻值不同，称其为非线性元件（如晶体二极管、三极管等）。对于某些阻值受温度影响较大的元件，其伏安特性曲线也会弯曲（如白炽灯丝）。本实验通过测量电学元件的伏安特性曲线，了解其电阻的性质，如图 3 所示。

由于数据采集设备只能产生或测量电压信号，无法直接测量电流信号，所以这里使用分压法（双伏法）。为了实现待测元件两端电源电压的变化，可以使用一通道模拟输出（AO）进行控制，再利用两路模拟输入通道测量电路总电压和标准电阻上的电压。在程序的控制下，电路电压由 0 V 逐步增加到 5 V，在电压每改变一次的同时系统自动测量两个电压，通过公式计算得到元件的阻值并绘制伏安特性曲线。

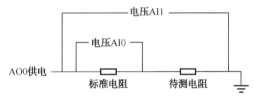

图 3　测量原理图

【实验内容】

1. 安装 LabVIEW 软件，配置 myDAQ 驱动

在开始实验之前，首先确认计算机是否已经正确安装了驱动程序和软件并配置了 myDAQ 的硬件属性。具体步骤如下：

（1）安装 LabVIEW 图形化系统设计软件。

（2）安装 DAQmx 驱动程序。

（3）安装 ELVISmx 驱动程序。

（4）如果进行电路仿真设计，还需要安装 Multisim 软件。

（5）确认驱动程序安装无误后，将 myDAQ 利用 USB 线连接到计算机上后，myDAQ 上的蓝色指示灯点亮，同时计算机上会弹出 NI ELVISmx 仪器软面板启动窗（NI ELVISmx Instrument Launcher），如图 4 所示。

（6）利用 NI MAX 软件确认设备工作状态。

在"开始"→"所有程序"→"National Instrument"中运行"Measurement & Automation Explorer（MAX）"，在其左侧树形目录的"设备和接口"中将出现当前正确连接的 NI myDAQ 设备，如图 5 所示。如果其正确识别，左侧图标应为绿色。选中该设备，右侧会显示出该设备的相关信息，单击"自检"按钮，系统将对 myDAQ 设备进行自检。单击"测试面板"按钮还可以对设备进行测试。

图 4   NI ELVISmx Instrument Launcher

图 5   Measurement & Automation Explorer（MAX）中的 myDAQ

2. 编写程序，点亮一只发光二极管

发光二极管（LED）是一种极其常见的发光元件，是二极管的一种，所以只允许电流从正极流向负极，反之不行，具有单向导通性。另外，LED 两端的电压和流经的电流都不能过大，否则会造成其损坏，所以通常 LED 需要串联电阻使用，这个电阻被称为"限流电阻"。

限流电阻的阻值取决于多个因素：发光二极管两端电压应不大于 3 V，二极管 PN 结压降约为 1.7 V，流经 LED 的电流不能超过 20 mA，myDAQ 模拟输出通道输出的电压最大为5 V。

（1）根据上述信息，为 LED 选择一个合适的限流电阻阻值。

（2）新建 LabVIEW 程序。

打开 LabVIEW 软件，新建 VI，按"Ctrl+T"组合键平铺前面板及程序框图。在程序框图中右击，在"测量 I/O"中找到并将 DAQ 助手放置在程序框图中。

（3）配置 DAQ 助手。

在 DAQ 助手配置界面中依次选择"生成信号"→"模拟输出"→"电压"→"AO0"，单击"完成"按钮。在"定时设置"中，选择"1 采样（按要求）"，"信号输出范围"选择–5～5 V 并确认。

（4）设置模拟输出的电压值。

将鼠标移至 DAQ 助手的"数据"左侧，会有一个闪动的三角，这说明该接线端子可以被操作。右击该端子，选择"创建"→"常量"，系统会自动创建一个已经连线的橘黄色数值框，代表"浮点型数值"。当程序运行时，AO0 端口就会依据此数值框内数值输出电压。这里需要注意的是，myDAQ 的模拟输出通道最大输出为 5 V，当框内数值大于 5 时，myDAQ 将直接输出 5 V。

（5）在面包板上搭建外电路。

在面包板上将 LED 和限流电阻串联，并利用导线将 LED 的正极接到 myDAQ 的 AO0 接口上，将限流电阻没有与 LED 负极相连的一端接到 AGND 接口上，这样 AO0 和 AGND 作为电源两端，实现了电源、LED 和限流电阻的串联。

（6）点亮 LED。

在 LabVIEW 程序的前面板上单击"运行"按钮，程序将运行一次，此时 myDAQ 的 AO0 和 AGND 之间将产生等于橘黄色数值框内数值的电压，如果数值设置合适且限流电阻阻值适当，LED 将被点亮。

（7）实现 LED 两端电压的连续可调。

上述实验步骤完成的效果是每单击一次"运行"按钮，myDAQ 依照数值框内数值产生一次电压，使 LED 显现不同亮度。是否可以连续操作呢？这里需要使用循环结构。

在程序框图中右击，选择"Express VI"→"执行程序过程"→"带按钮的 While 循环"，将之前的橘黄色数值框和 DAQ 助手框住，这样程序就将一直运行，直到前面板的"停止"按钮被按下。为了节约系统内存，可以右击后将"编程"→"定时"→"等待（ms）"放置在 While 循环中并创建一数值常量作为系统延迟，单位为毫秒（ms），也就是说程序每执行一次后会等待一段时间再继续执行。

在前面板上右击，选择"银色""新式""系统"或"经典"任一项的"数值"→"旋钮"并放置，这样的控件可以在程序运行时被实时调节。回到程序框图，删除橘黄色常量，并将"旋钮"连线至 DAQ 助手的"输出"上。

（8）运行程序，旋转前面板上的旋钮，观察 LED 的亮度变化（见图 6）。

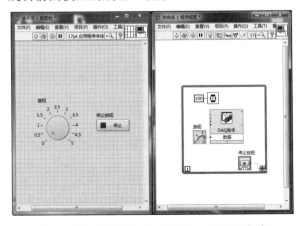

图 6   可实时调节 LED 亮度的 LabVIEW 程序

3. 编写程序，实现电阻伏安特性曲线的测量

在了解了 myDAQ 模拟输出（AO）功能和基本编程方法后，可以进行伏安特性曲线的

测量，这里需要用到 myDAQ 的模拟输入（AI）功能以及 LabVIEW 中数值运算、判断、数组、簇和图表的相关控件和函数。

（1）在面包板上搭建电路

根据分压法（双伏法）的原理，在面包板上用标准电阻、待测电阻和导线搭建测量电路。

（2）利用 myDAQ 模拟输入（AI）功能采集电压

myDAQ 的模拟输入功能和模拟输出功能的配置方法相似，新建一个 DAQ 助手，在配置界面中依次选择"采集信号"→"模拟输入"→"电压"→"AI0"，单击"完成"按钮。在"定时设置"中，选择"1 采样（按要求）"，并确认。由于分压法（双伏法）需要测量两个电压，所以需要创建第二个模拟输入函数，并选择通道"AI1"。将 myDAQ 的 AI0 和 AI1 接口用导线连接到面包板的相应位置连接后，其输出的"电压"将分别体现电路总电压和标准电阻电压。

（3）利用数值运算计算待测元件的电压和电流

在程序框图中右击，选择"编程"→"数值"，可以看到 LabVIEW 中的数值运算函数。根据电路图和分压法（双伏法）的测量原理，可以利用 AI0、AI1 和 AO0 的数值计算出被测元件的电压和电流。

（4）创建图表

在 LabVIEW 的前面板上右击，选择"银色""新式""系统"或"经典"任一项的"图形"→"XY 图"并放置，它将用于绘制伏安特性曲线，其输入数据类型是"簇数组"。

（5）创建簇数组

"簇数组"可以是簇的数组，也可以是数组的簇。这里的"数组"体现在绘制的是一个点还是一条线，如果将一个"簇"输入给 XY 图，那么得到的只是一个（x,y）点。而"簇"表明这条曲线同时包含了 x 值和 y 值，如果将一个没有捆绑的"数组"输入给 XY 图，那么得到的是一条 x 值间距固定的 y 值曲线，不能准确体现 y 随 x 的变化规律。

簇的创建可以使用"编程"→"簇、类与变体"→"捆绑"，利用该控件可以对任意数据类型进行捆绑，这里我们需要捆绑的是代表 x 值系列和 y 值系列的两个一维数组，或是捆绑代表 x 值和 y 值的两个浮点型数值。数组的创建可以使用"编程"→"数组"→"创建数组"，也可以利用 While 循环和 For 循环的自动索引功能。

（6）程序的执行过程控制

为了实现对多个点的自动测量，程序需要添加循环结构，这里有两种选择：While 循环和 For 循环。While 循环的执行方式是一直执行，直到条件判断端的输入为真，常见的停止方式是"当某某某按下时"或"当某某某达到某一要求时"。For 循环的执行方式是预先设置好循环次数，然后程序开始执行，当执行到设置的次数时程序停止。

另外，LabVIEW 的执行方式是依照数据流顺序，如果多个函数控件中有一组数据流经过，则按照数据流的顺序执行。如果没有数据流经过，则随机决定先后。对于我们之前设定的 AI 和 AO 控件来说，它们之间没有数据流经过，但实验要求先输出一个电压，然后再进行采集，那么就需要强制安排顺序，这里使用的是"平铺式顺序结构"。

（7）完善并执行程序，测量待测电阻的伏安特性曲线，并计算出电阻的阻值

图 7 中给出了一种解决方案。其执行方式采用 For 循环，XY 图的绘制方式采用"数组的簇"，即利用 For 循环的自动索引功能，先分别创出 x 值的数组和 y 值的数组，最后"捆绑"在一起绘图。

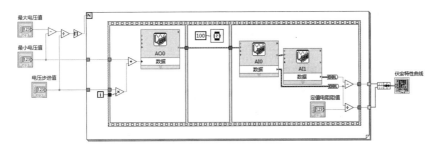

图 7 元件的伏安特性测量程序

4．适当修改程序，实现发光二极管伏安特性的测量

根据二极管与电阻元件伏安特性的不同特点，适当修改上述程序中的相应函数和参数，测量二极管等非线性元件的伏安特性曲线，如图 8 所示。

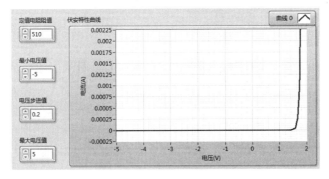

图 8 二极管伏安特性曲线

【思考题】

1．利用虚拟仪器系统进行测量时，仪器的误差是如何考虑的？

2．除了图中给出的利用 For 循环方案外，能否使用 While 循环实现功能？

3．在循环中添加延时后可以发现伏安特性曲线是一次性绘成的，如何实现逐点绘制？

4．测量二极管伏安特性曲线时需要注意什么？哪些函数和参数是需要修改的？

5．图 8 中展示了−5～2 V 的伏安特性曲线，如何测量−5～5 V 的伏安特性曲线？

【参考文献】

[1] 郑对元. 精通 LabVIEW 虚拟仪器程序设计[M]. 北京：清华大学出版社，2012

[2] 赵会兵. 虚拟仪器技术规范与系统集成[M]. 北京：清华大学出版社/北方交通大学出版社，2003

[3] 赵国忠，陶宁，冯立春. 虚拟仪器设计实训入门[M]. 北京：国防工业出版社，2008

[4] 李甫成. 基于项目的工程创新学习入门——使用 LabVIEW 和 myDAQ[M]. 北京：清华大学出版社，2014

第四章　探究实验

第一节　演示仪器的制作

实验一　手机投影仪的制作

【实验目的】

现在的手机千变万化，功能却大同小异。自从乔布斯带来了苹果手机，在手机上基本上就看不到键盘了，看上去更像一个小小的显示器。虽然屏幕一再变大，但还是不能满足大家的需求，尤其多人分享时，更显得屏幕很"小巧"。如果能像投影仪那样，让屏幕的显示界面变大，使用就更方便了。

根据透镜成像的基本原理和基本规律，将手机作为投影源，制作手机投影仪。

【实验仪器及器材】

分辨率较高、亮度较亮的手机，透镜，平面镜，卷尺、剪刀等耗材及工具。

【实验内容】

查阅资料，掌握投影仪的工作原理，并用分辨率相对较高的智能手机作为投影源，制作简易的投影盒子，将手机屏幕上的画面投影到墙面上，且满足如下要求：

1. 投影的画面应该是正立的、放大的图像。
2. 投影的画面亮度尽量高，清晰度尽量好，且边缘清楚，无畸变。
3. 投影盒子尽量小巧，方便携带，而且为了减少光的损失，遮光性要好。
4. 通过调节物距，可以方便地在墙上得到不同大小的像。

【实验前应回答的问题】

1. 实验中所需凸透镜的焦距如何测量？
2. 对实验中所需凸透镜的焦距大小有何要求？大些好，还是小些好？
3. 菲涅尔透镜与普通透镜有何异同？此实验中应选用何种透镜？需要几块？
4. 投影到墙面的图像怎样才能被均匀地放大，且没有畸变？
5. 为减小投影仪盒子内的光线反射，应该采取什么措施？
6. 必须使用平面镜改变光路方向，才能在墙上得到正立的像吗？

【参考文献】

[1] 杨述武，赵立竹，沈国土. 普通物理实验[M]. 5 版. 北京：高等教育出版社，2015

[2] 王宏炜. 大屏幕投影与智能系统集成技术[M]. 北京：国防工业出版社，2010

[3] 刘旭，李海峰. 现代投影显示技术[M]. 杭州：浙江大学出版社，2009

实验二　全息投影成像实验装置的制作

【实验目的】

科学技术的进步和发展，往往最先通过展示的方式向大众进行传达，新兴的多媒体投影技术被广泛应用于展示设计，推动着展示设计向虚拟化、场景化、情节化的方向发展，信息的获取变得更为主动，观众可以在数字化手段提供的技术支持中，与可操纵的展示环境进行互动，真正地融入环境。

全息投影技术，不同于传统的全息成像，其结构如图 1 所示，通过投影仪或 LED 屏等投影设备，将投影源上的景象分别反射到透明四棱锥的四个侧面上，透过每个四棱锥侧面，人不仅能看到对面的景物，而且能看到锥体中间漂浮的影像，呈现立体效果，产生裸眼 3D 的效果。这种全息成像产品有以下特点：（1）投影源所在的柜体时尚美观，有科技感。顶端四面透明，真正的空间成像色彩鲜艳，对比度、清晰度高，具有空间感、透视感。（2）形成的空中幻像中间可结合实物，实现影像与实物的结合。（3）尺寸灵活，安装便捷。可根据不同的应用需求进行尺寸选择，能根据现有的建筑或安装位置修改硬件的体系和结构，有利于在各种建筑和城市空间里永久安装。

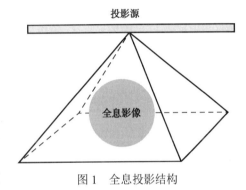

图 1　全息投影结构

【实验仪器及器材】

刻度尺，锉刀，单屏投影设备（手机、平板电脑均可），有机玻璃（或透明硬塑料薄膜均可），轻木板，轻木条等。

【实验内容】

1. 查阅文献资料，掌握全息投影成像的理论知识。

2. 根据全息投影成像原理，制作"全息投影成像实验仪"，并探究其所成像的清晰度、亮度及位置与哪些因素有关。

【实验前应回答的问题】

1. 全息投影成像过程与传统全息照片成像有何区别？

2. 要使四棱锥的四个侧面与水平面成多大角度？侧面三角形的顶角应该是多少度？

3. 要想实验效果最佳，对周围环境有什么要求？

4．视频源中，如何实现四个方向动作的同步？视频源的背景色选什么颜色效果最佳？

5．投影结果中，是否会出现重影，重影产生的原因是什么？如何去除重影？相应的改进措施是什么？

6．如何改进此实验装置，能使效果更佳？如何扩大观看角度？

【参考文献】

[1] 周禹. 分析全息投影技术在演艺活动中的应用[J]. 艺术科技，2014，（2）：82-82

[2] 侯彩宏. 全息投影在当代会展中的应用[J]. 消费电子，2014，（6）：183-185

[3] 张敏，傅懿瑾. 后技术时代的展示艺术——基于世博会展示空间的理论探讨[J]. 艺术百家，2010，（5）：83-97

[4] 孙哲，肖小英，陈美玲. 现代商业空间展示设计的信息构建[J]. 家具与室内装饰，2013，（11）：100-101

[5] 蒋星. 数码媒体在艺术设计中的应用研究[J]. 家具与室内装饰，2011，（12）：94-95

[6] 刘绍龙，李中豪，槐雪. 全息技术在我国视觉艺术领域的艺术研究[J]. 科技风，2011，（14）：234-234

[7] 杨毅. 论全息投影技术中虚拟角色制作与设计[J]. 科教文汇，2013，（28）：94-98

[8] 郭斌. 投影技术的分析与应用[J]. 信息系统工程，2012，（4）：106-107

实验三　飞机机翼升力实验仪制作

【实验目的】

1726 年，瑞士科学家伯努利（D. Bernoulli）提出了伯努利定理。该定理是流体力学中的一条重要定理，适用于包括气体在内的一切流体，是流体做稳定流动时遵循的基本定理。

在目前的教科书中，我们习惯认为飞机的升力主要来自机翼背部的弧形位置，认为背部弧线的长度大于机翼下部的直线的长度，所以机翼的背部弧形部分空气流速比直线部分快，根据伯努利定理：流体速度越快，压力越低，机翼弧形部分流速快压力低、机翼下部直线部分流速慢压力高而产生了升力。而实际飞机飞行所需的升力不仅与飞机的流线型有关，还与飞机的迎角及飞机的飞行速度等多个因素有关。

【实验仪器及器材】

泡沫塑料、木头、风机、铁丝等耗材。

【实验内容】

1．阅读相关文献资料，掌握飞机上升的理论知识。

2．按照伯努利原理，制作能体现飞机机翼流线型产生升力的实验装置，且装置满足：

（1）正常流线型机翼，在气流作用下，机翼能够上升。

（2）机翼倒置，在相同气流作用下，机翼下落。

（3）研究对称机翼，在相同气流作用下的运动情况。

3．实验探究机翼迎角对实验结果的影响。

4．实验探究气流流速对实验结果的影响。

5. 测量或比较机翼不同位置受到的压力情况。

【实验前应回答的问题】

1. 单靠机翼的流线型能使飞机在空中飞行吗？飞机做翻滚、倒飞动作时，会下落吗？不同类型的飞机升力是否相同？

2. 如何通过实验证明飞机机翼的流线型能促使飞机上升，而非由于有一定的迎角造成在机翼上产生上升的力？

3. 不同形状的物体在流体中的受力是否相同？

4. 改变流动空气的出口方向与机翼的方向，对实验结果是否有影响？

5. 气流的强弱是否对实验现象有影响？

6. 做一个小实验，取两块长方形的纸片，并排悬挂在两根细棒上，将两纸片靠近，如果在两块纸片之间从上方向下吹气，会出现什么现象？为什么？

7. 航海上有一种"船吸现象"，试用本实验中相关知识解释该现象。日常生活中还有哪些类似现象？试举例说明。

8. 飞机机翼后缘都装有长短、宽度不同的翼片，可以向下翻转，这些翼片有何作用？

【参考文献】

[1] 陈永丽. 机翼升力的物理原理分析[J]. 现代物理知识，2010，22（2）：20-21

[2] 郭守月，李满兰. 怎样更简单地解释飞机（机翼）升力？[J]. 科学中国人，2005，（9）：60-61

[3] L·普朗特，K.奥斯瓦提奇，K.维格哈特. 流体力学概论[M]. 郭永怀，陆士嘉，译. 北京：科学出版社，1981

[4] 张永生. 关于飞机倒飞时升力从何而来的刍议[J]. 物理教师，2008，29（6）：29-31

[5] 戴书庭. 关于阻力和升力的实验[J]. 物理通报，1957（4）：244-247

[6] 贾浦涛. 机翼升力实验改进和机翼升力误解[J]. 中国现代教育装备，2012，（20）：25-26

实验四　开尔文滴水起电机的制作

【实验目的】

开尔文滴水起电机是根据静电感应原理使水滴带电而起电的，是借助带电水滴转移和积累电荷的静电起电装置。开尔文滴水起电机示意图如图1所示。

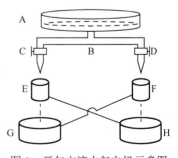

仪器上部有1个储水装置A，储水装置A下部接三通导管B，水沿三通导管B漏下后分成2个支路，C端和D端接有能控制水滴大小的夹子，下面再各接1个玻璃锥形管，可使水滴从尖端向下滴，E和F为2个金属圆筒，水滴可从筒的中心通过，G和H为2个盛接滴水的铝锅，用导线将金属圆筒E和F与铝锅G和H交叉相连。两铝锅之间、金属筒与水管之间要有良好的绝缘。

图1　开尔文滴水起电机示意图

在理想状况下，由于系统的绝缘性非常好，两铝锅之间所能达到的电位差会非常高，可达到数万伏。但是，在实际实验的过程中，系统的绝缘性不可能非常好，也就是说，电荷会因为尖端放电、溶液表面与空气的电荷交换，以及系统与地面之间的漏电等原因而不断流失，从而两铝锅之间的电位差存在一个最大值。随着两铝锅之间的电位差不断增加，静电感应会不断强化，但同时电荷流失速度也不断加快。当电荷的积累与电荷的流失达到平衡时，两铝锅之间的电位差也就达到最大。

【实验仪器及器材】

验电器、金属导线、玻璃管、泡沫塑料等耗材。

【实验内容】

1．选择材料，设计结构，自制一套开尔文滴水起电机，要求实验装置稳定，实验现象显著。

2．更换实验装置中的各部分材料，如绝缘材料与导体的更换，对比实验效果，并解释原因。

3．用多种方法证明装置中产生的电荷性质。

4．测量产生的静电电压。

5．此实验的另一种观点认为：水从玻璃管中喷射下来的同时，就带有电荷，而在金属圆筒上感应出电荷，同样因交叉连接，一边是正电荷越来越多，另一边是负电荷越来越多，通过实验证明，哪种观点更准确？

【实验前应回答的问题】

1．此实验是否受空气潮湿程度的影响？在潮湿环境中能否正常工作？ 如果要使它在潮湿环境下也工作，需满足什么条件？

2．实验装置中的毛刺或尖端，对实验效果有无影响？

3．水流的快慢对实验现象有无影响？

4．玻璃管口到金属圆筒的距离，以及金属圆筒到铝锅的距离，对实验结果有无影响？

5．实验装置采用绝缘材料还是金属材料效果更好？

6．金属圆筒如果换成金属线圈，现象有无变化？在它们表层加绝缘层后，实验现象有无变化？

【参考文献】

[1] 盛正阳，胡朱宁. 开展科技活动的好实验——滴水起电[J]. 物理教师，1998，19（3）：18-19

[2] 李洪泽，梁灏，高仪. Kelvin 滴水起电机的初始起电的物理原理[J]. 物理实验，1988，8（2）：87-90

[3] 路峻岭. 物理演示实验教程[M]. 北京：清华大学出版社，2005

[4] 胡米宁，盛正阳. 滴水起电机的原理及其制作方法[J]. 实验教学与仪器，1998（2）：39-40

[5] 高朋. 基于意义性原则的生活实验情境物理教学研究[J]. 沈阳师范大学学报：自然

科学版，2007，25（4）：534-537

[6] 吴家宽. 开尔文滴水感应起电机制作与技巧[J]. 物理教师，2002，23（2）：28

[7] 刘炳升. 中学物理教学与自制教具[M]. 上海：上海教育出版社，2000

[8] 朱向阳，崔缨子. 感应起电机起电原理的实验探究及其解释[J]. 物理实验，2009，29（8）：22-27

[9] 朱向阳. 有趣的"电风"驱动实验[J]. 物理实验，2009，29（5）：28-29

实验五　传统饮水鸟装置的制作与研究

【实验目的】

饮水鸟是一种古老的中国玩具，它的主要结构由玻璃制成，在它的面前放一杯水，使其饮一次水后，就会自发地低头反复饮水，如同永动机一般。实际上，饮水鸟并不是永动机，它消耗空气中的热量，是一种热机。

本实验需要通过自制饮水鸟装置，分析研究饮水鸟装置的结构，如液体种类、液体体积、支点位置等对饮水鸟工作效率的影响；通过改变外界环境，如空气温度、湿度、流速等因素，来探究饮水鸟的工作效率，并给出合理的理论解释。

【实验仪器及器材】

各种尺寸的空心玻璃球，玻璃管，支架，水槽，打火机油（丁烷），汽油，无水乙醇或乙醚等易挥发的液体，温度计，湿度计等。

【实验内容】

查阅资料，掌握传统饮水鸟的工作原理，并尝试制作、改进饮水鸟装置，进一步探究下列各因素对其点头频率的影响。

1. 制作各部分都可以拆解的饮水鸟装置（如图 1 所示）。

2. 探究饮水鸟头部的形状、大小、材料对其工作效率的影响。

3. 探究饮水鸟尾部的形状、大小、材料对其工作效率的影响。

4. 探究支点的位置对饮水鸟工作效率的影响。

5. 探究饮水鸟内液体的种类对其工作效率的影响。

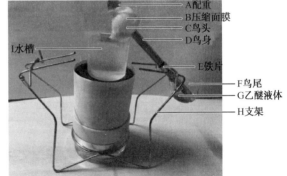

图 1　饮水鸟装置

6. 探究饮水鸟内液体的体积对其工作效率的影响。

7. 探究外界空气温度对饮水鸟工作效率的影响。

8. 探究外界空气湿度对饮水鸟工作效率的影响。

9. 探究外界空气流速对饮水鸟工作效率的影响。

【实验前应回答的问题】

1. 传统饮水鸟为什么用薄玻璃制成？用厚玻璃或别的材料制作，对其工作有何影响？

2. 饮水鸟的头部与尾部的形状都是球形的吗？如果不是，为什么这样设计？

3. 饮水鸟的头部和尾部的尺寸是否一样？为什么？

4. 作为饮水鸟身体的玻璃管，应该选得长一些还是短一些？直径大些还是小些？为什么？

5. 在饮水鸟的工作过程中，其鸟身是否需要密闭处理？怎样实现？

6. 传统饮水鸟为什么要设计让其头部佩戴帽子？帽子的作用是什么？

7. 传统饮水鸟装置内部的液体一般所选用的是乙醚，但乙醚对人体有危害，此实验能否用别的液体代替乙醚？

8. 探究不同温度、湿度下饮水鸟的工作效率时，怎样实现外界温度及湿度的均匀改变？

【参考文献】

[1] 赵凯华，罗蔚茵. 新概念物理教程 热学[M]. 2 版. 北京：高等教育出版社，2004

[2] 杨瑞博. 饮水鸟中的热力学原理[J]. 现代物理知识，2007，2：53-54

[3] R. Lorenz. Finite-time thermodynamics of an instrumented drinking bird toy[J]. Am. J. Phys., 2006，74（8）（2006）：677-682

[4] 孙德志，赵敬忠，魏西莲，等. "饮水鸟" ——通过单组分相变实现的热机[J]. 大学化学，1994，5：47

[5] 朱具德. 有趣的毛细现象[J]. 物理教学，2014，6：40-41

实验六　虹吸饮水鸟装置的制作与研究

【实验目的】

传统饮水鸟装置，现象看似简单，但其中涉及多种物理知识，如能量守恒定律、热力学第二定律、气体压强、液体压强、蒸发、重心与平衡等。它是一种很好的综合性科教玩具，也曾多次出现在中小学科普读物中。但是它也有一系列的弊端，比如鸟身的密封环境一旦被破坏，它将不再能正常工作；另外，它的工作效果还受周围空气的温度、湿度、流速等因素影响。

本实验要求在研究传统饮水鸟的基础上，利用虹吸原理制作在非封闭条件下工作，且不受周围空气的温度、湿度、流速等因素影响的饮水鸟装置。并进一步探究鸟体结构、虹吸管材料及尺寸、鸟体平衡转轴位置，以及饮水杯高度等因素，对虹吸饮水鸟工作效率的影响，并给出合理的理论解释。

【实验仪器及器材】

自选材料制作饮水鸟的鸟身，支架和水槽。

【实验内容】

查阅资料，掌握传统饮水鸟的工作原理，掌握虹吸原理，并尝试利用此原理制作饮水鸟装置（如图 1 所示），进一步探究下列各因素对其工作效率的影响。

图 1　虹吸饮水鸟装置图

1. 制作利用虹吸原理工作的饮水鸟装置。
2. 探究鸟身的形状、大小、材料对饮水鸟工作效率的影响。
3. 探究支点的位置对饮水鸟工作效率的影响。
4. 探究虹吸管的材料对饮水效果的影响。
5. 探究虹吸管的长度、直径对饮水效果的影响，并给出理论解释。
6. 探究饮水杯的高度对饮水效果的影响，并给出理论解释。

【实验前应回答的问题】

1. 什么是虹吸原理？需要满足哪三个条件才能产生虹吸现象？
2. 饮水鸟结构需要满足什么条件，才能利用虹吸现象工作？
3. 利用虹吸原理制作的饮水鸟，周围空气的温度、湿度、流速等因素是否影响其工作的效果？
4. 虹吸饮水鸟工作中使用的液体种类有特殊要求吗？
5. 利用毛细现象是否也能达到虹吸饮水鸟的效果？它相较于虹吸原理制成的饮水鸟有哪些利弊？

【参考文献】

[1] 赵凯华，罗蔚茵. 新概念物理教程 热学[M]. 2 版. 北京：高等教育出版社，2004
[2] 朱具德. 有趣的毛细现象[J]. 物理教学，2014，6：40-41
[3] Nadine Abraham，Peter Palffy-Muhoray. A dunking bird of the second kind[J]. Am. J. Phys.，2004，72（6）：782-785

实验七　冲浪纸飞机的制作与研究

【实验目的】

冲浪纸飞机也被称"悬浮纸飞机"，如图 1 所示，它利用空气动力学的原理，让纸飞机可以持续飞行。据说，这种玩法的灵感来源于海鸥。经常在海上航行的船员发现，海鸥非常喜欢跟着轮船飞行，原来它们这样做是为了"偷懒"。轮船在前进的过程中会遇到很大的阻力，阻力会产生强大的向上气流，海鸥借助这股向上的气流克服重力因素将身体托起，进而减小飞行的压力。

本实验要求利用纸张，折叠出形状各异的纸飞机，利用推板给纸飞机提供上升的气流，来完成纸飞机冲浪，从而探究冲浪纸飞机飞行的距离与哪些因素有关，进一步掌握伯努利原理，认识流速与压强的关系。

图 1　冲浪纸飞机工作图

【实验仪器及器材】

各种厚度、材质的纸张，硬纸挡板

【实验内容】

查阅资料，掌握冲浪纸飞机的工作原理，尝试制作冲浪纸飞机，进一步探究下列各因素对其飞行距离的影响。

1. 纸张材质对冲浪纸飞机飞行距离的影响。

2. 纸飞机的形状对冲浪纸飞机飞行距离的影响。

3. 挡板的速度对冲浪纸飞机飞行距离的影响。

4. 挡板的角度对冲浪纸飞机飞行距离的影响。

【实验前应回答的问题】

1. 制作纸飞机的纸张应该怎样选取，才能保证让纸飞机既能飞上天，又能在气流的压力下保持原有的形状？

2. 什么形状的机翼前缘能防止机翼在气流压力下变形？

3. 纸飞机的两翼折叠时，长一些还是短一些有利于纸飞机飞行？

4. 怎样克服纸飞机飞行过程中总向某个方向偏转的问题？

5. 怎样做可以使纸飞机增加稳定性？

6. 飞机出现上下颠簸不平稳的现象，可能是由于什么原因造成的？

7. 挡板在纸飞机飞行过程中，什么样的角度能让纸飞机飞得更远？

8. 机翼面积叠得大一点还是小一点，有利于纸飞机获得更多的上升气流？

【参考文献】

[1] 乐天. 一飞冲天纸飞机[J]. 百科新说，2019，11：2-15

[2] 冲浪（悬浮）纸飞机制作汇总[OL]. 百度文库. https://wenku.baidu.com/view/8894d06b6fdb6f1aff00bed5b9f3f90f77c64d71.html?fr=search-1_income6

实验八 磁悬浮地球仪的研究与制作

【实验目的】

磁悬浮地球仪（见图 1）是指在无任何支撑及无任何悬挂的情况下，将地球仪悬空飘浮在空中并自转的一种状态。其新奇独特的视觉表现效果，集科技与趣味于一体，具有很高的观赏性及实用性。

图 1　磁悬浮地球仪

磁悬浮地球仪是一种典型的机电一体化系统，运用磁路定律和磁场区域产生磁力的动力学原理，由控制器和执行器两部分而组成。只要让磁场方向和上方的磁铁几何重心保持在一条直线上，且此时的磁力和上方的磁铁的重力相同，即可让上方的物体悬浮在空中某一点。用手轻碰上方的地球仪能有轻微的转动，然后又会回复到原点。悬浮装置是一个相当复杂的闭环反馈伺服系统，它除了有电磁铁作为执行机构，还必须有传感器及反馈放大控制电路。

1．分析悬浮球成功悬浮的机理。

2．利用电、磁相互作用制作磁悬浮球，加强实验动手能力。

【实验仪器及器材】

永磁铁，线圈，电源，导线，磁场传感器，功率放大器，控制器，悬浮球等。

【实验内容】

1．分析悬浮球成功悬浮的原因。

2．利用电、磁相互作用成功制作磁悬浮球。

3．根据磁力、重力大小调整悬浮球的大小和重心，使其成功悬浮。

注意：安装两个磁铁时要按照同样的方式连接，否则磁性相互抵消就没法悬浮了。

【实验前应回答的问题】

1．实际线圈产生的磁场方向是什么？

2．如何增大线圈产生的磁场的磁感应强度？

3．无法成功实现磁悬浮的原因有哪些？

【参考文献】

[1] https://jingyan.baidu.com/article/1612d50076a5e0e20e1eee9b.html

[2] 赵凯华，陈熙谋. 电磁学[M]. 北京：高等教育出版社，2004

[3] 汤小伟，罗伯特·霍尔. 磁悬浮小球控制系统的研制[J]. 机械设计与制造工程，2015，44：54-56

实验九　电磁炮

【实验目的】

1．认识到电磁力的巨大威力。

2．了解电能如何转化为磁能。

3．了解充电电路的特性并且设置和安装电路。

【实验仪器及器材】

电源（两节 5 号干电池），电容，导线，电感线圈，磁性弹头。

【内容要求】

1．电路中的电感线圈等元器件连接正确。

2．电感线圈首尾连接位置，和磁弹极性正确配合。

3．观察并记录磁弹飞出轨迹。

【实验原理】

电磁炮是电炮家族的重要成员。电磁炮是完全依靠电磁能发射弹丸的一类新型超高速发射装置，又称电磁发射器。电磁炮正是基于这一基本的物理原理而提出并进行研制的，即电磁炮是利用运动电荷或载流导体在磁场中受到的电磁力（通常称为洛伦兹力）加速弹丸的。

为了更好地了解电磁炮的一些特性，研究各种因素对其性能影响的大小，并提高动手能力，我们自己动手制作一个电磁炮模型。

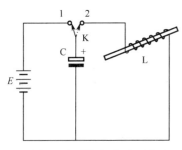

图 1　电磁炮实验原理图

电磁炮利用电流磁场产生的作用力驱动炮弹加速运动，由于它具有无声、无烟、可控等特点，已引起许多军事科学家的兴趣和重视。图 1 是电磁炮实验原理图，其"炮弹"是放于上部电感线圈内的磁性弹头，其下部是供给电感线圈电能的电源装置，合上开关后，磁性弹头能飞向数米远的目标。

为什么电源开关合上后磁性弹头会飞出呢？这可以通过简单电磁炮的实验原理装置进行实验研究，图 1 中 K 为单刀双掷开关，C 为容量较大的电解电容，L 为电磁炮的电感线圈（自制）。实验时先将 K 扳向 1，使 C 处于充电状态，然后将 K 扳向 2，这时 C 进入放电状态，电容 C 内的约 0.1 C 的电量在 1 ms 之内通过 L 进行放电，形成瞬间强大的放电流（近 100 A），从而产生一个瞬态较大的磁场力，使电磁炮管内的磁性弹头很快飞出。

电磁炮的电感线圈是用直径 0.5 mm 的漆包线在外径 6 mm 的空心玻璃管上绕 50 匝制成的，电磁炮的"炮弹"可用大头针或细铁丝替代．实验时电源电压取 24 V，电容值取 4000 μF，磁性弹头射程一般可达 0.3 m。

【实验内容】

1．结合图 1 的实验原理，制作电磁炮。

2．研究影响电磁炮性能的因素：

（1）电压对射程的影响。

（2）电感线圈匝数对电磁炮射程的影响。

（3）磁性弹头质量对电磁炮射程的影响。

（4）电容对电磁炮射程的影响。

（5）磁性弹头放置位置对电磁炮射程的影响。

【注意事项】

1．不能用金属管缠绕线圈，而要用绝缘体。

2．漆包线直径在 0.2～1 mm 之间比较适合，过粗的漆包线很难绕足够多的匝数，太细的漆包线电阻过大。

3．必须使用电容，电池放电速度太慢，不可能射出炮弹，电容放电是瞬时的。注意电容容量越大越好，但不可用超级电容，因为放电太慢。

4．需要有一个好的开关，一般的开关电流振荡太大。强烈推荐空气开关，一般的五金店均有销售。

5．需要一个充电（给电容）电路，电容才能放电给电磁炮。

【思考题】

1．在电磁炮实验中，电感线圈 L 若与直流电源正极直接相连能否使磁性弹头飞出？为什么？

2．磁性弹头在炮管内的放置位置与射程是否有关？磁性弹头距 L 左端多少毫米为最佳？

3．电源 E 的电压高低与射程是否有关？试说明其原因？

4．电容 C 的电容量与射程是否有关？可通过多个电容并联或串联改变电容的总容量试一下射程结果，并请分析和说明其因。

5．除上述几种方法外还可用什么方法提高电磁炮射程？

【参考文献】

[1] 侯亚铭. 美海军成功试射电磁轨道炮，改写未来战争终极武器. 人民网，2011 [2011-2-16].http://military.people.com.cn/GB/13932502.html

[2] 张海桐. 美将启动电磁炮海上试射计划，炮弹成本仅为导弹 1%. 人民网，2014 [2014-4-9]. http://www.chinanews.com/mil/2014/04-09/6042887.shtml

[3] 赵凯华，陈熙谋. 电磁学[M]. 北京：高等教育出版社，2004

实验十　超远程遥控炸弹

【实验目的】

1．声控开关使用方法。
2．学习焊接电路，将电能转换为热能。
3．认识到远程遥控的概念和威力。

【实验仪器及器材】

手机，电线，声控开关，鞭炮，灯泡。

【内容要求】

1．正确连接声控电路。
2．观察并记录远程遥控试鞭炮燃烧现象。

【实验原理】

遥控炸弹是指布置一颗不可见的炸弹，只有在人为控制下才会引爆，早在"二战"的时候就有了著名的歌利亚遥控炸弹。而电话发明之后不久，贝尔教授就侦破了一个通过电话遥控炸弹行凶的案子。超远程遥控炸弹通过手机发出信号，将同频率的接收器绑在炸弹上，设置好电路，接收到正确的信号后，触发爆炸引信。为了更好地了解超远程遥控炸弹的一些特性，研究各种因素对其性能影响的大小，并提高动手能力，我们自己动手制作一个超远程遥控炸弹模型。

超远程遥控炸弹由于"可控"的特点，已引起许多军事科学家的兴趣和重视。图 1 为超远程遥控炸弹的实验装置示意图。通过手机 1 发出手机信号（拨打电话），手机 2 接收到手机 1 拨打的电话后，发出手机铃声，声控开关 K 闭合，灯泡（外壳砸掉）内灯丝通电后点火，点燃鞭炮的引线，鞭炮发出爆炸声。

【实验内容】

1．按照图 1 所示装置，结合实验原理，制作超远程遥控炸弹。
2．研究影响遥控炸弹性能的因素。

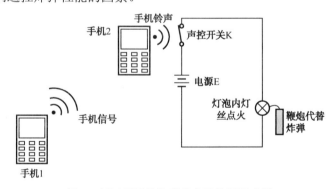

图 1　超远程遥控炸弹的实验装置示意图

【注意事项】

1. 一定要注意人身安全，点火时人不要离鞭炮太近。
2. 注意手机与鞭炮直接的距离要足够远，以免毁坏手机。

【思考题】

1. 除了用灯丝点火，是否可用其他点火装置代替？例如，摩擦点火机或者点火器等。
2. 如将点火装置埋入鞭炮内，是否爆炸效果更好？延迟时间是否会缩短？
3. 将鞭炮内火药倒出，若直接点火会有什么效果？

【参考文献】

[1] [作者不详]. 哥利亚遥控炸弹. 百度百科，2004[2004-12-19]. http://baike.baidu.com/link?url=bXgzYr1L9DlcBhIN_Letve2pLYuTTJt3PuDDdHNg7WeD91h63uv187PM2WlJhq65DFgRqDXneQgKGN4OvcGrpK

第二节　综合应用

实验一　悬浮在空中的乒乓球

【实验目的】

一个轻的球（如乒乓球），可以被向上的气流所支撑。气流的方向可以倾斜，然而它仍然可以支撑乒乓球，如图 1 所示。探究气流倾斜的影响，并优化该系统，得出在保持乒乓球处于稳定状态的情况下，气流倾斜的最大角度。本实验的目的是通过改变气流的速度、温度以及乒乓球距吹风机喷口距离来探究气流倾角对乒乓球平衡的影响，并获得最大倾角的值，同时进一步掌握伯努利原理，认识流速与压强的关系。

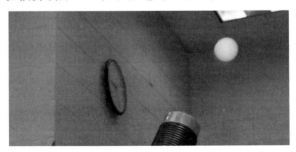

图1　悬浮在空中的乒乓球

【实验仪器及器材】

吹风机（具有调风速和温度功能）、乒乓球。

【实验内容】

1．通过查阅有关流体力学方面的资料掌握理论知识。

2．探究在相同温度、不同气流速度下，能保证乒乓球平衡的最大倾角。

3．探究在相同气流速度、不同气流温度下，能保证乒乓球平衡的最大倾角。

4．探究在相同的气流速度和温度下，乒乓球在距吹风机吹口不同距离处保持平衡时，气流的最大倾角。

5．对测试的结果进行分析。

【实验前应回答的问题】

1．什么是伯努利原理？

2．伯努利方程是什么？并解释其含义。

3．流体压力与流速之间存在什么样的关系？

4．人站在铁路旁，当火车高速经过时，很容易被卷入车下，这是什么原因？

【参考文献】

[1] 林建忠，阮晓东，陈邦国，等. 流体力学[M]. 北京：清华大学出版社，2013

[2] BENGT F. Steady viscous flow past a sphere at high Reynolds numbers [J]. J. Fluid Mech. 1988，190：471-489

[3] JOHNSON T A，PATEL V C. Flow past a sphere up to a Reynolds number of 300[J]. J. Fluid Mech，1999，378：19-70

实验二　水波特性研究

【实验目的】

观察圆形水面波的波形以及两个点波源形成的水面波产生干涉的现象，了解波的形成、传播和波的干涉、衍射规律；学习利用激光衍射法测量水波的波长，加深对波的本质的认识。

【实验仪器及器材】

水波盘演示仪（包括发波水槽、振动源、单振子、双振子、照明光源）、红光激光器、传感器、信号发生器、低音喇叭。

【实验内容】

1．圆形水面波的形成

在水槽中注入适量清水，将单振子固定在振动杆上，使振子与水面接触。打开投影仪，使水面成像于仪器前方的毛玻璃屏上。接通电源，电机带动振子振动，用频率调节旋钮调节振子的振动频率，用振幅调节旋钮调节振子的振幅大小，至清晰可见的圆形水面波波纹。

2．水波的干涉

将双点源振子固定在振动杆上，使其与水面接触。打开电源开关，双振子同步振动，带动水振动，在水面上形成干涉图样。

3．水波的衍射

在水槽偏离中心的位置放置一个有孔的障碍物，接通水波盘演示仪电源，在水面上形成衍射条纹。

4．激光衍射法测量水波的波长

将一大头针固定在低音喇叭上，利用信号发生器驱动低音喇叭振动，大头针将在水面形成水波。通过调整激光光束的方位及入射角，可以在屏上形成椭圆形衍射亮斑，通过测量高级衍射光斑与零级光斑的距离，利用公式 $\dfrac{d_n \sin\theta}{\lambda_0 z} = \dfrac{n}{\lambda \cos\theta}$，即可得出水波的波长，其中，$\lambda_0$ 为激光器的波长，z 为激光器至光屏的距离，θ 为激光的入射角，n 为高级衍射条纹的级数，d_n 为高级衍射条纹与零级光斑的距离。

【实验前应回答的问题】

1．如何产生圆形水面波？
2．利用水波盘演示仪，能否演示波的衍射现象？如何演示？
3．利用水波盘演示仪，能否测量波速？如何测量？
4．水波的传播速度与水深、浓度、温度有关吗？
5．如何测量水波的振幅？

【参考文献】

[1] 黄德波. 水波理论基础[M]. 北京：国防工业出版社，2011
[2] 吴云岗，陶明德. 水波动力学基础[M]. 上海：复旦大学出版社，2011
[3] 陈健，朱纯. 物理课程探究性实验[M]. 南京：东南大学出版社，2007

实验三　斯特林热机的制作及其性能研究

【实验目的】

自制一个斯特林热机，并将其安装在玩具小车上，通过橡皮筋将热机的动力传送到玩具小车的轮子上，从而驱动小车运动。对斯特林热机的各方面参数进行测定，根据实验数据给出各种参数对斯特林热机性能的影响。同时，对斯特林热机的热力学理论基础卡诺循环有更深的了解。

【实验仪器及器材】

玻璃试管、玻璃注射器、橡胶软管、光碟、轴承、红外测温仪及频闪仪。

【实验内容】

1．自制一个斯特林热机

查阅相关文献资料，利用玻璃试管、玻璃注射器、活塞、橡胶软管、光碟等材料制作一个斯特林热机。

2．利用自制的斯特林热机驱动小车运动

把自制的斯特林热机安装在玩具小车上，利用橡皮筋作为传动装置，完成制作。

3．性能测试

（1）利用红外测温仪测量冷缸温度 $T_c(T)$ 和热缸温度 $T_e(T)$；用游标卡尺和米尺分别测量出冷缸、热缸及橡胶软管的内径和长度，然后计算出冷缸体积 V_{sc}（m^3）、热缸体积 V_{se}（m^3）及橡胶软管的体积 V_r（m^3）；用频闪仪测量出飞轮的转速 n（r/min）。

（2）利用公式 $p_{mean} = \dfrac{2mRT_c}{V_{se}\sqrt{S^2+B^2}}$ 计算出热机内部的平均压强。

（$\tau = \dfrac{T_c}{T_e}$，$\kappa = \dfrac{V_{sc}}{V_{se}}$，$\chi = \dfrac{V_r}{V_{se}}$，$S = \tau + \dfrac{4\tau\chi}{1+\tau} + \kappa$，$B = \sqrt{\tau^2 + 2\tau\kappa\cos\alpha + \kappa^2}$）

（3）利用公式 $p_{max} = p_{mean}\sqrt{\dfrac{1+\delta}{1-\delta}}$ $\left(\delta = \dfrac{B}{S}\right)$ 计算出斯特林热机内部的最高气体工作压强。

（4）利用公式 $W_e = \dfrac{p_{mean}V_{se}\pi\delta\sin\phi}{1+\sqrt{1-\delta^2}}$ 计算出气体膨胀时的图示功，其中，$\phi = \arctan\dfrac{\kappa\sin\alpha}{1-\tau-\kappa\cos\alpha}$。

（5）利用公式 $W_c = \dfrac{p_{mean}V_{se}\pi\tau\delta\sin\phi}{1+\sqrt{1-\delta^2}}$ 计算出气体压缩时的图示功。

（6）利用公式 $W_i = W_e + W_c$ 计算出斯特林热机每一次循环的图示功。

（7）利用公式 $\eta = \dfrac{W_i}{W_e} = 1-\tau$ 计算出斯特林热机的热效率。

【实验前应回答的问题】

1．什么是内燃机和外燃机？斯特林热机属于哪类热机？
2．斯特林热机包括哪些类型？其工作原理是什么？
3．斯特林热机的动力如何测量？
4．斯特林热机性能的评定标准是什么？

【参考文献】

[1] 滨口和洋，户田富士夫，平田宏一．斯特林引擎模型制作[M]．曹其新，凌芳，等译．上海：上海交通大学出版社，2010

[2] 金东寒．斯特林发动机技术[M]．哈尔滨：哈尔滨工程大学出版社，2009

实验四　霍尔元件的特性及应用

【实验目的】

1．了解霍尔效应原理并测量霍尔元件的相关参数。
2．测绘霍尔元件的 $V_H - I_s$，$V_H - I_M$ 曲线，了解霍尔电势差 V_H 与霍尔元件控制电流 I_s、励磁电流 I_M 之间的关系。
3．学习利用霍尔效应测量磁感应强度 B 及磁场分布。

4．研究不等位电势与输入电流的关系。

5．测量霍尔器件的电导率和灵敏度等。

【实验仪器及器材】

示波器、数字万用表、恒流源、恒压源、电磁铁和永磁铁、三个单刀双掷开关和导线、霍尔元件（43F）。

【实验内容】

1．研究霍尔效应及霍尔元件特性

（1）测量霍尔元件灵敏度 K_H，计算载流子浓度 n。

（2）测定霍尔元件的载流子迁移率 μ。

（3）判定霍尔元件半导体类型（P 型或 N 型）或者反推磁感应强度 B 的方向。

（4）研究 V_H 与励磁电流 I_M、控制电流 I_s 之间的关系。

2．测量电磁铁气隙中磁感应强度 B 的大小以及分布

（1）测量 I_M 在一定条件下的电磁铁气隙中心的磁感应强度 B 的大小。

（2）测量电磁铁气隙中磁感应强度 B 的分布。

（3）测量霍尔元件的不等位电势（在没有外加磁场和霍尔激励电流为 I 的情况下，在输出端空载测得的霍尔电势差）与输入电流的关系。

（4）测量霍尔元件的电导率，测量公式为 $\sigma = \dfrac{I \cdot L}{U \cdot S}$，其中 L 为霍尔片长度、S 为霍尔元件横截面积，I 为工作电流，U 为正电压和负电压绝对值的平均值。

【实验前应回答的问题】

1．什么是霍尔效应？什么是霍尔电势差？什么材料的霍尔效应最显著？

2．霍尔传感器的工作原理是什么？产生剩余电压的原因是什么？

3．什么是不等位电势？

4．什么是霍尔系数？它和哪些参数有关？

5．霍尔元件的灵敏度和哪些参数有关？

6．如果测量出霍尔系数和电导率，还可以计算出哪些物理参数？

【参考文献】

[1] 谢行恕，康士秀，霍剑青. 大学物理实验(第二册)[M]. 北京：高等教育出版社，2001

[2] 卢文科，朱长纯，方建安. 霍尔元件与电子检测应用电路[M]. 北京：中国电力出版社，2005

[3] 刘畅生，寇宝明，钟龙. 霍尔传感器实用手册[M]. 北京：中国电力出版社，2009

[4] 沈元华. 设计性研究性物理实验教程[M]. 上海：复旦大学出版社，2004

[5] 王元庆. 新型传感器原理及应用[M]. 北京：机械工业出版社，2002

实验五　智能手机参与经典物理实验的研究

【实验目的】

利用智能手机参与完成的四个实验，分别是智能手机充当信号发生器在示波器上显示李萨如图形，智能手机充当单通道示波器，利用智能手机和 Arduino 模块测定超声波的声速，利用手机的 GPS 功能测量地球的半径和质量。

【实验仪器及器材】

耳机、双通道示波器、智能手机、Arduino 模块、超声波模块、蓝牙模块。

【实验内容】

1. 智能手机充当信号发生器在示波器上显示李萨如图形

实验时把耳机的胶质塞头剪下，两副耳机的耳机头分别连接两部手机，两副耳机的左声道分别连接示波器的 CH1 和 CH2 通道，两部智能手机通过 Waveform Generator Demo 软件输出正弦波形，调整手机输出频率和输出功率，即可在示波器上显示李萨如图形。通过不断调整两部手机输出频率的整数比，可以得到不同的李萨如图形。

2. 智能手机充当单通道示波器

把一副耳机的胶质塞头剪下，耳机头连接手机，通过 Waveform Generator Demo 软件利用耳机的左声道向外输出正弦波；另一副耳机的耳机头连接手机，把麦克风剪下，麦克风线连接一个电容后再连接刚才耳机的左声道，手机即可通过 MicTester 软件查看频率。

3. 测定超声波的声速

用 Arduino 记录的时间就是超声波从发射到返回的时间，手机 App 蓝牙串口助手，可以通过蓝牙让手机和 Arduino 进行数据交换。把测量得到的距离通过蓝牙串口助手发送给 Arduino，在 Arduino 上进行计算，声速=测试距离×2/时间，最后再把计算得到的超声波速度结果通过蓝牙模块发送到手机上显示。

4. 测量地球的半径和质量

首先利用智能手机的地图软件测量北京市和安徽省六安市的经纬度（北京市和安徽省六安市同经度），然后计算这两个城市的纬度差。再利用智能手机的地图软件测量从北京市到安徽省六安市的直线距离 L，利用圆心角公式求得地球半径 R。再利用 Sensor Checker 软件得到本地的重力加速度 g，即可求得地球质量 M。

$$mg = G\frac{Mm}{R^2}$$

【实验前应回答的问题】

1. 考虑能否通过手机向外输出可以人为控制的一定频率、一定形状的波形？
2. 对于李萨如图形的性质是否了解？
3. 是否能通过智能手机充当单通道示波器？
4. 如何测量地球的半径和质量？

【参考文献】

[1] 刘银奎. 利用智能手机演示声波的相关实验[J]. 物理实验，2020，40（7）：58-61

[2] 赖桂琴. 智能手机在中学物理实验教学中的研究[D]. 汉中：陕西理工大学，2020

[3] 张雅婷. 智能手机助力高中物理演示实验教学的专题研究[D]. 呼和浩特：内蒙古师范大学，2020

[4]（美）扬，（美）弗里德曼. 西尔斯当代大学物理（下册英文改编版）（原书第 11 版）[M]. 北京：机械工业出版社，2009

实验六　以丙三醇为介质探究不同金属颗粒在外电场作用下的运动

【实验目的】

本实验将不同直径的金属颗粒（铜和铁）放入丙三醇溶液中，并在溶液中插入两个平行的电极，当在电极间接入高压电时，金属颗粒会出现向两个电极移动的现象。如果放入丙三醇溶液中的金属颗粒较多，当颗粒连成一条线并与两个电极接触时，在溶液中会出现电火花。本实验的目的是分析金属颗粒是由于丙三醇溶液的移动而带动其运动，还是由于金属颗粒表面电荷分布不均匀而在电场中受到力的不平衡而产生的运动。该实验对于认识介质的极化及电荷的转移有一定的启发作用。

【实验仪器及器材】

20 cm×8 cm×10 cm 有机玻璃槽、高压电源（DC 12 V-24 V，200 W，30 kHz～50 Hz）、导体金属片、丙三醇、铁粉（250 μm、50 μm 和 1 mm）、铜粉（50 μm、250 μm 和 500 μm）。

【实验内容】

实验装置如图 1 所示，从右到左依次为 12 V 开关电源，特斯拉放电线圈（ZVS）驱动直流高压放电驱动模块、高压包、电极及盛放丙三醇的有机玻璃盒。

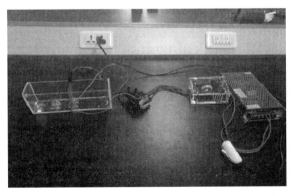

图 1　实验装置

具体实验步骤为：

1. 如图 1 连接电路，并将两个电极板插入有机玻璃槽的插槽中。

2. 向有机玻璃槽中导入丙三醇溶液，深度为 1 cm。

3. 分别向丙三醇溶液中加入 250 μm 的铁颗粒，打开电源，观察实验现象。

4．每次实验进行完毕后，将废液倒掉，彻底清洗有机玻璃槽并擦干，重新连接电路，倒入丙三醇。依次加入 500 μm 铁颗粒、1 mm 铁颗粒、50 μm 铜颗粒、250 μm 铜颗粒。

5．对实验现象进行对比与探究。

6．在丙三醇溶液中倒入红墨水，不放入任何金属颗粒，接通电源，观察红墨水是否运动。

【实验前应回答的问题】

1．为什么选用丙三醇？

2．金属颗粒会在丙三醇中运动，试分析其原因？

3．金属颗粒运动后会连成一条线，并放出火花，试分析其原因？

4．试分析是丙三醇在电场中流动带动金属颗粒运动还是金属颗粒自身在运动？

5．实验应选用输出可调高压电源还是输出恒定高压电源？

6．把丙三醇中滴入墨水或者带颜色的染料，观察通电后颜色的运动情况。

【参考文献】

[1] 王蓓蓓. 采用介电泳微流控技术对金属型碳纳米管的分离研究[D]. 长春：吉林大学，2012

[2] 王保栋，刘莲生，郑士淮，张正斌. 天然水体中悬浮颗粒物电泳性质的研究——III. 金属离子及金属离子-有机物对悬浮颗粒物电泳淌度的影响[J]. 海洋学报（中文版），1990（4）：441-446

[3] 查美嘉. 电泳的原理及其在金属陶瓷管中的应用[J]. 真空电子技术，1976（05）：26-34

[4] 张弘弘. 电接触用银/石墨烯复合镀层制备及性能研究[D]. 南昌：南昌航空大学，2018

实验七　家用水表灵敏度的研究

【实验目的】

本实验主要是探究两种家用水表的工作原理及内部结构，分析影响家用水表灵敏度的因素，并通过实验测量两种不同类型家用水表的始动流量及最大流量，进而计算出其灵敏度。同时根据水表的结构和工作原理，给出提高家用水表灵敏度的方法。通过本实验可以确定，由于水表自身灵敏度的问题，水表对精准计量用水量存在一定的误差，也就是说，当水管中有水流动时，水表有可能不转动，不计量。因此，会造成国家水资源的浪费，在此呼吁大家节约用水，珍惜水资源。

【实验仪器及器材】

旋翼式家用水表、螺翼式家用水表。

【实验内容】

1．两种家用水表的结构

旋翼式家用水表的计量结构主要由齿轮盒、整体叶轮、叶轮盒、顶尖、调节板等组成，如图1所示。

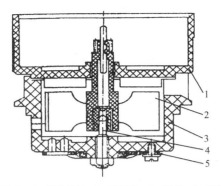

1—齿轮盒；2—整体叶轮；3—叶轮盒；4—顶尖；5—调节板

图1　旋翼式家用水表的计量结构图

螺翼式家用水表计量结构主要由表壳、调整器、铜丝、铅封、密封垫圈、衬圈、指示机构、表玻璃、罩子组件、表罩、翼轮组件、支架组件、整流器组件、开槽圆柱头螺钉等组成，如图2所示。

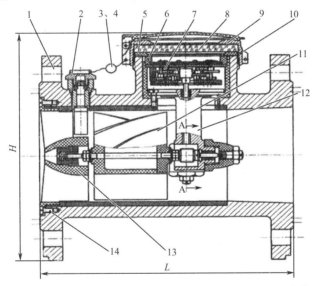

1—表壳；2—调整器；3—铜丝；4—铅封；5—密封垫圈；6—衬圈；7—指示机构；8—表玻璃；

9—罩子组件；10—表罩；11—翼轮组件；12—支架组件；13—整流器组件；14—开槽圆柱头螺钉

图2　螺翼式家用水表计量结构图

2. 两种类型家用水表灵敏度测量

始动流量是指水表开始连续指示时的流量，即水表指针开始转动时的最小流量值，所以该值可反映水表的灵敏度大小。测量始动流量时流经水表的水流入烧杯，然后读取烧杯刻度线示数。在测量始动流量时每次实验结束后都要保证水表中的水已经全部流入烧杯中，且下一次实验前要将烧杯擦干净。

【实验前应回答的问题】

1. 对于家用水表的工作原理及内部结构是否了解？
2. 考虑家用水表灵敏度与哪些因素有关？

3. 对于旋翼式家用水表和螺翼式家用水表工作原理的不同是否有所了解？

4. 为了提高家用水表的灵敏度，减少国家水资源的损失，应采取哪些措施？

【参考文献】

[1] 徐萌. 浅析多功能水表的设计原理[J]. 科技创新导报，2008，20：68

[2] 张长华. 速度式水表计量原理[J]. 上海水务，2004，03：3-4

[3] 杜国锋. 水表水量计量控制[J]. 门窗，2019，08：143+145

[4] 朱仲亚. 简述影响水表计量准确度的因素与对策[J]. 建材与装饰，2018，48：204-205

[5] 常颖. 计量达世界水平北京住宅水表将可按滴计价[J]. 中国计量，2005，3：75-75

实验八　颗粒物质的性质研究

【实验目的】

颗粒物质（简称颗粒）的性质介于固体和液体之间，人们对其性质了解并不全面，因此颗粒物质的性质仍需进一步研究。本实验通过自行设计和搭建实验装置对颗粒物质的静态性质如静止角、粮仓效应及其堆积后对地面的压力分布进行了测量和研究，得出颗粒物质的静止角与颗粒密度的关系、颗粒对底面的压强与堆积高度间的关系、颗粒物堆是否存在压力凹陷与颗粒堆形成的历史的关系。进而对粮食等颗粒物的储存堆放问题有全面的认识。

【实验仪器及器材】

静止角测量装置、圆盘、漏斗、探针、各种颗粒物质。

【实验内容】

1. 静止角的测量方法

测量装置如图 1 所示。用一个直径为 9 cm 的圆盘当作载物台，固定在圆柱形重物上。将漏斗固定在带圆形孔的平板上，以保证漏斗中心与圆盘中心对齐，颗粒物质可以均匀地洒落在圆盘中央。由于成堆后顶部存在凹陷的情况，插入探针并采用相似法测得静止角，在距离圆心 1.5 cm 处打一个孔，垂直固定一根探针。已知探针到圆盘边缘的距离，在成堆后只需测得探针所在位置的高度即可用相似法算出静止角。

2. 粮仓效应

1895 年，Janssen 发现，粮仓中的粮食堆得很高时，底部受到的力不再随添加物的增加而增大。Janssen 认为，颗粒物质在圆柱形筒中堆积时，会形成类似拱形的结构。这种结构可以将竖直方向的力分散到筒壁上，这样大部分颗粒的重量将由筒壁来支撑，从而减小了颗粒物质对底面的压力。本实验从此现象出发，研究圆柱形筒内堆积的颗粒物质对筒底部的压力与其堆积高度关系。

本实验中，颗粒物质选用红豆。由于红豆直径较大，便于操作，同时更符合现实生活中常见颗粒物质大小，因此选用红豆。将已知直径的圆桶（不易变形）安装在铁架台上，保持圆桶和电子秤中间有适当距离，来保证天平所测数值能转化为圆桶底部颗粒物质所受压力（见图 2）。

图 1　静止角的测量装置

图 2　粮仓效应自制装置

3. 颗粒中力的分布——压力凹陷

本实验的难处是在颗粒物质成堆后，探究在不破坏颗粒堆状态下不同位置的压力表现。为此想到了薄膜压力传感器，通过测量不同位置边长为 1 cm 的正方形薄膜片的电阻，将电阻值转化为对应的压力值，从而得出不同位置的压力分布状况，如图 3 所示。

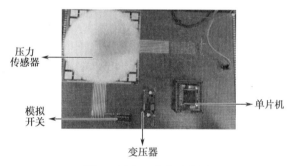

图 3　压力凹陷实验装置

为了探究以不同方式下落的颗粒物质对压力凹陷造成的影响，分别通过点源法和落雨法将颗粒物质下落成堆。

点源法（见图 4）是直接在实验仪器上固定合适口径的固体漏斗，通过漏斗下落成堆的办法。落雨法（见图 5）是让颗粒物自由下落成堆的方式。

图 4　点源法

图 5　落雨法

可以发现点源法形成的颗粒物堆中心存在压力凹陷，而落雨法形成的颗粒物堆中心不存在压力凹陷，也就是说颗粒物堆是否存在压力凹陷和颗粒堆形成的过程有关。

【实验前应回答的问题】

1. 在圆盘上插一探针，其作用是什么？
2. 不同直径的颗粒物质，用同一方法测量静止角，其误差大小一样吗？
3. 要验证粮仓效应，还有别的实验方法吗？
4. 为什么说压力凹陷的形成和颗粒物堆形成的过程有关？

【参考文献】

[1] 俞胜清，刘克福，周向玲. 测量颗粒物质静止角方法研究[J]. 河北北方学院学报（自然科学版），2015，31，115（05）：14-18

[2] 周英，张国琴. 颗粒堆积高度对静止角的影响[J]. 物理实验，2007（3）：10-13

[3] 申志颖. 颗粒物质的粮仓效应及其与颗粒尺寸的关系[D]. 哈尔滨：哈尔滨工业大学，2001

[4] 陈新，李维晖，孙镭，等. 粮仓效应的实验设计[J]. 物理实验，2006（4）：38-40

[5] 何迎辉. 薄膜压力传感器性能研究及软件补偿[D]. 长沙：中南大学，2004

[6] 武玉琴，胡林. 颗粒物质内部应力分布的研究[J]. 贵州大学学报（自然科学版），2004，21（4）：365-369

实验九　电制蜂巢

【实验目的】

随着生活水平的提高，人们对食物安全越来越重视。食用油作为人民生活中必不可少的一部分，有许多无良商家会使用一些劣质油以减少成本，尤其是一些地沟油等，本实验就是通过自制装置对食用油进行安全监测。将一个金属针垂直放置于水平的铜板上方，在铜板上滴一些油，对金属针和铜板施加高电压，可以观察到油滴产生格状蜂巢结构。在蜂巢实验中，针尖放电把油滴中心部分的分子电离，电子向各个方向运动，碰撞其他的分子使其产生电子，电子再次碰撞其他分子，各个位置都会有电离碰撞，从而产生类似蜂巢的结构。

【实验仪器及器材】

金属针、铜板、油、蜂蜜、水、凡士林、电源。

【实验内容】

将一个垂直的金属针放在一个水平的铜板上方，在铜板上放一些油，对金属针和铜板施加恒定的高电压，可以观察到油滴产生格状蜂巢结构。

在放电的过程中，产生很强的电场，从而产生连锁反应。空气中的电子碰撞原子，使难电离的原子电离，产生更多的电子，电离更多的原子。在图 1 中，负极附近的气体发生了一些变化。在强电场区域，中性原子或分子被电离，以产生正离子和自由电子。电场使正离子和负离子向着不同的方向运动，防止它们重新组合。由于电子具有更高的荷质比，因此电子的速度更快。如果获得足够的能量，它将击中另一个原子使其电离，撞击出一个电子，并创建另一个正离子。这些电子加速并碰撞其他原子，创造出更多的电子/正离子对，使这些电子与更多的原子碰撞，此链式反应过程称为电子雪崩，如图 2 所示。实验装置如图 3 所示。

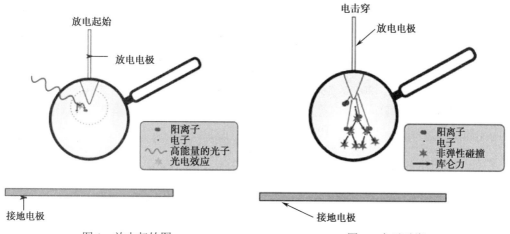

图 1 放电起始图   图 2 电子雪崩

图 3 实验装置

首先用花生油、橄榄油、香油、麻酱油等食用油进行实验，其次使用蜂蜜、水、凡士林等类似物质进行实验，最后用花椒油、辣椒油、油烟机滤油等进行实验。

在同等高度下，换不同的油、不同的物质，逐步加大电压，观察蜂巢现象何时出现；逐步增大电压，观察蜂巢现象的特点；恢复初始电压，然后突然加大电压，观察蜂巢现象；改变高度，重复试验。

比较单种油和混合油的蜂巢现象的区别。观察模拟地沟油的蜂巢现象。

【实验前应回答的问题】

1. 对油施加高压为什么会产生蜂巢结构？
2. 蜂巢的结构和电压的高低有关系吗？
3. 影响蜂巢结构的因素是什么？
4. 利用电制蜂巢装置能够检测地沟油吗？

【参考文献】

[1] 黄韬睿，王鑫. 电导率测定法鉴别地沟油的研究及其应用[J]. 食品研究与开发，2014，35（5）：84-86

[2] 郑泉. 地沟油的鉴定检测技术研究及合理应用进展[J]. 农产品加工·学刊（下），2013，（4）：58-61

[3] 王海波，李昌宝，吴雪辉，等. 响应面方法优化罗汉果籽油提取工艺及脂肪酸组成分析[J]. 中国粮油学报，2013，25（7）：46-49

[4] 吴卫国，彭思敏，唐芳，等. 5 类食用植物油标准指纹图谱的建立及其相似度分析[J]. 中国粮油学报，2013，28（6）：101-105

[5] 盛灵慧，黄峥，马康，等. 特征脂肪酸在鉴别地沟油中的应用[J]. 中国油脂，2013，38（12）：36-41

[6] 汤富彬，沈丹玉，刘毅华，等. 油茶籽油和橄榄油中主要化学成分分析[J]. 中国粮油学报，2013，28（7）：108-113

[7] 姚云平，李昌模，刘慧琳，等. 指纹图谱技术在植物油鉴定和掺假中的应用[J]. 中国油脂，2012，37（7）：51-54

实验十　磁场对水及水溶液折射率影响的探究

【实验目的】

水是生命之源，对人类的生存和发展起着非常重要的作用。本实验对水和不同水溶液的折射率在磁场中的变化情况进行研究，定性分析其变化趋势，并对经磁场作用的水溶液进行去磁静置和振荡处理，综合分析磁场对不同水溶液折射率改变的影响，进而阐述磁场对水的作用机理。

【实验仪器及器材】

功率为 2.22 mW 的 He-Ne 激光器、玻璃板、白屏、磁场源、电源、高斯计。

【实验内容】

激光照射法测量液体折射率原理如图 1 所示。测量公式为

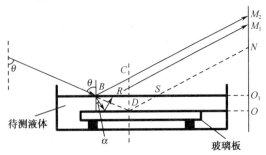

图 1　激光照射法测量液体折射率原理

$$n = \frac{\sin\theta}{\sin\alpha} = \frac{\sin\left[\arctan\dfrac{OD}{ON}\right]}{\sin\left[\arctan\left(\dfrac{M_2M_1}{NM_2}\cdot\dfrac{OD}{ON}\right)\right]} \quad （1）$$

1. 如图 1 所示搭建实验光路。

2. 从式（1）可知，利用激光照射法可以将图 1 中难以测量的角度转化成可从刻度屏上直接读出的坐标，实现了从角度到长度的转化。在实际操作过程中，通过测量 M_2、M_1 和 N 这 3 个光点的间距和反光镜上光点与刻度屏之间的距离（OD），代入公式计算即可

得出待测液体的折射率。

3. 选取蒸馏水、稀 H_2SO_4 溶液、NaOH 溶液和 FeCl 溶液作为样本溶液进行测量。

4. 对测试的结果进行分析。

【实验前应回答的问题】

1. 激光照射法测量液体折射率的方法与常规的测量液体折射率方法相比有什么优越之处？

2. 该实验的误差主要是什么？

3. 用该实验中测量折射率的公式能不能用来测量经电场处理后的水及水溶液的折射率？

4. 能否从分子微观结构对水及水溶液折射率在磁场中变化的现象进行解释？

【参考文献】

[1] 黎礼丽，朱伯和，黄静文，等. 水分子结构及其应用研究综述[J]. 农业与技术，2019，16：50-51

[2] 李金玉，茅方玥. 用光速测定仪探究水的折射率[J]. 大学物理实验，2015，2：28-30

[3] 蔡凡一. 低温液态水的性质新探[D]. 合肥：中国科学技术大学，2014

[4] 秦序，郭明霞. 利用原子荧光光谱法测定水中的总砷探析[J]. 首都师范大学学报（自然科学版），2013，34，1：34-36

[5] 高凤义. 拉脱法测水表面张力系数实验稳定性的探讨[J]. 首都师范大学学报（自然科学版），1997，18（S1）：125-127

[6] 郭韶帅. 静磁场作用下海水介电频率特性研究[D]. 新乡：河南师范大学，2017

[7] AMIRI M C, DADKHAH A A. On reduction in the surface tension of water due to magnetic treatment [J]. Colloids and Surfaces A: Physicochemical and Engineering Aspects, 2006,278(1) :252 - 255

[8] 陈本，胡小慧，李俊亨，等. 电磁场处理水电导率提高的机理[J]. 生物磁学，2003，3：1-3

[9] 张军，张立红. 磁场对水扩散系数影响的分子动力学模拟研究[J]. 曲阜师范大学学报（自然科学版），2003，29（1）：64-67

[10] 杨桂娟，胡玉才，白亚乡. 磁处理水光学性质的研究[J]. 大连水产学院学报，2002，4：301-306

实验十一　用一张 A4 纸制作的跨度为 280 mm 的桥梁强度

和哪些因素有关

【实验目的】

纸桥，顾名思义，就是用纸做的桥，其中的科技含量、知识密度以及对材料的性能认识特别高。纸桥形式各异，在常见的纸桥结构中多采用复合截面，造型上多采用三角形、矩形、梯形、拱形及其他一些形式。在施压过程中，桥的破坏样式是多种多样的，有结构

点受压破坏、纸带受拉破坏、杆件受弯破坏及其他破坏。从承重的大小可以看出一个结构形式是否合理，桥的各构件的协调是否到位。小小的纸桥却能够承受上百公斤的重量，体现了结构和力学的完美结合。图1为一种纸桥。

具体要求：使用一张单一的 A4 纸和少量胶水，构建一个桥梁，桥梁跨越 280 mm 的间隙。介绍参数来描述桥的强度，优化其中的部分或全部。

图1　纸桥

【实验仪器及器材】

一张 A4 纸，一个固体胶，刻度尺，不同质量的砝码。

【实验内容】

1．查阅有关剪力、应力、弯矩等方面的资料，掌握理论知识。
2．探究一张纸的折叠次数与纸桥承重量之间的关系。
3．探究折叠厚度以及折叠方式对纸桥承重量的影响。
4．探究纸桥的折叠角度与纸桥承重量之间的关系。

【实验前应回答的问题】

1．什么是剪力、应力及弯矩？
2．实验过程中使用的胶水对纸桥的承重有影响吗？探究温度、湿度与纸桥承重量之间的关系。
3．同样都使用 A4 纸制作纸桥，纸桥的承重能力和纸的制作材料、厚度有关吗？
4．纸桥要跨越 280 mm 的间隙，实验前你认为最大的承重量是多少？

【参考文献】

[1] 李峰，杨天照. 中学物理学科活动实践研究——以纸桥大赛活动为例[J]. 物理教学探讨，2020，38（542）：73-76
[2] 孙雪兵. 承重纸桥的设计[J]. 居舍，2019，4：89
[3] 赵国博. 关于纸桥承重比赛的纸桥的设计制造[J]. 山东工业技术，2016，4：207
[4] 张兆安. 浅议牛顿力学知识在桥梁设计建设施工中的具体运用[J]. 山东青年，2014，12：22-26
[5] 张继超. 力学在桥梁设计中的应用[J]. 赢未来，2018，1：79
[6] 汪建竹. 简述桥梁工程发展历史[J]. 四川水泥，2016，2：207

实验十二　自行设计实验测量与地球相关的物理参数

【实验目的】

有关地球的几个物理参数，如地球表面重力加速度、质量、半径、地球表面压强等，是我们在实践中常常提及并用到的，而对它们的计算并不复杂，只需用普通物理学的知识就可解决。本实验就是利用普通的实验器材，得到与地球相关的几个物理参数。在提高学生兴趣的同时，启发学生的心智，提出用简单器材和设备测出其他与地球相关的物理参数。

具体要求：操作简单，误差较小，用尽量少的实验器材测量较多的与地球相关的物理参数。

【实验仪器及器材】

细线、光电计数器、托里拆利管、水银槽、刻度尺、细颈小漏斗、吸管、铅垂（重锤）、搪瓷托盘、泡沫塑料等。

【实验内容】

1. 查阅有关地球物理参数的文献资料。
2. 探究利用单摆法测量地球表面重力加速度误差的主要原因。
3. 探究如何根据地球表面重力加速度测量地球的质量。
4. 探究如何测量地球表面的压强。
5. 探究如何测量地球表面大气质量。

【实验前应回答的问题】

1. 除了单摆法，还有测量地球表面重力加速度的方法吗？
2. 要测量地球的质量，需要知道地球的半径，那么怎样才能测量地球的半径？
3. 除了初中学过的测量地球表面压强的方法外，还有哪些方法？
4. 请再说出几个和地球相关的物理参数，并给出测量方法。
5. 如果借助智能手机，怎样测量地球的半径？

【参考文献】

[1] 周传运，曹秀海. 有关地球的几个常用物理量的估算[J]. 物理教学探讨，2001，19（156）：34

[2] 胡婧，席特，鲁同所，等. 利用不同地区间海拔高度差来测定地球半径[J]. 物理之友，2019，35（9）：28-30

[3] 乐晓蓉. 高校体验式生涯规划教学设计研究[D]. 上海：华东师范大学，2008

[4] 杨立君，杨孝远. 巧测地球半径[J]. 物理教师，2004，（10）：47-48

[5] 蔡彦，党兴菊，周丽，等. 普通物理实验中单摆仪的改进探索[J]. 昭通学院学报，2017，5：25-27

[6] 王鹏，刁山菊，张季谦. 基于最小二乘法的单摆实验数据处理[J]. 安庆师范学院学报（自然科学版），2015，1：136-139

[7] 傅可钦. 重力加速度的测量方法及教学思考[J]. 实验教学与仪器，2013，10：31-33

实验十三　用弦振动形成的驻波测定糖水和盐水的密度

【实验目的】

驻波是振幅相同、传播方向相反的两种波沿着传输线形成的一种分布状态，其中的一个波一般是另一个波的反射波，在相加点出现波腹，在相减点出现波节。本实验的目的是利用电动音叉、弦线、砝码、铜球、铁丝等器材测量糖水和盐水的密度。

【实验仪器及器材】

电动音叉、弦线、砝码、铁丝、烧杯、铜球、糖、盐。

【实验内容】

实验装置如图1所示。当不用附件时，弦振动规律为

$$f = \frac{n}{2l}\sqrt{\frac{T}{\rho}} \tag{1}$$

式中，ρ 为弦线的线密度，l 为弦线的长度，n 为振动时弦上的半波数，T 为弦线张力，f 为电动音叉的频率。

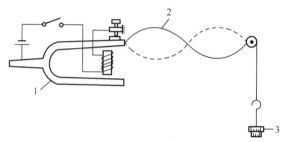

1—电动音叉；2—弦线；3—砝码

图1　弦振动实验装置

如果要测量液体的密度，必须加上附件装置，如图2所示。由浮力定律，弦上的张力为

$$T = Mg - V\rho_{测}g \tag{2}$$

式中，V 为浸没在液体中的铜球的体积，$\rho_{测}$ 为待测液体的密度，M 为挂在弦线上的砝码和附件的质量，将式（2）代入式（1）可以得到：

$$M = \frac{4f^2\rho}{n^2g}l^2 + V\rho_{测} \tag{3}$$

为了方便计算，测量时，可取 n 等于1，电动音叉的频率取 100 Hz，若改变砝码质量 M，测出相应的弦线长 l，就能得到一组数据 (M_i, l_i)，用 $M-l^2$ 作图得到一条直线，由直线的截距 $V\rho_{测}$ 可求出待测液体的密度。

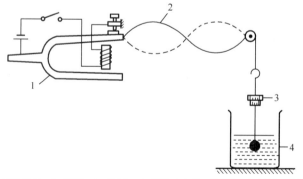

1—电动音叉；2—弦线；3—砝码；4—附件（小球、待测液、细铁丝、容器）

图2　加附件装置后的实验装置

附件由细铁丝、铜球和盛有待测液体的容器组成。细铁丝的一端悬挂直径为 3.5 cm 的铜球，细铁丝另一端能方便地挂在砝码挂钩上，铜球浸没在待测液体中，离液面不要过远，避免细铁丝浸没在液体中获得的浮力对实验结果产生影响。

【实验前应回答的问题】

1．什么是弦线的线密度？
2．本实验对弦线上的定滑轮有什么要求？
3．用该装置测量液体的密度，测量误差主要有哪些？
4．试分析利用该装置测量液体密度的局限性？

【参考文献】

[1] 杨廷，王传坤．弦振动实验装置和实验方法的研究[J]．大学物理实验，2018，31（1）：91-94

[2] 周波，许江勇，周余书，等．用驻波半波区长度测液体密度的实验分析[J]．产业与科技论坛，2013，12（18）：96-97

[3] 冉竹玉．用弦振动形成的驻波测定液体的密度[J]．重庆师范学院学报（自然科学版），1995，12（3）：80-83

[4] 张宇亭，赵斌，王茂香．弦振动实验中驻波波长的测量方法[J]．实验科学与技术，2016，14（1）：42-45

[5] 王荣，牛英煜．利用弦振动方程研究驻波特性[J]．物理实验，2012，32（7）：36-39

实验十四　基于虚拟仪器的温度传感器性能测试系统的设计

【实验目的】

随着微处理器和计算机技术的高速发展，信息测量和处理技术有了相应的进展，这使得高效率和高精度的测试成为可能。

在实验教学中用传统仪器设备进行测试，经常存在一些问题，例如，它一般具有固定的实验设备和实验内容，实验效率和准确性取决于仪器的可靠性；学生只能按照事先设计好的实验方案进行操作，没有充分体现学生在实验课中的主体地位。而虚拟仪器可以弥补这些不足。

虚拟仪器带有大量的内置功能，包括仿真、数据采集、仪器控制、测试测量等。虚拟仪器技术是基于计算机的仪器及测量技术，它突破了传统仪器的局限，可以根据用户的需要自行在软件中构建一系列的程序，利用虚拟仪器可同时完成数据采集和数据处理分析等环节，使数据测量实现自动化。

本实验选择美国国家仪器（NI）公司基于 PCI 总线技术的模块化仪器，利用 PCI 等板卡，配合 LabVIEW 软件，辅以合理的外电路，在本书综合设计实验十三"利用虚拟仪器技术测量元件的伏安特性"的基础上，设计完成一个软硬件相结合的温度传感器性能测试系统。

【实验仪器及器材】

虚拟仪器（多通道数据采集卡和各种模块等）、热敏电阻、热电偶、电阻箱、导线等。

【实验内容】

建立一个全自动的教师演示程序和学生实验操作程序。前者旨在展示不同温度传感器的温度特性和伏安特性等曲线，使学生对它们有一个直观的认识；后者旨在让学生可以亲自选择电路条件参数进行采点、记录，得到不同温度传感器的主要特性，并求取相关参数等，以便使学生对温度传感器及测试系统的工作特性形成全面的认识。

【实验前应回答的问题】

1．热敏电阻和热电偶等温度传感元件的工作原理是什么？它们各有哪些主要特性和性能参数？

2．你的演示系统和操作实验的设计思路和方案分别是什么？你选择的方案有什么特点和优势？

3．根据要演示和测量的性能，测量系统的电路形式是怎样的？它可以测量哪些需要的信号？为了得到元件的温度特性和伏安特性等，需要哪些功能模块？它们的作用和连接方式分别是什么？

【参考文献】

[1] 王化祥，张淑英. 传感器原理及其应用[M]. 3 版. 天津：天津大学出版社，2007

[2] 于梅. 虚拟仪器技术在计量测试领域应用的展望[J]. 中国计量，2004，4：13-15

[3] 侯国屏，王坤，叶齐鑫. LabVIEW 7.1 编程与虚拟仪器设计[M]. 北京：清华大学出版社，2005

[4] 曹军义，刘曙光. 虚拟仪器技术的发展与展望[J]. 自动化与仪表，2003，1：26-28

[5] 左虹，殷艳树，马丽霞. 基于 LabVIEW 的综合实验教学平台研制[J]. 科学研究，2008，31（1）：75-77

实验十五　烹饪机器人

【实验目的】

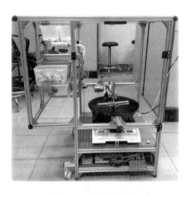

图 1　烹饪机器人

通过本实验，学生可以了解机器人的设计流程，熟悉光、机、电一体化的应用方法，并学习机械结构设计和自动测控技术的相关知识。

顾名思义，烹饪机器人是一种用来解放人们双手，代替人们自动完成菜品烹饪过程的机器装置。一台烹饪机器人的基本结构一般应包括至少五个硬件模块和一个软件控制程序，即：

（1）固体送料模块：可以往锅中加入肉、菜等大块的食材以及调和好的作料。

（2）液体送料模块：可以往锅中加入油或水。

（3）火控模块：包含电磁炉和锅具，可以控制烹饪的温度和火候。

（4）锅铲动作模块：可以实现锅内食材的搅拌，均匀翻炒。

（5）电源和控制电路：作为软硬件的枢纽，可以控制上述模块的工作状态。

（6）自动控制程序：通过控制电路实现对硬件模块的控制。

【实验仪器及器材】

1. 计算机、数据采集卡。
2. 铝型材、亚克力板、常用五金件和激光切割机、钻、锯、锉、砂轮等常用工具。
3. 电磁炉、锅、铲等厨具。
4. 继电器、电路板、电阻、电容等常用电子元器件。

【实验内容】

1. 查阅文献和书籍，掌握理论知识和基本操作技术。
2. 利用 SolidWorks 软件进行机械结构设计。
3. 利用铝型材搭建系统框架，对结构分区进行合理布置。
4. 结合机械设计原理，设计并验证机械臂功能。
5. 对加菜、加料环节进行设计并验证。
6. 利用继电器实现对电磁炉的控制。
7. 根据需求制作适当的反馈开关。
8. 设计控制电路，实现对系统硬件的测量和控制。
9. 编写 LabVIEW 程序，实现软件对硬件的控制。

【实验前应回答的问题】

1. 什么是机器人？制作一个机器人，需要从哪些方面入手？
2. 一个机器人必须包含哪些部分？机器人的动力系统一般由什么组成？
3. 除减速电机以外，还有什么可以用来使机械臂旋转的器件？
4. 一般机器人的机械传动是通过什么方式实现的？
5. 常用的制作机器人框架的材料有哪些？各有什么优缺点？
6. 机器人采用什么方式供电？常见的供电电压是多少？动力器件需要的电压是多少？
7. 电机和机械臂在安装时位置关系如何？是否应该共轴？

【实验报告的要求】

1. 分析烹饪机器人的硬件模块。
2. 分析烹饪机器人控制程序的软件模块。
3. 总结整个课题的制作流程，分析设计过程中出现的问题。
4. 以过来人的身份分析，如果再做这个课题，你会有何改进？

【参考文献】

[1] 臧海波. 小型智能机器人制作全攻略[M]. 4 版. 北京：人民邮电出版社，2013

[2] 成大先. 机械设计手册[M]. 5 版. 北京：化学工业出版社，2008

[3] 蒋森春. 机械加工基础入门[M]. 2 版. 北京：机械工业出版社，2014

[4] 邹平. 机械设计零件与实用装置图册[M]. 北京：机械工业出版社，2013

[5] 郑对元. 精通 LabVIEW 虚拟仪器程序设计[M]. 北京：清华大学出版社，2012

[6] 赵国忠，陶宁，冯立春. 虚拟仪器设计实训入门[M]. 北京：国防工业出版社，2008

第三节　光电应用

实验一　He-Ne 激光器的模式测量与分析

【实验目的】

1. 了解激光器模式的形成和特点，加深对其物理概念的理解，通过测量分析，掌握模式分析的基本方法。

2. 学习和掌握模式控制的原理和方法。

【实验仪器及器材】

He-Ne 激光器及其说明书、He-Ne 激光器电源、共焦干涉仪及说明书、锯齿波发生器、双综示波器、普通 CCD、光电接收器、导轨及反射镜。

【实验原理】

相对于一般光源，激光具有单色性好的特点，即它具有非常窄的谱线宽度，而如此窄的谱线并不是形成于能级受激辐射，而是在受激辐射后经过谐振腔等各种机制的作用和相互干涉，最后形成了一个或多个离散、稳定而又精细的谱线，这些谱线就是激光的模式，每个模式都对应一种稳定的电磁场分布，具有一定的光频率。

激光器内的振荡模式，按频谱的不同而区分为不同的纵模；按光场空间分布或传输特性的不同，分为不同的横模。在工作物质和激励条件给定的条件下，激光腔内会同时存在着多个纵模振荡，纵模的个数由激光的增益曲线宽度及相邻两个纵模的频率间隔决定；而谐振腔内的横模数，主要由基横模和高阶横模的损耗率差异所决定。不同类型的谐振腔压缩激光模式的能力不同，而谐振腔对横模和纵模的压缩也是有一定限度的。图 1 分别为方形镜和圆形镜横模分布情况。

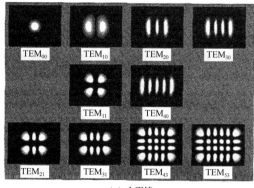
(a) 方形镜

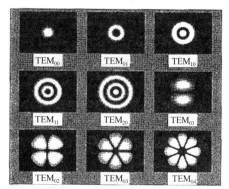
(b) 圆形镜

图 1　横模分布情况

由图 1 可以看出，横模阶数越高，光强分布就越复杂，而且分布的范围也越大，所以其光束发散角就大，因此引起光功率密度减小，亮度减弱。所以在一些应用如精细的激光加工应用中要求激光聚焦后具有非常小的光斑，在聚焦透镜焦距 f 已定的情况下，为了减少光束直径 d 值，应该减小光束的发散角。在激光通信、雷达及测距等领域，则希望作用距离尽可能大，在此情况下也希望激光具有小的发散角，所以需要对激光模式进行选取。

激光器的光谱特性，如谱线宽度和相干长度，主要取决于纵模。在光通信、激光全息、精密计量等实际应用中要求激光具有高单色性、高相干性，因此此时需要对纵模进行选取。

【实验内容】

1．He-Ne 激光器的调整。
2．He-Ne 激光器输出激光的模式测量与分析。
3．高斯光束和发散角的测量。

【思考题】

1．简述 He-Ne 激光器的工作原理。
2．简述横模选择的种类、方法及原理。
3．简述纵模选择的种类、方法及原理。
4．观测时为何要先确定示波器上扫描出的干涉序的数目？
5．如何提高测量的准确度？
6．为何同一横模，菲涅尔数 N 越大，损耗越大；同一 N 值模的阶次越高损耗也越大？
7．为何在固体激光器中选取纵模时采用双标准具？
8．简述模式测量的种类、方法及原理。
9．对于脉冲激光，能否采用扫描干涉仪法进行模式测量？

【参考文献】

[1] WALTER KOECHNER. Solid-State Laser Engineering[M]. Berlin Heidelberg: Springer-Verlag, 1999

[2] 蓝信钜. 激光技术[M]. 北京：科学出版社，2003

[3] 周炳琨，高以智，陈倜嵘，等. 激光原理[M]. 北京：国防工业出版社，2000

[4] 陈家璧. 激光原理及应用[M]. 北京：电子工业出版社，2004

实验二　基于光纤的视频信号双向传输

【实验目的】

在现代生活和工作当中，视频监控系统大量采用光纤传输方式。光纤传输的主要优点有：（1）信号传输损耗低，传输距离远。采用多模光纤可达 5 km，采用单模光纤达 80 km 甚至更远。（2）视频信号具有很宽的频带，用光纤传输视频信号，可发挥光通信的带宽优势，可保证远距离传输具有很高的信噪比，不需要高频补偿。（3）抗干扰性强，光纤传输无电磁辐射，无信号泄露，无接地和短路问题，系统功耗小。（4）光纤传输寿命长，普通视频线缆寿命最多 15 年，光缆的使用寿命长达 30～50 年。

图 1 为视频信号通过单根光纤双向传输的示意图。系统两端采用一对光端机，每个光端机都有一对光接口（输入、输出）和一对电接口（输入、输出），但是，两个光端机各自的光输入波长不同，分别为 1310 nm 和 1550 nm，对应光通信两个透明窗口。摄像头 1 的视频信号输出到光端机的电信号输入端，经光端机光接口输出，经光波分复用器（WDM）耦合进光纤。在同一端，光纤输出的信号进入 WDM 解复用后进入本地光端机的光输入口，再由光端机电输出口产生视频信号经视频线进入电视机显示。从而在一对 WDM 和光端机的作用下完成了单纤视频信号的双向传输。

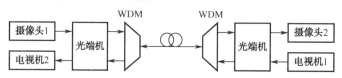

图 1　视频信号通过单根光纤双向传输的示意图

【实验仪器及器材】

摄像头、电视机、波分复用器（1310/1550）、光纤、光端机。

【实验内容】

1. 查阅文献和说明书等资料掌握理论知识。
2. 对所给仪器按照实验目的进行连接。

【实验前应回答的问题】

1. 光端机的内部由几个模块组成？各个模块的作用是什么？
2. WDM 的作用是什么？
3. 除了 WDM，在光通信中还可以采用哪种光器件实现单纤双向信号的传输？
4. 光通信带宽优势的来源是什么？
5. 为了发挥光通信的带宽优势，本实验采取了两个波长调制电信号，如果需要更大限度挖掘光通信带宽资源，需要的光源和波分复用器需具备什么功能？

【参考文献】

[1] 顾畹仪. 光通通信[M]. 2 版. 北京：人民邮电出版社，2011
[2] 刘增基. 光纤通信[M]. 西安：西安电子科技大学出版社，2004

实验三　基于全光纤马赫-曾德尔干涉仪的性能研究

【实验目的】

全光纤马赫-曾德尔干涉仪是光纤传感器的常用检测单元，具有光纤传感器体积小、质量小，不受电磁干扰和可用于易燃易爆的环境中等特点，以它为基础构成的分布式传感系统，可以实现信号的实时监控。由于具有抑制光源噪声和模式噪声的优势，全光纤马赫-曾德尔（M-Z）干涉仪在高精度测量中的应用越来越广泛，可以对温度、压力、磁场、电流和超声波等多种物理量进行测量。

通过该实验可以了解并掌握全光纤马赫-曾德尔干涉仪的结构和测量温度、压力的工作原理，以及基于它的应用状况。

【实验仪器及器材】

1550 nm 光纤光源、光功率计、X 和 Y 型耦合器、跳线、机械施压装置、数字温度计等。

【实验内容】

1. 查阅文献和说明书等资料掌握相关理论知识。
2. 搭建全光纤马赫-曾德尔干涉仪系统，实现温度和压力信号的检测。
3. 确定系统的主要性能，分析并给出改进方案。
4. 基于该系统设计应用性测试。

【实验前应回答的问题】

1. 光纤传感器的压力应变效应和温度应变效应分别是怎样的？
2. 光纤光栅温度传感器的工作机制是什么？它对温度的测量具有什么特点？
3. 金光纤马赫-曾德尔干涉仪的结构是怎样的？搭建时应该注意哪些问题？它的输出信号有哪些特点？
4. 怎样识别随压力和温度变化的输出信号？
5. 提高系统性能的方法有哪些？试分析其影响因素和方式。

【参考文献】

[1] 刘跃辉，张旭苹，董玉明. 光纤压力传感器[J]. 光电子技术，2005，25（2）：124-132

[2] 肖军，王颖. 光纤传感技术的研究现状与展望[J]. 机械管理开发，2006，6：80-81

[3] 刘波，杨亦飞，张健，等. 基于 M-Z 干涉的光纤围栏系统实验研究[J]. 光子学报，2007，36（6）：1013-1017

[4] 孙学军. 基于全光纤马赫-泽德尔干涉仪的温度传感器的研究[D]. 济南：山东大学，2007：16-20

[5] 孙安. 光纤光栅传感器温度压力同时区分测量技术研究[D]. 西安：西安石油大学，2004：15-17

[6] 龚超. 光纤干涉式传感系统中 PZT 调制器的特性研究[D]. 哈尔滨：哈尔滨工程大学，2012

[7] 傅钰. 电光相位调制器在干涉型光纤传感器中的应用[D]. 大连：大连理工大学，2013

[8] 曹振洲，刘维. 基于光纤马赫-曾德尔干涉仪光纤水听器的实验研究[J]. 光子学报，2010，39：64-67

实验四　混合物的太赫兹远红外光谱分析与识别

【实验目的】

学习和掌握压片法，使用不同比例的某种混合物质比如氨基酸和聚乙烯混合物进行压片，学习使用傅里叶红外光谱仪对样品薄片进行傅里叶远红外光谱的测量，并研究其在远红外太赫兹波段的光谱特性，从而对不同比例的氨基酸聚乙烯混合物的傅里叶远红外光谱特性及规律进行探究，学习利用计量模型定量解释实验现象。

【实验仪器及器材】

Specac 红外压片模具、Specac 液压式压片机、Bruker VERTEX 80v 型傅里叶红外光谱仪、酪氨酸样品、SIGMA-ALDRICH 聚乙烯样品等。

【实验内容】

实验流程图如图 1 所示。

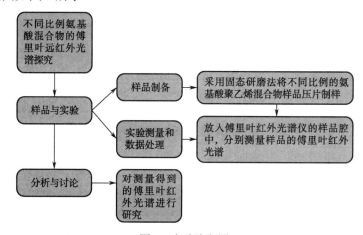

图 1　实验流程图

【思考题】

1. 对比不同比例的混合物傅里叶红外光谱结果，考察其光谱随着浓度变化的变化规律，分析在这组光谱图中可能的影响因素。

2. 利用 Beer's 定律对此现象定量分析解释。

【参考文献】

翁诗甫. 傅里叶变换红外光谱分析[M]. 2 版. 北京：化学工业出版社，2010

实验五　太赫兹远红外光谱对于药物分子的探测和分析

【实验目的】

学习和掌握压片法，使用中药等固体粉末样品通过不同目数的分子筛后（得到不同直径的样品）进行压片，学习使用傅里叶红外光谱仪对样品薄片进行傅里叶远红外光谱的测量，并研究其在远红外太赫兹波段的光谱特性，从而对不同尺寸中药样品的傅里叶远红外光谱特性及规律进行探究，为生物样品的傅里叶远红外光谱的研究提供了新思路和新方向。

【实验仪器及器材】

Specac 红外压片模具、Specac 液压式压片机、Bruker VERTEX 80v 型傅里叶红外光谱仪、大黄中药样品、SIGMA-ALDRICH 聚乙烯样品等。

【实验内容】

实验流程图如图 1 所示。

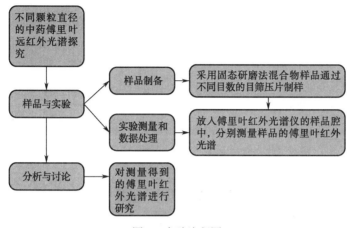

图 1　实验流程图

【思考题】

1. 对同种比例、不同直径的混合颗粒物的傅里叶红外光谱结果进行分析和比较,探究散射吸收对光谱的影响。

2. 对某一直径、不同比例的混合颗粒物的傅里叶红外光谱结果进行分析和比较,探究聚乙烯对中药材光谱图质量的影响。

【参考文献】

翁诗甫. 傅里叶变换红外光谱分析[M]. 2 版. 北京：化学工业出版社，2010

实验六　温度对材料物理属性的影响

【实验目的】

热是一种类似于功的能量形式,这种能量能够以动能或势能的形式储存在系统的原子和分子中。热传导本质是一种传热形式,热传导过程中的导热系数可以是温度或化学成分等模型变量的函数。药物材料、生化材料常受到温度的影响而影响其功能的表达,例如,利用现代生物技术生产出的新型大分子量药物（如多肽和蛋白质）对温度就很敏感,所以常需要冷藏;又如,受到温度影响的药物控制释放的分子材料等。

本实验在分子材料上通过施加可变化的温度场,通过热分析装置、太赫兹波段的光谱测量光路实现材料的吸热、放热温度点的测量分析,以及对若干温度点影响下的生化/药物分子结构变化实现光谱表征,如分子材料的熔点、相变过程、晶型变化及折射、吸收等介电常数的变化表征。

【实验仪器及器材】

压片制备装置、坩埚、热分析装置、太赫兹光谱测试装置等。

【实验内容】

1．根据不同的样本物理属性制备出不同性状的待测样品。

2．测试样品随温度或时间变化所发生的焓变，分析样品的吸热、放热属性，结合热学知识进行数据分析。

3．参考步骤 2 测试出来的温度曲线，在焓变发生的温度点利用太赫兹时域光谱技术进行光谱表征和区分。

【实验前应回答的问题】

1．什么是焓？什么是吸热与放热？焓与吸、放热之间的关系是什么？

2．不同的焓变曲线都有什么物理意义？

3．什么是吸收？什么是折射率？什么是色散关系？什么是介电函数？什么是光谱？

4．什么是太赫兹时域光谱？该技术测量出了物质的什么特性？这些特性与问题 3 有什么关联？

5．什么是分子？什么是分子光谱？什么是光与物质的相互作用？都有哪些参数可以表征这种相互作用？

【参考文献】

[1] 尤金·赫克特. 光学[M]. 5 版. 秦克诚，译. 北京：电子工业出版社，2019

[2] 刘玉鑫. 热学. 北京：北京大学出版社，2016

[3] 傅彩霞. 物理化学[M]. 5 版. 北京：高等教育出版社，2005

[4] [芬] Kai-Erik，Peiponen，[英] J.Axel，Zeitler. 太赫兹光谱与成像[M]. 崔万照，李韵，刘长军，等，译. 北京：国防工业出版社，2016

[5] [美] Jeanne L.McHale. 分子光谱（英文影印版）[M]. 北京：科学出版社，2003

实验七　盐水、糖水等分散系中分子结合状态的表征分析研究

【实验目的】

分散系是混合分散体系的简称。把一种（或多种）物质分散在另一种（或多种）物质中所得到的体系，叫作分散系。分散系中有很多种不同种类的分子，分别有着不同的功能。例如，医学生化中常用的晶体液主要用于补充机体水分及维持电解质平衡，胶体液主要用于扩充血容量以维持有效的循环血量等，那么水分子与晶体粒、胶体粒子之间的相互作用就变得极其重要。

本实验设计了不同浓度的溶液体系，浓度覆盖具有医学或者生化意义。通过太赫兹时域光谱技术测量了不同浓度溶液的光谱特征，一方面通过朗德比尔定律探究溶液的吸收规律，注意其非线性吸收部分，另一方面拟合分子的介电函数特性，探究分子间相互作用力情况及分子之间的结合状态。

【实验仪器及器材】

配样装置、玻璃样品池、温度控制装置、太赫兹光谱测试装置等。

【实验内容】

1．配置不同浓度的溶液体系。
2．利用太赫兹时域光谱技术测试不同浓度的溶液。
3．利用朗德比尔定律验证溶液的吸收系数的线性和非线性规律。
4．利用介电函数理论计算拟合溶液的介电特征。
5．结合文献给出分散系中分子之间的结合状态。

【实验前应回答的问题】

1．什么是分散系？都有哪些常见的分散系？各种分散系有什么异同点？
2．什么是朗德比尔定律？什么是色散关系？
3．什么是分子的介电函数？
4．溶液中分子与分子之间都有什么状态的相互作用力？

【参考文献】

[1] 尤金·赫克特. 光学[M]. 5 版. 秦克诚，译. 北京：电子工业出版社，2019

[2] E．M．珀塞尔. 伯克利物理学教程（SI 版）第 2 卷 电磁学（翻译版·原书第 3 版）[M]. 宋峰，译. 北京：机械工业出版社，2018

[3] [美] 艾拉拉奇维尼. 分子间和表面力[M]. 3 版. 北京：世界图书出版公司，2012

[4] [芬] Kai-Erik，Peiponen，[英] J.Axel，Zeitler. 太赫兹光谱与成像[M]. 崔万照，李韵，刘长军，等，译. 北京：国防工业出版社，2016

[5] [美] Jeanne L.McHale. 分子光谱（英文影印版）[M]. 北京：科学出版社，2003

实验八　基于氧化铟的太赫兹波调控器件

【实验目的】

太赫兹波（Terahertz Wave，1 THz=10^{12} Hz）通常是指频率范围为 0.1～10 THz 的电磁波，介于毫米波和红外光波之间，兼有微波和光波的特性。因此它在光谱、成像、无线通信和无损检测等领域具有广泛的应用前景。但是，由于太赫兹功能器件的缺失，导致其尚不能完全满足实际应用的需求。因此，包括调制器、滤波器、吸收器、光学开关、光学存储器等在内的太赫兹功能器件亟需取得突破。

本实验设计及制备了一种基于氧化铟（Indium oxide, In_2O_3）纳米颗粒的紫外光激励太赫兹波调制器件。将以无水乙醇为溶剂的纳米氧化铟溶液旋涂在石英（Quartz）基底上，制成 In_2O_3/Quartz 样品。然后对样品的太赫兹透射特性进行研究。将氧化铟纳米颗粒与复合超材料结构相结合，将溶解在无水乙醇中的纳米氧化铟溶液旋涂在复合超材料结构表面，测试样品在不同紫外激光强度下的太赫兹透射光谱。在紫外光激发下，样品的太赫兹吸收峰出现红移。本实验以期实现一种基于氧化铟纳米颗粒的高效紫外光控太赫兹波调制器件；并且将氧化铟纳米颗粒与复合超材料相结合，在紫外光激发下，实现对太赫兹频谱的动态调制。

【实验仪器及器材】

太赫兹时域光谱系统、紫外激光器、氧化铟纳米颗粒、石英基底。

【实验内容】

1. 查阅文献和说明书等资料掌握理论知识。
2. 对所给仪器按照实验目的进行测试。
3. 基于实验数据总结与讨论。

【实验前应回答的问题】

1. 太赫兹时域光谱系统由几个模块组成？各个模块的作用是什么？
2. OE探测是什么？
3. 氧化铟调制的基本机理是什么？
4. 氧化铟的吸收谱的范围是多少？

【参考文献】

[1] 崔万照. 太赫兹光谱与成像[M]. 北京：国防工业出版社，2016.6

[1] 李九生. 太赫兹波调控[M]. 北京：科学出版社，2018.8

[3] 张波，和挺，钟良，等. 基于有机光电材料的太赫兹波调制器件研究进展[J]. 中国激光，2019，6（46）：0614012

[4] 张弘润，季鸿雨，赵萍，等. 太赫兹波段金属线栅的紫外光控特性研究[J]. 光谱学与光谱分析，2019，7（9）：2040-2045

[5] Ji Hongyu, Zhang Bo, Wang Wei, et al. Ultraviolet light-induced terahertz modulation of an indium oxide film[J]. Optics Express, 2018，26：7204-7210

实验九　太赫兹只读多阶非易失性可重写的光存储器

【实验目的】

太赫兹波因其处于电磁波谱中红外波和微波波段间的过度频带，从而成为架通两类电磁波的天然桥梁。其独特的电磁学特性也使其逐渐被科学家应用于获取物质的光谱学信息、天文观测、无损检测及无线通信等领域。十几年来，随着这些领域的技术不断升级，人们对太赫兹光源的振幅、相位、频率的精准调控的要求也越来越高，尤其是在太赫兹通信技术中，如何在太赫兹波上加载信息或借助太赫兹手段读取信息也成了这一领域中亟待研究的重要课题。

本实验设计并制备了一种基于氧化铟纳米颗粒的太赫兹只读多阶非易失性可重写的光存储器。当 $In_2O_3/Quartz$ 样品受到外激励光激发时，内部载流子浓度增加，从而降低透过样品的太赫兹波强度。当关闭外激励光时，在空气中被光激发后的样品的太赫兹透射率可以恢复到其原始值。然而，将被光激发后的 $In_2O_3/Quartz$ 样品长期封装在惰性气体（氮气）中时，研究太赫兹透射率的变化。将不同的太赫兹强度作为编码单元，用不同的编码单元编码以实现存储信息，并且通过太赫兹波照射样品，实现信息读取。

【实验仪器及器材】

太赫兹时域光谱系统、连续光激光器、氧化铟纳米颗粒、石英基底、氮气封装盒。

【实验内容】

1．查阅文献和说明书等资料掌握理论知识。
2．对所给仪器按照实验目的进行测试。
3．基于实验数据总结与讨论。

【实验前应回答的问题】

1．太赫兹时域光谱系统由几个模块组成？各个模块的作用是什么？
2．OE探测是什么？
3．氧化铟存储太赫兹波的机理是什么？
4．氮气在存储太赫兹波过程中的作用？

【参考文献】

[1] 崔万照. 太赫兹光谱与成像[M]. 北京：国防工业出版社，2016.6
[2] 李九生. 太赫兹波调控[M]. 北京：科学出版社，2018.8
[3] 张波，和挺，钟良，等. 基于有机光电材料的太赫兹波调制器件研究进展[J]. 中国激光，第6期46卷
[4] 张弘润，季鸿雨，赵萍，等. 太赫兹波段金属线栅的紫外光控特性研究[J]. 光谱学与光谱分析，第7期39卷
[5] Ji Hongyu, Wang Wei，Xiong Luyao，et al. Terahertz read-only multi-order nonvolatile rewritable photo-memory based on indium oxide nanoparticles, Applied Physics Letters，2019，114：011105

实验十　基于光电导航的智能移动测量车

【实验目的】

随着控制技术、计算机技术、信息处理技术、传感器检测技术及汽车工业的飞速发展，智能车（见图1）在工业生产和日常生活中已经扮演了非常重要的角色。智能车作为移动式机器人的一个重要分支，具有环境感知、规划决策、自动行驶等功能，是计算机控制与电子技术的融合，是集计算机、传感器、信息、通信、导航、人工智能、自动控制于一体的高新技术综合体。通过本实验，学生可以了解智能车的设计流程，熟悉光、机、电结合的设计方法，并学习利用单片机或虚拟仪器技术实现自动测控技术的相关知识。

本课题要求学生设计并制作一辆具有光电导航功能的智能车，要求能够沿轨道上铺设的导航条走完全程。在行走的过程中，智能车还可以利用光电技术测量、记录沿途所通过的三段隧道各自的长度及沿途路边树木的总棵数。

智能车的基本结构一般应包括四个硬件模块和一个软件控制程序。

（1）主控模块，是智能车的"大脑"，能够实现对智能车各模块的整体控制，可以选择

单片机、ARM 嵌入式或基于虚拟仪器技术的板卡。

图 1　多种形式的智能车

（2）电源和驱动电路，由电池、升压板、降压板、电机驱动板、传感器驱动板构成，为智能车各个部分稳定供电，并在主控模块和传感器模块之间传输信号。

（3）输入输出模块，包括红外光电传感器、激光传感器、光电编码器等多种传感器和液晶屏、数码管等显示元件，用于实现智能车对外界的探测和信息的反馈。

（4）底盘是智能车的载体，包括轮胎、电机、舵机和固定支架等部分。

（5）软件是指为了实现小车自动测控功能所需要在芯片中编写的程序。

不同的车辆设计有不同的系统流程方案，但无论设计如何，系统流程都是智能车功能设计和程序编写的根本原则。

【实验仪器及器材】

1．计算机、单片机、数据采集卡。

2．智能车底盘、五金结构件。

3．激光切割机、钻、锯、锉、砂轮等常用五金工具。

4．电机、舵机、编码器等电动器件和电阻、电容、传感器、显示屏等常用电子元器件。

【实验内容】

1．查阅文献和书籍，掌握理论知识和基本操作技术。

2．利用机电器件搭建智能车底盘，使其结构合理，不易损坏。

3．利用主控芯片实现对智能车的控制，使其在低速情况下能够循迹。

4．增加传感器，利用光电技术完成对外界信号的测量和采集。

5．优化程序和结构，提升智能车运动速度和测量准确率。

【实验前应回答的问题】

1．什么是光电技术？超声波属于光电技术吗？

2．常见的智能车底盘都有哪些形式？用什么方法驱动和转向？

3．制作一辆智能车，都需要从哪些方面入手？一辆智能车必须包含哪些部分？

4．智能车需要采用什么方式供电？常见的供电电压是多少？

5．电机驱动板有什么作用？制作智能车时是否必须使用电机驱动板？

6. 如何调整智能车的速度？

7. 智能车循迹时，是否有必要单独考虑"直角"这一情况？

8. 采用激光传感器循环有何优缺点？如何有效避免激光传感器的串扰？

9. 显示模块应该使用串行式液晶还是并行式液晶？各自的优缺点是什么？

【实验报告的要求】

1. 分析智能车的硬件模块。

2. 分析智能车控制程序的软件模块。

3. 总结整个课题的制作流程，分析设计过程中出现的问题。

4. 如果再做这个课题，你会有何改进？

【参考文献】

[1] 臧海波. 小型智能机器人制作全攻略[M]. 4 版. 北京：人民邮电出版社，2013

[2] 郭天祥. 新概念 51 单片机 C 语言教程[M]. 北京：电子工业出版社，2009

[3] 弓雷. ARM 嵌入式 Linux 系统开发详解[M]. 2 版. 北京：清华大学出版社，2014

[4] 郑对元. 精通 LabVIEW 虚拟仪器程序设计[M]. 北京：清华大学出版社，2012

[5] 赵国忠，陶宁，冯立春. 虚拟仪器设计实训入门[M]. 北京：国防工业出版社，2008

第四节　计算机应用

专题一　计算机系统性能的优化与整合

本专题是由一系列实验组成的，其内容庞大，不要求所有实验都做。具体选做哪几个实验，请根据个人情况量力而行。

计算机系统，按其硬件性能和价格，大体上可划分成三个档次：高端配置、主流配置和低档配置。高端配置价格较高，有经济实力又喜欢尝新的发烧友乐于选择这种高配置的计算机；普通使用者基本上都采用主流配置的计算机；以单一用途为主，又需要节约成本的使用者，则选择低档配置（入门级配置）的计算机。

计算机的硬件更新速度和软件更新速度都非常快，在硬件方面，一台高端配置的计算机，最迟在一年后就变成了主流配置。而主流配置的计算机，一年之内就变成了低档配置。在软件方面，新软件层出不穷，对系统资源的占用越来越大，对计算机硬件的要求也越来越高，低配计算机常常无法正常运行新软件。在这种情况下，就必须尽量挖掘计算机的潜力，优化计算机的资源，提高计算机的整体性能。

提高计算机性能，一般从硬件和软件两方面入手，总体上说，有需要投资的方法，也有不需要投资的方法。本系列实验只采用不需要投资的方法，这更有实用价值，也更容易被大家所采纳。

在不投资的情况下，一是充分利用现有资源，二是过度开发硬件资源，三是软件方面的优化，四是软件与硬件的整合。

常用的做法是，对高端或主流配置的计算机，充分发挥其性能。而对已经落伍的低档计算机，则首先采用硬件提速的方法，其特点是，以缩短使用寿命为代价，换取硬件性能的提升。

硬件提速，典型的做法是分别对 CPU、主板、显卡、内存和硬盘进行提速。提速的方法一般是提高电脑配件的工作频率和改变配件的工作电压，习惯上统称为超频。

需要特别说明的是，无论是提高配件的工作频率，还是改变配件的工作电压，都要一点一点地逐步增加，并进行测试，避免烧毁硬件。同一规格的配件，其超频幅度存在个体差异。遇到超频过度导致系统工作不稳定时，要把超频幅度降低，以保证系统稳定工作。另外，必须清醒地认识到，硬件性能的提升是与降低其使用寿命相关联的，要在提高硬件性能和保持其使用寿命之间找到一个最佳平衡点。

本系列实验的目的，就是要从硬件和软件两方面入手，采取常规和非常规的方法，在不损坏设备的前提下，让几种不同配置的计算机系统达到它们的最佳使用水平。

实验一　CPU 超频特性研究

【实验目的】

随着科学技术的飞速发展，计算机硬件和软件的更新速度非常之快。新的软件需要占用更多的系统资源，此时如果不打算淘汰使用时间相对不长的"旧"计算机，那就只有尽量提升硬件的性能，最常用的方法就是对计算机硬件进行超频。所谓对硬件超频，就是人为地提高硬件系统的运行频率，使其工作频率超过标准值。在对硬件系统各元件的超频之中，首当其冲的是对 CPU 超频，尤其是经常进行浮点运算的计算机，更需要首先给 CPU 提速。

给 CPU 超频，分为超系统主频和超 CPU 倍频两种做法。前者是提高主板的工作频率，后者是增大 CPU 工作频率与主板频率的倍数关系。虽然这两种做法都能提高 CPU 的实际工作频率，但使用效果是与其他硬件密切相关的。提高倍频只涉及 CPU 本身，不影响其他配件。但如果 CPU 处理能力超强而数据传送速度跟不上节奏，这样的超频就没有多少实用效果；如果是主板超频，则不仅 CPU 的工作频率被提高了，主板上其他配件的工作频率也随之提高，这就要求主板上的所有配件都能承受超标的工作环境。但无论如何，超频后的硬件系统都要面临稳定性下降和发热量过高这两大问题。稳定性下降到一定程度就会导致系统不能正常工作，而发热量过高则有可能烧毁硬件。因此超频是有一定幅度限制的，是与硬件产品的质量息息相关的，而且同一品牌同一规格的产品在超频中的表现是有个体差异的。尽管如此，超频仍然是不需要投资却能提高计算机工作能力的好办法。

在实现超频的实验方法上，分为硬件超频和软件超频两大类。硬件超频采用改变跳线、切断金桥等手段，软件超频则采取更改 BIOS、刷新 BIOS 或使用第三方软件等办法完成任务。至于哪些超频方法适用于哪些 CPU，就要具体问题具体分析了，这正是本实验所要探讨的问题。除此之外，超频造成 CPU 温度升高，其散热系统也要进行相应的改进。

本实验就是要选择几种 CPU 型号不同的计算机，在熟悉和测试系统硬件各项参数的基础上，主要通过 CPU 超频的方式，给硬件系统提速，以达到提升计算机整体性能的目的。

【实验前应回答的问题】

1. 最近两年的主流 CPU 都有哪些产品？与之相匹配的主板都用什么芯片？

2．最近两年一线厂家的主板都有哪些产品？它们各自有何特点和技术优势？

3．从 CPU 和主板两方面进行考察，哪些产品是方便超频的？哪些产品是需要你设法突破限制进行超频的？又有哪些产品是号称"超不死"的？

4．现在主流的 CPU 散热系统有哪几种类型？都有哪些产品？其各自的技术参数和特点是什么？

5．在超频操作之前必须先做好哪些方面的硬件准备？

6．刷新 BIOS 时必须注意哪些事项？如果 BIOS 刷新失败，你该进行哪些补救措施及需要使用什么仪器？

7．通过 BIOS 进行超频操作需要注意哪些问题？

8．你都找到了哪些应用于 CPU 超频的第三方软件？其使用方法和使用中的注意事项是什么？

9．哪些产品可以通过改动硬件的方式达到超频的目的？具体操作上都有哪些注意事项？

10．系统因过热而崩溃之前，都有哪些征兆？

11．如何测定硬件系统的各项参数？

【实验设计与实验器材】

1．本实验是个非常容易损坏计算机硬件的实验，所涉及的知识比较专业且时效性很强，大家在做实验之前必须做好充分的准备。

2．根据实验内容的提示，请同学们提前准备，自己设计实验方案，提出实验所需的仪器和配件清单，要求注明所需仪器的型号或规格。以书面形式将实验方案和设备清单交给教师。

3．教师审阅设计方案，对不合理之处提出修改建议。

4．教师依据设备清单准备实验仪器和实验所需配件。遇到本部门没有的设备，可向其他部门借调或使用替代产品。

5．结合教师的修改意见，进一步完善自己的实验设计，有了清晰的思路和具体方案之后再动手。

6．建议本实验使用温度计、示波器、钳型电流计等主要设备。

【实验内容】

1．研究 CPU 的温度监测系统，包括对 CPU 表面温度监测和对 CPU 内部温度的监测。

2．研究 CPU 的散热系统，包括各种类型、规格的散热器和 CPU 散热风扇的组合，及温度自动调节机制，并采取措施加强散热能力。

3．研究 CPU 过热时的自动降速机制，及其在实际应用中的工作状况。

4．研究通过硬件方式改变 CPU 频率的各种方法，包括跳线法和切断金桥法等。

5．研究通过刷新 BIOS 和更改 BIOS 达到超频目的的方法，包括改变倍频、改变主频和改变 CPU 引脚电压等方法。

6．研究使用第三方软件进行超频的各种方法。

7．测定超频之前硬件系统的各项参数。

8．综合运用各种方法对多种型号的计算机进行超频，注意不要烧毁硬件。

9．系统超频成功之后，测试硬件系统各项参数提升的幅度。

10. 评估超频对计算机寿命的影响，分别为每台计算机确定最佳的超频方案和超频幅度。

实验二　显卡超频、内存超频、主板超频和硬盘提速

【实验目的】

在 CPU 超频成功的基础上，进一步提升计算机系统的整体性能。

CPU 运算速度提升之后，数据传输方面也要跟上，就必须让数据总线、地址总线和控制总线的性能都有相应的提升，此时就需要让主板也超频工作。主板超频之后，主板上连接的各种元器件都会受到影响，如果不想让这些元件成为总体性能提升的瓶颈，也要把它们超频，因此就有了显卡超频、内存超频和硬盘提速等工作，需要逐一完成。但难点在于，各种元器件都有自己的时序，不是可以随便提升工作频率的，这就需要事先深入了解各种元器件的所有技术参数。而且同种元器件也存在个体差异，必须在实践中不断摸索和完善。

除了硬件整体提速，软件的优化也是提升计算机系统性能的另外一条途径。特别是在实际应用中，软件与硬件的搭配非常重要。根据硬件的特点和使用者的实际需求，采取定制的方式，做好软件与硬件的整合，能够更好地发挥计算机系统的性能。而这些都是个体化的，只有到实验中去探讨，其难度和工作要比想象的大许多。

【实验前应回答的问题】

1. 当前计算机的主流配置是什么？说明其技术参数。
2. 当前计算机的高端配置是什么？都包括哪些新技术？请略述你所知道的这些新技术。
3. 当前计算机的入门级配置是什么？会制约哪些方面的使用？
4. 对当前各种计算机配件的提速方法，你都知道哪些？
5. 在各种配件提速过程中，你了解多少可能出现的问题？
6. 对各种配件进行提速的实验中，如何尽量避免硬件损伤？
7. 目前流行的几种操作系统，对硬件是有一定要求的，你了解这些要求吗？
8. 各种常用软件，是版本越高越好吗？为什么？
9. 描绘一下你认为的高端计算机配置及其应该使用的系统和应用软件。
10. 描绘一下你认为的入门级计算机配置及其应该使用的系统和应用软件。
11. 你认为在软件方面会遇到哪些困难？打算怎样解决？

【实验设计与实验器材】

1. 本实验分为硬件和软件两大部分，实验内容庞大，依据实际情况，可选做其中一个类别。
2. 本实验是个非常容易损坏计算机硬件的实验，所涉及的知识比较专业且时效性很强，大家在做实验之前必须做好充分的准备。
3. 根据实验内容的提示，请同学们提前准备，自己设计实验方案，提出实验所需的仪器和计算机配件清单，要求注明所需仪器的型号或规格。以书面形式将实验方案和设备清单交给教师。
4. 教师审阅设计方案，对不合理之处提出修改建议。
5. 教师依据设备清单准备实验仪器和实验所需配件。遇到本部门没有的设备，可向其

他部门借调或使用替代产品。

6．结合教师的修改意见，进一步完善自己的实验设计，有了清晰的思路和具体方案之后再动手做实验。

7．建议本实验使用温度计、示波器、钳型电流计、电子秒表等主要设备。

【实验内容】

1．建立测试显卡性能的平台。

2．通过增加显卡工作频率，实现显卡提速。

3．通过增加显卡中的显存，提升显卡性能。

4．通过其他方法，提升显卡性能。例如，使用交火技术或者提高显存的工作频率等方法。

5．显卡散热系统的研究与性能提升。

6．建立测试内存性能的平台。

7．通过各种方法给内存超频。

8．增加内存提升系统性能的方法，包括多通道。

9．建立测试硬盘性能的平台。

10．使用各种方法提升硬盘的性能。

11．建立测试主板性能的平台。

12．提升主板整体性能的各种尝试。

13．其他硬件的提速。

实验三　计算机软件系统的优化与整合

【实验目的】

要想让计算机系统的整体性能有较大的提升，除了在硬件方面做相应的改进之外，在软件方面也必须要做一些优化。

1．根据计算机的具体硬件，选择相应的操作系统，并非操作系统越新越好，新的操作系统一般都更消耗硬件资源。在硬件固定的情况下，需要选择一个最适用的操作系统。以计算机运行最快为终极目标。

2．计算机内各种硬件的驱动程序也是要探究的，选用最合适的驱动程序，能让你的硬件发挥出最佳水平，而这一点容易被使用者忽略。

3．各种应用软件的安装也是有讲究的，不是版本越新越好，而是要遵循够用和快速的原则。对硬件系统相同而用途不同的计算机，软件的选择是有差异的。

4．对整个计算机系统进行优化，将硬件与软件的优势进行整合，提高计算机整体的工作速度。这部分工作也是非常繁杂的。

总之，在确定了计算机的用途之后，通过硬件和软件的综合改进，使计算机的工作效率大幅提升。这是本实验的最终目的。

【实验前应回答的问题】

1．对当前各种操作系统及其对硬件的需求，你有哪些了解？

2．对各个操作系统的不同版本及各自的特点，你有多少了解？

3．对计算机中各个部件的驱动程序，你有多深的了解？

4．你尝试和对比过公版驱动程序与专用驱动程序的差异吗？

5．对各种常用软件的不同版本及其各自的特殊功能，你有多少了解？

6．关于各种常用软件对资源的占用，你有多深的了解？

7．你有软件系统整合的概念吗？

8．如何处理系统与软件之间的兼容性问题？

9．如何处理各种软件之间的兼容性问题？

10．在提升整体性能与增强稳定性之间，如何选择一个平衡点？

【实验设计与实验器材】

1．本实验看似内容不多，实则做起来工作量相当大，是好几个实验的工作量。

2．本实验是一个探索的过程，变数非常多，只有都尝试过你才会有深刻的认识。

3．先设计好整体的实验检测内容，再进行相应的优化，最后再进行实验。

4．必须预先设计好遭遇各种困难的解决方案，尤其是要有应对系统崩溃的应急措施。

5．实验器材为台式计算机，及其备用的各种配件。

6．常用的电子类通用设备和工具。

7．各种版本的软件，包括操作系统。

【实验内容】

1．搭建测试软件系统运行速度的平台。

2．尝试对同一台机器分别安装不同的操作系统，并测出各自的运行速度，确定最适合这台机器的操作系统。

3．尝试分别安装几个主要配件的各种版本的驱动程序，经测试选定最佳的驱动程序版本。

4．先安装常用的应用软件，再根据机器使用方面的特定需求来安装专业软件。

5．测试不同版本的软件对资源的占用情况及其对机器运行速度的影响，最终找出最适合实验样机使用的软件版本。

6．尝试着对整个软件系统进行优化与整合，找到够用与好用之间的平衡点。

7．尝试对软件系统与硬件系统进行总体优化与整合，充分发挥软件和硬件的优势，达到整体性能最佳。

专题二　声音的音质测定与音响设备改装专题

这个专题包含了与声音相关的一系列实验，每个实验都可以是独立的，同学们可根据自己的兴趣和能力选做其中的一个或几个实验。

目前，业界公认的声音质量标准分为四个等级，音质从高到低的依次是数字激光唱盘（CD-DA）、调频广播（FM）、调幅广播（AM）和电话的话音。衡量音质的好坏，除频率范围之外，还有一些其他指标。

对模拟音频来说，再现声音的频率成分越多、失真与干扰越小、声音保真度越高，音质就越好。通信科学中，常用失真度、信噪比等指标来衡量；对数字音频来说，再现声音频率的成分越多、误码率越小，音质就越好。通常用数码率来衡量，采样频率越高、量化比特数越大、声道数越多，保真度就越高，音质就越好。

声音，分为语音和乐音两种类别。语音音质保真度主要体现在清晰、不失真、再现平面声像；乐音的保真度要求较高，营造空间声像主要体现在用多声道模拟立体环绕声，或虚拟双声道 3D 环绕声等方法，再现原来声源的一切声像。

本专题的一系列实验主要集中在以下五个方面：

1. 搭建音质测试平台。
2. 音源音质的测定。
3. 声音传输过程中的失真研究。
4. 音响设备的改装。
5. 尝试构建一个评定声音设备整体质量的平台。

上述五项任务中，大家可以任选一项或几项来做实验，但后四项任务都需要使用音质测试平台。如果你没有搭建自己的音质测试平台，就只能使用别人搭建的测试平台了，使用前需要论证其是否合理、可靠和可重复。

实验一　音质测试平台的搭建

【实验目的】

由于声音最终是让人用耳朵来听的，因此音质测试就必然要包括主观评价和客观测评两部分。考虑到乐音比语音复杂，实验中以乐音为主线。

在主观听判音效过程中，根据乐音音质听感三要素，即响度、音调、愉快感的变化和组合来主观评价音质的各种属性，如低频响亮为声音丰满，高频响亮为声音明亮，低频微弱为声音平滑，高频微弱为声音清澄。结合声源、声场及信号特性，则有立体感、定位感、空间感、层次感和厚度感等几个方面。在音质质感方面，有音质粗细感、声音纯净度、音质的 Q 度（弹性）、音质密度感等。其中音质密度感包含沉闷、沉重、低沉、深沉、浑厚、淳厚、丰满、宽厚、饱满、明亮、响亮、圆润、柔和、清脆、高亢、尖锐、尖厉、纤细、融合、干涩、坚实、空洞、温暖、粗犷、粗糙、沙哑、苍劲、紧张、力度感、穿透力、光彩性、悲凉、阴森、发扁、发暗和发虚等。因此，乐音音质的主观评价必须由多名同学共同完成，尤其要请专门学习过《视唱与练耳》的同学参与。

客观测试的技术指标则包括谐波失真度、位相失真度、频响、瞬态响应、信噪比、声道分离度和平衡度等。

本实验的目的，就是要搭建一个音质测定平台，为声音专题的一系列实验奠定一个测试标准。

【实验前应回答的问题】

1. 你对音质的主观评价方式了解多少？
2. 怎样在设计上保证对音质主观评价的合理性？
3. 怎样处理音质主观评价方面的误差？
4. 音质客观测试的主要方法都有哪些？
5. 使用计算机的音质客观测试包括哪些部分？

6. 不同的客观测试方法得到的结果有差异时该怎么处理？

【实验仪器及器材】

音频分析仪、示波器、万用表、计算机、石蜡、热敏电阻、温差电偶等。

【实验内容】

1. 挑选各种风格的音乐作为待测曲目。
2. 确定对音质进行主观评价的方法，方法可以不唯一。
3. 确定客观的音质测试方案，测试方法务求多样化。
4. 分析与对比各种测试方法，决定取舍。
5. 将主观评价与客观测试方法整合，建立统一的音质测定平台。
6. 使用不同硬件参数的机器进行实验，对比其测试结果的差异。
7. 音质测试平台的进一步优化。

【参考文献】

[1] 程建春. 声学原理[M]. 北京：科学出版社，2014
[2] 丁辉. 声场分析及应用[M]. 北京：科学出版社，2010
[3] 陈克安、曾向阳、杨有粮. 声学测量[M]. 北京：机械工业出版社，2010
[4] 吴胜举，张明铎. 声学测量原理与方法[M]. 北京：科学出版社，2014
[5] [英] David，M.Howard，Jamie A.S.Angus. 音乐声学与心理声学[M]. 4 版. 陈小平，译. 北京：人民邮电出版社，2014

实验二　声音在传输过程中的失真研究

【实验目的】

声音在传输过程中的失真分两种情况，一种是声音在空间传播中的失真，另一种是播放器到喇叭之间的信号经介质传输而导致的失真和扬声器自身的失真。例如，音乐厅里交响乐的演奏者听到的声音与观众听到的声音是有差异的。

本题目下，不只是一个实验的工作量，同学们可根据具体情况选做其中的某部分内容。要想做探究，肯定要使用音质测定平台。需要先对音源的音质进行测定，再对经传输过程之后的音质进行测定，将两者对比，找出差距。研究造成声音失真的各种原因，尝试通过各种途径寻求解决方案，尽量还原声场的原貌。

【实验前应回答的问题】

1. 音源发出的声音传播到空间各点可能出现哪些差异？
2. 造成上述现象的原因都与哪些因素有关？
3. 你认为音频线的材质对音质的影响应该是什么样的？
4. 扬声器的失真是怎么回事？
5. 怎样理解音响设备的摆放位置对音质的影响？
6. 你对吸音板的了解程度有多深？